Die
Pflanzenzucht im Walde.

Ein Handbuch

für

forstwirthe, Waldbesitzer und Studierende

von

Dr. Hermann Fürst,

k. bayr. Oberforstrath,
Direktor der forstlehranstalt Aschaffenburg.

Dritte vermehrte und verbesserte Auflage.

Mit 52 in den Text gedruckten Holzschnitten.

Springer-Verlag Berlin Heidelberg GmbH

1897.

ISBN 978-3-662-36049-1   ISBN 978-3-662-36879-4 (eBook)
DOI 10.1007/978-3-662-36879-4

Softcover reprint of the hardcover 3rd edition 1897

Vorwort zur ersten Auflage.

Zu den wichtigsten Aufgaben eines Revierverwalters gehört wohl allenthalben die Erziehung des zahlreichen und mannigfaltigen Pflanzmaterials, dessen unser Forstbetrieb in seiner gegenwärtigen Gestaltung bedarf. Sie gehört aber auch zu dessen dankbarsten Aufgaben, da der Erfolg einer richtigen Lösung alsbald in die Augen springt; ein tüchtiger Pflanzenzüchter genannt zu werden, ist mit Recht ein Stolz des Forstmannes, und der Zustand der Saatkämpe und Forstgärten eines Forstbezirkes liefert einen nicht unwichtigen Beitrag zur Bemessung der Tüchtigkeit und Thätigkeit des einschlägigen Verwaltungs- und Schutzbeamten.

So wird denn heut zu Tage viel Geld, viel Zeit und Arbeitskraft auf Saat- und Pflanzgärten verwendet, zahlreiche tüchtige Praktiker suchen gemeinsam mit den Männern der Wissenschaft nach den Mitteln und Wegen, die Pflanzenerziehung möglichst einfach, billig und zweckmäßig zu gestalten, und wir werden wenige Hefte unserer (leider allzu zahlreichen!) forstlichen Zeitschriften zur Hand nehmen, ohne irgend welche auf die Pflanzenerziehung bezügliche Mittheilung zu finden. Aber diese oft werthvollen Mittheilungen und Fingerzeige kommen, eben in Folge der Zersplitterung unserer Tagesliteratur, häufig nur einem kleinen Theil unserer Praktiker in die Hand, oder sie werden zwar von denselben gelesen, verschwinden aber mit der meist nur zirkulirenden Zeitschrift dem Leser aus der Erinnerung, so daß ihre Wirkung und Anwendung nur beschränkt sind.

Der Verfasser hat sich nun die Aufgabe gestellt, jenes reiche Material unserer Journal-Literatur in Verbindung mit jenem, welches in unsern Lehrbüchern des Waldbaues, wie in Spezialwerken über einzelne Holzarten niedergelegt ist, zu sammeln und an der Hand einer zwanzigjährigen Praxis und Thätigkeit im Forstdienst, sowie der im akademischen Forstgarten dahier gemachten Erfahrungen, Versuche und Beobachtungen zu sichten und systematisch geordnet zu einem Werke zusammenzustellen, welches als Handbuch der Pflanzenerziehung sowohl dem Anfänger und Privatwaldbesitzer zur Belehrung und Anleitung, wie dem Mann der Praxis zum Nachschlagen bei so manchen sich aufdrängenden Fragen dienen soll. Durch möglichst reichlichen Literatur-Nachweis soll dabei auch die Gelegenheit geboten werden, sich durch

*

Benutzung der Quellen über so manchen Gegenstand noch eingehender zu informiren, als sich dies durch das vorliegende Buch ohne über= großen Umfang desselben ermöglichen läßt.

Letzteren so weit thunlich zu beschränken und hiedurch das Werkchen auch dem minder bemittelten Fachgenossen zugänglich zu machen, war das weitere Bestreben des Verfassers.

Das Buch selbst aber sei hiemit der freundlichen Aufnahme aller Fachgenossen empfohlen! Möge es im Stande sein, eine unzweifelhaft bestehende Lücke in unserer Fachliteratur entsprechend auszufüllen, möge es dem Anfänger Belehrung, dem Manne der Praxis Rath in zweifel= haften Fällen bieten, Anregung zur Prüfung, zu vergleichenden Ver= suchen geben und dadurch unserem Wald, unserer Wissenschaft von Nutzen sein.

Für Mittheilung von Erfahrungen jeder Art, für Berichtigungen und Belehrungen — sei es durch unsere Tagesliteratur, sei es direkt an seine Adresse — wird der Verfasser allen Fachgenossen in hohem Grade dankbar sein und dieselben, wenn es dem Büchlein gelingen sollte, sich eine bleibendere Stätte zu erringen, entsprechend zu verwerthen suchen.

Aschaffenburg, im Mai 1882.

Der Verfasser.

Vorwort zur dritten Auflage.

Aus dem Umstand, daß von vorliegendem Werke bereits eine dritte Auflage nöthig geworden, darf ich wohl den erfreulichen Schluß ziehen, daß dasselbe einem bestehenden Bedürfniß entgegengekommen und diesem letzteren auch einigermaßen gerecht geworden ist.

Wie bei der zweiten im Jahre 1888 erschienenen Auflage, so habe ich auch bei dieser überall die bessernde Hand angelegt und mich bemüht, den Fortschritten auf dem Gebiete der Pflanzenzucht Rechnung zu tragen und alle neueren desfallsigen Mittheilungen thunlichst zu verwerthen; besondere Aufmerksamkeit habe ich dabei der Bearbeitung des Abschnittes über Düngung zugewendet. Ein paar neue Ab= schnitte — Schutz gegen pflanzliche Parasiten und Behandlung ver= lassener Saatbeete — sind an geeigneter Stelle eingefügt; im Uebrigen aber habe ich an der ursprünglichen Gliederung des Buches festgehalten. Möge dasselbe auch fernerhin sich freundlicher Aufnahme bei Fach= genossen und Waldbesitzern erfreuen.

Aschaffenburg, im Januar 1897.

Der Verfasser.

Inhalt.

IV. Abschnitt.

Die Pflanzenerziehung im Pflanzbeet.

1. Kapitel. Die Verschulung der Pflanzen.

2. Kapitel. Schutz und Pflege der Pflanzbeete.

V. Abschnitt.

Die Gewinnung und Erziehung von Ballen= und Büschelpflanzen.

VI. Abschnitt.
Die Kosten der Pflanzenerziehung.

Anhang.

Zweiter Theil.
Spezielle Regeln für Erziehung der einzelnen Holzarten im Saat= und Pflanzbeet.

I. Abschnitt.
Die Laubhölzer.

II. Abschnitt.
Die Nadelhölzer.

Uebersicht

der vorzugsweise benutzten Literatur

(nebst Angabe der gebrauchten Abkürzungen).

———

A. Zeitschriften.

1. **Allgemeine Forst= und Jagdzeitung** (Allgem. F.= u. J.=Z.), herausgegeben von Prof. **Dr.** Lorey in Tübingen.
2. **Aus dem Walde** (A. d. Walde), Mittheilungen in zwanglosen Heften von Forstdirektor **Dr.** Burckhardt. Bd. I—X.
3. **Centralblatt für das gesammte Forstwesen** (Centralbl. f. d. F.=W.), herausgegeben von Oberforstrath Friedrich in Mariabrunn.
4. **Forstliche Blätter** (Forstl. Bl.), herausgegeben von Oberforstmeister **Dr.** Borggreve in Münden. (Haben seit 1892 aufgehört zu erscheinen.)
5. **Forstliche Mittheilungen** (Forstl. Mitth.), herausgegeben vom K. Bayrischen Ministerialforstbureau.
6. **Forstlich=naturwissenschaftliche Zeitschrift** (Forstl. naturw. Z.=Schr.), herausgegeben von **Dr.** von Tubeuf in München.
7. **Forstwissenschaftliches Centralblatt** (Forstw. Centralbl.), bis 1879 unter dem Titel „Monatsschrift für das Forst= und Jagdwesen", herausgegeben von Prof. **Dr.** Baur in München.
8. **Kritische Blätter für Forst= und Jagdwissenschaft** (Krit. Bl.), herausgegeben von Oberforstmeister **Dr.** Pfeil, fortgesetzt von Prof. **Dr.** Nördlinger. (Erscheinen seit 1870 nicht mehr.)
9. **Mündener forstliche Hefte** (Münd. forstl. H.), herausgegeben von Oberforstmeister Weise in Münden.
10. **Mittheilungen aus dem forstlichen Versuchswesen Oesterreich's** (Seckendorff, Mitth.), herausgegeben von Prof. **Dr.** v. Seckendorff.
11. **Mittheilungen der schweizerischen Centralanstalt für das forstliche Versuchswesen** (Bühler, Mitth.), herausgegeben von Prof. **Dr.** Bühler in Zürich.

12. Oeſterreichiſche Forſt= und Jagdzeitung (Oeſterr. Fz.), herausgegeben von Oberforſtmeiſter Weinelt in Wien.

13. Tharander forſtliches Jahrbuch (Thar. Jahrb.), herausgegeben von Prof. Dr. Kunze in Tharand.

14. Zeitſchrift für das Forſt= und Jagdweſen (Zeitſchr. f. F.= u. J.=W.), herausgegeben von Oberforſtmeiſter Dr. Danckelmann in Eberswalde.

B. Selbſtſtändige Werke.

v. Alemann, Ueber Forſtkulturweſen. 3. Aufl. 1884.

Borggreve, Holzzucht. 2. Aufl. 1891.

Burckhardt, Säen und Pflanzen. 5. Aufl. 1880.

Demontzey, Studien über die Arbeiten der Wiederbewaldung und Beraſung der Gebirge (überſetzt von Prof. v. Seckendorff). 1880.

Dreßler, Die Weißtanne. 1878.

Fiſchbach, Lehrbuch der Forſtwiſſenſchaft. 3. Aufl. 1877.

Fiſchbach, H., Ueber Lockerung des Waldbodens 1858.

Fiſchbach, Praktiſche Forſtwirthſchaft. 1879.

Gayer, Waldbau. 3. Aufl. 1889.

Genth, Doppelte Rieſen. 1874.

Gerwig, Die Weißtanne im Schwarzwald 1868.

Geyer, Die Erziehung der Eiche zum Hochſtamm. 1870.

Grebe, Der Buchenhochwaldbetrieb. 1856.

Hartig, R., Lehrbuch der Pflanzenkrankheiten. 2. Aufl. 1889.

Heß, Der Forſtſchutz. 2. Aufl. 1887.

Heyer, Waldbau. 3. Aufl. 1878.

Kayſing, Der Kaſtanienniederwald. 1884.

v. Manteuffel, Die Eiche. 2. Aufl. 1874.

v. Manteuffel, Die Hügelpflanzung der Laub= und Nadelhölzer. 4. Aufl. 1874.

v. Pannewitz, Anbau der Lärche, echten Kaſtanie und Akazie. 1855.

Pfeil, Die deutſche Holzzucht. 1860.

Reuß, Die Lärchenkrankheit. 1870.

Schmitt, Anlage und Pflege der Fichtenpflanzſchulen. 1875.

v. Schütz, Die Pflege der Eiche. 1870.

Stumpf, Waldbau. 4. Aufl. 1870.

v. Tubeuf, Samen, Früchte und Keimlinge der in Deutſchland heimiſchen und eingeführten forſtlichen Kulturpflanzen. 1891.

Einleitung.

Die Lehre von der Erziehung unserer Holzpflanzen wird sich naturgemäß theilen in allgemeine Grundsätze und Regeln, welche für die Pflanzenzucht im Wald überhaupt gelten, und in spezielle Regeln für die Erziehung der einzelnen Holzarten. Demgemäß wird sich denn auch unser Werkchen theilen in einen allgemeinen und einen speziellen Theil.

Im allgemeinen, von der Pflanzenerziehung überhaupt handelnden Theil werden wir, nachdem im ersten, einleitenden Abschnitt die Bedeutung der Pflanzenzucht, die verschiedenen Arten von Pflanzen und Methoden der Erziehung derselben kurze Besprechung gefunden, zunächst von den Vorbereitungen für die Pflanzenzucht zu reden haben: von der Auswahl des Platzes für Saatbeet oder Forstgarten, der Bearbeitung des Bodens, dessen Verbesserung und Düngung; ferner von der etwa nöthigen Einfriedigung der Pflanzschule und endlich von deren Eintheilung und inneren Einrichtung.

Die beiden nächsten Abschnitte werden sodann die Pflanzenerziehung durch Saat und durch Verschulung zu behandeln und einerseits die Ausführung der Ansaat und resp. Verschulung, anderseits Schutz und Pflege der Saat- und Pflanzbeete zu erörtern haben. Ein weiterer Abschnitt ist der Gewinnung von Ballen- und Büschelpflanzen gewidmet, und ein letzter Abschnitt endlich hat die Kosten der Pflanzenerziehung, deren Faktoren und den Einfluß des Wirthschafters auf diese Kosten zu behandeln.

Aufgabe des zweiten, speziellen Theiles aber wird es sein, die Art und Weise der Erziehung der einzelnen Holzarten, wie sie unter Berücksichtigung der Eigenthümlichkeiten einer jeden sich in der forstlichen Praxis herausgebildet hat, unter möglichster Bezugnahme auf die Erörterungen des allgemeinen Theiles darzustellen.

In einem Anhang zum ersten Theil endlich ist die Behand= lung verlassener Saat= und Pflanzkämpe, dann Auf= bewahrung, Verpackung und Transport der Pflanzen be= sprochen.

Allgemeine Grundsätze und Regeln der Pflanzenzucht.

I. Abschnitt.

Die Pflanzenzucht überhaupt.

§ 1.

Bedeutung der Pflanzenzucht im Forsthaushalt.

Wie bekannt, hat die Forstkultur in diesem Jahrhundert an Wichtigkeit und Ausdehnung stetig zugenommen, und mancherlei Gründe lassen sich hiefür angeben.

Die nächste Veranlassung hiezu ist jedenfalls in der großen Verbreitung der künstlichen Verjüngung an Stelle der natürlichen zu suchen, zunächst eine Folge des massenhaften Anbaues des Nadelholzes an Stelle des Laubholzes, sei es, weil auf dem durch Streunutzung heruntergekommenen Boden eine Nachzucht des Laubholzes überhaupt nicht mehr möglich war, sei es, weil man mit Hülfe der raschwüchsigen, nutzholzreichen Nadelhölzer eine höhere Rentabilität der Waldungen zu erzielen hoffte. Aber auch bei der Verjüngung der Nadelholzbestände, der Fichte und selbst der Tanne, gab man um des einfachen, sicheren Verfahrens willen an vielen Orten dem künstlichen Anbau den Vorzug vor der früher geübten natürlichen Verjüngung; und selbst bei der Buchenwirthschaft hat die Absicht, dem Buchenwald nutzholzliefernde Laub- und Nadelhölzer beizumischen, der Forstkultur ausgedehnten Eingang verschafft. Endlich aber hat das Bestreben, Oedländereien überhaupt durch Anbau mit Holz nutzbar zu machen, wie intensive Bestandspflege durch den sich mehr und mehr verbreitenden Unterbau der Lichthölzer der Forstkultur eine stets wachsende Ausdehnung gegeben.

1*

Mit der zunehmenden Bedeutung des Forstkulturwesens und dessen intensiverem und rationellerem Betrieb ist aber die ursprünglich dominirende Saat mehr und mehr zurück und dafür die Pflanzung in den Vordergrund getreten. Noch im Jahre 1854 konnte Carl Heyer[1] sagen, die Zahl der Forstwirthe, welche die Saat vorzögen, sei die überwiegende, während im Jahre 1876 Wagener[2] bereits die Anwendung der Saat als Zeichen einer zurückgebliebenen Wirthschaft charakterisiren zu sollen glaubte. Letzteres Urtheil geht in dieser Allgemeinheit entschieden zu weit; es gibt eine nicht geringe Anzahl von Fällen, in denen die Saat ihre volle Berechtigung hat: Vorsaaten in Bestandslücken und gelichteten Bestandspartien, Unterstützung der natürlichen Verjüngung, Nachzucht empfindlicher Holzarten unter Schutzbestand, Begründung von Eichenhorsten im Buchenwald u. dgl. m., und insbesondere ist bei Nachzucht der Föhre die Saat an vielen Orten wieder in den Vordergrund getreten. Gleichwohl behauptet die Pflanzung gegenwärtig fast allenthalben die erste und wichtigste Stelle im Kulturbetrieb und mit ihr auch die Pflanzenerziehung. Die Beschaffung eines guten, zweckentsprechenden und billigen Pflanzenmaterials in hinreichender Menge gehört an den meisten Orten, wie wir dies schon im Vorwort betont haben, zu den wichtigsten Aufgaben des Revierverwalters; ja vielfach, so z. B. in Bayern, wünscht man von ihm die Erziehung einer über den eigenen Bedarf hinausgehenden Pflanzenmenge zur Deckung des Bedarfes der Privatwaldbesitzer und erwartet hievon nicht mit Unrecht eine Hebung des vielfach heruntergekommenen Zustandes der Privatwaldungen.

§ 2.

Verschiedene Arten der zur Verwendung kommenden Pflanzen.

Das Pflanzenmaterial, dessen unser heutiger Kulturbetrieb bedarf, ist nach den örtlichen Verhältnissen ein außerordentlich verschiedenes, wie nach Holzart, so nach Alter und Stärke. Von der einjährigen Föhrenpflanze mit nur wenige Centimeter hohem Stämmchen bis zum kräftigen, 2 und 3 Meter hohen Eichenheister finden wir Pflanzen jeder Größe und Stärke in Verwendung, wobei allerdings der beim Pflanzbetrieb gültige Grundsatz, mit Rücksicht auf die Kosten Pflanzen stets nur in der absolut nöthigen Stärke und also je kleiner, je lieber zu

---

[1] Waldbau 1. Aufl. S. 49.
[2] Regelung des Forstbetriebs, S. 398.

benützen, eine rasche Abnahme in der Zahl der zur Verwendung kommen=
den stärkeren Pflanzen zur Folge hat[1]).

Fassen wir unser Pflanzenmaterial also näher ins Auge, so haben
wir dasselbe zunächst zu unterscheiden nach dem Alter und der dadurch
bedingten Größe.

Von Nadelholzpflanzen, deren Zahl jene der zur Verwendung
kommenden Laubholzpflanzen ums Vielfache[2]) übersteigt, deren Erziehung
auf vielen Revieren fast ausschließlich in Anwendung kommt und selbst
auf keinem Laubholzrevier heut zu Tage gänzlich mehr entbehrt werden
kann, kommen vorzugsweise nur 2 Sortimente in Verwendung: 1= bis
3jährige unverschulte Pflanzen, wie sie im Saatbeet oder seltner
aus natürlichem Anflug gewonnen werden, und stärkere 3—6jährige
Pflanzen, durch Verschulung im Pflanzbeet erzogen oder etwa mit
Ballen gewonnen. Noch stärkere Pflanzen werden nur ausnahms=
weise und vereinzelt da und dort zur Ausfüllung einzelner kleiner
Lücken als starke Ballenpflanzen aus natürlichen Anflügen oder Saaten
ausgehoben und in unmittelbarer Nähe verwendet; auch der bisweilen
benützte Lärchenheister gehört zu diesen Ausnahmen!

Mannigfacher sind die zur Verwendung kommenden Laubholz=
pflanzen. Auch hier kommen 1—3jährige Saatschulpflanzen zur
Verwendung, doch in verhältnißmäßig geringerer Zahl; ein großer Theil
derselben wird ein=, ja selbst zweimal verschult und liefert die bis
zu 1 m hohe Lodenpflanze, den bis 2 m hohen Halbheister, den
starken 3, ja 4 m hohen Heister, wie sie die Nachbesserung in den
Schlägen des Hoch= und Niederwaldes, die Oberholz=Nachzucht des
Mittelwaldes, Kulturen im Wildpark, die Bepflanzung von Hutweiden,
die Anlage von Alleen, Parkanlagen u. dgl. verlangen. — Wird das
Stämmchen bei der Verpflanzung unmittelbar über dem Boden ab=
geschnitten, so entsteht die Stummel= oder Stutzpflanze, wie sie
(namentlich von Eiche und Edelkastanie) zur Anlage und Vervoll=
ständigung von Niederwaldungen mit gutem Erfolg angewendet wird.
Ja selbst die kaum aufgegangene Keimpflanze findet bisweilen, wenn
auch nur zur Einschulung ins Pflanzbeet, Anwendung mit gutem Er=

---

[1]) In den Jahren 1880 und 1881 kamen in den bayrischen Staatswaldungen
1 663 000 Laubholzpflanzungen zur Verwendung, darunter nur 114 000 Heister.

[2]) In den Staatswaldungen Bayerns sind in den Perioden

| 1855—1861 jährlich | 2 458 000 Laubholz= und | 58 006 000 Nadeholzpflanzen, |
| 1861—1867 „ | 1 941 000 „ | „ 43 757 000 „ |

durchschnittlich zur Verwendung gekommen. (Forststatistische Mittheilungen der bayr.
Forstverwaltung S. 20.)

folg.   Der Steckling endlich, wie er bei Weichhölzern (Weiden und Pappeln) verwendet wird, ist als Pflanze überhaupt kaum zu be= trachten und wird erst durch seine Anwurzelung zu einer solchen; im Pflanzbeet erzieht man wohl aus Stecklingen kräftige und bewurzelte Setzlinge.

In Weiterem werden wir ballenlose und Ballenpflanze, Einzel= und Büschelpflanze zu unterscheiden haben.

Die weitaus größte Zahl von Pflanzen wird jetzt aus Saatbeeten oder nach vorheriger Verschulung aus Pflanzbeeten gewonnen und ohne Ballen, also mit nackten Wurzeln als Einzelpflanze verwendet. Diesen ballenlosen[1]) Pflanzen steht gegenüber die Ballenpflanze, deren Wurzeln mit einem je nach der Größe der Pflanzen und nach deren Bewurzelung größeren oder kleineren Erdballen umgeben sind; den Gegensatz zur Einzelpflanze aber bilden die Büschelpflanzen, bei welchen eine kleinere oder größere Zahl von Pflanzen in einem gemeinsamen Ballen dicht beisammen stehend verwendet werden.

Auf einen weiteren Unterschied je nach der Erziehung oder Ge= winnung — künstlich erzogene Pflanzen und Wildlinge — wird uns der folgende Paragraph führen.

<h2 align="center">§ 3.</h2>

<h3 align="center">Gewinnung des nöthigen Pflanzenmaterials.</h3>

Die ursprünglichste und naheliegendste Methode der Pflanzen= beschaffung war jedenfalls die Entnahme der Pflanzen aus natürlichem Anflug, die Verwendung von Wildlingen[2]), später die Entnahme aus Saaten; doch ist auch die künstliche Erziehung von Pflanzen in eigens dazu bestimmten und zugerichteten Saatkämpen eine sehr alte, wie denn schon eine Forstordnung von 1651 die Anlage von Eichen=, Buchen= und Tannenkämpen durch Pflügen und Ansäen vorschreibt[3]). Immerhin aber sind diese letzteren bis in unser Jahrhundert die Aus= nahme und die erstgenannten Pflanzengewinnungs=Arten die Regel ge=

---

[1]) Den Ausdruck „ballenlos“ oder „nacktwurzelig“ halte ich für richtiger, als den da und dort gebrauchten „wurzelfrei“; nach Analogie von schuldenfrei, tadel= frei würden wurzelfreie Pflanzen solche ohne Wurzeln (Stecklinge) sein! Besser wäre etwa der Ausdruck „freiwurzelig“.

[2]) In dem Arbeitsplan des Vereins der forstlichen Versuchsanstalten Deutsch= lands für Kulturversuche werden die Wildlinge als „Schlagpflanzen“ im Gegensatz zu den künstlich erzogenen „Zuchtpflanzen“ bezeichnet.

[3]) Bernhard, Forstgeschichte. I. Theil. S. 241.

wesen, mit welcher sich bei der ausgedehnten Anwendung der Saat gegenüber der seltener geübten Pflanzung auskommen ließ. Die allgemeinere Anwendung dieser letzteren aber, der dadurch bedingte außerordentlich große Pflanzenbedarf, die gesteigerten Anforderungen an die Qualität der Pflanzen einerseits, die fehlenden natürlichen Anflüge und Saatkulturen anderseits haben jene früheren Arten der Pflanzengewinnung sehr in den Hintergrund treten lassen, die künstliche Erziehung der Pflanzen vielfach zur selbst ausschließlichen Regel gemacht.

Bei Beantwortung der Frage: wie gewinnen wir gegenwärtig unser Pflanzenmaterial? werden wir zunächst unterscheiden müssen zwischen der Ballenpflanze und der ballenlosen Pflanze.

Die Ballen= (und Büschel=) Pflanze wird entweder aus natürlichen Anflügen und Verjüngungen oder dicht stehenden Saatkulturen entnommen, bisweilen auf besonders dazu bestimmten, leicht bearbeiteten und ziemlich dicht besäten Flächen gewonnen, endlich, wenn auch um des größeren Kostenaufwandes willen nur seltener, in Pflanzschulen eigens erzogen.

Die ballenlose Pflanze dagegen gewinnen wir nur ausnahmsweise aus natürlichen Verjüngungen (so Buchen zu Unterpflanzungen), öfter aus dicht stehenden Riesensaaten, denen das entbehrliche Material entnommen wird. Auch durch Ansaat von Stocklöchern und Grabenaufwürfen sucht man wohl da und dort auf einfache und billige Weise Pflanzen zu erziehen; ein lockerer oder gelockerter Boden, welcher das Ausheben der Pflanzen ohne Verlust der feinen Saugwurzeln gestattet, ist hier ebenso Bedingung, wie für die Ballenpflanze ein etwas bindender Boden. Weitaus die überwiegende Menge ballenloser Pflanzen aber wird unverschult oder verschult in Saat= und Pflanzkämpen und Forstgärten erzogen, und es behaupten diese Pflanzen vielfach selbst der Billigkeit, noch mehr aber der Qualität nach den entschiedenen Vorrang vor Wildlingen und Pflanzen aus Saatkulturen.

Bisweilen werden wohl auch schwache Wildlinge ohne Ballen ausgehoben und in Pflanzschulen eingeschult. (Vergl. im zweiten Theil die Abschnitte über Esche, Weißbuche, Tanne.)

§ 4.

Verwendung der Ballen= und ballenlosen Pflanzen im Kulturbetrieb.

Welchen Werth, welche Bedeutung hat nun die Ballenpflanze, welchen die ballenlose für unsern Kulturbetrieb, und in welchem Maß finden hienach beide Verwendung?

Die Versetzung einer Pflanze mit der die Wurzeln allseitig umgebenden Erde, mit dem Ballen, erscheint jedenfalls als das schonendste und sicherste Verfahren, und in der That läßt, wenn die Größe des Ballens mit der Größe der Pflanze und resp. deren Wurzelbau in richtigem Verhältniß steht, das Gedeihen von Ballenpflanzen nichts zu wünschen übrig; die versetzte Pflanze wächst, zweckentsprechende Behandlung bei der Verpflanzung vorausgesetzt, meist ohne jedes Stocken und Kümmern fort. So war denn auch die Ballenpflanzung die ursprünglichste und lange Zeit die beliebteste Pflanzmethode, die auch heut zu Tage noch da und dort ihre Berechtigung hat, in manchen Fällen das letzte Mittel zur Aufforstung einer mißlichen Blöße ist; sie ist namentlich noch dann von Bedeutung, wenn stärkere Nadelholzpflanzen (Föhren und Fichten) zur Verwendung kommen sollen, welche gegen Wurzelverlust und Wurzelbeschädigung viel empfindlicher sind, als Laubholzpflanzen — wir erinnern hier beispielsweise an die Behandlung (richtiger Mißhandlung!), welche sich Obstbäume gefallen lassen müssen!

Die Verwendung der Büschelpflanze, für die Fichte noch gegenwärtig im Harz in ziemlicher Ausdehnung üblich, hat so mancherlei Schattenseiten gezeigt, daß sie keine größere Verbreitung gewinnen konnte — im Gegentheil, die Büschelpflanze hat vielfach der stufigen Einzelpflanze das Feld räumen müssen und ist überhaupt nur unter besonders mißlichen Verhältnissen, so bei unbeschränktem Weidegang, starkem Wildstand u. dgl., noch am Platz und in Anwendung.

Der ausgedehnteren Anwendung der so manche Vortheile bietenden Ballenpflanzung aber stehen zahlreiche Hindernisse im Weg: in erster Linie die viel höheren Kosten, welche Stechen, Transport, Einpflanzen erheischen, ferner ungünstige Bodenbeschaffenheit, welche entweder das Stechen oder den weiteren Transport erschwert, ja selbst unmöglich macht (steiniger, verwurzelter oder zu leichter Boden). Tiefgehende oder weitausstreichende Wurzelbildungen treten insbesondere auf ärmerem Boden der Gewinnung in so ferne hindernd in den Weg, als entweder übergroße Ballen nöthig werden oder bedeutender Wurzelverlust für die Pflanzen nicht zu vermeiden ist. Das Ausstechen von Ballen in größerer Zahl aus Anflügen oder Ansaaten wird diesen nicht selten geradezu verderblich, die Erziehung von Ballenpflanzen durch Verschulung aber, für die Fichte früher namentlich in Thüringen sehr in Anwendung[1]), ist immerhin etwas kostspielig.

---

[1]) Allg. F.- u. J.-Z. 1862. S. 285.

Alle diese Verhältnisse haben in Verbindung mit dem großen Pflanzenbedarf der Gegenwart die Ballenpflanze mehr und mehr in den Hintergrund gedrängt[1]), und die ballenlose Pflanze, unverschult oder verschult im Saat- und Pflanzbeet erzogen, behauptet unbedingt den ersten Platz, um so mehr, als die Fortschritte im Gebiete des Forstkulturwesens innerhalb der letzten Jahrzehnte die Erziehung guten und billigen Pflanzmaterials und dessen Verwendung mit sehr gesichertem Erfolg gelehrt haben.

Die Erziehung ballenloser Pflanzen in Saat- und Pflanzgärten wird es daher vor Allem sein, welche uns hier zu beschäftigen hat, wenn auch der Gewinnung und Erziehung von Ballenpflanzen die entsprechende Rücksicht geschenkt werden soll. (S. Abschn. V.)

§ 5.
Saatkamp, Pflanzkamp, Forstgarten.

Die Erziehung der nöthigen Pflanzen kann nun erfolgen auf kleineren, in der Regel auf den Kulturobjekten oder in deren nächster Nähe gelegenen Flächen, die lediglich zur Anzucht 1—3jähriger unverschulter Pflanzen (vorwiegend Nadelholzpflanzen) bestimmt sind, meist nur kürzere Zeit benutzt werden und den Namen Saatkämpe oder Saatschulen führen. Dienen dieselben auch zur Erziehung verschulter Pflanzen, so nennt man die dazu bestimmten Beete Pflanzbeete im Gegensatz zu den Saatbeeten, und die ganze, aus Saat- und Pflanzbeeten bestehende Anlage Pflanzkamp oder Pflanzschule, und zwar spricht man bei nur ein- oder zweimaliger Benutzung von wandernden Saat- und Pflanzkämpen[2]).

---

[1]) In den Jahren 1880 u. 1881 wurden in den bayr. Staatswaldungen 8 505 000 Nadelholzpflanzen versetzt, wovon 611 000 als Ballenpflanzen.

Die Angabe Wageners (Waldbau S. 436), daß in den amtlichen Wirthschaftsregeln für die bayr. Staatswaldungen die Ballenpflanzung in den Vordergrund gestellt werde, läßt sich nach obigen Zahlen leicht auf ihren wirklichen Werth zurückführen.

[2]) Es möge hier auch der Homburg'schen Reolstreifen, gleichsam sehr kleiner wandernder Saatkämpe, als eines Mittels zu billiger Pflanzenerziehung Erwähnung geschehen.

H. empfiehlt, in den zu verjüngenden alten Beständen an passenden Plätzen unter dem Schirm des Mutterbestandes Platten oder Streifen gut zu bearbeiten und dieselben in etwa 20 cm entfernten Saatrinnen dünn anzusäen. Die erscheinenden Pflanzen werden zum kleinen Theil auf den Saatflächen belassen, zum weitaus größern zur Anpflanzung der zwischen den Platten und Streifen befind-

Größere zur **dauernden** Pflanzenzucht bestimmte Flächen nennt man dagegen **Pflanzgärten** oder **Forstgärten**; dieselben enthalten dann angesäete Saatbeete und fast immer auch Pflanzbeete voll verschulter Pflanzen, meist verschiedener Art und Stärke, sind solid eingefriedigt und haben den Bedarf eines größeren Bezirks — Reviers oder Schutzbezirks — zu decken.

§ 6.

Wandernde Saat- und Pflanzkämpe oder ständige Forstgärten?

Die Frage, ob es zweckmäßiger sei, die nöthigen Pflanzen in zahlreichen, kleineren Saat- und Pflanzkämpen, die nur wenige Jahre benutzt werden sollen, oder in größeren, dauernd benutzten Forstgärten zu erziehen, ist schon vielfach ventilirt worden, und jede Seite dieser Frage hat ihre Vertreter und Vertheidiger gefunden; es dürfte sich also wohl lohnen, derselben etwas näher zu treten[1]).

Eine **absolut** und **für alle Fälle richtige** Antwort auf jene Frage gibt es nun wohl nicht, und sowohl kleinere, wandernde wie größere und ständige Pflanzschulen haben je nach der Holzart, wie nach lokalen Verhältnissen ihre entschiedene Berechtigung.

Wenn es sich um die Erziehung von Pflanzen handelt, welche, wie Föhren, Fichten, Erlen, eines Schutzes durch Einfriedigung vielfach entbehren können; wenn die erstmalige Bodenbearbeitung leicht und billig auszuführen ist, also auf mehr sandigem oder wenig lehmigem, stein- und wurzelfreiem Boden; wenn in Folge günstiger Boden- und Terrainverhältnisse passende Oertlichkeiten allenthalben zur Verfügung stehen: dann wird die Anlage kleiner Saat- und Pflanzkämpe direkt auf den größeren Kulturflächen oder in deren nächster Nähe am Platze sein. Es ist jederzeit von Vortheil, die nöthigen Pflanzen in unmittelbarer Nähe der Kulturflächen zu haben. Unter steter, spezieller Aufsicht des die Kultur überwachenden Forstbediensteten werden die Pflanzen, stets nur in der momentan nöthigen, sofort zu verwendenden Menge, ausgehoben, die Arbeit des Verpackens, wie die Gefahr des Ver-

---

lichen unbestockten Stellen als ein- und zweijährige Pflänzlinge möglichst mit der anhaftenden Erde verpflanzt, und rühmt H. die Billigkeit des Verfahrens, wie die Sicherheit des Gedeihens der versetzten Pflanzen.

(Vgl. Homburg, Die Nutzholzwirthschaft im geregelten Hochwald-Ueberhaltbetrieb und ihre Praxis. 1878.)

[1]) Vergl. hierüber: Allg. F.- u. J.-Z. 1866. S. 165 u. 208; ferner Verhandlungen des Hils-Solling-Vereins 1882 S. 39.

trocknens in Folge mangelhafter Verpackung fallen weg; verschulten Pflanzen kann man beim Ausheben möglichst viel Muttererde an den Wurzeln hängen lassen, während dieselbe bei weiterem Transport ab-geschüttelt wird oder zur Erleichterung desselben abgeschüttelt werden muß, und die Kosten des Transports (die für kleinere Pflanzen aller-dings gering sind) werden erspart. Von wesentlicher Bedeutung sind letztere aber bei Ballen- und Büschelpflanzen, und Pflanzbeete, in welchen solche Pflanzen erzogen werden sollen, legt man unter allen Umständen in möglichster Nähe des Verwendungsortes an.

Noch manche weitere Gründe werden für Wanderkämpe und gegen große Forstgärten, gegen zu große Konzentrirung der Pflanzenerziehung ins Feld geführt: die Kosten der Einfriedigung, welche bei ersteren vielfach erspart werden können, der Düngung, welche ganz oder theilweise erspart werden soll[1]); die stärkere Ver-unkrautung, welcher ständige Pflanzgärten gegenüber den Wander-kämpen auf frischem Boden allmählich unterliegen[2]), und ebenso die allmähliche Vermehrung der unterirdischen Feinde — so der Enger-linge, der Drahtwürmer (Elater-Larven), Werren[3]) in ersteren, welch' letztere Mißstände wir nach unsern eigenen Erfahrungen zu-geben müssen.

Es wird betont, daß es Aufgabe jedes Försters sein soll, das für seinen Aufsichtsbezirk nöthige Pflanzmaterial möglichst selbst erziehen zu helfen, dann werde er auch das größte Interesse an sorgfältiger Verwendung haben[4]). — Ebenso dürfte zu erwähnen sein, daß passende Plätze für kleine Pflanzkämpe leichter zu finden sind, als für größere Pflanzgärten, daß sich für erstere der so wohlthätige Seitenschutz durch vorliegende Bestände in höherem Grade beschaffen und erhalten läßt, als für letztere; daß endlich Kalamitäten — Insekten, Krankheiten (Schütte) u. dergl. — bei einer größeren Anzahl kleinerer Pflanzschulen voraussichtlich doch nicht so verderblich auftreten und wenigstens einen Theil der letzteren verschonen werden!

Als eine Schattenseite der Wanderkämpe hebt Kammerrath Horn[5]) hervor, daß nach seinen Wahrnehmungen in Fichtenrevieren die früheren Kampflächen selbst nach kurzer Benutzung einen entschieden schlechteren

---

[1]) Forstw. Centrbl. 1868. S. 343.
[2]) Krit. Bl. T. 1. S. 121.
[3]) Verhandl. des Hils-Solling-Vereins. 1882. S. 42.
[4]) Zeitschr. f. F.- u. J.-W. Bd. 6. S. 255.
[5]) Verhandl. des Hils-Solling-Vereins. 1882. S. 53.

Holzwuchs zeigen, als ihre Umgebung, und daß die Zahl der solcher-
weise verschlechterten Flächen dort, wo man die Kulturen vorwiegend
mit verschulten Fichten vornehme, also zahlreiche Kämpe bedürfe, keine
geringe sei. (Nach unsern Erfahrungen rührt diese Erscheinung nicht
selten daher, daß beim Verlassen eines ausgebauten Kampes einfach
eine große Zahl schlechter, zum Verpflanzen nicht mehr geeigneter
Pflanzen als Bestockung derselben belassen wird!)

Nicht wenige Stimmen dagegen sprechen für thunlichst kon-
zentrirten Betrieb der Pflanzenerziehung, welche dann, auf die
passendsten Plätze verlegt, vom Revierverwalter am leichtesten über-
wacht werden könne[1]). Am weitesten geht hierin wohl E. Heyer[2]),
der zunächst die Gründe gegen ständige Forstgärten unter Hinweis
auf die Billigkeit guter Düngung, auf die geringen Transportkosten
für ballenlose Pflanzen, auf die Leichtigkeit guter Verpackung für nicht
stichhaltig erklärt und der Verschiedenheit des Standortes zwischen
Forstgarten und Kulturplatz jede Bedeutung abspricht, wenn ersterer
nicht etwa in entschieden milderem Klima liegt, als letzterer; sodann
die Vortheile ständiger Forstgärten hervorhebt: die nur einmal auf-
zuwendenden Kosten für Rodung, Planirung oder Terrassirung der
betreffenden Fläche, für Verbesserung der physikalischen Eigenschaften,
für Einfriedigung und Hütte, dann die leichtere Ueberwachung. Heyer
will die Konzentration so weit als möglich treiben, förmliche Holz-
pflanzen-Magazine anlegen, einen großen Forstgarten für ganze
Waldkomplexe, für eine ganze Provinz; unter Hinweis auf die
Erfolge großer Handelsgärtnereien glaubt er, daß auf solche Weise die
besten und billigsten Pflanzen erzogen, viel Lehrgeld erspart, die
besten Geräthe angewendet würden, das Lokalpersonal Entlastung
fände u. s. f. ·

Wenn nun auch zugegeben werden muß, daß von diesen An-
schauungen manche als richtig anzuerkennen sind — auch Burkhardt
stimmt theilweise zu, betont auch noch, daß größere Forstgärten mehr
Gelegenheit zu wissenschaftlichen und praktischen Versuchen und Beobachtungen geben[3]) —, so werden doch nur Wenige so weit gehen
wollen, wie Heyer! Es wäre allerdings sehr bequem, wenn der Revierverwalter im Frühjahr einfach seinen Bestellzettel an das „Pflanzen-
magazin" sendete — aber schon die genaue Bestimmung der Zahl

---

[1]) Zeitschr. f. F.- u. J.-W. Bd. 8. S. 404.
[2]) Allg. F.- u. J.-Z. 1866. S. 205.
[3]) Säen u. Pflz. S. 71.

der nöthigen Pflanzen jeder Gattung würde manche Schwierigkeit bieten, ebenso die gute Verpackung, der oft weite Transport in entlegene Waldungen, das rechtzeitige Eintreffen, ganz abgesehen davon, daß mit der Pflanzenerziehung dem thätigen Wirthschafter eines der dankbarsten Arbeitsgebiete entzogen würde[1]). Und so ist jener Gedanke Heyer's wohl kaum irgendwo realisirt worden; die Erziehung des nöthigen Pflanzenbedarfs in jedem Revierbezirk wird die Regel bleiben, der aushülfsweise Bezug von Pflanzen aus einem andern Revier dadurch jedoch nicht ausgeschlossen sein.

Daß größere und ständige, eine längere Reihe von Jahren benutzte Forstgärten manche Vorzüge bieten und vielfach sehr am Platz, ja unbedingt nöthig sind, soll damit in keiner Weise in Abrede gestellt werden, und wir haben oben deren Vorzüge schon kennen gelernt. Insbesondere werden dieselben zur Laubholzzucht und bei stärkeren Wildständen um der nöthigen soliden Einfriedigung willen nicht entbehrt werden können, und ebenso macht kostspieliger Bodenumbruch längere Benutzung wünschenswerth. Düngemittel verschiedener Art werden gegen die sonst unvermeidliche Vermagerung des Bodens helfen und in rechter Quantität und Art angewendet, den erwünschten Erfolg haben — benutzt ja auch der Handelsgärtner fort und fort denselben Platz zur Erziehung seiner Gewächse[2]).

So werden denn Saatkamp wie Forstgarten ihre Stelle in der Pflanzenzucht behaupten, und jeder von beiden unter gewissen Verhältnissen und Bedingungen seine entschiedene Berechtigung haben.

---

[1]) Auch die Verantwortlichkeit für das Gelingen bezw. Mißlingen der Kulturen wird in bedenklicher Weise getheilt: trägt an letzterem das gelieferte Pflanzmaterial, dessen mangelhafte Verpackung oder die schlechte Ausführung der Kultur die Schuld?

[2]) Ein 2 ha großer fiskalischer Pflanzgarten bei Hannover, im Jahre 1865 angelegt, zur Laubholzzucht benutzt und mit Straßenkehricht, Rohhumus und ungelöschtem Kalk gedüngt, hat sich vollständig produktionsfähig erhalten. (Verhandl. des Hils=Solling=Vereins. 1882. S. 48.) Ich selbst ziehe hier seit 17 Jahren Eichen auf denselben Beeten in stets gleich guter Qualität, dank ausreichender Düngung.

II. Abschnitt.

Die Vorbereitungen zur Pflanzenzucht.

1. Kapitel.

Auswahl des Platzes.

§ 7.

Allgemeine Erörterungen.

Die Auswahl eines passenden Platzes zur Anlage eines Saat=
kampes, eines Forstgartens, kann unter günstigen Verhältnissen mit
sehr wenig Schwierigkeiten verbunden sein, unter ungünstigen dem
Wirthschafter viel Sorgen und Zweifel erregen. Eine ganze Reihe
von Faktoren sind es, die der Würdigung bedürfen, und die Richt=
beachtung des einen oder andern rächt sich oft schwer durch Erziehung
mangelhaften Pflanzmaterials, durch vergeblichen Aufwand von Geld,
Zeit und Mühe. Insbesondere ist es die Auswahl eines (meist größern)
Platzes für Anlage eines ständigen Forstgartens, welche ganz besonders
erwogen sein will, da sich Fehler hier viel schwerer rächen, als der
Mißgriff, der etwa bei Auswahl der Oertlichkeit für einen kleinen
Wanderkamp gemacht wurde. Zudem soll ein solch' ständiger Pflanz=
garten oft zur Erziehung mehrerer, in ihren Ansprüchen an Boden,
Schutz 2c. sehr verschiedener Holzarten dienen, wodurch die Auswahl
wesentlich erschwert werden kann.

Die Faktoren aber, welche bei Auswahl des Platzes zu beachten
sind, und die wir nun näher ins Auge fassen wollen, sind: Lage,
Boden, Terraingestaltung, bisherige Benutzung, Um=
gebung; auch die Gestalt, welche der neuen Anlage gegeben werden
soll, wie deren Größe spielt schon bei der Auswahl des Platzes,
zumal in coupirtem Terrain, eine Rolle.

Nicht selten wird es schwer fallen, einen Platz ausfindig zu
machen, der alle wünschenswerthen Eigenschaften zeigt, allen An=
sprüchen genügt[1]): dann heißt es eben Licht= und Schattenseiten gegen
einander abwägen, wobei wieder die Rücksicht auf die vorzugsweise

---

[1]) Ueber die Anforderungen bei Anlage eines ständigen Forstgartens s. auch
Demontzey, Studien über Wiederbewaldung und Berasung der Gebirge (übersetzt
von v. Seckendorff). S. 202.

anzuziehende Holzart in den Vordergrund tritt. So wird man für Tannen der geschützten Lage des Saatbeets besondern Werth beilegen, für Föhren dem tiefgründigen und lockern Boden u. s. f.

§ 8.

Lage.

Die zweckmäßige Lage einer Pflanzschule ist von großer Bedeutung, und Schmitt[1]) sagt mit Recht, daß derselben vielfach höherer Werth beizulegen sei, als der Güte des Bodens. Letzterer läßt sich bezüglich seiner physikalischen und chemischen Eigenschaften verbessern, während ungünstigen Einflüssen in Folge der Lage viel schwieriger zu begegnen ist.

Mancherlei Rücksichten sind es nun, die hiebei ins Auge zu fassen und denen, soweit sie sich eben unter den gegebenen Verhältnissen vereinen lassen, Rechnung zu tragen ist.

So erscheint es zunächst wünschenswerth, daß der Pflanzgarten nicht allzu entfernt liege vom Wohnsitz des ihn beaufsichtigenden Forstbediensteten, des Försters oder Oberförsters — derselbe kann nie zu oft in seine Saatschule, seinen Forstgarten kommen! Die Ueberwachung ist erleichtert, Schäden und Gefährdungen werden sofort im Entstehen und ersten Auftreten bemerkt, mancherlei Arbeiten des Schutzes und der Pflege (so z. B. Auflegen und Entfernen von Schutzgittern u. s. f.) mit leichter Mühe im rechten Augenblick vorgenommen. — Auch große Entfernung von den Ortschaften, welche die nöthigen Arbeiter stellen, ist aus naheliegenden Gründen unerwünscht.

Ebenso wünschenswerth ist namentlich für den größern und ständig benutzten Forstgarten die leichte Zugänglichkeit für Fuhrwerk, die Nähe also eines guten Weges. Die Beifuhr von Düngematerial jeder Art, die Abfuhr von Pflanzen verursachen andernfalls Schwierigkeiten und erhöhte Kosten, und es wird dieser Punkt ganz besonders auch bei jenen Gärten zu beachten sein, welche Pflanzen in großer Menge und zum Verkauf an Private liefern sollen.

Die Nähe der Kulturorte ist nur dann von hervorragender Wichtigkeit, wenn es sich um Erziehung von Ballenpflanzen handelt; bei ballenlosen Pflanzen ist der Transport so billig, daß diese Rücksicht gegen andere, wichtigere Erwägungen zurücktritt. Daß übrigens diese

---

[1]) Fichtenpflanzschulen S. 22.

Nähe unter allen Umständen manche Vortheile bietet, haben wir oben (§ 6) bereits hervorgehoben.

Von großer Bedeutung ist bei der Lage eines Forstgartens die möglichste Abhaltung schädlicher atmosphärischer Einflüsse, der Wirkungen von Hitze und Frost.

Um den Einwirkungen der Hitze und der dadurch hervorgerufenen Trockniß zu begegnen, werden wir keine gegen Süd und West geneigte Lage wählen, sondern der nördlichen, nordöstlichen oder nordwestlichen Neigung den Vorzug geben. Das in solchen Lagen etwas später als an der Südseite eintretende Erwachen der Vegetation bringt zugleich einigen Schutz gegen Spätfröste mit sich, und auch für den Kulturbetrieb überhaupt hat dies spätere Regewerden der Vegetation um des größeren Zeitraums willen, der dadurch für die beste Kulturzeit gegeben ist, seine Vortheile.

Dem Spätfrost aber, diesem gefährlichen Feind so vieler unserer Holzgewächse, beugen wir, abgesehen von dem Schutz, welchen ein umgebender Holzbestand gewährt (s. § 12) und von den später zu erörternden künstlichen Schutzmitteln, vor Allem auch durch richtige Auswahl des Platzes für unsere Pflanzschule vor. Sogenannte Frostlagen, Mulden, Einbeugungen, enge Thäler sind absolut zu vermeiden, überhaupt die Lage lieber etwas hoch, als zu tief zu wählen. Lokale Erfahrungen hinsichtlich der den Spätfrösten ausgesetzten Oertlichkeiten werden hier den besten Fingerzeig geben.

In einem Verwaltungsbezirk, dessen Waldungen sehr verschiedene Höhenlagen haben, kann bei konzentrirtem Betrieb der Pflanzenzucht auch die Frage herantreten, ob man die Pflanzen für die Hochlagen in einem in tieferer, milderer Lage befindlichen Forstgarten erziehen könne, nachdem hier die Pflanzen oft schon zu treiben beginnen, ehe in jenen Hochlagen mit der Kultur begonnen werden kann. Durch frühzeitiges Ausheben der Pflanzen und Einschlagen an kühlem, schattigem Ort läßt sich allerdings diesem, namentlich bei Laubhölzern und der Lärche bedenklichen früheren Treiben vorbeugen [1]), doch dürfte es vielfach angezeigt sein, diesem Faktor bei Anlage der Pflanzschule etwas Rechnung zu tragen, eventuell eben zwei Pflanzschulen, in höherer und tieferer Lage, anzulegen.

------

[1]) Ueber Aufbewahrung und Einschlagen von Pflanzen vergl. § 103.

§ 9.

Boden.

Daß neben der Lage der Boden von größter Wichtigkeit für den Erfolg der Pflanzenzucht sein müsse, bedarf wohl keiner weiteren Er= örterung, und zwar sind es die chemische Zusammensetzung, der Ge= halt desselben an Pflanzennährstoffen, wie seine physikalische Be= schaffenheit: Lockerheitsgrad, Frische, Tiefgründigkeit, welche hiebei in Betracht kommen; durch das Zusammenwirken dieser beiden Faktoren ist die größere oder geringere Güte des Bodens bedingt.

Man war nun früher vielfach der Ansicht, der Boden, auf welchem man die Pflanzen erziehe, müsse möglichst jenem des künftigen Ver= wendungsortes gleichen, und eine in gutem Boden erzogene Pflanze werde bei ihrer Versetzung auf schlechteren Boden kümmern[1]), in höhe= rem Grade wenigstens kümmern, als eine nur auf mittelgutem Boden erzogene. Dieser Ansicht entsprechend vermied man, wo es sich um Erziehung von Pflanzen für geringe Standorte handelte, bei Auswahl des Platzes für die Pflanzschule absichtlich den guten Boden und wählte geringeren.

Von dieser Ansicht ist man jetzt wohl allgemein abgekommen und hat die Ueberzeugung gewonnen, daß auf gutem Boden erzogene, mög= lichst normal beastete und bewurzelte Pflanzen unter allen Verhältnissen die beste Garantie für das Gedeihen einer Kultur bieten[2]). „Der beste Kiefernboden ist nicht zu gut dazu," sagt Burckhardt[3]) bei Besprechung der Erziehung von Kiefernpflanzen — und keiner Pflanze muthen wir ja bez. des Bodens mehr zu, keine muß sich mit schlechterem Boden noch begnügen als die Kiefer[4]). — Es ist insbesondere ins Auge zu

---

[1]) Cotta, Waldbau, 6. Aufl. S. 294. v. Lips, Waldbau S. 344.

[2]) v. Manteuffel, Die Eiche. S. 79.

[3]) Burckhardt, Säen u. Pflz. S. 293.

[4]) Es dürfte hier vielleicht die von Reuß und Möller gemachte Beobachtung (v. Seckendorff, Mitth. aus d. österr. Versuchswesen. Bd. II. S. 186) zu erwähnen sein, nach welcher dreijährige, auf Granitsand erzogene und auf Thonschiefer verschulte Pflanzen ein viel ungünstigeres Verhalten durch stärkeren Abgang und geringere Entwickelung zeigten, als eben so alte auf Thonschiefer erzogene und gleich= zeitig auf dasselbe Pflanzbeet verschulte Pflanzen. Einjährige Pflanzen dagegen, im Granit erzogen und auf Thonschiefer verschult, zeigten keinerlei Rückgang. Im Bd. II, S. 330 ist allerdings konstatirt, daß die Entwickelung jener ersten Pflanzen von Jahr zu Jahr besser wurde, so daß der Unterschied am Ende des zweiten Jahres gegenüber den auf Thonschiefer erzogenen nur ein geringer mehr war. — Eine irgend sichere Schlußfolgerung läßt sich unseres Erachtens aus diesem vereinzelten Versuch nicht ziehen.

Fürst, Pflanzenzucht. 3. Aufl. 2

faſſen, daß geringer Boden die Pflanzen nöthigt, ſich durch tiefgehende und weitaus greifende Wurzeln die nöthige Nahrung zu verſchaffen[1]), die beim Ausheben theilweiſe verloren gehen müſſen — ſolcher Wurzelverluſt thut aber dem freudigen Gedeihen der Pflanzen ſtets Eintrag.

Wir werden daher bei der Wahl eines Platzes zur Pflanzen=erziehung ſtets möglichſt nach einem guten Boden greifen, einem Boden, der hinreichend kräftig iſt und dabei günſtige phyſikaliſche Eigenſchaften — entſprechenden Grad von Bindigkeit, Gründigkeit und Feuchtigkeit — zeigt, Eigenſchaften, die ja wieder mit dem mineraliſchen Urſprung und der chemiſchen Zuſammenſetzung des Bodens in engem Zuſammenhang ſtehen. Dabei iſt aber günſtigen phyſikaliſchen Eigenſchaften jedenfalls eine größere Bedeutung beizulegen, als dem momentanen Gehalt an Pflanzennährſtoffen; einem Mangel an letzteren läßt ſich durch entſprechende Düngung jederzeit leichter ab=helfen, als ungünſtiger phyſikaliſcher Beſchaffenheit des Bodens.

Was die Bindigkeit des Bodens betrifft, ſo wird ein lehmiger Sand= oder ſandiger Lehmboden ſtets den ſtrengeren Lehm= oder Thonböden vorzuziehen ſein. Letztere ſind ſchwerer zu bearbeiten und zu lockern, trocknen im Frühjahr zur Zeit des Säens und Verſchulens nur langſam ab und ſtellen dadurch der Arbeit manche Hinderniſſe in den Weg, leiden auch in Folge der in den obern Schichten ſich halten=den Feuchtigkeit mehr durch Auffrieren. Im Sommer dagegen leidet ſolch’ ſchwerer Boden durch Hartwerden und Aufreißen, iſt meiſt ſtark zur Verunkrautung geneigt und ſtellt doch wieder dem Ausjäten größere Schwierigkeiten in den Weg, indem die Unkrautwurzeln, ſtatt ſich mit ausziehen zu laſſen, abreißen und alsbald aufs Neue ausſchlagen[2]). — Ebenſo aber werden wir zu leichten Sandboden um des allzu raſchen Austrocknens, wie des geringen Nährſtoffgehaltes willen zu vermeiden ſuchen; am erſten iſt derſelbe wohl noch für die Erziehung einjähriger Föhren zuläſſig.

Die Forderungen an die Tiefgründigkeit des Bodens werden verſchieden ſein je nach den Holzarten, um deren Anzucht es ſich han=delt, nach der Stärke, die wir unſere Pflanzen erreichen laſſen wollen;

---

[1]) Fichtenpflanzen auf ärmerem Boden zeigen dies weite Ausgreifen der Wurzeln oft in ſehr prägnanter Weiſe; ebenſo Birken.

[2]) Mit der Aufforderung E. Heyers (Allg. F.= u. J.=Ztg. 1866. S. 208), dort, wo Engerlingsſchaden droht, auf ſtarken Thongehalt zu ſehen, ja ſelbſt pla=ſtiſchen Thon zu wählen, wird man ſich kaum einverſtanden erklären können; die anderweiten Nachtheile überwiegen doch wohl jenen einzigen Vortheil!

ein zur Erziehung von Eichen, vielleicht gar von Heistern bestimmter Pflanzkamp bedarf selbstverständlich eines tiefgründigeren Bodens, als eine Fichtenpflanzschule. Flachgründigen Boden wird man unter allen Umständen zu vermeiden suchen, da derselbe durch Austrocknen, Auffrieren, baldige Erschöpfung an Nährstoffen leidet, eine große Tiefgründigkeit aber eben so wenig fordern, da zu tiefgehende Wurzeln für die künftige Verpflanzung ungünstig sind. — Undurch=lassender Untergrund gibt im Frühjahr in Folge der stagnierenden Feuchtigkeit leicht Veranlassung zum Auffrieren des Bodens, zumal wenn die undurchlassende Schichte seicht liegt.

Die Frage nach der Tiefe der Bodenbearbeitung (s. § 17) wird uns übrigens auf dieses Thema nochmals zurückführen.

Der natürliche Feuchtigkeitsgrad des Bodens endlich sei ein mäßiger; eigentlich trockne Böden sind wenigstens für manche Holz=art fast eben so ungünstig, wie dies im Allgemeinen feuchter Boden ist, der durch starken Gras= und Unkrautwuchs viele Reinigungskosten verursacht, durch Auffrieren den Pflanzen Nachtheil bringt. Ein frischer Waldboden wird allen Holzarten am zuträglichsten sein, und nur zu Erlen=Saat= und Pflanzschulen wählt man gerne Oertlichkeiten mit höherem Feuchtigkeitsgrad, während wir bei Föhrensaatbeeten in Sandgegenden allerdings auch bisweilen mit geringwerthigem, trocknem Sandboden vorlieb nehmen müssen.

§ 10.

Boden=Neigung.

Hat man in der Auswahl des Platzes freie Hand, so wählt man gerne ebenes oder doch nur sanft geneigtes Terrain für die Pflanzschule und gibt letzterem bei einer Neigung gegen Nord, Nord=ost, Nordwest sogar den Vorzug vor der ganz ebenen Lage, indem hier, abgesehen von den in § 8 erwähnten Vorzügen (Schutz gegen Austrocknen durch Einwirkung der Sonne), auch ein leichteres Aus=trocknen nach anhaltendem Regen, nach Schneeabgang stattfindet, die Feuchtigkeit nicht stagnirt. — Stärkere Neigung des Bodens sucht man jedoch zu vermeiden, da hier einerseits Beschädigungen durch Abschwemmen des Bodens bei heftigeren Regengüssen zu fürchten sind, anderseits auch die Bodenbearbeitung durch das nöthige Terrassieren theurer, die Tiefe der Bodenbearbeitung in den Terrassen auch eine sehr verschiedene wird[1]). Auch Schutzgräben zum Auffangen des Wassers

---

[1]) Allg. F.= u. J.=Ztg. 1860. S. 217.

2*

find hier meist nicht zu umgehen und verursachen Kosten. Am ersten erscheint solch' stärker geneigtes Terrain noch für Verschulungsbeete zulässig, in minderem Maße für die durch Abschwemmen gefährdeteren Saatbeete.

Ist man genöthigt, stärker geneigtes Terrain zu wählen, so gibt man der Anlage wenigstens in der Richtung der Wasserlinie mit Rücksicht auf die sonst steigende Gefahr der Beschädigung durch Abschwemmen keine zu große Ausdehnung. Burckhardt[1]) empfiehlt in solchem Falle auch Zwischenstreifen unbearbeiteten Bodens, welche die Gewalt des Wassers brechen (vergl. § 20).

§ 11.
Bisherige Benutzung.

Auch die bisherige Bestockung oder Benutzung der betreffenden Fläche ist wohl ins Auge zu fassen. Alte, durch langes Bloßliegen vermagerte oder verunkrautete Blößen vermeidet man gerne, und ebenso hat bisheriges Ackerland Manches gegen sich; zur Benutzung des letzteren wird man namentlich bei Aufforstung angekaufter größerer Ackerflächen gerne veranlaßt, da die erstmalige Bearbeitung des Bodens eine sehr leichte und billige ist — allein einerseits pflegen solche verlassene Felder sehr ausgebaut zu sein, anderseits hat man auf denselben in der Regel einen harten Kampf mit massenhaftem Unkraut, namentlich auch der eben so lästigen als schwer zu vertilgenden Quecke zu bestehen, und es vergehen meist mehrere Jahre, bis man den Boden etwas rein von Unkraut bringt. Dagegen sagt Burckhardt[2]), daß bisheriges Weideland mit guter Grasnarbe nicht zu verschmähen sei.

Am besten pflegen neu ausgestockte Flächen inmitten älterer Bestände ihren Zweck zu erfüllen, da hier der Boden seine volle Fruchtbarkeit besitzt und vollkommen unkrautrein zu sein pflegt, so daß wenigstens in den ersten Jahren Düngung und Reinigung sehr geringe Kosten verursachen. — Frische, oder doch durch längeres Bloßliegen noch nicht vermagerte Windbruchlöcher inmitten eines Bestandes, durch Wegnahme einzelner Stämme nöthigenfalls vergrößert oder regulirt, werden vielfach mit gutem Erfolg benutzt und bieten dabei den weiteren Vortheil allseitigen Schutzes (s. § 12).

---

[1]) Burckhardt, Säen u. Pflz. S. 557.
[2]) Säen u. Pflz. S. 72.

§ 12.

Umgebung.

Endlich werden wir auch der Umgebung unserer neuen Pflanz=
schule einige Rücksicht bei Auswahl des Platzes schenken. E. Heyer[1])
warnt um der Mäuse willen vor der Nähe der Felder, um der Enger=
linge willen vor jener von Eichenstockschlägen. Pflanzschulen auf der
Grenze von Feld und Wald führen den weitern Nachtheil mit sich, daß
die Feinde beider Kulturarten an Unkräutern und Insekten hier zu=
sammentreffen. Saatkämpe, in alten Beständen gelegen, leiden weniger
durch Angriffe der Engerlinge, als solche in freierer Lage[2]). Pflanz=
gärten in Mitte junger Schläge wird man um des massenhaft ein=
fliegenden Unkrautsamens, wie um des fehlenden Seitenschutzes
willen vermeiden. Letzterem aber möchten wir eine ganz besondere
Bedeutung beilegen[3]) — dem Schutz durch einen auf der Süd= und
Westseite vorstehenden alten Bestand gegen die austrocknende Sonne,
wie auf der Nord= und Ostseite durch, wenn auch jüngere Bestände
gegen kalte und austrocknende Windströmungen. Namentlich bei Holz=
arten, welche gegen Frost und Hitze empfindlicher sind — Tannen,
Fichten — springt die Wirkung dieses Seitenschutzes oft in augen=
fälligster Weise hervor.

Am vollkommensten genießen diesen allseitigen Schutz Pflanzgärten
inmitten von Beständen, auf Windbruch= oder eigens gerodeten Flächen,
denen wir im vorigen Paragraphen bereits das Wort geredet haben.
Gayer[4]) will zwar Vorstände von hohem Holz auf der Nord- und
Ostseite um der oft empfindlichen Folgen der Reflexion (des Brennens)
willen entfernt wissen, doch haben wir solche Folgen weder früher in
eigener Praxis, noch in neuerer Zeit bei Beobachtung zahlreicher, in=
mitten alter glattrindiger Buchenbestände des Spessarts gelegener Forst=
gärten wahrnehmen können. — Jüngere Bestände, Mittelhölzer, erfüllen
übrigens den Schutz gegen austrocknende Winde in vollkommenster
Weise, ohne die von Gayer (auch Nördlinger) erwähnte, also doch wohl
vorgekommene obige Gefährdung im Gefolg zu haben.

Selbstverständlich darf dieser Seitenschutz nicht in einen Seiten=
druck übergehen, der Schutzbestand darf nicht zu nahe an das Pflanz=

---

1) Allg. F.= u. J.=Z. 1866. S. 207.
2) Altum, Waldbeschädigungen durch Thiere. S. 147.
3) Forstl. Mitth. XI. 119.
4) Waldbau. S. 322.

beet heranrücken, seine Traufe darf nicht auf dasselbe fallen; namentlich bei Lichthölzern, Eichen, Föhren, macht sich zu starker Seitenschatten sofort bemerklich. Gegen das Stehenlassen einiger Stämme auf der Fläche selbst als eine Art Schutzbestand, wie man dies wohl da und dort namentlich in Tannen- und Buchenpflanzkämpen sieht, möchten wir uns absolut aussprechen! Seitenschutz ist jeder Pflanze wohlthätiger, als direkte Ueberschirmung, durch welche zuviel Licht, sowie die schwächeren atmosphärischen Niederschläge abgehalten werden, und das freudige Gedeihen obiger Schatthölzer auf kleinen Blößen, ihr kümmerlicher Wuchs, ja ihr gänzliches Fehlen unter der Schirmfläche starker Bäume ist hiefür der deutlichste Beweis[1]). Solche übergehaltene Bäume beeinträchtigen auch die Bearbeitung und regelmäßige Einteilung der Pflanzgärten in lästiger Weise, und daß sie durch ihren größeren Nahrungs- und namentlich Wasserbedarf die innerhalb ihres Wurzelraumes befindlichen Pflanzen in nicht geringer Weise beeinträchtigen, erscheint ebenfalls kaum zweifelhaft[2]). — Jenem Fingerzeig der Natur dürfen wir ja bei Auswahl des Platzes nur folgen, unsere Pflanzbeete unter entsprechendem Seitenschutz anlegen, so werden wir die Vortheile des Schutzes ohne die Nachtheile der Ueberschirmung und der Traufe erlangen. —

Die unmittelbare Nähe von Wasser beim Pflanzgarten wird in den meisten Lehrbüchern als wünschenswerth oder selbst absolut nöthig bezeichnet — so will Gayer[3]) Forstgärten nur da angelegt haben, wo direkte Bewässerung möglich. Man wird hier aber wohl unterscheiden müssen zwischen kleineren (Nadelholz-) Saat- und Pflanzkämpen und größeren Forstgärten. Erstere können des Wassers in der Nähe wohl entbehren, da man das Gießen der Saaten oder Pflanzen soviel als möglich vermeidet und die geringe Menge von Wasser, die man vielleicht zum Anschlämmen u. dgl. bedarf, doch überall beigeschafft werden kann. Für große Pflanzgärten dagegen, wo dieser Wasserbedarf ein bedeutender sein kann, das Gießen zur Erhaltung

---

[1]) Vergl. Fischbach, Lehrbuch der Forstw., S. 111, welcher für,
    und Burckhardt, Säen u. Pflz. S. 399, dann Heyer, Waldbau, S. 399,
    welche gegen solchen Schutzbestand sich aussprechen.

[2]) Vergl. Borggreve, Holzzucht, S. 141. Es sei hier übrigens auf die in
§ 104 geschilderte Methode der Erziehung von Buchenpflanzen (zum Unterbau)
durch Vollsaat in entsprechend durchforsteten Föhrenstangenhölzern hingewiesen;
die Sache liegt hier wesentlich anders als bei dem Ueberhalt von Stämmen in
Saatbeeten!

[3]) Waldbau. S. 416.

werthvoller Holzarten auch wohl eher Platz greift, ist die Nähe von Wasser allerdings sehr wünschenswerth, und man wird daher auch finden, daß solche größere Anlagen meist fließendes Wasser in der Nähe, außerdem Brunnen oder Cisternen haben.

Eine eigentliche Bewässerung der Gärten, wie sie Karl Heyer und Vonhausen empfehlen (vergl. § 42 u. 58), gehört übrigens nach unseren Erfahrungen zu den selteneren Fällen.

§ 13.

Gestalt.

Bei der Erwägung, welche Gestalt wir unserem Saatkamp oder Forstgarten geben wollen, wird zunächst die Nothwendigkeit oder Entbehrlichkeit einer soliden, also kostspieligen Einfriedigung eine wesentliche Rolle spielen.

Ist eine Einfriedigung entbehrlich, wie dies ja namentlich für Nadelholzpflanzen nicht selten der Fall, so sind wir bezüglich der Gestalt, die wir unserer Anlage geben wollen, nicht gebunden, können uns ganz nach Terrain, Seitenschutz u. s. w. richten und wählen dann nicht selten die Form eines langgestreckten Rechtecks; so also namentlich in stärker geneigtem Terrain, in welchem dann die lange Seite des Rechtecks horizontal am Berge hin gelegt wird, oder längs einer Bestandswand, welche Seitenschutz gegen die Sonne geben soll. Ebenso wird man durch geringe Breite des Pflanzbeetes im Innern der Bestände, auf Lücken, für empfindliche Holzarten — Tannen, Buchen — die wohlthätige Wirkung allseitigen Seitenschutzes am vollständigsten erreichen.

Ist aber eine solide Einfriedigung nöthig, so werden wir trachten müssen, dieselben mit möglichst geringen Kosten herzustellen, ihr eine im Verhältniß zur eingefriedigten Fläche möglichst geringe Länge zu geben. Den kleinsten Umfang hat bei gleicher Fläche der Kreis, dann das regelmäßige Polygon, die aber beide sehr erklärlicher Weise unverwendbar für die Gestalt eines Pflanzgartens sind, und man wird für letztere daher die nächst.günstige geometrische Figur — das Quadrat, nach diesem das Rechteck mit nicht zu großem Unterschied in der Länge der beiden zusammenstoßenden Seiten wählen. In diesem Fall ist die Differenz in der Länge des einzufriedigenden Umfanges gegenüber dem Quadrat eine geringe; so würde z. B. ein Hektar in Quadratform einen Umfang von 400 m, in Rechtecksform mit Seiten von

125 und 80 m Länge einen solchen von 410 m haben. Ein solches Opfer kann man anderweiten Vortheilen (Seitenschutz!) wohl bringen!

Unter allen Umständen aber stecke man die Figur genau recht=winklig ab — selbst ein kleiner Fehler in dieser Beziehung macht sich in unangenehmer Weise bei der Eintheilung bemerklich.

§ 14.

Größe.

Die Größe eines anzulegenden Saatkamps oder Forstgartens hängt von mancherlei Verhältnissen ab.

In erster Linie ist die Gesammtfläche der in einem Ver=waltungsbezirk anzulegenden Pflanzschulen abhängig von Betriebsart und Verjüngungsmethode. Im Allgemeinen wird der Plenterwald weniger künstliche Nachhülfe erfordern, als der schlagweise Hochwald=betrieb, ebenso der Mittel= und Niederwald; die natürliche Verjüngung bedarf zu den allerdings nie fehlenden Nachbesserungen geringere Pflanzenmengen, als der Kahlschlagbetrieb mit nachfolgender Pflanzung, welch' letztere, wie Eingangs schon berührt, überwiegend an Stelle der Saat getreten ist. Durch Betriebsart, Umtriebszeit, Verjüngungs=weise im Zusammenhalt mit der Größe des Verwaltungsbezirkes wird die Größe der durchschnittlich alljährlich zu kultivirenden Fläche be=stimmt werden.

In Weiterem wird auf die Gesammtgröße der Pflanzschulen eines Reviers von wesentlichem Einfluß sein das Alter und die Stärke der zu verwendenden Pflanzen, ob man 1=, 2=, 3jährige Saatschul=pflanzen, oder ob man verschulte Pflanzen und in welchem Alter verwendet. Mit jedem Jahr, welches die Pflanzen länger in der Saat= oder Pflanzschule stehen, wächst die Fläche der letzteren um ein Be=trächtliches (wenn auch nicht in direktem Verhältniß, da man kleinere Pflanzen stets in viel engerem Verband pflanzt, als stärkere), und starke Heister, die etwa alljährlich in gewisser Zahl zur Verfügung stehen sollen, erfordern verhältnißmäßig sehr große Pflanzschulen.

Auch der Umstand, ob die im Frühjahr von Pflanzen geräumte Fläche sofort wieder benutzt wird oder bis zum nächsten Früh=jahr brach liegen bleibt, wie dies Schmitt[1]) sehr befürwortet, ist von nicht unwesentlichem Einfluß auf die Größe der Fläche der Forst=gärten.

---

[1]) Fichtenpflanzschulen. S. 29, 118.

Verhältnisse besonderer Art: Aufforstung von erworbenen Oed= ländereien, von Windbruchflächen u. dgl. machen eine zeitweise Ver= größerung der Pflanzschulen über das gewöhnliche Maß nöthig. — Ebenso ist der Umstand, ob man auch Pflanzen zum Verkauf erziehen will und soll, ob zu letzterem entsprechende Gelegenheit gegeben ist, von Einfluß.

Erfahrungszahlen endlich über die auf einer Flächeneinheit zu er= ziehende Pflanzenmenge, je nach Holzart, Alter, Erziehungsweise wesentlich verschieden, bestimmen unter Berücksichtigung des stets auch stattfindenden Abgangs an unbrauchbarem Material im Zusammenhalt mit obigen Verhältnissen und Erwägungen die Größe der zur Pflanzen= zucht nöthigen Gesammtfläche.

Bezüglich der Größe der einzelnen Pflanzschulen eines Reviers werden jene Erwägungen maßgebend sein, die wir gelegentlich der Frage: ständige oder wandernde Pflanzkämpe (§ 6), erörtert haben; die ersteren pflegen stets größer zu sein, als letztere.

Nicht aus dem Auge dürfte aber zu verlieren sein, daß der für die Pflanzen so wohlthätige Seitenschutz mit zunehmender Größe der Pflanzschule abnimmt, ja theilweise ganz verloren geht, und wir würden stets lieber 2 Forstgärten zu je ½ ha, durch einen genügend breiten Streifen Wald getrennt, anlegen, als einen einzigen 1 ha großen Garten, trotz der durch diese Trennung verursachten höheren Ein= friedigungskosten.

---

2. Kapitel.

Bearbeitung des Bodens.

§ 15.

Allgemeine Erörterungen.

Hat man einen zur Pflanzschule tauglichen Platz ausgewählt und nach Bestimmung von Größe und Gestalt abgesteckt, so ist die nächste Aufgabe die zweckentsprechende Zurichtung des Bodens. In welcher Weise ist der etwa vorhandene Bodenüberzug zu beseitigen, wie am besten zu verwenden? Wie tief soll der Boden bearbeitet werden, in welcher Weise und zu welcher Zeit soll diese Bearbeitung stattfinden, wie ist die Oberfläche des Pflanzbeetes zu gestalten, welche Rücksichten sind etwa auf die gleichzeitige Verbesserung des

Bodens zu nehmen? — diese Fragen werden dabei an uns heran=
treten und nach den örtlichen Verhältnissen, der anzuziehenden Holzart
in verschiedener Weise zu beantworten sein.

§ 16.
Entfernung des Bodenüberzuges.

Nach dem, was wir in § 11 über die Auswahl des Platzes gesagt
haben, werden wir es bei unserer Pflanzschulfläche zu thun haben mit
einer Bodendecke von Laub, Nadeln oder Moos, wenn es sich um eine
zu rodende bestockte Fläche handelt, oder etwa mit einem Rasen=
überzug bei Auswahl einer Oedfläche, nur ausnahmsweise aber mit
einem Ueberzug von Heidelbeer= oder Heidekraut. Jede Bedeckung des
Bodens aber muß, da sie der späteren Bearbeitung und Zurichtung
der Beete hinderlich sein würde, beseitigt werden.

Wird ein Stück eines Bestandes für die neue Anlage gerodet, so
läßt man die vorhandene Laub=, Nadel= oder Moosdecke zusammen=
rechen und setzt dieselbe nicht selten, eventuell mit Kalk zum Zweck
rascherer Zersetzung, zu sog. Komposthaufen an (s. § 24 d). Erst dann
erfolgt die Entfernung des Bestandes unter möglichst gründlicher
Rodung sämmtlicher Stöcke und Wurzeln, welche außerdem bei der
späteren Bearbeitung des Bodens hinderlich werden. Bei der Rodung
ist übrigens das Obenaufbringen rohen, noch nicht genügend zersetzten
Bodens zu vermeiden, beziehungsweise derselbe sofort wieder zum Aus=
füllen der Stocklöcher zu benutzen und mit guter Erde zu über=
decken.

Eine Rasendecke wird flach abgeschält und entweder nach vor=
herigem Trocknen der Plaggen zu Rasenasche verbrannt oder zum
Zweck der Verwesung, der Gewinnung sog. Rasenerde, in Haufen gesetzt
(s. § 24 b); wo, wie später beschrieben, der Boden rajolt wird, da
bringt man wohl auch den Rasen auf die Sohle der Rajolgräben in
der Absicht, durch seine Verwesung den Boden zu düngen.

Stärkere Bodenüberzüge von Heidelbeer= oder Heidekraut
werden mit ihrem ganzen Wurzelfilz abgeschält und ebenfalls, etwa in
Verbindung mit Rasenplaggen, zu Asche zum Zweck der Düngung
verbrannt.

§ 17.
Tiefe der Bodenbearbeitung.

Von nicht geringer Wichtigkeit ist die richtige Beantwortung der
Frage, wie tief der Boden zu bearbeiten sei. Jede über das Maß

der Nothwendigkeit und Zweckmäßigkeit hinausgehende Tiefe der Bearbeitung ist eine unter Umständen nicht unbedeutende Geldverschwendung, während anderseits eine zu seichte Bodenbearbeitung sich durch minder günstige Wurzelbildung und Pflanzenentwickelung, durch leichteres Austrocknen des Bodens und Ausfrieren der Pflanzen rächen kann.

Absolute Zahlen über die nothwendige Tiefe der Bodenbearbeitung lassen sich unserer Ansicht nach nicht geben; die Beschaffenheit des Bodens, des Untergrundes, vor Allem auch die anzuziehende Holzart, die Stärke, welche die Pflanzen erreichen sollen, sprechen ein gewichtiges Wort mit. Wie weit die Ansichten über die nothwendige Bodentiefe auseinandergehen, mögen die Angaben E. Heyer's und Fischbach's beweisen, von denen ersterer[1]) ganz allgemein für ständige Forstgärten eine 75—100 cm tiefe Bodenlockerung durch Rajolung verlangt, während der letztere[2]) sich für Saatschulen mit einer 10—20, für Pflanzschulen mit einer 15—30 cm tiefen Bodenbearbeitung (nur für Kiefern verlangt er größere Tiefe) begnügt! Das Richtige dürfte für die weitaus meisten Fälle in der Mitte liegen, eine Bodenbearbeitung, wie sie Heyer fordert, viel zu kostspielig und auch für die stärksten Eichenheister überflüssig sein, dagegen die von Fischbach angegebene untere Grenze von nur 10 resp. 15 cm sich doch in den meisten Fällen als zu gering erweisen und mancherlei Nachtheile nach sich ziehen. Eine einigermaßen tiefe, durchschnittlich etwa 25—30 cm betragende Bodenlockerung gewährt den Vortheil, daß Regen- und Schneewasser leichter und tiefer in den Boden einsinken; dadurch wird einerseits dem oft so nachtheiligen Auffrieren des Bodens einigermaßen vorgebeugt, da dieses bei größerem Feuchtigkeitsgehalt der oberen Bodenschichten auftritt, wie anderseits dem allzu raschen Austrocknen im Sommer. Das tiefer eingedrungene Wasser verdunstet langsamer, steigt beim Austrocknen der oberen Schichten wieder in die Höhe und kommt so den Pflanzen zu Gute[3]). — Schwerer Boden wird eine tiefere Lockerung wünschenswerth machen, als an sich leichter und lockerer; ebenso ist bei festerem Untergrund flachgründigen Bodens eine entsprechende Lockerung des ersteren aus obigen Gründen wünschenswerth und bietet den weiteren Vortheil, daß die Verwitterung desselben befördert, also Nährstoffe aufge-

---

[1]) Allg. F.- u. J.-Z. 1866. S. 208.
[2]) Lehrb. der Forstwissensch. S. 111, 116.
[3]) Forstl. Mitth. XI. 121.

schlossen werden, die bei wiederholter Benutzung der Fläche durch Mischung mit den oberen Schichten den Boden kräftigen.

Es leuchtet ferner ein, daß die Tiefe der Bodenbearbeitung durch das Pflanzmaterial, welches man erziehen will, bis zu gewissem Grade bedingt ist: für die flachwurzelnde Fichte wird eine geringere Bodentiefe genügen, als für Eiche und Föhre, und ein Heisterkamp wird stets tiefere Bodenbearbeitung bedingen, als ein Saatbeet für Nadelholzpflanzen irgend welcher Art. — Ebenso aber, wie die Wurzelbildung der anzuziehenden Pflanzen von Einfluß auf die nöthige Tiefe der Bodenlockerung, so wird anderseits durch letztere auch wieder die Bildung der Wurzeln mehr oder weniger beeinflußt. In tiefer Bodenlockerung, bei der etwa noch der bessere Boden oder die verwendeten Düngemittel in die unteren Schichten gebracht wurden, hat man ein Mittel gefunden, Pflanzen mit sehr tiefgehender Bewurzelung — einjährige Föhren zur Bepflanzung trockner Sandböden — zu erziehen; auch bei Eichen macht sich zu tiefe Bodenbearbeitung namentlich auf geringerem Boden durch eine zu lange Pfahlwurzel in lästiger Weise fühlbar[1]). In minder tiefer Bodenlockerung wird man daher auch ein Mittel haben, dieser bei der Verpflanzung oft geradezu hinderlichen, allzu tiefgehenden Wurzelbildung entgegen zu wirken, und durch gründliche Lockerung der oberen Bodenschichten in Verbindung mit guter Düngung derselben ein minder tiefgehendes, aber um so reicher verzweigtes Saug- und Seitenwurzel-System hervorrufen[2]).

Die Besprechung der einzelnen Holzarten im zweiten Theile dieses Werkchens wird uns auf diese Frage wiederholt zurückführen.

§ 18.

Zeit der Bodenbearbeitung.

Jede zu einer neuen Pflanzschule bestimmte Fläche pflegt man zweckmäßiger Weise einer wiederholten Bearbeitung zu unterziehen, und ganz besonders nothwendig erscheint dies, wenn man es mit bindenderem Boden zu thun hat.

Die erstmalige gröbere Bearbeitung wird im Sommer oder Herbst durch rauhes Umhacken, bisweilen auch durch Pflügen (s. § 19), vorgenommen und hiemit zwar die in § 20 näher besprochene Arbeit

---

[1]) Burckhardt, Säen u. Pflz. S. 73.
[2]) Seckendorff, Mitth. II. Bd. S. 345.

des Planirens oder Terrassirens verbunden, die Oberfläche dagegen absichtlich grobschollig belassen, damit dieselbe während des Winters den atmosphärischen Einflüssen und insbesondere den Einwirkungen des Frostes möglichst ausgesetzt sei. Durch letzteren wird der Boden so mürbe, daß er im Frühjahr mit Leichtigkeit zerfällt, weshalb, wie oben berührt, bei bindendem Boden diese Bodenbearbeitung vor Winter von besonderer Bedeutung ist; außerdem aber vermag die Winterfeuchtigkeit in den gelockerten Boden viel reichlicher und tiefer einzudringen, als in den ungelockerten.

Ist der Boden stark verunkrautet, so soll die erste Bearbeitung schon im Vorsommer geschehen, damit das untergearbeitete Unkraut verwese — im Winter findet bei der geringen Temperatur eine Verwesung nicht statt und das Unkraut kommt bei der zweiten Bearbeitung im Frühjahr in demselben Zustand wieder herauf, in welchem es untergebracht wurde[1]).

Die zweite, feinere, gartenmäßige Bearbeitung (mit dem Spaten) findet im Frühjahr statt und soll womöglich der Benutzung einige Zeit vorausgehen, damit der Boden sich wieder hinreichend setzen kann, da stärkeres Setzen desselben nach der Saat oder Verschulung manchen Mißstand nach sich zieht.

Wird eine Fläche wiederholt benutzt, so ist es zwar ebenfalls wünschenswerth, wenn auch minder nothwendig, daß dieselbe gleichfalls schon im Herbst grob umgehackt werde, was aber durch die auf derselben stehenden und erst im Frühjahr zur Verwendung kommenden Pflanzen häufig unmöglich gemacht wird, so daß man sich mit einer einmaligen Bearbeitung im Frühjahr begnügen muß. Die von Schmitt[2]) empfohlene einjährige Brache solcher Flächen ermöglicht deren doppelte Bearbeitung, im Herbst und im Frühjahr.

§ 19.

Art und Weise der Bodenbearbeitung.

Die doppelte Bearbeitung des Bodens pflegt in verschiedener Weise zu geschehen.

Die erstmalige Bearbeitung im Sommer oder Herbst kann durch Pflügen, Umhacken oder eigentliches Rajolen (Riolen) stattfinden und wird man jene Methode wählen, bei welcher der Zweck hin-

---

[1]) Allg. F.- u. J.-Ztg. 1880. S. 41.
[2]) Fichtenpflanzschulen. S. 26.

reichend tiefer Lockerung und gleichzeitiger möglichster Säuberung des Bodens von Steinen, Wurzeln, Unkraut mit den geringsten Kosten erreicht werden kann.

Am billigsten wird bei völlig ebenem und einer Planirung nicht bedürftigem, von Wurzeln und Steinen freiem Boden das Pflügen sein, jedoch vorzugsweise nur bei Verwendung von bisherigem Weide= land nach vorherigem Abschälen der Grasnarbe, von Ackerland oder von steinfreiem Sandboden der Ebene Anwendung finden können. Auch setzt das Pflügen eine nicht zu geringe Größe der betreffenden Fläche, sowie genügend tiefes Eingreifen des Pfluges voraus.

Viel häufiger wird das Umhacken des ausgewählten und von seinem etwaigen Ueberzug befreiten Platzes mit der Rodehacke statt= finden, wobei alle Steine und Wurzeln sorgfältig entfernt werden. Ein eigentliches Wenden des Bodens in der Weise, daß die bis= herige obere Bodenschichte in die Tiefe käme, findet hiebei nicht statt, wäre bei guter oberer Bodenschichte sogar ein Fehler, wohl aber er= folgt ein meist vortheilhaftes Mengen der obern und untern Boden= schichten. Die Tiefe, bis zu welcher der Boden auf solche Weise gut bearbeitet werden kann, beträgt 30 bis höchstens 40 cm; soll der Boden in besonderen Fällen noch tiefer gelockert werden oder will man ein völliges Stürzen desselben vornehmen, so muß man zu dem eigent= lichen Rajolen greifen.

Diese sehr gründliche, aber auch theuerste Bodenbearbeitung erfolgt nun in der Weise[1]), daß man längs einer Seite des umzuarbeitenden Platzes einen Graben von vielleicht 30 cm Tiefe zieht, die Erde bei Seite wirft und nun die Grabensohle entsprechend tief lockert; auf dieselbe wird nun das Erdreich aus dem nächsten, neben dem ersten zu ziehenden Graben geworfen, sodann dessen Sohle gelockert und so fortgefahren. Ist der Boden in den verschiedenen Schichten von durchaus gleicher Güte oder gar die untere Bodenschichte die bessere (Sandboden), so stürzt man auch wohl den Boden vollständig, indem man den ersten Graben gleich in der vollen Tiefe, in welcher der Boden gelockert werden soll — 40 bis 50 cm — aushebt, in denselben die Erde des nächsten Grabens wirft und so bis zum Ende fortfährt. — Will man den etwa aus Rasen bestehenden Bodenüberzug nicht zu Asche brennen, so wird er tief untergraben, und wirkt derselbe bei seiner Verwesung düngend. Seichtes Untergraben von Rasen ist streng zu meiden, da seicht liegende Rasenschwarten beim Säen und Ver=

---

[1]) E. Heyer in d. Allg. F.= u. J.=Z. 1866. S. 208. Forstl. Mitth. XI. 121.

schulen lästig werden und ebenso durchwachsend zur Verunkrautung des Saatbeetes beitragen.

Zur Erziehung lang bewurzelter Föhrenjährlinge hat man bei tiefer Bodenlockerung wohl auch den guten oberen Boden absichtlich in die Tiefe gebracht, um hiedurch gleichsam die Wurzeln in die Tiefe zu locken, lang bewurzelte Pflanzen zu erziehen. Solche Jährlinge mit langen, fadenförmigen Wurzeln haben sich aber nicht sonderlich bewährt, sind auch schwer ohne Krümmung der Wurzeln zu verpflanzen[1]; in dem mageren Oberboden aber kümmert nicht selten der Keimling und erwächst dann nie zur kräftigen Pflanze[2].

Eine billige Bearbeitung des Bodens dadurch erzielen zu wollen, daß man die betr. Fläche ein oder zwei Jahre lang zur landwirthschaftlichen Benutzung, namentlich zum Hackfrüchtebau, abgibt, ist, um der Schwächung der Bodenkraft willen, wohl stets zu widerrathen[3].

Bei größeren Flächen steckt man zweckmäßig die dann nöthigen breiteren Hauptwege vor der erstmaligen Bearbeitung des Bodens ab und schließt sie von derselben aus, indem man lediglich die obere Bodenschichte in der den Wegen zu gebenden Tiefe abhebt und zur Planirung des übrigen Terrains verwendet.

Die zweite Bodenbearbeitung im Frühjahr erfolgt mit dem Spaten in gartenmäßiger Weise unter nochmaliger Reinigung von Steinen, Wurzeln, Unkraut ꝛc. und Zerkleinern aller größeren Erdschollen, wobei ein 20—25 cm tiefes Umstechen in der Regel vollständig genügen wird.

Hand in Hand mit der ersten, häufiger mit der zweiten Bearbeitung des Bodens pflegt die Verbesserung der chemischen und physikalischen Eigenschaften des Bodens durch Beimengung von düngenden Stoffen oder von solchen zu geschehen, welche lockernd oder bindend wirken sollen. Das Kapitel über die Düngung und insbesondere der von der Ausführung der Düngung handelnde § 28 enthalten hierüber das Nähere.

§ 20.

Planiren und Terrassiren.

Gleichzeitig mit der erstmaligen Bearbeitung des Bodens geschieht das Einebnen der Fläche, das Planiren, wo nöthig, das Terrassiren.

---

¹) Burckhardt, Säen u. Pflz. S. 293.
²) Krit. Blätter. L. a. S. 121.
³) Allg. F.- u. J.-Z. 1872. S. 228.

Bei ebenen oder sanft geneigten Flächen sucht man die Oberfläche des Kamps möglichst in eine, horizontal oder gleichmäßig geneigte Ebene zu legen, vorhandene Vertiefungen oder Erhöhungen also zu beseitigen. Dadurch, daß man beim Umhacken stets von den tiefer gelegenen Punkten ausgehend die Erde auf diese zuzieht, wird schon viel geschehen können; bei größeren Erhebungen und Vertiefungen wird aber ein umständliches Abgraben und Auffüllen nicht zu vermeiden sein. Dabei hüte man sich aber, rohen Boden obenauf zu bringen, sondern räume erst die gute Erde bei Seite, grabe soweit nöthig ab und benutze den abgegrabenen rohen Boden nur zum Ausfüllen größerer Vertiefungen; dann aber bringe man da wie dort gute Erde obenauf, wie solche namentlich auch bei dem Ausheben der breiteren Wege oft in ziemlicher Menge gewonnen werden kann. — Nicht selten sieht man diese Vorsicht versäumt, und die Folgen treten in der Entwickelung der Pflanzen (bei Fichten auch sehr prägnant in der gelblichen Färbung der Nadeln) zu Tage; auf den abgehobenen Stellen, wo nur roher Boden obenauf liegt, kümmern die Pflanzen, in den mit gutem Boden aufgefüllten Vertiefungen nebenan zeigen sie vorzügliche Entwickelung!

An steileren Gehängen, zu deren Benutzung man im Berglande wohl hie und da genöthigt ist, wird zur Vermeidung des Abschwemmens eine terrassenartige Bearbeitung und Zurichtung des Terrains nöthig. Die einzelnen Beete werden staffelförmig horizontal gelegt, selbst mit leichter Neigung gegen die an der Bergseite gelegenen schmalen Zwischenwege zu, nach welchen dann das Regenwasser abfließt, um dort in den Boden einzusinken. — Auch bei dem Terrassiren hat man sich, namentlich in stärker geneigtem Terrain, vor dem Obenaufbringen des rohen Untergrundes bei starkem Abgraben zu hüten.

Nach Burckhardt[1]) läßt man bei solch' stärkerer Neigung des Gehänges, die allerdings bei Auswahl des Platzes thunlichst zu vermeiden ist, zweckmäßig die bearbeiteten Streifen mit unbearbeiteten wechseln, auf welch' letztere Steine, Wurzeln, später das ausgejätete Unkraut geworfen werden; diese unbearbeiteten Streifen mit ihrer Decke bieten guten Schutz gegen das Abschwemmen[2]).

---

[1]) Säen u. Pflz. S. 357.

[2]) Unter besonders ungünstigen Verhältnissen, so bei Aufforstung großer Oedflächen im Gebirge, wie sie im südlichen Frankreich stattfinden, verzichtet man auch auf Anlage eigentlicher Saatkämpe und benutzt kleinere, über die ganze Fläche zerstreute Plätze oder Streifen, welche einigermaßen eben und geschützt liegen, zur Pflanzenerziehung. (Demontzey, Studien. S. 218.)

3. Kapitel.

Verbesserung des Bodens, Düngung.

§ 21.

Allgemeine Erörterungen.

Trotz aller Sorgfalt, mit welcher wir den Platz für unsern Saat=
kamp, unsern Forstgarten auswählen, hat der Boden daselbst nicht
immer alle jene physikalischen und chemischen Eigenschaften, welche
zur gedeihlichen Pflanzenerziehung nothwendig sind, oder er hat sie
wenigstens nicht in dem wünschenswerthen Maße. Es können die Ver=
hältnisse eines Waldes so gestaltet sein, daß eine Oertlichkeit, deren
Boden allen Anforderungen entspricht, beispielsweise nicht zu fest
oder nicht zu locker ist, überhaupt nicht zur Verfügung steht, oder es
können die Vorzüge der Lage, deren Wichtigkeit wir oben ja besonders
hervorgehoben haben, so bedeutende sein, daß wir über den einen oder
andern Mangel in der Qualität des Bodens wegsehen. Es wird
ferner ein ursprünglich nahrungsreicher Boden durch die auf ihm er=
zogenen Pflanzen seiner löslichen Nährstoffe nach und nach beraubt
und dadurch zur Erziehung gesunder, kräftiger Pflanzen untauglich
werden, wenn wir ihm nicht zu Hülfe kommen.

Eine solche Hülfe geben wir nun dem von Haus aus nicht
nahrungskräftigen oder dem seiner Nährstoffe beraubten Boden durch
eine entsprechende Düngung, durch Beimischung von Stoffen, welche
die nöthigen Pflanzennährmittel enthalten. Wir geben aber unter
Umständen dem Boden auch Stoffe bei, welche vorwiegend nur dessen
physikalische Eigenschaften verbessern sollen — so z. B. dem bindenden
Boden Sand — und sprechen dann nur von einer Melioration
des Bodens. In vielen Fällen wirken aber die zweckmäßig gewählten
Stoffe, die wir dem Boden beimengen, in beiden Richtungen, düngend
und verbessernd, so z. B. die Beigabe guter Walderde auf zu lockerem
oder zu bindendem Boden.

In den folgenden Paragraphen werden wir nun von der Melio=
ration und Düngung unserer Saatbeete und Forstgärten eingehender
zu reden und namentlich jene Stoffe zu besprechen haben, welche zu
der viel häufiger vorkommenden eigentlichen Düngung Anwendung
finden. Die richtige Wahl derselben, die anzuwendende Menge,
die entsprechende Zeit, die Art und Weise der Ausführung

sind weitere Gegenstände der Betrachtung in diesem für die Praxis wichtigen, nicht selten vielleicht zu wenig beachteten Kapitel.

§ 22.
Verbesserung der physikalischen Eigenschaften des Bodens — Melioration.

Wir haben in § 9 die Anforderungen, welche wir an die physikalischen Eigenschaften eines Bodens, an Bindigkeit, Tiefgründigkeit und Feuchtigkeitsgrad stellen, eingehend besprochen und betont, daß denselben bei Auswahl des Platzes größere Wichtigkeit beizulegen sei, als dem momentanen Gehalt des Bodens an Pflanzennährstoffen, aus dem einfachen Grunde, weil einem Mangel an letzteren viel leichter abzuhelfen ist, als ungünstiger physikalischer Beschaffenheit.

Mangelnder Tiefgründigkeit wird sich überhaupt schwer abhelfen lassen, am ersten vielleicht durch Ausheben breiterer und tieferer Wege und Steige und Erhöhung der Beete mittelst des aus ersteren gehobenen Materiales; übrigens wird dies der vielleicht seltenste Mangel sein, an dem unsere Forstgärten leiden.

Ueberflüssiger Feuchtigkeit wird man durch Gräben, eventuell selbst durch Drainage abhelfen, feuchte Plätze aber um des Unkrautes und der Frostgefahr willen an sich vermeiden. Zu große Trockenheit des Bodens hängt in der Regel mit zu großer Lockerheit zusammen und wird durch Verminderung der letzteren auch ersterer einigermaßen abgeholfen; ist sie freilich durch die Lage (zu starke Einwirkung der Sonne) bedingt, so läßt sich kaum abhelfen.

Der Bindigkeitsgrad pflegt es unter den physikalischen Eigenschaften des Bodens am öftesten zu sein, der uns bei sonst günstigen Verhältnissen der Lage und des Bodens unseres neu anzulegenden Pflanzgartens am wenigsten entspricht, sei es, daß der Boden zu schwer, zu bindig und in Folge dessen zur Krustenbildung, zum Auffrieren im Frühjahr, zum Aufreißen im Sommer geneigt ist, sich schwerer lockern und reinigen läßt, sei es, daß er zu leichter Sandboden ist und in Folge dessen zu rasch austrocknet.

Im ersten Falle, bei zu großer Bindigkeit, wenden wir zunächst mechanische Hülfsmittel an: wiederholte Bearbeitung und Lockerung, dann aber das so wirksame Ausfrieren des im Herbst grobschollig umgearbeiteten Bodens (s. § 18). Die wohl auch als Lockerungsmittel empfohlene Ueberlassung des Bodens zum ein- oder zweijährigen Bau von Hackfrüchten haben wir schon oben (§ 19) als minder zweckmäßig und nicht empfehlenswerth bezeichnet.

Dagegen empfiehlt Lorey[1]) als ein Mittel zur Lockerung des Bodens, das zugleich düngend wirkt, den Anbau mit Lupinen, die in grünem Zustand untergehackt werden, und es ist dies ein weiterer Vortheil der später (§ 24) zu besprechenden Gründüngung.

Wollen und können wir aber zur Beimengung lockernder Stoffe greifen, so wählen wir hiezu Sand, der natürlich nur lockernd wirkt, oder Sägespäne, Gerberlohe, leichten Torf, während Humus oder mit vielen humosen Stoffen gemengte Walderde zugleich auch düngende Wirkung hat, und beiden ähnlich wirken Rasenasche und Kompost. Auch gebrannter Kalkstaub, von nahe gelegenen Kalköfen oft sehr billig zu beziehen, wird als Lockerungsmittel empfohlen[2]), und ebenso ist die Steinkohlenasche mit ihren zahlreichen grusigen Beimengungen nach unseren eigenen Erfahrungen ein günstiges Mittel zur Lockerung schweren Bodens.

Ist dagegen der Boden zu locker, ein Fall, der in den ausgedehnten Kiefernrevieren sandiger Ebenen nicht selten vorkommt, so wirkt abermals der Humus, gute Walderde günstig auf die Bindigkeit und damit auch auf die Fähigkeit des Bodens, die Feuchtigkeit länger zu halten, ein; auch Stalldünger, Mergel, Rasenerde wirken in ähnlicher Weise, sämmtliche Substanzen aber zugleich düngend, die Zuführung von Düngemitteln wird sich aber bei solch' lockerem Sandboden ohnehin nöthig erweisen.

Es geht sonach die Verbesserung der physikalischen Eigenschaften des Bodens in vielen Fällen mit einer eigentlichen Düngung Hand in Hand; eine ausschließliche Melioration durch Beiführen anderer Stoffe, also z. B. von Sand, sucht man um der Kostspieligkeit willen stets zu vermeiden.

§ 23.

Verbesserung der chemischen Eigenschaften des Bodens — eigentliche Düngung.

Darüber, daß eine Düngung der wiederholt benutzten Saatbeete, der ständigen Forstgärten, stattfinden müsse, wenn beide ihren Zweck: die Lieferung kräftiger Pflanzen — erfüllen sollen, besteht gegen-

---

[1]) Allg. F.- u. J.-Z. 1894. S. 232.
[2]) Forstw. Centralbl. 1883. S. 245.

wärtig wohl nirgends mehr ein Zweifel. Dem einfachsten Praktiker sagen dies die kümmernden Pflanzen in seinem ausgebauten Saatbeet, und schon ehe uns die Wissenschaft zu Hülfe kam und uns nähere Belehrung über den Grund dieser Erscheinung und die anzuwendenden Gegenmittel gab, hatte der Praktiker durch Düngung dem Uebel abzuhelfen gesucht und bei Wahl der richtigen Mittel auch ab= geholfen[1]).

Insbesondere sind es die ständigen Forstgärten, welche ohne ent= sprechende Düngung nicht bestehen können; aber auch Wanderkämpe bedürfen auf geringwerthigerem Boden gleich vor der ersten Benutzung eine Düngung, wenn kräftige Pflanzen erzogen werden sollen.

Der Grund, weshalb in Pflanzschulen und Saatkämpen rasch eine Bodenerschöpfung erfolgt und sonach eine Düngung nothwendig wird, während der Wald einer solchen nicht bedarf, ist leicht ein= zusehen, wenn wir einerseits die große Menge von Mineralstoffen, welche in jungen Baumtheilen enthalten sind und sonach gerade durch Pflanzen dem Boden entzogen werden müssen, und anderseits den geringen Wurzelraum ins Auge fassen, dem hier, im Gegen= satz zum älteren Bestand, diese Stoffe entzogen werden. Dazu fehlt noch die natürliche Düngung, welche im Bestand die abfallenden Blätter und Nadeln gewähren. Es ist beispielsweise nach v. Schröder's An= gaben (s. u.) die Menge von Stickstoff, Kali und Phosphorsäure, welche ein= bis dreijährige Fichten in einem Jahr bedürfen, nicht geringer als jene, welche durch eine Ernte von Halmfrüchten, Kartoffeln, Wiesenheu dem Boden entzogen wird.

Die Frage nun, mit welchen Stoffen eine Düngung am er= folgreichsten und billigsten vorgenommen werde, lag nahe, und Wissen= schaft wie Praxis haben sich eingehend mit derselben beschäftigt[2]).

---

[1]) Es ist (Forstl. Bl. 1884. S. 377) die Frage aufgetaucht, ob nicht auch ein Holzartenwechsel in unseren Forstgärten in ähnlicher Weise, wie bei der Fruchtfolge in der Landwirthschaft angezeigt — nothwendig oder doch vortheil= haft — sei? Nach unseren Erfahrungen in den hiesigen Forstgärten ist bei aus= reichender Düngung ein solcher Wechsel mindestens nicht geboten, und selbst eine Ersparung an Düngemitteln will uns zweifelhaft erscheinen. Sagt doch der Verf. jenes Artikels selbst, daß er Fichtensaatbeete auf Kalkboden noch längere Jahre zur Erziehung von Eichen und Eschen nach vorausgegangener Düngung mit Erfolg benützt habe! — Bei der Versammlung des Hils=Solling=Vereins im Jahre 1882 (s. die Verhandlungen S. 48) sprachen sich übrigens mehrere Stimmen im Sinne der Zweckmäßigkeit eines Holzartenwechsels aus.

[2]) Von neueren Publikationen bezüglich der wichtigen Düngungsfrage nennen wir: v. Schröder, Thar. Jahrb. 1893. S. 129; Schmitz=Dumont, Thar.

Eine ausführliche Behandlung dieses wichtigen Themas dürfte daher auch hier am Platze sein.

Zunächst galt es wohl zu ermitteln, welche Nährstoffe und in welchen Mengen dem Boden durch die Pflanzen entzogen werden; die Beantwortung dieser Frage mußte ja maßgebend sein für die Wahl der anzuwendenden Düngstoffe. Die Agrikulturchemie, die ihre Kräfte in erster Linie der Landwirthschaft zugewendet hatte, nahm sich allmählich auch mehr und mehr der Forstwirthschaft an, und die für letztere wichtigen Untersuchungen wurden vorwiegend von den an den Forstakademien thätigen Chemikern vorgenommen; ihnen verdanken wir denn auch in erster Linie die Antwort auf obige Fragen.

Diese geht nun auf Grund vorgenommener Analysen dahin, daß es vor Allem Kalium, Phosphor und Stickstoff, dann Calcium, Magnesium, Eisen und Schwefel sind, welche durch die Pflanzen dem Boden entzogen werden, Stoffe, von denen namentlich die drei erstgenannten hochwichtigen Nährmittel sich im Boden fast stets nur in geringerer Menge zu finden pflegen, deren Vorrath sich daher bei fortgesetztem Entzug rasch erschöpfen muß. Diese Erschöpfung wird um so früher eintreten müssen, je geringere Tiefe die von den Wurzeln durchzogene Erdschichte hat, je weniger von den oben genannten Stoffen und also je weniger mineralische Kraft der Boden überhaupt besitzt; sie wird später erfolgen, wenn durch Mischung der unteren mineralisch noch kräftigen Schichten des Bodens mit den oberen bereits ausgesogenen den Wurzeln neue Nahrung zugeführt werden kann.

Was nun die Menge, in welcher die oben genannten Stoffe durch Pflanzen verschiedener Art und verschiedenen Alters dem Boden entzogen werden, betrifft, so liegen auch hierüber eine Anzahl von Untersuchungen unserer Chemiker vor, insbesondere über die Hauptholzarten unserer Pflanzgärten, die Fichte und die Föhre. Die seitens verschiedener Forscher ermittelten Zahlen zeigen allerdings nicht unwesentliche Abweichungen, und Schröder[1]) erklärt uns auch, warum sich solche Abweichungen ergeben müssen: es gründen sich die betreffenden Angaben naturgemäß auf die Annahme einer bestimmten Pflanzenzahl pro a oder ha, bezüglich welcher Zahlen jedoch nachweislich sehr wesentliche Abweichungen in der Praxis bestehen; es kommt neben

---

Jahrb. 1894, S. 205; Schwappach, Zeitschr. f. F.- u. J.-W. 1891. S. 410; Walther, Zeitschr. f. F.- u. J.-W. 1893. S. 237.

Auch in Ramann, Forstliche Bodenkunde und Standortslehre 1893, wird die Düngung im forstlichen Betrieb kurz besprochen.

[1]) Thar. Jahrb. 1893. S. 129 ff.

der Zahl der Pflanzen aber noch deren Qualität, deren geringere oder beſſere Entwickelung in Betracht, und in dieſer Richtung ſind die Unterſchiede nicht minder groß. Dulk[1]) erklärt dieſe abweichenden Reſultate der Analyſe auch noch dadurch, daß der Aſchengehalt der Pflanzen in ziemlich weiten Grenzen abhängig ſei von der Zuſammen= ſetzung des Bodens, und daß es den Anſchein habe, als ob die Pflanzen bei dem Mangel eines Nährſtoffes im Boden genöthigt ſeien, um ſo größere Mengen eines andern, in reicherem Maße vorhandenen auf= zunehmen.

Einige Angaben über die Reſultate ſolcher Unterſuchungen mögen hier folgen:

Nach Dulk[1]) werden dem Boden jährlich pro ha entzogen an:

	durch 1jähr. Buchen	1jähr. Kiefern	1jähr. Fichten	4jähr. verſch. Fichten
Phosphorſäure	18,7	11,1	8,0	8,9 kg
Kali	30,5	23,5	15,6	10,6 „
Magneſia	9,9	3,4	2,1	3,0 „
Kalk	52,1	19,5	33,5	17,0 „

Prof. von Schröder[2]) gibt bei der auf Erhebungen in den Tharander Pflanzgärten geſtützten Annahme, daß pro ha 13,3 Millionen Stück 1jähriger, 10,35 Millionen 2jähriger und 7,3 Millionen 3jähriger Fichtenpflanzen von guter Entwickelung erzogen werden können, folgende Tabelle über den Nährſtoffbedarf 1—3jähriger Fichten, wobei die im Samen enthaltenen Nährſtoffe in Abzug gebracht ſind:

Nährſtoffbedarf junger Fichten in Kilogramm für 1 Jahr und Hektar.

	im 1. Jahr	im 2. Jahr	im 3. Jahr	im Mittel der beiden erſten Jahre	im Mittel der drei Jahre
Kali	13,70	65,44	70,32	39,57	49,82
Natron.	1,18	5,12	0,08	3,15	2,12
Kalk	13,93	79,63	66,21	46,78	53,26
Magneſia	3,36	20,61	17,82	11,99	13,93
Eiſenoxyd.	7,40	22,60	24,36	15,00	18,12
Phosphorſäure	7,95	54,93	30,05	31,44	30,98
Schwefelſäure	5,05	27,05	4,28	16,05	12,12
Kieſelſäure	7,34	16,52	60,01	11,93	27,96
Reinaſche	59,91	291,90	273,13	175,91	208,31
Stickſtoff	26,71	131,88	62,07	79,30	73,55

---

[1]) Forſtw. Centralbl. 1874. S. 289.
[2]) Thar. Jahrb. 1893. S. 139.

Aehnliche Untersuchungen hat Schmitz=Dumont[1]) für Kiefern ausgeführt, und sind deren Resultate, denen die in den Tharander Pflanzgärten ermittelten Zahlen von 7,15 Millionen Stück einjährige und 5,70 Millionen Stück zweijähriger Pflanzen zu Grunde gelegt sind, in nachstehender Tabelle enthalten:

Nährstoffbedarf junger Kiefern in Kilogramm für 1 Jahr und Hektar.

	im 1. Jahr	im 2. Jahr	im Mittel
Kali	22,38	79,50	50,94
Natron	1,24	6,46	3,85
Kalk	11,97	61,44	36,70
Magnesia	7,08	29,11	18,09
Manganoxydoxydul	0,69	8,12	4,40
Eisenoxyd	9,66	34,95	22,31
Phosphorsäure	9,76	36,24	23,00
Schwefelsäure	6,31	20,22	13,26
Chlor	1,99	1,10	1,54
Kieselsäure	6,15	21,04	13,59
Reinasche	77,23	298,18	187,71
Stickstoff	39,97	147,36	93,67

Es möge außerdem noch auf die Untersuchungen von Schütze[2]) und Councler[3]) hingewiesen sein.

Ein Blick auf diese Zahlen, insbesondere auf die bedeutenden Mengen von Kali, Phosphorsäure und Stickstoff, welche durch die Pflanzen dem Boden entzogen werden, belehrt uns jedenfalls über die Nothwendigkeit einer kräftigen Düngung der benutzten Pflanzbeete!

§ 24.

Hülfsmittel zur Düngung.

Nachdem der vorige Abschnitt uns über die Nothwendigkeit der Düngung, wie über jene Stoffe, welche dem Boden durch die Holzpflanzen vorzugsweise entzogen werden, belehrt hat, haben wir nun zunächst jene Stoffe kennen zu lernen, welche im Forsthaushalt überhaupt als Düngemittel angewendet werden können und bisher angewandt wurden. Wir folgen bei deren Aufzählung wohl am besten

[1]) Thar. Jahrb. 1894. S. 203.
[2]) Zeitschr. f. F.= u. J.=W. IV. S. 38.
[3]) Zeitschr. f. F.= u. J.=W. XIV. S. 361

Danckelmann's[1] klarer und übersichtlicher Eintheilung und Erörterung unter entsprechender Ergänzung bezüglich dessen, was uns
Wissenschaft und Praxis mittlerweile an neuen Mitteln an die Hand
gegeben; derselbe unterscheidet

a) Thierischen Dünger,

b) Pflanzen-Dünger,

c) Mineral-Dünger,

d) Menge-Dünger.

Außerdem aber kann man die Düngemittel noch unterscheiden als
vollständige, welche alle den Pflanzen nöthigen Stoffe, einschlüssig
des Stickstoffes, enthalten, und unvollständige, welche nur einen
oder einige dieser Stoffe dem Boden gegeben; zu welcher dieser beiden
Arten die nachbenannten Düngemittel gehören, gibt die Zusammensetzung eines jeden leicht zu erkennen.

a) Thierischer Dünger.

Zu demselben gehören Stalldünger, Abtrittdünger, Jauche, Knochenmehl, Blut-, Horn- und Fleischmehl, Peru- und Fisch-Guano.

Stalldünger, der neben den thierischen Düngestoffen allerdings
im Stroh auch eine nicht unwesentliche Quantität vegetabilischer
enthält, wirkt einigermaßen verschieden nach der Thierart, von welcher
er stammt. Am besten wirkt der Dünger des Rindviehes, insbesondere auf leichterem Boden, dessen physikalische Eigenschaften durch
guten verrotteten Stalldünger zugleich eine Besserung erfahren. Rindviehdünger empfiehlt insbesondere auch Schmitt[2] auf Grund langjähriger Erfahrungen und hält diese Düngung mit Rücksicht auf ihre
Nachhaltigkeit und Wirksamkeit in allen Fällen, wo der Transport nicht
besondere Schwierigkeiten bereitet, für die beste und relativ billigste. —
Roßdünger ist bekanntlich ein hitziger Dünger, zersetzt sich rasch und
wird besonders für schwere und kalte Böden empfohlen; ihm ähnlich
verhält sich der Schafmist, während Schweinemist stickstoffarm
und geringwerthig ist. — Rindviehdünger gehört insbesondere auch
durch seinen Stickstoffgehalt zu den vollständigsten Düngemitteln.

Auch die Pferchdüngung gehört hierher, die sich nicht selten
auf billige Weise wird beschaffen lassen und namentlich durch den Harn
der Schafe günstig wirkt; doch muß der Pferch mehrere Nächte auf
derselben Stelle bleiben, wenn die Wirkung eine genügende sein soll.

---

[1] Zeitschr. f. d. F.- u. J.-W. II. S. 323.
[2] Fichtenpflanzschulen. S. 45.

Nach dem Pferchen soll, um den Verlust des Ammoniaks zu vermeiden, der Boden sofort gepflügt oder seicht umgehackt werden, und Ueberstreuen mit Gyps nach erfolgtem Unterbringen ist ebenfalls von Vortheil als ein Mittel zur Bindung des Ammoniaks[1].

Abtrittdünger, dessen Verwendung vorzugsweise nur in der Nähe größerer Ortschaften in Frage kommen wird, hat bis jetzt wohl wenig Verwendung in Forstgärten gefunden. In fester Form (als Poudrette) mit Kompost gemischt, verwendete ihn v. Manteuffel mit gutem Erfolg in seinen Pflanzgärten; die Anwendung flüssiger Fäkalstoffe in einer sehr ausgebauten Pflanzschule nächst Stuttgart zeigte für alle Holzarten — Eschen, Eichen, Akazien, Tannen, Fichten — sehr guten Erfolg; nur Lärchen gingen zu Grunde[2].

Auch die Jauche ist hierher zu rechnen und dadurch, daß sie die Nährstoffe in löslichster Form enthält, ein rasch wirkendes Düngemittel[3], das aber bis jetzt wohl auch nur ausnahmsweise Verwendung gefunden hat. Das Uebergießen von Komposthaufen, die oben zur Aufnahme der Jauche vertieft sind, trägt jedenfalls zur Erhöhung der Wirksamkeit des Kompostes wesentlich bei und ist vielleicht die zweckmäßigste Art ihrer Anwendung.

Knochenmehl, durch Dämpfung von thierischem Fett befreit, besteht vorwiegend aus phosphorsaurem Kalk und ist daher ein unvollständiges Düngemittel, wirksam und angezeigt für einen an Phosphorsäure (und Kalk) armen Boden. In der Landwirtschaft vielfach angewendet, ist dasselbe allenthalben leicht beziehbar. — Am besten wirkt das Knochenmehl in Verbindung mit anderen Düngemitteln: Kompost, Rasenerde u. dgl., durch welche die dem Knochenmehl fehlenden Nährstoffe dem Boden zugeführt und letztere Düngemittel selbst verstärkt werden — also in Mengedüngern.

Guano (Peruguano), aus den in südlichen regenarmen Gegenden massenhaft aufgespeicherten Excrementen von Seevögeln bestehend, ist ein sehr concentrirtes und darum mit Vorsicht anzuwendendes Düngemittel, dabei kostspielig. Seine Zusammensetzung ist nach den mannigfachen im Handel vorkommenden Arten verschieden, Phosphorsäure und Stickstoff in verschiedenen chemischen Verbindungen sind seine wichtigsten und werthvollsten Bestandtheile. — Die Anwendung in Forstgärten ist

---

[1] Allg. F.- u. J.-Z. 1880. S. 43.
[2] Forstw. Centralbl. 1877. S. 328.
[3] Allg. F.- u. J.-Z. 1872. S. 230.

bis jetzt wohl stets eine beschränkte gewesen und gegebenen Falles der Guano als Bestandtheil von Mengedüngern benützt worden.

Künstlich hergestellte, stickstoffreiche Guanoarten sind:

Fleischmehl, aus dem getrockneten und pulverisirten Fleisch gefallener Thiere, dann aus Rückständen und Thierresten bei den Fleischextraktfabriken in Südamerika hergestellt;

Blutmehl oder Blutguano, aus dem Blut geschlachteter Thiere, mit gepulvertem Kalk gemischt, bestehend;

Hornmehl, durch Dämpfen und Mahlen von Hornabfällen jeder Art, Hufen, Haaren u. dgl. gewonnen; endlich

Fischguano, Fischmehl, getrocknete und pulverisirte Fischrück=stände, reich an Stickstoff und phosphorsaurem Kalk; zu dem jetzt vielfach als Düngemittel angewendeten Walfischguano werden die Reste, insbesondere auch Knochen von Walfischen verarbeitet.

Auch massenhaft gesammelte Maikäfer finden als stickstoffreiches Düngemittel Verwendung.

b) Pflanzendünger.

Der Pflanzendünger entsteht durch Verbrennung oder Ver=wesung vegetabilischer Stoffe; in letzterem Falle können diese Stoffe entweder in bereits verfaultem und zersetztem Zustand in den Boden gebracht werden, oder in noch grünem Zustand (Gründüngung). Die wichtigsten Düngemittel dieser Kategorie sind: Rasenasche, Holzasche, Torfasche; Humus, meist in Gestalt guter Walderde (Dammerde) ver=wendet, Rasenerde; Lupinen, als Gründüngung angewendet.

Unter den durch Verbrennung gewonnenen Düngemitteln stellen wir billig die Rasenasche als das wichtigste und seit Jahren bei der Pflanzenzucht in ausgedehntem Maße angewendete Mittel obenan. Dieselbe wurde namentlich von dem Oberförster Biermans zu Höven zuerst in größerem Maßstabe in den Saatbeeten wie bei Kulturen zur Anwendung gebracht, diese Anwendung und deren Er=folge von demselben im Jahre 1845 auf der Versammlung süddeutscher Forstwirthe zu Frankfurt veröffentlicht, und spielte die Rasenasche seitdem im Forstbetrieb eine ziemlich bedeutende Rolle als Düngemittel in Forstgärten, weniger bei der Ausführung von Kulturen, bei welchen sie Biermans gleichfalls in ausgedehnter Weise verwendete.

Diese Rasenasche wird nun gewonnen durch Verbrennen des flach abgeschälten Bodenüberzuges (sammt anhängender dünner Boden=

schwarte) nach vorheriger guter Trocknung. Biermans[1] benützte in erster Linie Rasen hierzu und erklärt die aus Rasen von mineralisch kräftigem Boden gewonnene Asche als die beste, jene aus Heidelbeer-überzug gemischt mit Gräsern noch als gute, die Asche aus Heidelbeerkraut und Heide als die mindest kräftige, eine Abstufung, die auch jetzt noch von Vielen als die richtigste anerkannt wird. E. Heyer dagegen erklärt[2] gerade die letztere als das werthvollste und billigste Material und stellt jene aus Rasen in die zweite Reihe.

Die Gewinnung selbst wird an den eben angegebenen Orten und namentlich von Heyer genau beschrieben. Die im August und spätestens September abgeschälten Rasen- oder Heidelbeer-Plaggen werden zum Trocknen auf die schmale Kante, die Erde nach außen, paarweise gegen einander gestellt, nach dem Trocknen durch Klopfen möglichst von anhängender Erde befreit — was insbesondere auch Heß auf Grund seiner Versuche für wichtig erklärt[3] — und sodann in größeren oder kleineren Meilern mit Hülfe von etwas dürrem Holz und Reisig verbrannt. Die kleineren Meiler, wie sie vielfach zur Anwendung kommen, werden meist in ziemlich einfacher Weise konstruirt, die Rasen nicht zu dicht angesetzt, mit etwas Reisig behufs leichteren Ansteckens gemischt, gut mit Rasen gedeckt und unter entsprechender Aufsicht gebrannt. Große Meiler, wie sie E. Heyer empfiehlt[4], bis 3 m Durchmesser und 4 m Höhe sind natürlich kunstreicher anzusetzen, erhalten eine Art Gerüst durch vier mit Hülfe von Stangen gebildete Feuerkanäle und in der Mitte eine mit Reisig zu umbindende Quandelstange. Das Material wird unter entsprechendem Wechsel von lockeren Substanzen — Heidelbeere, Heide, Reisig — und dichtem Material — Rasenplagge, Kompostmasse — angesetzt, gut mit Rasen gedeckt und dann von den vier Feuerungskanälen aus zugleich angezündet. Ein solch' großer Meiler glüht 6 bis 12 Wochen, bedarf jedoch nur Anfangs der Ueberwachung, des Nachfüllens und dann Verschließens der Kanäle und des Ueberdeckens mit Rasen, wo das Feuer durchbrechen will; später genügt öfteres Nachsehen.

Die auf solche Weise gewonnene Asche besteht nun aus der Asche der verbrannten vegetabilischen Substanzen, gemischt mit der an den Plaggen hängen gebliebenen Erde, auch kleineren Steinen und nur

---

[1] Forstl. Mitth. I. 1. (Darstellung des Biermans'schen Kulturverfahrens.)
[2] Allg. F. u. J.-Z. 1864. S. 219.
[3] Centralbl. f. d. F.-W. 1875. S. 38.
[4] Allg. F.- u. J.-Z. 1864. S. 219.

verkohlten Pflanzenresten, welch' beide letztere Beimischungen durch Sieben der Masse entfernt werden können. — Die Wirkung dieser Rasenasche beruht nicht nur auf den in der eigentlichen Pflanzenasche enthaltenen löslichen Nährstoffen, sondern auch darauf, daß die Asche bei dem Glühen auf die beigemischte Erde chemisch einwirkt, deren weitere Verwitterung befördert, und darin liegt auch vor Allem wohl der Grund, weshalb sich Rasenasche von gutem, thonigem Boden kräftiger erweist, als solche von ärmerem Sandboden[1]). Bei dem oben empfohlenen gründlichen Abklopfen der Erde von den Plaggen handelt es sich um Entfernung des Uebermaßes derselben, da sonst die eigentliche Asche einen allzu geringen Bruchtheil der Rasen= asche bilden würde.

Diese Rasenasche soll jedoch nie sofort zur Verwendung kommen, sondern erst durch Liegen wenigstens bis zum kommenden Frühjahr — Heyer empfiehlt sogar 2—3 Jahre! — ihre ätzenden Wirkungen etwas verlieren. Man bewahrt sie an trockenen Orten in gut mit Rasen gedeckten Haufen oder mit Lehm ausgeschlagenen Gruben[2]) auf und verhindert durch gute Deckung das Abschwemmen oder Auslaugen durch Regenwasser. Zur Düngung wird sie sich empfehlen für bin= denden oder doch etwas lehmigen Boden, für Sandboden nur dann, wenn sie von kräftigem Boden stammt und nicht etwa von Heidekraut= plaggen auf magerem Sandboden; in letzterem Falle würde ihr Ein= fluß insbesondere auf die physikalischen Eigenschaften des Bodens kein günstiger sein.

Als eine Schattenseite der Rasenaschegewinnung erscheint der Nachtheil, der den zum Abschälen der Plaggen benützten Flächen durch Bloßlegung und Entfernung der humosen Bodenschichte zugeht. Auf frischem, kräftigem Boden wird dieser Nachtheil zu verschmerzen sein, empfindlicher ist er auf ärmerem, und sollte auf solchem die Rasenasche möglichst nur auf Flächen, deren Bodenüberzug ohnehin entfernt werden müßte — zum Zweck der Ansaat, Pflanzgartenanlage, zu Wegbauten u. s. w. —, stattfinden. — In dem angegebenen Miß= stand ist wohl auch der Grund zu suchen, weshalb die Gewinnung von Rasenasche in neuerer Zeit in minderem Maße stattfindet; die Anwendung von Mineraldünger in Verbindung mit Kompost dürfte sie mehr und mehr verdrängen.

---

[1]) Zeitschr. f. F.= u. J.=W. II. 337. Forstl. Mitth. I. 7.
[2]) Centralbl. f. d. F.=W. 1876. S. 644.

Holzasche enthält alle mineralischen Nährstoffe der Holzpflanzen in löslicher Form, nach Liebig[1] insbesondere auch phosphorsaure Salze in ziemlichen Mengen, welch' letztere jedoch nach der Holzart, von welcher die Asche stammt, verschieden sind: so enthält die Eichen=holzasche nur 4 bis 5, Fichten= und Tannenholzasche 9 bis 15, Buchen=holzasche bis 20 Prozent phosphorsaure Salze, und letztere ist daher zur Düngung am werthvollsten. Auch der Reichthum der Holzasche an Kali ist von Bedeutung, dieselbe daher stets als ein gutes Dünge=mittel zu erachten, nach Dankelmann jedoch ihre Wirkung bei unver=mischter und stärkerer Anwendung auf Sandboden eine ungünstige, in Folge zu großer Mengen von alkalisch reagirendem Kaliumcarbonat, welche im minder absorptionsfähigen Sandboden durch das Boden=wasser den Wurzeln zugeführt werden. — Es fehlt jedoch der Holz=asche ein wichtiger Pflanzennährstoff: der Stickstoff, der sich bei der Verbrennung verflüchtigt und daher durch ein anderes Dünge=mittel beigefügt werden muß!

Die Holzasche wird seltener rein, in der Regel gemischt mit andern Düngemitteln, namentlich auch mit Kompost, angewendet, und verdient, weil überall leicht zu erhalten und rasch wirksam, ganz be=sondere Beachtung und Verbreitung. Insbesondere läßt sie sich bei den Holzhauerfeuern, dann durch Verbrennung werthlosen Reisigs, Schlagreinigungsmateriales u. dgl. m. oft in billigster Weise ge=winnen. Es ist insbesondere die Asche dieser jüngeren Pflanzentheile reich an den wichtigsten Pflanzennährstoffen und daher besonders wirksam.

Weniger dungkräftig ist die an Phosphorsäure und Alkalien ärmere Torfasche, und ihre Anwendung auch aus naheliegenden Gründen eine seltenere. Auch Torf selbst wird als Düngemittel angewendet, jedoch nicht leicht allein, sondern in Verbindung mit andern Substanzen als Kompost, weshalb wir denselben unter den Mengedüngern noch erwähnen werden.

Nächst der Rasenasche ist nun jedenfalls Humus und bez. die durch dessen Vermischung mit den oberen Bodenschichten entstehende Dammerde eines der am öftesten zur Anwendung kommenden Düngemittel. Der Humus wirkt nicht nur düngend durch die in ihm enthaltenen Pflanzennährstoffe, deren Löslichkeit durch die bei weiterer Verwesung der organischen Bestandtheile gebildete Kohlen=säure bei Gegenwart von Wasser erhöht wird, sondern namentlich

---

[1] Centralbl. f. d. F.=W. 1878. S. 636.

auch durch Verbesserung der physikalischen Eigenschaften des Bodens; bindender Boden wird durch ihn lockerer, zu lockerer Boden bindender und wasserhaltiger. Das Vermögen des Bodens, Nährstoffe fest= zuhalten, wird durch den Humus gesteigert, dessen Absorptionsfähigkeit für Wasserdampf und Ammoniak erhöht. — Humusdüngung allein bezeichnet Vonhausen[1]) jedoch als eine immerhin schwache, nicht stets ausreichende Düngung. Hier würde sich also Verstärkung der letztern durch Beimengung von Holzasche oder Mineraldüngern empfehlen.

Der ausgebreiteteren Anwendung der Dammerde stehen vielfach die etwas mißlichen Folgen der Gewinnung entgegen, da ihre Ent= nahme aus Beständen diese letzteren unter allen Umständen schädigt, zumal auf an sich armen Bodenarten. Man sucht sie daher lieber aus Bodeneinsenkungen und Mulden, in denen das Wasser humose Theile zusammengeschwemmt hat, aus den Seitengräben der Wege, am Fuße von Gehängen, von Flächen, welche behufs Wegeanlagen ausgestockt werden müssen, möglichst waldunschädlich zu gewinnen, setzt sie auch, wenn etwas unverwestes Laub darunter sein sollte, behufs besserer Verwesung erst ein oder zwei Jahre in Haufen. Unverweste Laubstreu erweist sich insbesondere auf Sandboden um der starken Lockerung des Bodens willen als unvortheilhaft.

Die ebenfalls von Biermans[2]) empfohlene Rasenerde wird durch flaches Abschälen des Rasens und Ansetzen der Rasenplaggen in Haufen, die Oberfläche der Rasenplaggen gegen einander gekehrt, gewonnen; man läßt die Rasen verfaulen, sucht etwa auch die Ver= wesung durch Umstechen der Haufen zu befördern. Die Wirkung der Rasenerde, vor Allem auch bedingt durch die Güte des Bodens, von welchem die Rasen stammen, wird im Verhältniß zu ihrer Quantität stets eine minder energische sein als jene der Rasenasche, mit welcher man sie auch gemischt hat; im Ganzen ist ihre Anwendung wohl eine beschränktere geblieben. Bezüglich der Schattenseite ihrer Gewinnung gilt das oben bei der Rasenasche Gesagte.

Um so häufiger wird dagegen der sogen. Kompost angewendet, welcher, in so weit er nur durch Verwesung vegetabilischer Stoffe, insbesondere des beim Ausjäten anfallenden Unkrautes entsteht, hier abzuhandeln sein würde. Da er aber meist durch Mischung vegeta= bilischer und mineralischer Substanzen hergestellt wird, so reihen wir ihn wohl zweckmäßiger den Mengedüngern an.

---

[1]) Allg. F.= u. J.=Z. 1880. S. 42.
[2]) Forstl. Mitth. I. S. 8.

Gerberlohe, welche durch einjähriges Liegen im Haufen und zeitweiliges Begießen mit Jauche in ein für humusarme Böden passendes Düngemittel verwandelt werden soll[1]), wird in unseren von Städten und Märkten meist entfernt liegenden Waldungen wohl nur ausnahmsweise Verwendung finden, am ersten vielleicht zur Lockerung sehr bindenden Bodens. — Der Düngerwerth der Loh= asche ist nach Versuchen Prof. Petermann's ein geringer und nur etwa $1/4$ von jenem der Holzasche[2]).

Die Gründüngung, durch Anbau der Lupine (Lupinus luteus oder angustifolius) auf armem Sandboden landwirthschaftlich vielfach und mit gutem Erfolg angewendet, hat versuchsweise auf ähnlichem Standort auch im Forstbetriebe auf Kulturflächen, der Föhrenpflanzung vorausgehend, Anwendung gefunden[3]) und ist für Forstgärten zum Anbau auf brachliegenden Theilen sehr zu empfehlen. Die im Mai angesäten Lupinen werden im August grün untergehackt; durch die Gründüngung können natürlicher Weise dem Boden keine Mineralstoffe zugeführt werden, wohl aber wirkt sie bezüglich der letztern aufschließend, befördert die Lockerung und Gahre des Bodens, bereichert denselben bei der Verwesung mit humosen Stoffen. Es hat aber der Anbau der Lupine noch die weitere wichtige Wirkung, daß dieselbe gleich den übrigen Leguminosen den Stickstoff der Luft zu assimiliren und aufzuspeichern vermag, und daß sie sonach den Boden mit diesem wichtigen und bezüglich der Düngung theuersten Stoff bereichert. — Als ein weiterer Vortheil des Lupinenanbaues ist noch hervorzuheben, daß die sich dicht bestockende und den Boden be= schattende Lupine den Unkrautwuchs zurückhält, weshalb ihr Anbau auf den Sommer hindurch brach liegenden Beeten besonders empfehlens= werth erscheint[4]).

Vonhausen erwähnt[5]) noch eine andere Art der Gründüngung, mit vor der Samenreife abgeschnittenem und auf die zu düngende Fläche gebrachtem Gras und saftigem Unkraut, welches behufs rechtzeitiger Vermesung am besten bei der erstmaligen Bearbeitung

---

[1]) Centralbl. f. d. F.=W. 1880. S. 529.

[2]) Centralbl. f. d. F.=W. 1882. S. 129.

[3]) Aufm Ordt, Die Lupinenkultur. 1885. Ramm, Ueber die Anwendbarkeit von Düngung im forstlichen Betrieb. 1893.

[4]) Für schwere Böden, auf denen die Lupine weniger gedeiht, empfiehlt v. Schröder die hohe Erträge an organischer Substanz produzierende Zottelwicke (Vicia villosa). Thar. Jahrb. 1893. S. 155.

[5]) Allg. F.= u. J.=Z. 1880. S. 42.

im Sommer untergebracht werden soll, und hebt hervor, daß eine derartige Gründüngung den Boden an Humus und Mineralstoffen bereichere.

c) Mineraldünger.

Man unterscheidet natürliche, in der Natur vorkommende Mineraldünger, wie Gyps, Mergel, Kalk, Phosphorit, Abraumsalze, Salpeter, und künstliche, in chemischen Fabriken hergestellte: Phosphate, Kalk- und Kalisalze u. s. w. — Im Forsthaushalt haben früher vorzugsweise nur die drei erstgenannten natürlichen Mineraldünger, insbesondere Gyps und Kalk (in gebranntem Zustand als Aetzkalk) in Mischung mit Kompost Anwendung gefunden, künstliche Mineraldünger aber wurden, namentlich in unvermischtem Zustand, nur wenig benutzt. Der Grund hierfür liegt nahe: abgesehen von dem oft doch etwas umständlichen Bezug setzt die richtige Verwendung solcher chemischer Präparate doch mehr chemische Kenntnisse voraus, als die Mehrzahl der Forstwirthe besaß und (der früheren Ausbildung nach) besitzen konnte; die Anwendung eines einzelnen solchen Mineraldüngers ohne Berücksichtigung der chemischen Bodenbeschaffenheit konnte ganz erfolglos sein, sei es, daß der betreffende Stoff schon im Boden genügend vorhanden war, oder daß dessen Zuführung bei dem Mangel eines andern wichtigen Nährstoffs nicht fördernd wirken konnte; ja manche Salze, besonders die Chloride, wirkten bei stärkerer Anwendung möglicher Weise sogar schädlich. Düngungsversuche, lediglich mit dem einen oder andern Mineraldünger angestellt, mußten sich daher nicht selten als erfolglos erweisen, den betreffenden Stoff in Mißkredit bringen, und der Praktiker griff daher immer wieder lieber zu seinen bewährten Hausmitteln, zu Dammerde und Rasenasche, zu Kompost und Stallmist.

Eine rationelle Anwendung von Mineraldüngern, entweder in geeigneter Mischung unter sich oder mit Dammerde, Kompost u. dgl., kann dagegen zu sehr günstigen Resultaten führen, und zahlreiche Versuche sind in dieser Richtung schon angestellt worden und werden allenthalben angestellt. Sie haben gute Erfolge ergeben und es ist zu erwarten, daß die neuerdings insbesondere auch von Schröder[1]) und Schwappach[2]) empfohlene Mineraldüngung in unsern Forstgärten mehr und mehr Platz greifen werde, zumal sie sich meist auch billiger

---

[1]) Thar. Jahrb. 1893. S. 129.
[2]) Zeitschr. f. F.- u. J.-W. 1891. S. 412.

und für den Wald schonender erweist, als die Anwendung von Humus und Rasenasche.

Betrachten wir nun die Mineraldünger und ihre Bestandtheile näher.

Mergel, ein Gemenge von kohlensaurem Kalk mit Thon und Sand, wird bekanntlich in der Landwirthschaft sehr vielfach in Anwendung gebracht, während diese letztere im Forsthaushalt eine beschränktere ist. Auf sandigem Boden ist die Wirkung eine in doppelter Richtung günstige, indem einerseits diesem der Regel nach kalkarmen Boden dies wichtige Pflanzennährmittel zugeführt, anderseits durch den Thon, dessen Bindigkeit und resp. Fähigkeit, die Feuchtigkeit festzuhalten, erhöht wird. Die Transportkosten werden der Verwendung nicht selten hindernd im Wege stehen, da zu geringe Quantitäten nur wenig wirken können; auch ist die Düngung nur mit Mergel eine unvollständige.

Viel häufiger findet wohl der Aetzkalk (gebrannter Kalk) Verwendung, und zwar vor Allem bei der Kompostbereitung, da er als vortreffliches Zersetzungsmittel vegetabilischer Stoffe wirkt; wir werden bei der Besprechung der Mengedünger auf denselben zurückkommen.

Gyps führt dem Boden Kalk und Schwefelsäure zu, und wird sich auf kalkarmen Böden günstig erweisen; doch findet auch er gleich dem Aetzkalk vorzugsweise nur in Mischung mit andern Düngern Anwendung, dient bei faulenden Pflanzenstoffen auch zur Bindung des bei der Fäulniß stickstoffhaltiger Substanzen entstehenden und sich leicht verflüchtenden Ammonium-Karbonates.

Die Abraumsalze bilden die obere bis 40 m mächtige Decke des Salzlagers im Magdeburg-Halberstädter Becken (Staßfurt!), werden dort in großer Menge als landwirthschaftliche Düngemittel gewonnen (ungefähr 200 Millionen Kilogramm jährlich) und in alle Welt versendet.

In rohem, nicht weiter bearbeitetem Zustand findet von den dort vorkommenden mannigfaltigen Mineralien vorwiegend nur der Kainit, ein Doppelsalz von Magnesiumsulfat und Chlorkalium, Anwendung; andere, wie Karnallit (Chlormagnesium und Chlorkalium) und Sylvin (vorwiegend Chlorkali) werden meist auf andere technisch und landwirthschaftlich wichtige Salze verarbeitet.

Der Chilisalpeter, in Chile in mächtigen Lagern vorkommend, enthält als wichtigsten Bestandtheil salpetersaures Natron in großer Menge (bis 75 %).

Neben diesen natürlichen Düngemitteln werden auch noch mancherlei künstliche Dünger verwendet, so verschiedene Abfälle der Industrie. So liefern die Wollwäschereien werthvolle Kalisalze, die Gasfabriken und Kokereien Ammoniumsulfat, die Eisenhütten bei der Entphosphorung des Eisens die Thomasschlacke; dieselbe fällt in Deutschland in sehr großen Mengen an und kommt in fein gemahlenem Zustand als sog. Thomasmehl in den Handel. Dies letztere, reich an Phosphorsäure (durchschnittlich 17 %) und Kalk (bis 50 %) zersetzt sich rasch, wird als billigste Phosphorsäure-Quelle gerühmt und findet in der Landwirthschaft ausgedehnteste Anwendung, hat solche auch beim Forstgartenbetrieb erlangt[1]).

Ein wichtiges und als Düngemittel in großer Ausdehnung verwendetes Produkt der chemischen Industrie Deutschlands ist das Superphosphat, ein Gemenge von schwefelsaurem Calciumphosphat mit Gyps, das aus feingepulvertem neutralem Calciumphosphat (Knochenmehl, Phosphorit) mittelst Schwefelsäure dargestellt wird, um die Phosphorsäure löslicher und für die Pflanzenwurzeln aufnahmsfähiger zu machen.

Als Doppel-Superphosphate kommen Düngemittel in den Handel, bei welchen dem Rohmaterial so viel Schwefelsäure zugesetzt ist, daß freie Phosphorsäure sich bilden kann. Wird dem Superphosphat noch Ammonium- oder Kaliumsulfat beigemischt, so nennt man dasselbe Ammonium- oder Kaliumsuperphosphat.

Alle diese Mineraldünger sind nur unvollständige Düngemittel und finden deshalb stets in geeigneter Mischung unter sich oder mit vegetabilischem Kompost Verwendung.

Auch die Steinkohlenasche wurde als Düngemittel und zwar namentlich bei Gartenkultur[2]), schon angewendet und wird der Erfolg gerühmt; die düngende Wirkung derselben ist zwar nur eine mäßige, dagegen wirkt sie auf schwerem, bindendem Boden sehr günstig durch Lockerung desselben und kann, weil nun fast allenthalben kostenlos zur Verfügung stehend, wohl auch in unseren Forstgärten Anwendung finden. Dieselbe soll vor der Benutzung durch Siebe von den gröberen Brocken befreit werden und sodann unter öfterem Umstechen einige Monate an der Luft liegen.

---

[1]) Allg. F.- u. J.-Z. 1887. S. 35. Thar. Jahrb. 1893. S. 129. Wagner, Die Thomasschlacke, ihre Bedeutung und Anwendung. 1887.

[2]) Centralbl. f. d. F.-W. 1880. S. 279.

d) **Mengedünger, Kompost,**

ein im Forsthaushalt zur Düngung der Forstgärten seit langer Zeit und in ausgedehntem Maße angewendetes Material, besteht aus den mannigfachsten organischen und mineralischen Substanzen, welch' erstere vor der Verwendung erst verwesen sollen, vielfach unter Einwirkung der letzteren. Unkraut aller Art, insbesondere das bei Reinigung der Pflanzgärten sich ergebende Material, dann Laub und Nadeln, Säge= späne, selbst Torf, gemischt mit Aetzkalk, Straßenkoth, Grabenaushub, bilden das Material der Komposthaufen, während dem zur Ver= wendung fertigen Kompost zur Verstärkung der Wirkung wohl noch Mineraldünger, Asche, chemische Präparate 2c. zugesetzt werden.

Die Güte und Wirksamkeit des Kompostes wird nun erklärlicher Weise in hohem Grade bedingt sein durch die verwendeten Stoffe, die mehr oder weniger sorgfältige Zubereitung, den Grad der Zersetzung der organischen Substanzen. Während Fischbach[1]) den Kompost, wie er namentlich durch das faulende Unkraut hergestellt wird, als den theuersten Dünger bezeichnet, der nur wenig Nährungsstoffe enthalte, durch das öftere Umarbeiten der Haufen sehr theuer werde und leicht die Verunkrautung der damit gedüngten Beete nach sich ziehe, wird von Anderen guter Kompost als ein vorzügliches Düngemittel ge= rühmt[2]), so insbesondere auch von Forstmeister Meier in Uslar, der folgende Anweisung zur Herstellung guten Kompostes giebt[3]):

Die erste, etwa 15 cm hohe Schichte organischer Masse, als Rasen, Heidelbeerfilz, Unkraut, Sägespäne 2c. wird mit einer dünnen Lage ungelöschten Kalkes überstreut, hierauf eine zweite, eben so starke Lage der erstgenannten organischen Substanzen geschichtet, der wieder eine Kalkschichte folgt u. s. f.; auf diese Weise wird ein meilerförmiger, oben jedoch nicht zugespitzter, sondern breiter und zur Aufnahme des Regenwassers vertiefter Haufen angesetzt und allenthalben mit sorg= fältig angeklopfter Erde bedeckt. Die Löschung des Kalks beginnt nach wenigen Tagen und ist ebenfalls in einigen (2—4) Tagen beendigt. Während dieser Zeit soll der Haufen täglich ein paar Mal kontrolirt und sollen alle in der Erddecke entstehenden Risse sorgfältig zugedeckt werden, damit Wärme, Wasserdampf und Ammoniak nicht entweichen. Nach 4—6 Wochen zum ersten Mal und dann in entsprechenden Zwischenräumen noch einige Male wird der im Frühjahr angesetzte

---

[1]) Allg. F.= u. J.=Z. 1860. S. 217.
[2]) Zeitschr. f. F.= u. J.=W. II. S. 340; Allg. F.= u. J.=Z. 1862. S. 231.
[3]) Krit. Blätter. L. 1. S. 134.

Haufen umgelegt und liefert dann bis zum kommenden Frühjahr einen sehr guten Dünger. — Bei Anwendung von gelöschtem Kalk oder nur kalkhaltigen Bodens als Zwischenlage dauert natürlich die Zersetzung viel länger, mehrere Jahre, und auf solche Komposthaufen, auf denen sich gerne Unkraut aller Art ansiedelt und die zur Vertilgung des letzteren ein oftmaliges Umarbeiten bedürfen, mag sich Fischbach's oben angeführtes Urtheil beziehen. —

Im bayrischen Forstamt Freising wurden Komposthaufen in der Weise angesetzt[1]), daß eine etwa 30 cm hohe Schicht von vegetabilischen Resten jeder Art mit einer 4—6 cm hohen Schicht Torfmulle bedeckt, letztere stark mit Kalkstaub überstreut, dann Rasenasche etwa 8 cm hoch aufgebracht und diese mit Staßfurter Salz in dünner Schichte überdeckt wird. Eine Schichte Walderde macht den Schluß; im Nachsommer wird der Haufen umgestochen, im Frühjahr durchgeworfen und verwendet. Durch solchen Kompost sollen sowohl der verbrauchte Humusgehalt des Bodens, wie dessen mineralische Bestandtheile ersetzt, dessen Frische und Feuchtigkeit erhalten werden.

Auch durch Mischung von Sägespänen von Schneidemühlen, die mitten im Wald liegend dies Material oft in Menge bieten, mit Aetzkalk soll sich nach Meier[2]) ein guter Kompost bereiten lassen, doch erfordert der Prozeß der Zersetzung mehrere Jahre.

Straßenkoth, mechanisch fein zertheilte mineralische Stoffe gemengt mit dem Koth der Zugthiere, liefert unter Umständen ein sehr gutes Düngemittel, sei es rein, sei es in Mischung mit vegetabilischen Stoffen im Kompost. Das Material, mit welchem die betreffenden Straßen beschottert sind, wird auf die Güte des Düngers von großem Einfluß sein, und kann z. B. der Abraum von Basaltstraßen[3]) für sandigen Boden nicht bloß düngend, sondern in Folge seines Thongehaltes auch physikalisch verbessernd wirken. Dagegen würde der Koth von Kalkstraßen für Saatbeete auf Kalkboden nahezu werthlos sein!

Auch das Straßenkehricht, eine Mischung der verschiedensten düngenden Stoffe und namentlich reich an thierischem Koth, ist für Forstgärten in der Nähe größerer Städte mit gutem Erfolg angewendet worden[4]).

---

1) Forstw. Centralbl. 1881. S. 75.

2) Krit. Blätter. L. 1. S. 134.

3) Solcher Abraum wird im hiesigen Forstgarten seit Jahren mit gutem Erfolg verwendet.

4) So von Weise für den Karlsruher Forstgarten (Mündener Forstl. Hefte 2. S. 6).

Mengedünger anderer Art wird auch hergestellt durch Mischung animalischer, vegetabilischer und mineralischer Düngemittel, wobei sich die Stoffe in fein zertheiltem und daher leicht zu mengendem Zustand befinden. So hat schon Vonhausen[1] Versuche angestellt mit einem aus Holzasche, Knochenmehl und Chilisalpeter, dann einem aus ersteren beiden Stoffen und Peruguano (im Verhältniß von $5 : {}^{1}\!/_{2} : 1$) hergestellten Mengedünger; beide Arten erwiesen sich als sehr wirksam. Schütze[1] bezeichnet als zweckmäßige Mischung ein Gemenge von

gereinigter schwefelsaurer Kalimagnesia,
Superphosphat oder Knochenmehl,
Natron- oder Ammoniak-Salpeter,

welcher Mischung noch etwas Kalk in Gestalt von Gyps oder gebranntem Kalk beigefügt würde.

Schröder[3] empfiehlt als Düngung ohne Stickstoff
Thomasmehl und Kainit (im Verhältniß $1 : 2$),
als Düngung mit Stickstoff
Walfischguano, Thomasmehl und Kainit ($4 : 1 : 6$),
und Schwappach[4] endlich verwendet eine Mischung von

50 kg aufgeschlossenem Knochenmehl,
50 „ Thomasmehl,
100 „ Blutmehl,
50 „ Ammoniumsulfat,
150 „ Karnallit

in Verbindung mit dem im Forstgarten anfallenden Kompost.

Die Wirkung solcher Mengedünger, welche die Pflanzennahrung in sehr löslicher Form enthalten, ist eine rasche, was unter Umständen (bei Düngung kümmernder Pflanzenbeete) von großer Bedeutung sein kann, und sie werden in solchem Falle ohne weitere Zusätze angewendet.

Häufig aber verstärkt man, wie schon berührt, die Wirkung von Kompost, Walderde, Rasenerde durch Beigabe von kräftiger wirkenden Düngemitteln, wie Holzasche, Knochenmehl, Superphosphat, Guano ꝛc., in entsprechender Weise, den Boden dadurch in vollständigster und chemisch wie physikalisch verbessernder Weise düngend.

---

[1] Allg. F.- u. J.-Z. 1872. S. 228.
[2] Zeitschr. f. F.- u. J.-W. IV. S. 37.
[3] Thar. Jahrb. 1893. S. 129.
[4] Zeitschr. f. F.- u. J.-W. 1891. S. 412.

§ 25.

Wahl des Düngemittels.

Wenn es sich um Beantwortung der Frage handelt, welches von den vielen, im vorigen Paragraphen erwähnten Düngemitteln in einem gegebenen Fall am zweckmäßigsten zur Anwendung komme, so werden wir in erster Linie die Eigenschaften unseres Bodens ins Auge zu fassen und uns klar zu machen haben, ob derselbe nur eine Verbesserung seiner chemischen oder zugleich eine solche seiner physikalischen Eigenschaften bedürfe. Der Fall, daß nur letztere zu verbessern sind, wird der seltenere, jener, daß eine Verbesserung in beiden Richtungen wünschenswerth erscheint, der häufigere sein; denn wenn ein Boden ursprünglich auch vollkommen entsprechende Grade von Bindigkeit und Frische besitzt, so geht doch insbesondere die letztere mit der Konsumirung des ursprünglich vorhandenen Humusgehaltes bei längerer Benutzung mehr oder weniger verloren und damit auch die günstige Einwirkung, die der Humus durch Absorption von Ammoniak und Wasser aus der Luft äußerte; ein Ersatz der konsumirten humosen Theile erscheint daher häufig wünschenswerth, ja geboten, ein Ersatz der durch die wiederholte Benutzung der Pflanzbeete dem Boden entzogenen mineralischen Nährstoffe aber unter allen Umständen nöthig.

Ist nun neben der Düngung eine Verbesserung der fehlenden oder theilweise verloren gegangenen günstigen physikalischen Eigenschaften des Bodens nöthig, so sind Dammerde, Rasenasche, Rasenerde, Kompost, Stalldünger jene Düngemittel, welche eine Wirkung nach beiden Seiten zeigen und welche deshalb auch die ausgedehnteste Verwendung gefunden haben und finden. Dabei wird man noch möglichst den Eigenschaften des zu düngenden Bodens Rechnung tragen, indem man z. B. den hitzigen, rasch sich zersetzenden Roßmist vorzugsweise für schweren, kalten Boden, Kuhmist für leichteren Boden verwendet, indem man ferner dem Sandboden lieber die physikalisch so günstig wirkende Dammerde oder gute Rasenerde, bindendem Boden die lockernde Rasenasche beigibt. — Die genannten Dünger sind, wie wir wissen, vollständige, alle Pflanzennährstoffe enthaltende Düngemittel; ihre Wirkung kann bei den chemisch nur schwächer und langsamer wirkenden, so bei Dammerde, Rasenerde, Kompost, soweit nöthig durch Beifügung chemisch kräftig wirkender Mittel — Asche, Knochenmehl, Mineraldünger verschiedener

Art — jederzeit erhöht und beschleunigt werden, wie schon oben bemerkt.

Handelt es sich aber lediglich um Zuführung von Pflanzennährstoffen, dann würde auf die Frage, welche derselben wohl zuzuführen seien, am sichersten eigentlich eine Bodenanalyse antworten. Vonhausen verwirft jedoch[1]), und sicherlich mit Recht, dieselbe als viel zu umständlich und kostspielig, um so mehr, als ihre Gültigkeit doch nur von geringer Dauer sein, die Zusammensetzung des Bodens und resp. dessen Gehalt an Nährstoffen sich doch mit jeder Pflanzenernte ändern würde, und gibt der praktischen Erwägung, dem praktischen Versuch den Vorzug. Er wie Schütze[2]) empfehlen, nie einen unvollständigen, nur einzelne Nährstoffe enthaltenden Dünger, wie Gyps, Aetzkalk, Knochenmehl, sondern stets Mengedünger von verschiedener Zusammensetzung, wie wir sie im vorigen Paragraphen angegeben, in Anwendung zu bringen.

Die praktische Erwägung aber, von der wir eben gesprochen, wird sich dabei doch auf wissenschaftlicher Grundlage zu bewegen haben: dem gebildeten Forstmann werden seine chemischen und mineralogischen Kenntnisse sagen, welche Pflanzennährstoffe der betr. Boden in Folge seines Ursprungs in reicher, welche er in geringer Menge enthält, und während er dem durch Verwitterung des Buntsandsteines, des Gneißes entstandenen Boden eine reichliche Kalkdüngung in dem Mengedünger gibt, weiß er, daß solche auf dem Verwitterungsboden des Kalksteines unnöthig ist; weiß, daß diesem letzteren eine Düngung mit kalireichen Stoffen viel nöthiger ist, als dem Verwitterungsprodukte des Basaltes oder Diorits. Die Wissenschaft ist's, die ihn bei seinen Düngungsversuchen vor direkten Mißgriffen und Fehlern schützt!

Es sind namentlich drei Stoffe, für deren Zuführung Sorge zu tragen ist: Stickstoff, Phosphorsäure und Kali; fehlt einer dieser drei Nährstoffe, dann wird die Entwickelung der Pflanzen trotz Reichthums an allen anderen eine nur geringe sein und sein können! Bezüglich der Wahl der Düngemittel, durch welche man die genannten Stoffe dem Boden am besten und billigsten zuführt, sei noch Folgendes bemerkt:

Stickstoff geben wir dem Boden durch Stallmist, Gründüngung, dann durch Blutmehl (Fleisch- und Hornmehl), Fischguano, endlich

---

[1]) Allg. F.- u. J.-Z. 1872. S. 228. 1880. S. 44.
[2]) Zeitschr. f. F.- u. J.-W. IV. S. 37.

durch Chilisalpeter oder (etwas billiger) durch schwefelsaures Am=
moniak. In dem faulenden Kompost halten wir ihn (bezw. das
sonst sich verflüchtigende Ammoniak) durch Aufstreuen von Gyps fest[1]).

Phosphorsäure liefern insbesondere die Phosphorite, welche,
mit Schwefelsäure behandelt, als sogen. Superphosphate in eine in
Wasser löslichere Form gebracht werden. Auch Knochenmehl wird als
Phosphorsäure=Düngemittel viel verwendet; das billigste und deshalb
empfehlenswertheste Mittel zur Zuführung der nöthigen Phosphorsäure
aber ist das oben schon besprochene Thomasmehl. Durch alle diese
Düngemittel wird der Boden zugleich mit einem weiteren wichtigen
und nicht in allen Bodenarten in größerer Menge enthaltenen Pflanzen=
nährstoff, dem Kalk, bereichert.

Die billigste Kali=Quelle sind die Abraumsalze, insbesondere
der Kainit; auch die Asche des Buchenholzes ist reich an diesem wich=
tigen Nährstoff. Im Kainit (und Karnallit) wird dem Boden die für
die Pflanzenernährung ebenfalls bedeutsame Magnesia gleichzeitig zu=
geführt. —

Bei der Auswahl der Düngemittel ist ferner wohl ins Auge zu
fassen, ob die Wirkung derselben eine sofortige sein soll, wie z. B.
bei der Erziehung einjähriger Pflanzen, bei Zwischendüngung, oder
ob eine langsamere und nachhaltigere Wirkung wünschenswerth
erscheint, wie in den Verschulungsbeeten, den Heisterkämpen. In
ersterem Falle wird die Anwendung eines Düngemittels, welches die
Pflanzennährstoffe in löslichster Form enthält — so z. B. Asche oder
Mengedünger aus Asche, Knochenmehl und Guano — zu empfehlen
sein, in letzterem gute Komposterde, deren Nährstoffe theilweise erst
durch die fortschreitende Verwesung frei werden. Unter allen Um=
ständen wird aber zweckmäßig neben ersterem Dünger in entsprechen=
dem Wechsel auch der letztere verwendet werden, da sonst die humosen
Stoffe in nachtheiliger Weise aus dem Boden entschwinden.

§ 26.

Zeitpunkt, in welchem die Düngung einzutreten hat.

Durch die Düngung sollen der betr. Fläche nicht nur jene Stoffe
ersetzt werden, welche ihr durch die Pflanzenzucht entzogen wurden,

---

[1]) Ramann spricht in seiner „Forstlichen Bodenkunde und Standortslehre"
S. 415 die Ansicht aus, daß die Zufuhr von Stickstoff in den meisten Pflanzen=
gärten überflüssig und ihre Wirksamkeit durch besonderen Versuch zu prüfen sei!

sondern es soll auch der Boden überhaupt so reich an löslichen Pflanzennährstoffen gemacht werden, daß wir möglichst kräftige Pflanzen erziehen. Es ist dabei wohl ins Auge zu fassen, daß die von der oft außerordentlich großen Zahl der Pflanzen dem Boden entzogene Nährstoffmenge überhaupt keine geringe ist, wie wir oben (§ 23) nachgewiesen haben, und daß diese Nährstoffe einer meist nur wenig tiefen Bodenschichte entzogen werden.

Entsprechende Düngung zu rechter Zeit ist also von großer Bedeutung, und wir dürfen mit der Düngung nicht etwa zuwarten, bis die Pflanzen durch gelbliche Farbe der Nadeln und Blätter, kleine Knospen und kümmernden Wuchs uns den Nahrungsmangel augenscheinlich dokumentiren. Jeder wiederholten Benutzung eines Saat- oder Pflanzbeetes hat unbedingt eine Düngung voran zu gehen, und wenn auch ein auf frischem, kräftigem Boden neu angelegtes Saatbeet das erste Mal der Düngung vielleicht entbehren könnte — und darin findet man ja einen nicht unwesentlichen Vortheil der Wanderkämpe (vergl. § 6) —, so wird sich doch auch in diesem Fall eine mäßige Düngung, etwa mit der auf der betr. Fläche gewonnenen Rasenasche, als nützlich erweisen. Minder kräftige Böden aber bedürfen jedenfalls schon vor der ersten Benutzung eine hinreichende Düngung, wenn das Resultat ein günstiges sein soll, und diese Düngung muß erklärlicher Weise um so kräftiger ausfallen, zu je schwächerem Boden wir uns bei der Auswahl des Platzes bequemen mußten.

Rechtzeitige Düngung vor der Benutzung des Beets, vor dessen Ansaat oder Besetzung mit verschulten Pflanzen ist sonach Regel — doch kommt es in Folge eines Uebersehens in dieser Richtung oder bei längerem Stehen der Pflanzen in den Saat- oder Pflanzbeeten (so z. B. bei der Erziehung dreijähriger unverschulter Fichten) wohl vor, daß in dem mit Pflanzen besetzten Beet Nahrungsmangel eintritt, sich im Habitus der Pflanzen dokumentirt. In diesem Falle hat auch auf dem bestockten Beet eine Düngung, Zwischendüngung, da und dort wohl auch Kopfdüngung genannt, einzutreten, und erweist sich, mit den rechten (leicht löslichen) Düngemitteln in richtiger Weise ausgeführt, von gutem und raschem Erfolg.

Ueber die Jahreszeit, in welcher im einen oder andern Falle die Düngung zur Ausführung gelangt, werden wir weiter unten (§ 28) zu sprechen haben.

§ 27.

Nöthige Düngermenge.

Welche Quantitäten von den verschiedenen Düngemitteln pro Ar oder Hektar anzuwenden seien, darüber lassen sich theils nur annähernde Zahlen, für solche Dünger aber, deren Zusammensetzung eine sehr verschiedene ist, wie Raschenasche, Kompost und ähnliche, nicht einmal diese geben. Die natürliche Zusammensetzung des Bodens, dessen größere oder geringere Erschöpfung an Nährstoffen und Humus, der Zeitraum, für welchen die Düngung ausreichen soll, sind hiebei erklärlicher Weise bestimmend, und der Praktiker muß eben hier gar oft auf dem Wege des Versuchs das Richtige für seine konkreten Verhältnisse zu finden suchen. — Es ist ferner — nach Vonhausen's[1]) Ansicht — im Auge zu behalten, daß es nicht genügt, dem Boden etwa soviel Mineralstoffe zurückzugeben, als nach Ausweis von Aschenanalysen demselben durch die Pflanzenzucht beiläufig entzogen wurde, sondern wesentlich mehr, wenn die Pflanzen freudig gedeihen sollen, da ja bei Weitem nicht aller Dünger sofort den Pflanzen zu Gute kommt. (Bei regelmäßiger Düngung im ständigen Forstgarten muß aber doch wohl ein nachhaltiger Ersatz der entzogenen Stoffe genügen, da die langsamer löslich werdenden Stoffe der ersten Düngung der zweiten Pflanzengeneration zu Gute kommen u. s. f.)

Die Menge der zur Beschaffung der im vorigen Paragraphen genannten drei wichtigsten Pflanzennährstoffe nothwendigen Düngemittel läßt sich für Phosphorsäure und Kali annähernd feststellen durch Ermittelung der Mengen, welche durch die Pflanzen laut Analyse dem Boden entzogen wurden, im Gegenhalt zu dem Gehalt der angewendeten Düngemittel an löslicher Phosphorsäure, löslichem Kali. Schwieriger aber liegt die Sache bez. des Stickstoffes, welcher durch die atmosphärischen Niederschläge dem Boden in Gestalt von Ammoniak und Salpetersäure in nicht geringer Menge zugeführt oder im Fall der Gründüngung durch die sogen. Stickstoffsammler im Boden angesammelt wird, so daß hier stets nur ein theilweiser Ersatz durch Düngung nöthig ist. Derselbe kann nur nach gutachtlichem Ermessen und etwa in Anlehnung an die in der Landwirthschaft erprobte Düngung gegeben werden.

So sehr nun auch eine hinreichend kräftige Düngung zu empfehlen ist, so kann sich doch, abgesehen von dem unnützen Kostenaufwand, auch

---

1) Allg. F.- u. J.-Z. 1880. S. 42.

eine zu starke Düngung nachtheilig erweisen. E. Heyer[1] warnt vor einer solchen, die übertriebene, schwammig gewachsene, empfindliche Pflanzen erzeuge, die durch Frost, Hitze, Wild zu leiden hätten; ebenso Booth[2]), welcher darauf hinweist, daß die durch zu reichliche Düngung aufgeschossenen Pflanzen bis in den Herbst treiben, schlecht verholzen und den Frühfrösten verfallen, und der insbesondere für Nadelhölzer zu guten Boden für verderblich erklärt. Namentlich aber vermag ein Uebermaß stark wirkender mineralischer Dünger schädlich auf die Vegetation einzuwirken — so tödtete nach Nördlinger's Mittheilung[3]) eine stärkere Düngung mit Staßfurter Kalisalz geradezu die Pflanzen, und auch Danckelmann und Schütze warnen, wie schon früher berührt, vor zu starker Kalidüngung namentlich auf leichtem Boden. Auch zu starke Düngung mit Superphosphaten kann in Folge des hohen Schwefelsäuregehaltes nachtheilig wirken[4]).

Von Einfluß auf die zu verwendende Düngermenge wird erklär=licher Weise auch das Pflanzenmaterial sein, das man erziehen will; so wird beispielsweise die Erziehung dreijähriger Fichten stets eine stärkere Düngung verlangen, als jene einjähriger Föhren, wie dies an der Hand der im § 23 gegebenen Analysen leicht ersichtlich ist.

Einigen Anhalt bezüglich der zu verwendenden Düngermengen mögen nachstehende Mittheilungen geben:

Schmitt[5]) erklärt 200 Ctr. Stalldünger (Rindviehdünger) gleich 20 Wagenladungen pro Hektar für eine ausreichende Düngung für Fichten=Saat= und =Pflanzbeete, fordert aber um der nachhaltigen Wirkung und nöthigen größeren Nährstoffmenge willen das doppelte Quantum, wenn die Pflanzen 3 Jahre im Pflanzbeet stehen sollen. — Eine Wagenladung auf je 5 Ar dürfte aber für eine sehr mäßige Düngung zu erachten sein!

Danckelmann[6]) bezeichnet 32 Fuder Roßmist als eine aus=reichende Düngung pro Hektar, bemerkt jedoch, daß bei längerer derartiger Düngung sich der Mangel an Phosphorsäure bemerklich gemacht habe, dem durch Beigabe von Knochenmehl abgeholfen werden könne.

---

[1]) Allg. F.= u. J.=Z. 1866. S. 209.
[2]) Booth, Die Naturalisation ausländischer Waldbäume. 1882.
[3]) Krit. Blätter. LI. 2. S. 205.
[4]) Zeitschr. f. F.= u. J.=W. 1893. S. 237.
[5]) Fichtenpflanzschulen. S. 41.
[6]) Zeitschr. f. F.= u. J.=W. II. 332.

Dammerde wurde in dem Eberswalder Forstgarten zur all=jährlichen Düngung der zur Erziehung einjähriger Föhren be=stimmten Beete in etwa 3 cm hoher Schichte aufgebracht, es werden also 3 cbm pro Ar verwendet.

Bezüglich der Anwendung von Mergel bemerkt Danckelmann, daß schon eine 1½ cm hohe Schichte (also 1½ cbm pro Ar) ent=sprechend beigemischt sich auf Sandboden von günstigem Erfolg zeigen werde.

Der durch Vonhausen empfohlene Mengedünger (s. § 24), zusammengesetzt aus 5 Theilen Holzasche, 1 Theil Guano, ½ Theil Knochenmehl, soll nach seiner Angabe in einem Quantum von ca. 26 Ctr. pro Hektar — also 20 Ctr. Asche, 4 Ctr. Guano und 2 Ctr. Knochenmehl — die entsprechende Düngung bieten[1]).

Von einem von Schmitt empfohlenen Kunstdünger, aus Guano oder Knochenmehl und Kalidünger hälftig gemischt, werden für Saatbeete pro Hektar 5 Ctr., für Verschulungsbeete 10 Ctr. als nöthig erklärt.

Schröder[2]) berechnet an der Hand der in Tharandt ausgeführten, oben (§ 23) mitgetheilten Analysen folgende Düngermengen als nöthig zu einer reichlichen Düngung bei Erziehung zweijähriger Fichten, wobei die allerdings große Zahl von rund 10 Millionen guter Pflanzen pro Hektar zu Grunde gelegt ist:

1. Düngung ohne Stickstoff: 6,3 Ctr. Thomasmehl
   12,7 „ Kainit.
2. Düngung mit Stickstoff: 8 „ Walfischguano
   1,7 „ Thomasmehl
   12,7 „ Kainit.

Für Erziehung kräftiger einjähriger Föhrenpflanzen (7 Mill. pro Hektar) berechnet Schmitz=Dumont[3]) folgende Düngermengen als nöthig:

1. Düngung ohne Stickstoff 4 Ctr. Kainit,
   1 „ Thomasmehl,
2. Düngung mit Stickstoff 20 Kgr. Kalk,
   4 Ctr. Kainit,
   4 Ctr. Walfischguano.

---

1) Allg. F.= u. J.=Z. 1880. S. 43.
2) Thar. Jahrb. 1893. S. 153.
3) Thar. Jahrb. 1894. S. 215.

§ 28.

Ausführung der Düngung.

Die nöthige Düngung geht in den meisten Fällen der Ansaat oder Verschulung voraus, kann aber auch auf den schon mit Pflanzen besetzten Beeten als Zwischendüngung stattfinden, wenn das Aussehen der Pflanzen auf Nahrungsmangel schließen läßt, und wird demgemäß in verschiedener Weise erfolgen.

Im ersten Falle, bei der vorausgehenden Düngung, wird man sich zunächst darüber entscheiden müssen, ob man den Dünger in die oberste Bodenschichte oder in die Tiefe bringen oder endlich den als Wurzelraum dienenden Boden mehr gleichmäßig damit durchmengen will. Die zu erziehende Holzart, die Benutzung der Fläche als Saat- oder Pflanzbeet werden hiefür zunächst maßgebend sein. Handelt es sich um Erziehung der schon im ersten Jahr tiefgehende Wurzeln treibenden Eiche oder Föhre, so wird man den Boden jedenfalls auf größere Tiefe zu düngen haben, als wenn man bloß einjährige Fichten zum Zweck der Verschulung erziehen will, in welchem Fall eine sehr seichte Düngung genügt. Saatbeete werden stets in der oberen, dem Keimling und der jungen Pflanze den ersten Wurzelraum bietenden Schichte entsprechend zu düngen sein — auch bei Eiche und Föhre nicht bloß in der Tiefe —, Verschulungsbeete eine tiefer gehende Düngung verlangen, um so tiefer, je stärker die Pflanzen im Pflanzbeet werden sollen.

Im Allgemeinen ist es bekanntlich erwünscht, wenn die Pflanzen im Saat und Pflanzbeet keine zu tief gehenden Wurzeln erlangen, da durch solche das spätere Verpflanzen erschwert wird, und man düngt daher den Boden nicht zu tief, um dadurch eine reiche Seiten- und Saugwurzelbildung in den nährstoffreichen oberen Bodenschichten hervorzurufen. — Eine Ausnahme besteht hinsichtlich der einjährigen Föhren, bei denen man zur Sicherung des Gedeihens der auf leichtem, rasch austrocknendem Sandboden zu verwendenden Pflanzen gerne die Entwickelung der Pfahlwurzel befördert; dies geschieht neben tiefer Bodenlockerung durch tiefgehende Düngung, selbst durch vorzugsweise Düngung der unteren Bodenschichten, in welche man hiedurch die Wurzeln gleichsam hinabzulocken sucht. (Vergl. § 17.) Jedes Uebermaß in dieser Richtung ist jedoch ebenfalls von Uebel, da zu lange Wurzeln beim Einpflanzen Schwierigkeiten bereiten, verkrümmt oder umgestülpt werden[1]).

---

[1]) Vergl. Burckhardt, Säen u. Pflz. S. 293.

Auch die Art des zur Anwendung kommenden Düngemittels wird für die Tiefe des Unterbringens von Einfluß sein. Stalldünger soll etwas tiefer untergegraben werden, damit die Pflanzenwurzeln nicht in direkte Berührung mit ihm kommen[1]), während Rasenasche, Kompost, Humus mit der ganzen den Wurzelraum bildenden Bodenschichte gemengt, leicht lösliche Düngersorten — Mengedünger aus Knochenmehl, Guano u. dgl. — minder tief untergebracht werden; dem Regen wird es überlassen, die Nährstoffe in gelöstem Zustand in die Tiefe zu führen.

In den meisten Fällen wird die Düngung mit der zweiten, im Frühjahr stattfindenden Bodenbearbeitung verbunden, und nur da, wo man etwa zur Erziehung langer Wurzeln den Dünger in größere Tiefe bringen will, oder wenn das Düngematerial erst im Boden verwesen soll — Gründüngung —, geschieht die Düngung bei der erstmaligen Bodenbearbeitung im Sommer oder Herbst[2]).

Die Unterbringung des Düngers erfolgt nun beim Stallmist in ähnlicher Weise, wie in der Gärtnerei, durch Untergraben mit dem Spaten; Kompost, Dammerde werden gleichmäßig über die zu düngende Fläche ausgebreitet und beim Umgraben mit dem Boden tüchtig vermischt, die leicht löslichen Düngemittel aber, wie schon oben berührt, erst nach dem zweitmaligen Umgraben des Bodens obenauf gestreut und nun durch leichtes Einhacken mit der obern Bodenschichte tüchtig gemengt. Aehnlich verfuhr auch Biermans mit der Rasenasche, als einem ebenfalls leicht löslichen Düngemittel.

Vonhausen[3]) düngt mit dem von ihm empfohlenen Mengedünger (s. o.) einige Tage vor beabsichtigter Saat und begießt die Beete, wenn während dieser Tage Regen ausbleibt, um hiedurch die Lösung des Düngers zu befördern, dessen ätzende Wirkung zu vermeiden. In letzterer Beziehung ist überhaupt bei Anwendung stark wirkender Düngemittel besondere Vorsicht nöthig: nie soll der Same mit demselben in direkte Berührung kommen, und ein einfaches Ausstreuen solcher Düngemittel in die Saatrillen ist daher durchaus unzulässig[4]). So wendet auch Vonhausen, um jeder übeln Wirkung vorzubeugen, von seinem Mengedünger vor der Saat nur etwa die Hälfte des normalen Quantums an und düngt im Sommer nach.

---

[1]) Zeitschr. f. F.- u. J.-W. II, S. 332.

[2]) Geht die Beeteintheilung der Düngung voraus, so erspart man auch das Düngen der schmalen Seitenwege, welche immerhin 20% der Fläche einnehmen.

[3]) Allg. F.- u. J.-Ztg. 1872. S. 230.

[4]) Zeitschr. f. F.- u. J.-W. IV. S. 47.

Eine ſolche Nachdüngung, ſowie die ſchon oben (§ 26) erwähnte Zwiſchendüngung in mit Pflanzen beſetzten Beeten, in welchen Nahrungsmangel ſichtlich eingetreten oder zu befürchten iſt, führt man dann durch Einſtreuen des entſprechenden leicht löslichen und raſch wirkenden Düngemittels zwiſchen die Pflanzenreihen und nicht zu nahe an dieſe hin aus und miſcht dasſelbe durch Einhäckeln mit dem Boden. Selbſtverſtändlich iſt dieſe Zwiſchendüngung thunlichſt im Frühjahr auszuführen, ſo daß mit beginnender Wachsthumsperiode den Pflanzen die zugeführten Nahrungsſtoffe ſofort zu Gute kommen, eine raſche Löſung derſelben durch die Frühjahrsfeuchtigkeit erfolgt. — Auch bei ſolcher Zwiſchendüngung iſt bez. der ſtark wirkenden Düngemittel die nöthige Vorſicht zu beachten — wir weiſen auf den ſchon in § 27 erwähnten Verſuch in Hohenheim hin, bei welchem eine ſtarke Zwiſchendüngung mit Staßfurter Kaliſalz vollſtändiges Abſterben der Pflanzen zur Folge hatte[1]).

§ 29.

Koſten der Düngung.

So wenig, als ſich über die Quantität der anzuwendenden Düngemittel beſtimmte, für alle Fälle paſſende Zahlen geben laſſen, eben ſo wenig erklärlicher Weiſe über die, neben der verwendeten Quantität noch durch mancherlei lokale Verhältniſſe bedingten Koſten der Düngung. So werden z. B. bei der Raſenaſche die durch die ortsübliche Höhe des Tagelohns bedingten Koſten der Gewinnung, beim Stalldünger die Koſten des Ankaufs und des oft weiten Transportes zu den Pflanzgärten, bei Anwendung von Mergel, Straßenkoth faſt nur die Transportkoſten ausſchlaggebend ſein, während die Koſten der chemiſchen Düngemittel faſt lediglich durch den allenthalben nahezu gleichen Ankaufspreis bedingt ſind.

Im Allgemeinen aber kann man wohl ſagen, daß die Koſten der Düngung unſerer Forſtgärten und Saatbeete im Verhältniß zum Erfolg ſehr niedrig ſind. Es iſt ins Auge zu faſſen, daß es ſich doch meiſt nur um relativ kleine Flächen handelt, daß die Düngung einer

---

[1]) Bei der Verſammlung des Hils-Solling-Vereins im Jahre 1882 wurde eine Zwiſchendüngung mit Laub und Erde für die Fichtenſaatbeete ſehr empfohlen. Zwiſchen die Pflanzenreihen wird 2—4 cm hoch Buchenlaub geſchüttet und dieſes dann etwa 2 cm hoch mit guter, lockerer Erde bedeckt. Das Verfahren bietet zugleich den Vortheil, daß an Reinigungskoſten ſehr geſpart, anderſeits aber insbeſondere auch die Bodenfriſche erhalten wird. (Verhandl. S. 63.)

bestimmten Fläche sich meist auf 2—3 Jahre wirksam erweisen muß; und rechnet man die Kosten, welche auf das Tausend der erzogenen Pflanzen treffen, so wird man zu sehr niedrigen Zahlen kommen. Schröder berechnet dieselbe in seiner oft citirten werthvollen Arbeit für das Tausend zweijähriger Fichten auf kaum einen Pfennig!

Der Literatur entnehmen wir folgende Angaben:

Nach größeren und sorgfältig ausgeführten Versuchen von Heß[1] kam der Hektoliter guter Rasenasche (aus möglichst von Erde befreiten Plaggen gebrannt) durchschnittlich auf 45—65 Pfennige zu stehen. — Nach Vonhausen's Angabe[2] sind, wenn Lupinendüngung angewendet werden will, zur Aussaat pro Hektar 1½ Ctr. à 10 Mark nöthig. — Schmitt[3] gibt den Preis einer Wagenladung (10 Ctr.) Stalldünger inkl. Transports zum Pflanzbeet im Schwarzwald auf 7—8 Mark an, und da er hiemit 5 Ar düngt, so käme die Düngung pro Ar auf 1,40 bis 1,60 Mark. Oberförster Müller gibt an[4], daß sich nach Kulturrechnungen die Kosten der Düngung mit Kompost im Durchschnitt von vier Jahren auf rund 2,50 Mark pro Ar belaufen haben.

Schröder und Schmitz-Dumont stellen für die von ihnen für Föhren- und Fichtensaatbeete berechnete Düngung (vergl. § 27) folgende Kostenberechnung pro Hektar auf:

Für zweijährige Fichten:

1. Düngung ohne Stickstoff.

6,3 Ctr. Thomasmehl à 3,40 Mk. = 21,42 Mk.
12,7 Ctr. Kainit à 1,51 Mk. = 19,18 Mk.

Sa. 40,60 Mk.

2. Düngung mit Stickstoff.

8 Ctr. Walfischguano à 7,20 Mk. = 57,60 Mk.
1,7 Ctr. Thomasmehl à 3,40 Mk. = 5,78 Mk.
12,7 Ctr. Kainit à 1,51 Mk. = 19,18 Mk.

Sa. 82,56 Mk.

Für einjährige Föhren würde sich die Düngung ohne Stickstoff nur auf 9,10 Mk., mit Stickstoff auf 34,55 Mk. berechnen; sollen zweijährige Föhren erzogen werden, so würden sich die Kosten fast genau eben so hoch stellen, wie oben für zweijährige Fichten angegeben. Diese Beträge sind jedoch insofern als Minimalkosten anzusehen,

---

[1] Centralbl. f. d. F.-W. 1875. S. 38.
[2] Allg. F.- u. J.-Z. 1880. S. 42.
[3] Fichtenpflanzschulen. S. 41.
[4] Verhandlungen des Hils-Solling-Vereins 1882. S. 44.

als bei denselben für die verwendeten Stoffe die Engrospreise zu Grunde gelegt, Transport- und Arbeitskosten aber nicht in Ansatz gebracht sind.

Einige Angaben über Preise chemischer Düngemittel sind unseren Fachgenossen wohl auch nicht unerwünscht. Jene für Thomasmehl, Kainit, Walfischguano mögen obiger Berechnung entnommen werden; außerdem seien aus einer uns vorliegenden Preisliste der „Chemischen Werke von H. und E. Albert in Biebrich a. Rh." noch folgende Preise angegeben:

Preise pro Doppelcentner:

Gewöhnliches Phosphoritsuperphosphat	5,60—8,40 Mk.	
Gedämpftes Knochenmehl	12,50	„
Kali-Ammoniak-Superphosphat	12,40	„
Kali-Thomas-Phosphatmehl	6,00	„
Dünger-Gyps	1,20	„

Der Preis für Chilisalpeter beträgt pro Doppelcentner etwa 45 Mk., für Peruguano 26 Mk., doch ist der Preis des letzteren je nach dem garantierten Gehalt an löslichen Nährstoffen, an Stick-stoff, Phosphorsäure und Kali, verschieden. Eine derartige Garantie zu verlangen, ist jederzeit zweckmäßig.

<hr>

<h2 style="text-align:center">4. Kapitel.</h2>

<h1 style="text-align:center">Einfriedigung der Forstgärten und Kämpe.</h1>

<h3 style="text-align:center">§ 30.</h3>

<h2 style="text-align:center">Nothwendigkeit und Entbehrlichkeit.</h2>

Die Beantwortung der Frage, ob ein Saatkamp, ein Pflanzbeet einzufriedigen sei, oder ob die meist nicht unbedeutenden Kosten einer Umzäunung erspart werden können, wird in erster Linie von lokalen Verhältnissen im Zusammenhalt mit den zu erziehenden Holzarten ab-hängen. — Einfriedigungen sollen unsere Anlagen vor Allem gegen die vierfüßige Thierwelt schützen, gegen Weidevieh, Hochwild, Sauen, Rehe, Hasen, Kaninchen, während ein Schutz gegen Menschen nur in minderem Maße nöthig ist — gegen eine beabsichtigte boshafte Beschädigung schützt keinerlei Zaun! Es wird sonach in jedem Einzel-falle zu erwägen sein, in wie weit eine Gefährdung des Saat- und Pflanzkampes durch Weidevieh oder durch den vorhandenen Wildstand besteht, und in wie weit insbesondere wieder die zu erziehenden Holz-arten durch Wild bedroht erscheinen.

Weidevieh sollte zwar nur unter guter Aufsicht im Walde weiden; allein eine einzige sich verlaufende Kuh kann insbesondere durch Zertreten in unseren Saatbeeten so unangenehme Zerstörungen anrichten, daß wir da, wo Waldweide noch stattfindet, wenigstens durch eine einfache Verlanderung, einen sogenannten Weidhag (§ 33), uns gegen solche Gefahr schützen werden — so namentlich unsere etwa in der Nähe von der Hut geöffneten Beständen gelegenen Pflanz=kämpe.

Am gefährlichsten für jede Kampanlage sind Hochwild und Sauen, erstere im Winter fast jede Holzart annehmend, die aus dem Schnee hervorragenden Gipfeltriebe verbeißend, letztere durch ihr Brechen im gelockerten Boden gefährlich — so daß, wo die eine oder andere dieser Wildarten als Standwild vorhanden ist, eine feste Ein=friedigung sich wohl stets als nöthig erweisen wird. Minder gefähr=lich sind Rehe und Hasen, bei welchen die anzubauenden Holz=arten maßgebend sind für den nöthigen oder entbehrlichen Schutz; dagegen machen Kaninchen, die etwa in der Nähe eines Pflanz=kamps ihre Baue haben, eine sehr dichte Einfriedigung nöthig, ge=fährden andernfalls fast sämmtliche Pflanzen in strengen Wintern in hohem Grade.

Laubhölzer bedürfen nun eines solchen Schutzes zumeist, und nur Erlen und etwa Eichen können desselben entbehren; dagegen unter=liegen die Ahorne, Eschen, Hainbuchen, Linden dem Verbeißen durch Rehe und Hasen; am meisten aber ist die Akazie gefährdet, deren Rinde offenbar eine Lieblingsspeise der Hasen (und Kaninchen) ist. Von den Nadelhölzern sind die Tannen bekanntlich am meisten be=droht, ihre kräftigen Endknospen bilden eine Lieblingsäsung der Rehe, während die übrigen Nadelhölzer durch Rehe nur ausnahmsweise, durch Hasen fast gar nicht gefährdet sind.

Die Frage der Einfriedigung steht mit jener über die Zweck=mäßigkeit bleibender Forstgärten oder wandernder Saat= und Pflanz=kämpe in engem Zusammenhang. Wo man durch die eben besprochenen Verhältnisse genöthigt ist, die Pflanzen durch dichte Einfriedigungen gegen das Wild zu schützen, da wird man in den hohen Kosten, welche solche Einfriedigungen verursachen, einen Grund zur Anlage bleibender Forstgärten finden; und ebenso wird man da, wo man ständigen Forstgärten überhaupt den Vorzug gibt, dieselben zum Schutze gegen Mensch und Thier selbst bei minder bedrohten Holz=arten einfriedigen. Die Entbehrlichkeit einer solchen Schutzvorrichtung gibt nicht selten den Ausschlag für die Wahl kleinerer, wandernder

Kämpe; diese letzteren, vorzugsweise für die Fichte und Föhre im Gebrauch, erhalten in der Regel keine oder nur eine höchst einfache Einfriedigung. Wo besondere Verhältnisse, wie stärkerer Hochwildstand, auch für sie besseren Schutz nöthig machen, greift man wohl zu den transportablen Kulturgattern (§ 36), die nach Ausnutzung eines Kamps bei seinem Nachfolger aufgestellt werden.

§ 31.

Verschiedene Arten der Einfriedigung.

Die Einfriedigung der Pflanzgärten kann nun in sehr mannig= facher Weise erfolgen, und wird je nach den Thiergattungen, gegen welche ein Schutz nöthig ist, wie nach der Dauer, welche sie haben soll, eine bald einfachere, bald solidere, ebenso aber auch nicht selten eine nach dem im konkreten Fall zur Verfügung stehenden oder billig zu beschaffenden Material verschiedene sein

Was die Thiere betrifft, gegen welche unsere Saatkämpe zu schützen sind, so genügt gegen Weidevieh die einfachste Art der Ein= friedigung, da dasselbe weder durch solche kriechen, noch sie überfliehen kann; Graben und Wall oder einfache Verlanderung erweisen sich hier meist schon als ausreichend. Gegen Hasen und Kaninchen ist eine dichte, aber wenig hohe Einfriedigung geboten, gegen Rehe und Hochwild eine hinreichend hohe, gegen Schwarzwild eine ge= nügend feste Einfriedigung nöthig. — Je nach dem zur Verwendung kommenden Material unterscheiden wir außer den Gräben, die da und dort genügen, noch Trockenmauern aus Plaggen oder Steinen, hölzerne Einfriedigungen der verschiedensten Konstruktion, in neuerer Zeit vielfach auch Drahtzäune; Einfriedigungen durch lebende Hecken und in direktem Gegensatz zu diesem fest mit dem Boden verbundenen Material die oben schon genannten transportabeln Gatter — eine reiche Auswahl von Einfriedigungsmitteln steht uns zur Ver= fügung und soll in nachstehenden Paragraphen kurze Besprechung finden [1]).

Eine sehr wesentliche Rolle wird bei der Wahl der Ein= friedigungsart in den meisten Fällen neben der Zweckmäßigkeit der Kostenpunkt spielen, und jene Umzäunung, durch welche der an=

---

[1]) Wir weisen hier insbesondere auf die vortreffliche Behandlung dieses Gegen= standes in Burckhardt's Säen und Pflanzen und in Heyer's Waldbau hin, denen wir auch die betreffenden Abbildungen uns theilweise zu entlehnen erlaubten.

gestrebte Zweck in billigster Weise erreicht wird, den Vorzug verdienen. Daß hierbei nicht allein die momentanen erstmaligen Kosten, sondern auch die Rücksicht auf die Dauer und die Unterhaltungskosten sehr in die Wagschale fallen, ist selbstverständlich, und werden wir daher neben dem Kostenpunkt auch die Frage der Dauer in den Kreis unserer Besprechungen zu ziehen haben.

Ausnahmsweise — in vielbesuchten Waldungen, in der Nähe größerer Städte, Badeorte u. s. f. — bringt man wohl auch der Aesthetik ein Opfer und sucht dem Zaun, unbeschadet seiner Solidität, auch ein gefälliges Ansehen zu geben, so durch Anwendung des Rautenzaunes, der Drahtgitter und dergleichen.

§ 32.

Gräben und Mauern.

Gräben von geringen Dimensionen, aber mit möglichst senkrecht abgestochenen Wänden dienen als Schutz gegen die Einwanderung von Mäusen und Werren und werden in dem Kapitel über den Schutz unserer Saat- und Pflanzbeete Erwähnung finden. Dagegen werden namentlich in Haidegegenden, wo der Boden von geringem Werth, die Arbeit im leichten Sandboden eine billige, Gräben von größerer Breite und Tiefe — bis zu 1,2 m breit und 0,7 m tief — insbesondere zum Schutz gegen Weidevieh und Schafherden hergestellt [1]. Die Grabenerde, auf die Seite des zu schützenden Grundstücks geworfen, bildet zugleich einen den Schutz verstärkenden Wall. Ein solcher Wall wird aber auch noch hergestellt durch abgestochene Plaggen (Soden), die nach Art von Bausteinen auf einander gelegt werden; mit solchen Plaggen wird der Wall entweder nur auf einer, besser auf beiden Seiten versehen und dann zwischen die beiden Wände der Grabenaushub geworfen, wobei man die Stärke des Walles nach oben abnehmen läßt, demselben also eine entsprechende Böschung gibt. Burckhardt gibt die Sohlenbreite eines solchen Walles auf 1,2 m, die Kronenbreite auf 0,6 m bei 1,2 m Höhe an.

Zum Schutz gegen Rehe und Hasen wendet man auch einen Besatz des Grabenauswurfes mit Dornenbunden an [2], welche in schräger Stellung, halb liegend, halb stehend, auf den Aufwurf gestellt und

---

[1] Burckhardt, Säen u. Pflz. S. 504.
[2] Burckhardt, Säen u. Pflz. S. 504.

mittelst leichter, senkrecht eingeschlagener Pfähle befestigt werden, wobei ein Pfahl jedesmal zwei Bunde faßt.

Wo Steinmaterial in reicher Menge zur Verfügung steht, in Gestalt sogenannter Lesesteine kostenlos zur Hand liegt oder bei Rodung der Kampfläche angefallen ist, da setzt man bisweilen auch Trockenmauern an, denen man aber wohl nie eine das Saatbeet hinreichend schützende Höhe geben kann. Durch Säulen, welche zwischen die Steine eingesetzt werden, und Querlatten läßt sich letzterem Mangel dann abhelfen.

<h2>§ 33.</h2>

<h2>Hölzerne Einfriedigungen.</h2>

Weitaus am häufigsten finden wir in unseren Waldungen hölzerne Einfriedigungen in Anwendung, zu welchen ja der Wald selbst das Material in billigster und bequem zu beziehender Weise darbietet; ist es doch nicht selten sehr geringwerthiges, ja da und dort überhaupt schwer verwerthbares Durchforstungsmaterial, welches bei den Einfriedigungen Verwendung findet.

Die einfachste Art der hölzernen Einfriedigung ist die nur zum Schutz gegen Weidevieh, Fuhrwerk u. s. w. dienende sogenannte Verlanderung, — bestehend aus längeren Stangen, welche in etwa 1 m Höhe zwischen je zwei schwachen Pfosten mit hölzernen Nägeln befestigt sind. — Etwas solider ist schon der Weidhag[1]) (Fig. 1), aus 16—20 cm starken, in 3—4 m Abstand in den Boden eingerammten meterhohen Pfosten bestehend, an welchen zwei parallel

Figur 1.

laufende Querstangen mittelst hölzerner Nägel befestigt oder durch Löcher in die Pfosten geschoben sind. Auch er dient nur zum Schutz gegen Weidevieh.

[1]) Heyer, Waldbau. S. 183.

Der Pallifadenzaun, Pfahlzaun (Fig. 2) besteht aus hin=
reichend langen und starken, im Durchforstungsweg gewonnenen Nadel=
holzstangen, zum Schutz gegen Rehe 1,5 m, gegen Hochwild bis 2 m
über dem Boden lang, welche so dicht neben einander, daß

Figur 2.

kein Hase durchschlüpfen kann, in den Boden eingelassen und in 1 bis 1,3 m Höhe durch eine aufgenagelte Latte fest verbunden werden. Bei der Anfertigung dieses Zaunes, welcher aller= dings da, wo jenes Stangenmaterial gut verwerthbar ist, in seiner Anlage ziemlich theuer kommen kann, empfiehlt

G. Heyer[1]) das Einsetzen der also auf 2—2,5 m abgelängten Pallisaden
in einen etwa 0,5 m tiefen Graben, der dann wieder eingefüllt wird,
wobei man die Stangen durch festes Einstampfen der Erde befestigt. —
Früher sah man wohl, wie um Wildparke, so auch um Forstgärten
solche Pallisadenzäune von gerissenem Eichenholz; jetzt werden solche
aus naheliegenden Gründen wohl nirgends mehr hergestellt.

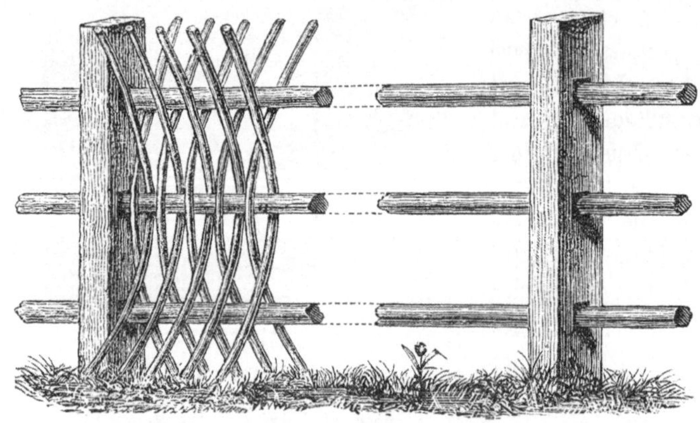

Figur 3.

Die gebräuchlichsten Holzzäune um unsere Forstgärten sind wohl
die Flechtzäune, und zwar jene mit senkrechter Stellung der
Flechtruthen, an vielen Orten auch Spriegelzäune genannt (Fig. 3).

---

[1]) Heyer, Waldbau. S. 183.

Bei deren Anfertigung werden in Entfernungen von 3—4 m hin=
reichend starke, runde oder leicht beschlagene, zur Erhöhung der Dauer
etwa unten angekohlte Säulen von 2—2,5 m Höhe fest in den Boden
eingesetzt, nachdem dieselben vorher an drei Stellen zum Einziehen
der Querstangen durchlocht wurden. Sind diese Querstangen, Durch=
forstungsstangen von Hopfenstangen=Stärke, nach vorheriger Ent=
rindung eingezogen, so werden die Flechtruthen (Spriegel, Etter=
ruthen, Hannichel), Stängchen in der Stärke von Bohnenstecken und
in Fichten=, Föhren= oder Tannen=Junghölzern bei der ersten Durch=
forstung als noch grünes Material gewonnen (bereits abgestorbene
Stangen besitzen nicht mehr die nöthige Biegsamkeit), eingeflochten
und dicht an einander gerückt, so daß kein Hase durchschlüpfen oder

Figur 4.

unten durchkriechen kann. Die Flechtruthen werden entweder alle in
gleicher Höhe abgeschnitten oder, wenn sie an sich etwas kurz sind
oder das Ueberfliegen von Hochwild zu fürchten ist, in voller Länge
belassen, allerdings auf Kosten des gefälligeren Aussehens.

Da diese Zaunart dem Wind viel Fläche darbietet, Beschädigungen
durch Stürme ausgesetzt ist, zumal wenn die Säulen nach längerem
Stehen anfangen, am Fuß schadhaft zu werden, so bringt man in un=
geschützteren Lagen auf der dem Wind entgegengesetzten Seite einzelne
Streben an, verstärkt auch die schadhaft werdenden Säulen durch neben
eingerammte starke Pfosten.

Auch horizontale Flechtung läßt sich anwenden; bei derselben
erspart man die stärkeren Säulen und kann geringwerthigeres und
schwächeres Flechtmaterial, Reisig jeder Art und Länge, in Anwendung
bringen, bedarf aber einer größeren Anzahl von Pfählen. Die Ab=
bildung (Fig. 4) versinnlicht wohl am einfachsten die Anfertigung

dieser Zäune. Sie sind billiger herzustellen als die vorigen, aber auch minder haltbar, und finden vorzugsweise Anwendung bei Saatkämpen, deren Benutzung sich nur auf kürzere Zeit erstrecken soll, dann im Buchenwald, wo das geringe Material der ersten Durchforstungen hiezu verwendet werden kann, während die zur senkrechten Flechtung nöthigen Nadelholzstängchen fehlen.

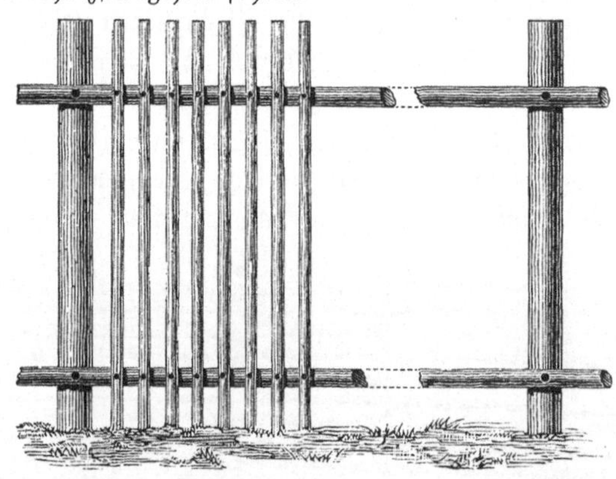

Figur 5.

Statt die Bohnenstecken einzuflechten, nagelt man sie auch mit entsprechend langen Stiften auf zwei durch die vertikalen Säulen ge= zogenen oder an denselben mit starken Holznägeln befestigten Quer= stangen (Brusthölzer) in einer das Durchschlüpfen von Hasen hindernden Entfernung senkrecht fest (Fig. 5) und stellt dadurch den s e n k r e c h t e n S t a n g e n z a u n her; oder man läßt die Stängchen sich unter ent=

Figur 6.

sprechendem Winkel kreuzen, die einen auf der inneren, die andern auf der äußeren Seite der Brusthölzer annagelnd, und erhält so den gefälligeren, aber auch kostspieligeren R a u t e n z a u n (Fig. 6).

Stangenzäune mit horizontal liegenden Stangen (Fig. 7) dienen vorzugsweise zum Schutz gegen größeres Wild, werden überhaupt mehr als Einfriedigung für Wildparke als für Forstgärten angewendet. Die Stangen, acht bis elf an der Zahl, je nachdem es sich um den

Figur 7.

Schutz nur gegen Rehe oder auch gegen Hochwild handelt, werden unten enger zusammengerückt, um das Durchkriechen zu verhindern, nach oben aber in wachsender Entfernung aufgenagelt. Sollte ein solcher Zaun auch gegen Hasen schützen, so müßten die Stangen unten sehr eng beisammen liegen — aber jeder stärkere Schneefall würde denselben das Durchkriechen weiter oben ermöglichen. Durch eine Ver=

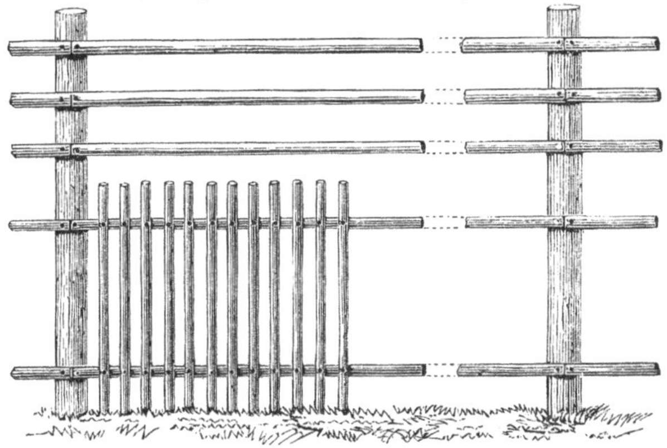

Figur 8.

bindung des horizontalen und vertikalen Stangenzaunes — durch Her= stellung eines niederen senkrechten Zaunes mit höheren Säulen, an welche sogen. Sprunglatten genagelt werden (Fig. 8), kann man Schutz gegen jede Wildart geben und die größeren Kosten des senk= rechten Stangenzaunes nicht unwesentlich verringern.

§ 34.

Drahtzäune.

An Stelle hölzerner Zäune werden schon seit längerer Zeit Draht=Einfriedigungen angewendet, und zwar zunächst zum Schutz von Kulturen in Wildparken oder bei starkem Wildstand überhaupt, wie auch zur Einfriedigung ganzer Thiergärten[1]). Aber auch zum Schutz unserer Forstgärten finden Drahtzäune verschiedener Art Anwendung, und eine Erwähnung derselben erscheint hier am Platze.

Die zu ersterwähnten Zwecken hergestellten (seltener für Forst= gärten verwendeten) Drahtzäune bestehen jederzeit aus einer kleineren oder größeren Zahl horizontal gespannter Drähte, welche in angemessener, von unten nach oben wachsender Entfernung mit Klammernägeln an Säulen befestigt und straff angezogen sind. Wir entnehmen den Mittheilungen des Oberförsters Witte zu Großschönebeck[2]), woselbst solche Drahtzäune zum Schutz der Kulturen und Schläge gegen Hochwild angewendet wurden, Folgendes: Die Zahl der Drähte betrug sechs, welche in Entfernungen von 20, 20, 20, 20, 25, 30 cm gespannt wurden; die Befestigung derselben erfolgt an Säulen, und zwar werden die

Figur 9.

stärkeren, etwa zu 16 cm im Quadrat, in Entfernungen von 40, bei ebenem Terrain auch bis 70 m genügend tief — bis 90 cm bei 2,50 m Länge — in den Boden gesetzt, die Ecksäulen auch noch mit Streben versehen. Zwischen dieselben kommen die schwächeren Leitungspfosten, 15 auf 8 cm stark, in Entfernungen von je 4 m. Sind die Säulen und Pfosten gesetzt, so werden zuerst die Klammernägel (Fig. 9) in den angegebenen, an den Pfosten vorgezeich= neten Abständen eingeschlagen, jedoch nur so tief, daß der Draht noch in die Klammer eingelegt werden kann; sodann wird der unterste Draht an der ersten Säule befestigt, seiner ganzen Länge nach (ca. 200 m) in die untersten Klammern sämmtlicher Pfosten eingelegt, mit Hülfe einer Winde durch zwei Arbeiter straff gespannt und nun durch Eintreiben der Klammernägel befestigt; in gleicher Weise werden der oberste Draht und sodann die vier Zwischendrähte gespannt. Der

---

[1]) Thiergarten bei Arolsen (Allg. F.= u. J.=Z. 1858. S. 370).
[2]) Zeitschr. f. F.= u. J.=W. I. S. 247.

verwendete Draht war geglühter und in Leinöl gesottener Telegraphen=
draht, dessen Preis pro Centner (450 m) 15 Mark, sonach pro laufenden
Meter 3,5 Pfennig betrug.

Soll dagegen ein Forstgarten durch einen solchen Drahtzaun gegen
das Eindringen jedes Wildes, selbst der Hasen, geschützt werden, so
sind eine ziemlich große Zahl von Drähten nöthig, welche in der Nähe
des Bodens sehr eng gezogen werden müssen. Heß[1] wandte bei dem
akademischen Forstgarten in Gießen 14 Drähte an, die er in folgenden
Entfernungen spannte: 8, 8, 8, 8, 9, 9, 10, 10, 12, 12, 16, 12, 18 cm,
in einem zweiten Falle 6, 6, 7, 7, 8, 9, 10, 11, 12, 12, 12, 13, 15,
15 cm, so daß die Gesammthöhe in ersterem Falle 1,50 m, in letzterem
1,41 m betrug. Der verwendete Draht war 3—4 mm stark, über=
kupfert und die erstmalige Herstellung des Zaunes eine ziemlich kost=

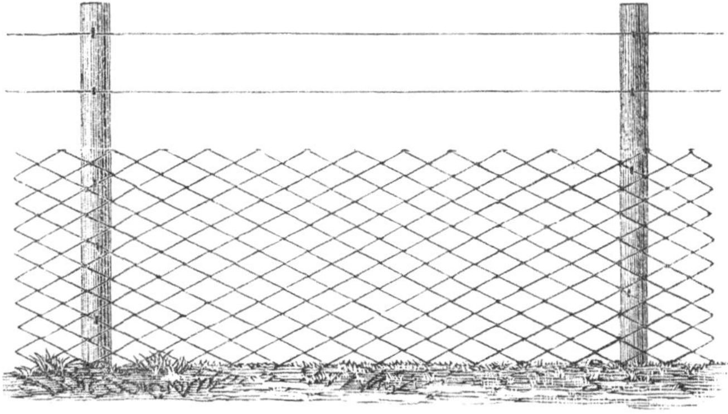

Figur 10.

spielige (1,75—1,90 Mk. pro Meter). Werden diese hohen Anlagekosten
auch durch die längere Dauer des Drahtzaunes gegenüber dem Holzzaun
allmählich ausgeglichen, so werden sie doch ein Hinderungsgrund für
dessen häufigere Anwendung sein, und möchten wir denselben mit
Rücksicht auf die mit wechselnder Temperatur sich ändernde Spannung
des Drahtes als einen minder sicheren Schutz gegen das Durchkriechen
der Hasen betrachten und derartige Drahtzäune für Forstgärten weniger
empfehlen.

Mit gutem Erfolg und unter manchen Verhältnissen auch mit ent=
schiedenem finanziellen Vortheil können die netzartig geflochtenen
Dr a h t einfriedigungen (Fig. 10) zum Schutz der Forstgärten an=
gewendet werden. (Neben der hier abgebildeten Form werden jetzt

---

[1] Suppl. zur Allg. F.= u. J.=Z. Heft IX, S. 64.

auch vielfach sechseckig geflochtene Gitter angewendet.) Diese Draht=
gitter, aus verzinktem Eisendraht bestehend, werden von den betreffen=
den Fabriken in verschiedener Maschenweite und Drahtstärke hergestellt;
für Forstgärten wird man die Maschenweite so wählen, daß Hasen
(ev. Kaninchen) nicht durchschlüpfen können. Sie können in einer Höhe
von ½ bis 1½ m und in Rollen von beliebiger Länge bezogen werden
und werden an nur 10—12 cm starken Pfählen — nur die Ecksäulen
müssen stärker sein —, deren Höhe über dem Boden 1,5 m und deren
Entfernung 4—5 m beträgt, mittelst einfacher Klammernägel (Fig. 11)
befestigt und zum Schutz gegen Roth= und Rehwild dann
noch mit zwei starken Drähten (altem Telegraphendraht oder
mit dem bekannten Stacheldraht, als einem guten Schutz=
mittel gegen das Uebersteigen durch Menschen), die an den
Pfosten mit eben solchen Nägeln befestigt werden, überspannt.
Die Anwendung einer solchen Einfriedigung empfiehlt sich
besonders dann, wenn die allmähliche Vergrößerung eines
neu angelegten Forstgartens oder ein Schutz für Wander=

Figur 11. kämpe beabsichtigt ist. In ersterem Falle bringt man —
während man den übrigen Theil des Forstgartens etwa mit einem
Flechtzaun versieht — die Drahtgitter auf jener oder jenen Seiten an,
nach welchen hin man den Garten vergrößern will, und kann dieselben
dann seinerzeit mit sehr geringen Kosten wegnehmen und hinausrücken[1].
Ebenso läßt sich mit der Verlegung der ausgenützten Wanderkämpe
die Drahteinfriedigung leicht weiter transportiren. Die Drahtzäune
sind nach unserer eigenen Erfahrung sowohl durch Haltbarkeit wie
Billigkeit (vergl. § 39) sehr empfehlenswerth; deren Bezugsquellen
sind namentlich Jagdzeitungen jederzeit zu entnehmen[2].

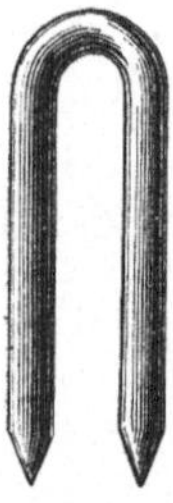

Eine Verbindung von Draht= und Holzzaun ist der von Oberförster
Sachse in Groß=Schönebeck empfohlene Drahtspriegelzaun[3].
Zur Herstellung desselben werden 2,4 m lange, 16 cm starke Kiefern=
pfosten in 3 m Entfernung 0,8 m tief in den Boden fest eingesetzt
und sodann 4 Drähte — 4 mm starker, verzinkter Eisendraht — in

---

[1] An dem im Jahre 1878 dahier neu angelegten akademischen Forstgarten
wurde dieser Drahtzaun in angegebener Weise verwendet und sehr zweckmäßig
befunden.

[2] Wir nennen beispielsweise die Drahtwaarenfabrik von Ferd. Schulz Nach=
folger in Rostock, dann die Drahtgitterfabrik von Frd. Gloger in Schwedt a. O.;
ferner jene von Nik. Bernheim in Mühlheim a. Rh., dann von Bernh. Ebeling
in Bremen.

[3] Zeitschr. f. F.= u. J.=W. XI. 93.

40 cm Entfernung von einander, so daß der untere Draht 20 cm vom Boden absteht, mittelst einfacher Klammern an diesen Pfosten befestigt und straff angezogen; die Eckpfosten sind hierbei mit hinreichend starken Streben zu schützen. In diese Drähte, welche also die Querhölzer des gewöhnlichen Flechtzaunes ersetzen, werden nun 2 m lange, 3—4 cm starke Flechtruthen — Spriegel — dicht eingeflochten. Sachse rühmt diesem Zaun, welcher gegen jede Wilbart den nöthigen Schutz bietet, nach, daß derselbe wegen des federnden Drahtes vom Wind nicht leicht gedrückt oder geworfen wird, und daß abgefaulte Pfosten leicht ersetzt werden können, ohne daß dadurch die anstoßenden Theile des Zaunes Noth leiden, was bei dem gewöhnlichen hölzernen Flechtzaun nicht der Fall ist.

<h2 style="text-align:center">§ 35.</h2>

<h2 style="text-align:center">Lebende Einfriedigungen (Hecken).</h2>

Lebende Zäune, Hecken, werden wohl am wenigsten zur Umfriedigung von Forstgärten verwendet. Sie bedürfen geraumer Zeit, bis sie den entsprechenden Schutz gewähren, verlangen stete, sachverständige Pflege, wenn sie dieser Anforderung dauernd entsprechen, nicht durch Absterben der unteren Zweige lückig werden sollen, und zeigen trotz aller Sorgfalt nicht selten doch solche, den Hasen Zugang gestattende Lücken.

Da es sich bei Anlage eines Forstgartens stets um Herstellung sofortigen Schutzes handeln wird, so ist man genöthigt, zunächst einen Holzzaun herzustellen und neben demselben die Hecke anzulegen, die nach Schadhaftwerden des ersteren den Schutz des Gartens übernehmen soll. Schon hieraus geht hervor, daß man lebende Einfriedigungen nur bei jenen Forstgärten überhaupt in Anwendung bringen wird, deren Benutzung voraussichtlich eine sehr lang andauernde ist, da nur in diesem Fall sich die Anlage und Pflege einer Hecke rentiren wird — und da solche bestimmte Voraussicht doch vielfach fehlt, so ergibt sich hiedurch auch die Beschränkung der Anwendbarkeit von Hecken überhaupt.

Wir glauben uns deshalb bezüglich derselben hier auch kurz fassen zu dürfen.

Als Material für Hecken dienen Weißdorn, Fichte und Hainbuche. Bei Weißdorn werden die Pflanzen 12—15 cm weit gesetzt, tief am Boden abgeschnitten und von den erscheinenden Ausschlägen nur zwei

belassen, die mit jenen der links und rechts stehenden Pflanzen gitter=
artig verbunden oder an einen lichten Lattenzaun angebunden werden;
dies gitterartige Verbinden wird alljährlich fortgesetzt. Aehnlich werden
Hainbuchenzäune behandelt. Bei Fichten verwendet man kleine,
recht „rauhfüßige“ Pflanzen, die auf 12 cm Entfernung gesetzt werden,
und schneidet rechtzeitig Höhen= und Seitentriebe zurück, damit die
Hecke an der Erde dicht und buschig bleibt, die Stämmchen sich nicht
in Folge der Beschattung der unteren Aeste durch die oberen am Fuße
reinigen. Das wichtigste Mittel für die Pflege der Hecken, für die Er=
haltung eines dichten, das Durchkriechen kleiner Thiere (Hasen) ver=
hindernden Fußes liegt in dem alljährlichen Scheeren derselben mittelst

Figur 12.

der Heckenscheere (Fig. 12), in der entsprechen=
den Beschränkung der Breite derselben, da eine
zu große Breite neben dem Einnehmen eines
zu großen Raumes auch das Auslichten des
Fußes zur Folge hat. Nach Heyer's[1] Angabe
hält eine rationell angelegte und behandelte
Fichtenhecke über fünfzig Jahre lang aus; in
Folge der nöthigen Pflege kommen die Hecken
aber trotzdem nicht so billig zu stehen, als man
zu glauben geneigt ist.

Fichtenhecken schatten übrigens ziemlich
stark, und die Pflanzen zeigen in deren un=
mittelbarer Nähe nicht selten ein Zurückbleiben im Wuchs; jedenfalls
wird man unmittelbar an dieselben nur Saat= und Pflanzbeete von
Schattenholzarten legen, denen jener Schutz allerdings sogar wohl=
thätig sein kann.

§ 36.

Transportable Einfriedigungen.

Die transportabeln Kulturgatter, Hürdengatter, Horden=
zäune dienen in erster Linie zum längere oder kürzere Zeit noth=
wendigen Schutz der Kulturen wie des Feldes da, wo ein stärkerer
Wildstand solchen Schutz nöthig macht; sie werden aber auch mit
Vortheil zum Schutz wandernder Saat= und Pflanzbeete verwendet
und sind daher hier zu erwähnen.

---

[1] Waldbau. S. 190.

Ein solches **Hürdengatter** (Fig. 13) besteht nach Forstmeister Beurmanns Beschreibung[1]) aus drei vertikalen stärkeren Rahmstücken, von ca. 2—2,3 m Höhe; dieselben werden durch eine Anzahl schwächerer Stangen, welche 3,5—4,5 m lang sind, verbunden, und um ein seitliches Verschieben zu verhindern, dem Gatter einen größeren Halt zu geben, wird schräg von einem Rahmstück zum anderen die sogenannte Windblatte aufgenagelt. Bei ebenem Terrain rechtwinklig zusammengefügt, muß dagegen bei geneigtem Terrain das Gatter verschoben

Figur 13.

werden, da die Rahmstücke stets senkrecht stehen, die Querhölzer stets parallel dem Boden laufen. Die Zahl der Querstangen und deren Entfernung ist je nach der Wildart verschieden; für Hochwild genügen etwa acht, soll aber auch Schutz gegen das Durchkriechen von Rehen und Sauen gegeben werden, so mehrt man ihre Zahl bis elf und rückt die untern näher zusammen. — Die um Saatkämpe gestellten Hürden werden dadurch aufrecht und zusammen gehalten, daß man dicht vor die Verbindungsstelle je zweier Hürden einen Pfahl schlägt, durch je zwei Wieden die Hürden mit demselben und gleichzeitig mit einander zusammenbindet und den Hürden zugleich wechselständig schräge Stützen gibt.

Aehnlich sind die von Heß[2]) beschriebenen **Hordenzäune** (Fig. 14), wie sie in Thüringen zum Schutz der Wanderkämpe angewendet wurden. Derselbe hebt als besonders praktisch, weil die leichte Zerlegbarkeit und Transportirung ermöglichend, jene Konstruktion hervor, bei welcher die Querhölzer mit den Vertikalhölzern

---

[1]) Aus dem Walde. I. S. 131. S. auch Burckhardt, Säen u. Pflz. S. 510.
[2]) Allg. F.- u. J.-Z. 1862. S. 295.

nicht durch Nägel fest verbunden, sondern lediglich mit den zugespitzten Enden in eingebohrte Löcher eingelassen sind. Das oberste Querholz aber geht durch das Vertikalholz und wird durch beiderseits vorgesteckte Pflöckchen gehalten; zieht man letztere heraus, so zerfällt die Horde in ihre einzelnen Stücke und wird nun mit Leichtigkeit an den Ort der Verwendung transportirt.

Beim Aufstellen werden die Pfähle mit ihren zugespitzten Enden in den Boden getrieben, und wird entweder zur Vermehrung der Haltbarkeit ein weiterer Pfahl in der Mitte der ca. 4 m langen Horde

Figur 14.

eingeschlagen, an den man einige Querhölzer mit Wieden bindet, oder man schlägt, wenn die Gatter keine stärkeren und zugespitzten Vertikalsäulen haben, an der Verbindungsstelle einen hinreichend starken Pfahl in den Boden, an den die Horden gebunden werden. Durch Streben erhalten dieselben eine weitere Befestigung und Schutz gegen das Umwerfen durch Wild und Wind.

Sollen diese Horden auch Schutz gegen Hasen geben, so würde man am besten auf deren Innenseite ein meterhohes billiges Drahtgitter spannen.

§ 37.

Verschluß der Forstgärten.

Der Verschluß der um die Saatbeete und Forstgärten hergestellten Einfriedigungen richtet sich nach der Art der letzteren, wie nach lokalen Verhältnissen — in letzterer Beziehung insbesondere darnach, ob er auch hinreichende Sicherung gegen das unbefugte Eindringen von Menschen bieten soll. In den meisten Fällen wird letztere Sicherung nicht nöthig sein, denn beabsichtigte **boshafte** Beschädigungen eines Forst= gartens werden durch solchen Verschluß nicht verhindert; will man aber doch einen solchen, so ist eine mit eisernen Angeln und einem Vorlegeschloß versehene Thüre nicht zu umgehen. In den meisten Fällen aber begnügt man sich mit Angeln von zähen Fichtenwieden und einem einfachen höl= zernen Riegel oder richtet die Thüre so ein, daß sie in hölzernen Haken hängt und leicht ausgehoben werden kann; neben= stehende Abbildung (Fig. 15) stellt eine von Schütz[1]) beschriebene einfache und zweckmäßige solche Thüre dar. — Auch eine Art hölzernen Schlosses — weniger dem Verderben und der Entwendung aus= gesetzt, als ein eisernes — ist da und dort im Gebrauch, und wurde ein solches von Lorey[2]) beschrieben. Zweckmäßig ist es, in Angeln laufende Thüren so zu richten, daß sie geöffnet von selbst zufallen.

Figur 15.

Bei der einfachsten Art der Einfriedigung, dem Waidzaun, werden lediglich an einer Stelle ein paar Stangen zum Zurückschieben in den durchlochten Säulen eingerichtet und auf diese Weise der Eingang hergestellt. Bei transportabeln Gattern wird letzterer durch seitliches Ver= schieben einer nur durch Binden an einen Pfahl befestigten Horde gewonnen.

Bei nur einigermaßen **größeren** Forstgärten ist die Anbringung **mehrerer Thüren**, mindestens von zwei sich gegenüberliegenden, zu empfehlen. Die Arbeiter, welche Unkraut hinaus, Kompost, Humus ꝛc. herein zu schaffen haben, ersparen hierdurch unter Umständen viel Zeit; für Fuhrwerke wird die Möglichkeit, den Garten ohne Umkehren zu verlassen, gewonnen.

<h2 style="text-align:center">§ 38.</h2>

<h3 style="text-align:center">Dauer der verschiedenen Einfriedigungen.</h3>

Bei der Wahl der einen oder anderen Einfriedigungsart wird, wie schon oben berührt, die Frage nach deren Dauerhaftigkeit

---

[1]) Die Pflege der Eiche. S. 73.
[2]) Allg. F.= u. J.=Z. 1863. S. 362.

eine sehr wichtige und nicht selten entscheidende Rolle spielen, da mit ihr jene bez. des Kostenpunktes aufs Innigste zusammenhängt. Eine anscheinend sehr billige Einfriedigung kann bei kurzer Dauer eine in Wirklichkeit theuere werden, wie umgekehrt eine ursprünglich kostspieligere in Folge langer Dauer, geringer Reparaturkosten zu einer verhältnißmäßig billigen.

In den meisten Fällen verlangen wir von unseren Einfriedigungen möglichst lange Dauer — jedoch nicht immer; legt man z. B. behufs Aufforstung größerer neu acquirirter Felder 2c. einen Forstgarten an, der nach vollzogener Kultur wieder eingehen soll, so wird der oft nur kürzere Zeitraum, innerhalb dessen letztere bewerkstelligt werden soll, ins Auge zu fassen und die Solidität des Zaunes dieser Zeit einigermaßen anzupassen sein. Man wird dann keine zu starken Säulen und Querhölzer wählen, das Imprägniren unterlassen, transportable Einfriedigungen wählen u. dgl. m.

In erster Linie wird das verwendete Material die Dauer der Einfriedigung bedingen. Wir haben oben der sehr langen Dauer gut gepflegter Hecken Erwähnung gethan, und eben solche werden gut konstruirte Trockenmauern zeigen; ihnen schließen sich wohl die Drahtzäune an, wenn zu denselben gut verzinktes oder auf andere Weise gegen den Rost geschütztes Material verwendet wurde. Bei den hölzernen Zäunen ist von größter Bedeutung die Art des verwendeten Materials — die Holzart, die Verhältnisse, unter denen das Holz aufgewachsen ist (Stangen aus Durchforstungsmaterial werden stets jenem von Schneebruchflächen vorzuziehen sein), das Alter u. s. w.; man verwende insbesondere zu den Säulen stets nur dauerhaftes Material, Eichen, harzreiche Föhren, Lärchen, Akazien. Für die Säulen und Pfosten ist neben diesen Momenten und neben deren Stärke der Boden, in welchen sie gesetzt wurden, ob feucht oder trocken, bindend oder locker, von wesentlichem Einfluß auf die Dauer. Der über die Erde kommende Theil der Säulen und Pfosten wird meist scharfkantig beschlagen, das obere Ende schräg abgeschnitten und tüchtig mit Steinkohlentheer bestrichen, der untere, in die Erde kommende Theil dagegen bleibt unbeschlagen und dadurch möglichst stark, was sowohl bezüglich des festeren Standes wie der längeren Dauer von Vortheil ist. Durch Ankohlen dieser unteren, in und unmittelbar an den Boden kommenden Theile, durch Bestreichen mit Theer, Imprägniren mit antiseptischen Stoffen läßt sich diese Dauer sehr erhöhen; in Württemberg wird eine Mischung von 25 Pfund Theer, zu welchem in heißem Zustande 1 Pfund Kalk und 1 Pfund Kohlenpulver gesetzt und durch Umrühren tüchtig eingemischt werden, zum Anstrich der Säulenfüße mit gutem Erfolg verwendet [1]). Für ständige Forst=gärten ist die Auswahl guten Materials zu den Säulen und An=wendung solcher konservirender Mittel von wesentlicher Bedeutung.

Bestimmte Zahlen über die Dauer der einen oder anderen Art der oben beschriebenen hölzernen Einfriedigungen lassen sich nach dem eben Gesagten nicht wohl geben — sehen wir doch, wie in einem und demselben Zaune die eine Säule noch vollkommen gut ist, während die nächste, einem zweiten oder dritten Abschnitte des nämlichen Baumes entstammend, schon abgefault ist! Im Allgemeinen läßt sich nur etwa sagen, daß Pallisaden=Zäune mit ihrem stärkeren Material größere Dauer zeigen, daß Flechtzäune (Spriegelzäune) mit senkrechter Flechtung sich in Folge des leichteren Austrocknens (nach Regenwetter) länger zu halten pflegen, als solche mit horizontaler Flechtung [2]), bei welchen namentlich die untersten Lagen rasch faulen, und daß Zäune mit senkrecht oder rautenförmig aufgenagelten Stangen aus dem gleichen Grunde die dichteren Flechtenzäune an Haltbarkeit übertreffen werden; daß endlich die Dauer eines hölzernen Zaunes 8—12 Jahre nicht übersteigen und derselbe auch während dieser Zeit manche Re=paratur erheischen wird [3]). Für transportable Gatter gibt Burckhardt sogar die Dauer nur auf 5—6 Jahre an [4]), eine Folge wohl des Umstandes, daß behufs leichteren Transportes auch zu den Rahmen=stücken vorwiegend schwächeres Material Verwendung findet.

§ 39.

Kosten der Einfriedigung.

Obwohl dieselben, streng genommen, in Abschnitt VI „Kosten der Pflanzenerziehung" zu besprechen wären, so haben wir es doch für zweckmäßiger gehalten, Alles, was auf die Einfriedigungen Bezug hat, im Zusammenhang abzuhandeln, und reihen daher die Besprechung der Kosten für dieselben schon hier an.

Die Kosten für die Einfriedigungen sind bisweilen reine Arbeitslöhne, so bei der Anwendung von Gräben, von Wällen aus Plaggen, von Trockenmauern — ja selbst bei hölzernen Zäunen

---

[1]) Oestr. F.=Z. 1887. S. 137.

[2]) Heyer's Waldbau. S. 184.

[3]) Heß i. d. Suppl. z. Allg. F.= u. J.=Z. IX. S. 71; Ztschr. f. F.= u. J.=W. XI. S. 93.

[4]) Säen u. Pflanzen. S. 510.

kann der Werth des Holzes da, wo in waldreichen, gebirgigen Ge=
genden die schwächeren Sortimente schwer oder gar nicht absetzbar
sind, ein so unbedeutender werden, daß er neben den Arbeitslöhnen
verschwindet. Dagegen wird in Gegenden, wo jede Stange, jeder
Bohnenstecken gut verwerthbar ist, der Holzpreis neben jenen Löhnen
eine ziemlich bedeutende Rolle spielen; bei den geflochtenen Draht=
zäunen endlich der Preis des anzukaufenden Flechtwerkes in erster
Linie stehen, der Arbeitslohn neben demselben sehr zurücktreten. Auch
die Transportkosten für das Holz können da und dort ins Gewicht
fallen.

Solchen Verhältnissen wird der denkende Revierverwalter Rechnung
tragen, wenn es sich um die Wahl der einen oder anderen Ein=
friedigungsart handelt; er wird da, wo das schwache Holz nahezu
werthlos ist, stets den dann billigen Holzzaun wählen, bei hohem
Preise der Kleinnutzhölzer, hohen Tagelöhnen dagegen den Draht=
zaun meist vortheilhafter finden. — Es ergibt sich aber auch aus
dem oben Gesagten, daß bei Vergleichung der Herstellungskosten von
Einfriedigungen ganz gleicher, wie verschiedener Art stets zwei Fak=
toren — Arbeitslohn und Materialkosten — aus einander
gehalten werden müssen, wenn diese Vergleichung einen Werth haben
soll, daß Angaben über die Herstellungskosten eines Zaunes ohne Angabe
der ortsüblichen Tagelöhne, der lokalen Holzpreise für weitere Kreise
ohne Werth sein müssen.

Bei der Entscheidung über die zweckmäßigere, weil billigere An=
wendung der einen oder anderen Einfriedigungsart spricht aber noch
ein dritter, sehr gewichtiger Faktor mit: die Dauer der hergestellten
Einfriedigung, die Höhe der alljährlich oder periodisch nöthigen Re=
paraturkosten. Auch dieser Faktor ist ein höchst schwierig festzustellender,
da die Güte des zu Pfosten, Querhölzern, Flechtruthen verwendeten
Holzmaterials, die Oertlichkeit, in welcher sich der eine oder andere
Zaun befindet, auf die Dauer der Einfriedigung, wie auf die Höhe
der Reparaturkosten von größtem Einfluß sind, letztere auch noch durch
die Angriffe, denen der Zaun durch Menschen, Thiere, Wind u. s. f.
ausgesetzt ist, bedingt werden. Wir verweisen bezüglich der für die
Kostenfrage so wichtigen Dauer auf das im vorigen Paragraphen
Gesagte und wiederholen nur, wie schwierig es Angesichts aller dieser
Verhältnisse ist, vergleichende Angaben von Werth für weitere
Kreise über die Anlagekosten der einen oder anderen Zaunart und
den Vorzug, den etwa die eine um ihrer Billigkeit willen vor der
anderen verdient, zu machen.

Im Allgemeinen wird unter gleichen Verhältnissen der stärkeres Holz erfordernde Pallisadenzaun kostspieliger sein, als die übrigen Holzzäune — auch die Transportkosten des Materials können bedeutend sein —, der Flechtzaun billiger als der Zaun mit senkrecht aufgenagelten Stangen oder als der Rautenzaun, welcher der theuerste unter den hölzernen Zäunen letzterer Art sein dürfte. Drahtzäune ersetzen die größeren erstmaligen Kosten durch lange Haltbarkeit und geringe Reparaturkosten; die in § 34 beschriebenen Drahtspriegelzäune gehören den Angaben des Oberförsters Sachse nach zu den nach An= fertigung und Dauer billigeren Zaunarten.

Einige positive, der desfallsigen Literatur entnommene Angaben mögen folgen:

Nach Heyer's Angabe [1]) kostete ein Spriegelzaun, wobei alles Holz ³/₄ Stunden weit beigefahren werden mußte, inklusive Holz= werth (Taxe?) und bei 1,50 Mark Tagelohn pro laufenden Meter 2,10 Mark.

Von einem in der Oberförsterei Groß = Schönebeck hergestellen Drahtspriegelzaun [2]) kam der laufende Meter inklusive Holzwerth (4,50 Mark pro Festmeter Säulenholz, 0,20 Mark pro Hundert Spriegel) auf nur 0,53 Mark pro Meter zu stehen. (Die Höhe des ortsüblichen Tagelohnes ist nicht angegeben.)

Nach Burckhardt's Mittheilungen [3]) kostet bei einem Tagelohn von 2 Mark der laufende Meter

Spriegelzaun . . . . circa 40 Pfennige Arbeitslohn,
Rautenzaun . . . . „ 53 „ „
Transportable Gatter „ 13—24 „ „

Nach Heß' Angaben [4]) kamen bewegliche Hordenzäune von 4,5 m Länge bei dem allerdings sehr niedrigen Tagelohn von 1 Mark durch= schnittlich auf 42 Pfennige per Stück inklusive des (jedenfalls auch sehr niedrigen) Holzwerthes.

Ueber die Kosten gezogener Drahtzäune, welche Kosten allerdings sehr wesentlich durch die Zahl der Drähte und respektive dadurch be= dingt sind, ob diese nur Schutz gegen größeres Wild oder auch gegen Hasen gewähren sollen, macht ebenfalls Heß genaue Mittheilungen [5]).

---

[1]) Waldbau. S. 184.
[2]) Zeitschr. f. F.= u. J.=W. XI. S. 93.
[3]) Säen u. Pflanzen. S. 508 u. 510.
[4]) Allg. F.= u. J.=Z. 1862. S. 295.
[5]) Suppl. zur Allg. F.= u. J.=Z. IX. S. 71.

Nach diesen kam der laufende Meter bei einem Tagelohn von 1,50 bis 2 Mark, einem Holzpreis von 16 Mark pro Festmeter Nadelholz und 24 Mark pro Festmeter Laubholz (Eichen zu Säulen) inklusive An=kohlen und Theeren auf 1,75 Mark, wobei 14 Drähte gezogen wurden und die ganze Arbeit unter etwas ungünstigen Verhältnissen ausgeführt werden mußte.

Viel geringer werden natürlich die Kosten bei einer nur geringen Zahl von Drähten, wie sie bei Parkeinfriedigungen oder zum Schutz von Saatbeeten gegen Hochwild etwa angewendet werden, sein; nach Witte's Angabe[1]) beliefen sie sich in Groß=Schönebeck (f. § 34) inkl. Holzwerth nur auf 30 Pfennige pro laufenden Meter. — Einer Mit=theilung E. Heyer's[2]) ist zu entnehmen, daß ein aus acht verzinkten Eisendrähten hergestellter Zaun in Viernheim mit Holz und Arbeits=lohn ebenfalls nur auf 30 Pfennige pro Meter zu stehen kam.

Verhältnißmäßig billig sind die aus Drahtgeflecht her=gestellten, eine vollständig hasendichte Einfriedigung bildenden Zäune; der Preis der Gitter ist gegen früher wesentlich billiger geworden und kostet der Quadratmeter je nach Maschenweite und Drahtstärke etwa 30—40 Pfennige, der zum Schutze gegen Rehe, auch Menschen darüber gespannte Stacheldraht pro Meter 3—4 Pfennige. Faßt man noch die große Haltbarkeit und lange Dauer solcher Drahtzäune ins Auge[3]), dazu die Möglichkeit, sie bei Verlegung eines Forstgartens, einer Kampanlage wieder zu benutzen, so kann deren Verwendung bei hohen Holzpreisen oder Arbeitslöhnen nur empfohlen werden.

---

5. Kapitel.

Eintheilung und innere Einrichtung des Forstgartens oder Pflanzkamps.

§ 40.

Eintheilung durch Wege.

Jede Anlage zur Erziehung von Pflanzen bedarf einer gewissen, durch Wege herzustellenden Eintheilung, die aber wieder je

---

[1]) Zeitschr. f. F.= u. J.=W. XI. S. 93.

[2]) Allg. F.= u. J.=Z. 1888. S. 349.

[3]) Der im Jahre 1879 im akademischen Forstgarten dahier längs einer Seite in Anwendung gekommene Drahtzaun ist jetzt, nach 17 Jahren, noch in vollkommen brauchbarem Zustand.

nach der Größe der betreffenden Fläche in verschiedener Weise ge=
geben wird.

Kleinere, nur zu vorübergehender Benutzung bestimmte Saat= und
Pflanzkämpe, oft nur wenige Ar groß, wie wir sie namentlich zur Er=
ziehung von Fichten= und Föhrenpflanzen nicht selten finden, sind in
sehr einfacher Weise durch schmale Wege in eine Anzahl von Beeten
oder Ländern von entsprechender Größe getheilt und können, wenn
ohne Einfriedigung und also von allen Seiten leicht zugänglich, jeden
breiteren Weg entbehren. Eingefriedigte oder etwa größere Kämpe
erhalten einen breiteren, für Handkarren benutzbaren Mittelweg oder
werden durch zwei solche, sich rechtwinklig kreuzende Wege geviertheilt.
Größere ständige Pflanzgärten dagegen bedürfen einer entsprechenden
und systematischen Eintheilung durch eine Anzahl breiterer und
schmaler Wege.

Die Mitte des Gartens durchschneidet ein Hauptweg, breit
genug für ein Fuhrwerk, um hiedurch die Beifuhr von Erde und
Dünger, die Abfuhr von Pflanzen möglichst zu erleichtern. Eine An=
zahl von Seitenwegen, hinreichend breit etwa für einen zweirädrigen
Handkarren oder doch einen gewöhnlichen Schubkarren, zerlegt den
Garten in weitere Haupttheile, Quartiere, und eben solche Wege läßt
man wohl ringsum längs der Einfriedigung laufen; durch weitere,
thunlichst schmale Wege, gerade breit genug, um von ihnen aus
einer Person das Säen, Reinigen, Behacken u. s. w. zu gestatten, werden
die Quartiere endlich in Beete oder Länder zerlegt.

Bei ebenem Terrain ist diese Zerlegung des Gartens eine ohne
Schwierigkeit zu bewerkstelligende Arbeit: man sorge, daß die Wege
sich gehörig rechtwinklig schneiden, denn jede auch nur geringe Ab=
weichung vom rechten Winkel wird bei den späteren Arbeiten (dem
Ansäen mit Hülfe von Saatbrettern, dem Verschulen) sehr lästig, und
vermeide jedes Uebermaß von Wegen, insbesondere auch durch
überflüssige Breite derselben, da hiedurch die bearbeitete und eingefrie=
digte Fläche zu stark reduzirt wird, die Kosten sich also verhältniß=
mäßig steigern. — Die breiten Wege steckt man zweckmäßig schon
vor dem Umarbeiten der Fläche — also nach Abräumung des Boden=
überzuges — ab und schließt dieselben von jeder tieferen Bearbeitung
aus, hebt nur die obere bessere Bodenschicht in entsprechender Tiefe ab
und benutzt dieselbe beim Einebnen der übrigen Fläche (s. § 20). Kann
man diese Wege zur Zurückhaltung des Unkrautes mit Kies oder Sand
überfahren, so ist dies zu empfehlen. Die schmalen Wege, insbe=
sondere jene, welche die einzelnen Beete trennen, werden entweder nach

vollständig gartenmäßiger Bearbeitung der betreffenden Fläche einfach nach der Schnur abgetreten, wie dies der Gärtner thut, oder sie werden (bei etwas bindendem oder feuchterem Boden) mit der Schaufel mehr oder minder tief ausgehoben und die ausgehobene Erde auf die anstoßenden Beete vertheilt; diese ausgehobenen Wege wirken dann als seichte Entwässerungsgräben namentlich vorbeugend gegen das Auffrieren des Bodens. Man behalte aber hiebei wohl im Auge, daß mit der Tiefe des Weges auch jederzeit dessen obere Breite wächst.

In geneigtem Terrain lege man möglichst alle Wege horizontal, namentlich alle breiteren und tieferen Wege, und vermeide längere oder tiefere Wege in der Richtung der Wasserlinie, da dieselben bei starkem oder anhaltendem Regen nur zu gern zu Wassergräben werden und Schaden bringen. Wo sich solche Wege nicht ganz vermeiden lassen, bringt man in entsprechenden kleineren Zwischenräumen Wasserableitungen (durch schräg eingelegte Schwellen) und kleine Fanggruben an.

Als Breite für einen Hauptweg mag etwa 1,8 m, für Seitenwege 1 m genügen, während die Wege zwischen den Beeten etwa 30—40 cm breit werden sollten, — letztere Zahl als Maximum bei auszuhebenden Wegen[1]).

Neben einer solchen regelmäßigen Eintheilung empfiehlt nun Schmitt[2]) für seine Fichtenpflanzschulen eine ganz systematische Eintheilung in der Weise, daß z. B. zur Erziehung vierjähriger, im Alter von zwei Jahren verschulter Fichten der Garten in drei Hauptquartiere zerlegt wird, von denen je eines stets ein Jahr brach liegt, die beiden anderen mit drei= und vierjährigen Pflanzen besetzt sind. Eine kleinere Abtheilung jedes Quartiers gilt als Saatbeet zur Erziehung der zur Verschulung des betreffenden Quartiers nöthigen zweijährigen Pflanzen. — Eine solche Eintheilung wird da zweckmäßig, ja nöthig sein, wo nur Pflanzen von einer, höchstens zwei Holzarten in bestimmter, jährlich gleich bleibender Zahl erzogen werden sollen; in Forstgärten und Pflanzkämpen, in welchen verschiedene Holzarten und diese wieder in wechselnder Zahl, verschiedenem Alter erzogen werden sollen, läßt sich diese Einrichtung nicht wohl durchführen.

§ 41.

Beete und Länder (Gewannen).

Die Frage, ob man die von breiteren Wegen umschlossenen Quartiere in schmale Beete von 1—1,2 m Breite oder in größere, 4—6 m

---

[1]) 45—60 cm (Krit. Bl. L. 1. S. 136) ist entschieden zu viel.

[2]) Fichtenpflanzschulen. S. 99.

breite Länder oder Gewannen, wie man sie wohl manchen Orts nennt, theilen soll, ist für die Saatbeete wohl allenthalben entschieden, für die Pflanzbeete aber findet sie verschiedene Beantwortung.

Seit man für Saatbeete beinahe durchaus die Rillensaat in Anwendung bringt, die früher (namentlich nach Biermans) übliche breitwürfige Ansaat derselben verlassen hat (vergl. § 48), sind größere Saat-Länder nur für einzelne Holzarten mehr im Gebrauch, und man sät auf Beete, deren Breite nicht größer sein soll, als daß man vom Seitenweg her bequem bis zur Mitte reichen — also ansäen, ausgrasen, durchrupfen kann. Diese Breite beträgt nun 1—1,2 m; Beete von geringerer Breite sind in Folge der dadurch verhältnißmäßig größeren Wegfläche, welche nöthig wird, eine Raumverschwendung, Beete von größerer Breite unbequem und unpraktisch.

Nur für Eichensaatbeete, bei welchen, um der schon im ersten und zweiten Lebensjahr raschen Entwickelung der Pflanzen willen, die Saatrillen in größerer Entfernung von einander gezogen werden — bis zu 30 cm —, bei welchen also ein Betreten der Beete zum Zwecke der Reinigung und Lockerung ohne Beschädigung der jungen Pflanzen wohl möglich ist, wendet man meist größere zusammenhängende Saatbeetflächen ohne Unterbrechung durch Steige an; Gleiches gilt für Edelkastanien-Saatbeete.

Zur Erziehung verschulter Pflanzen dagegen findet man vielfach solche größere Länder in Verwendung, andernorts aber wieder nur Beete, und beide Verfahren habe ihre Vertheidiger, beide unter Umständen ihre entschiedene Berechtigung.

Für die größeren Länder wird die beträchtliche Raumersparniß geltend gemacht[1]), welche in Folge des Wegfalles der zahlreichen Wege zwischen den Beeten möglich ist, der Wege, welche, ursprünglich vielleicht schmal angelegt, allmälig, insbesondere gelegentlich des Ausgrasens, immer breiter zu werden pflegen. Diese Raumersparniß, mit welcher die Kosten für die Bodenbearbeitung und Einfriedigung in engem Zusammenhang stehen, ist allerdings nicht unbedeutend, da z. B. bei 1,2 m breiten Beeten und 30 cm breiten Steigen schon $^1/_5$ der ganzen Fläche durch letztere für die Pflanzenzucht verloren geht, bei breiteren Zwischenwegen aber, wie man sie nicht selten trifft, der Verlust an nutzbarer Fläche noch größer ist.

Dagegen tritt Schmitt[2]) entschieden für die Eintheilung in Beete bei der langsamer sich entwickelnden Fichte — der Holzart,

---

[1]) Fischbach, Lehrbuch der Forstwissenschaft. S. 116.
[2]) Fichtenpflanzschulen. S. 31.

die jetzt wohl am meisten verschult wird — ein und erklärt hier die Ansicht von der Raumersparniß für irrig. Wo keine Steige sind, erscheint eine weitläufigere Verschulung, als sonst wohl nothwendig wäre, geboten, damit die Arbeiten des Ausgrasens, Bodenlockerns u. s. w. von den zwischen die Pflanzenreihen tretenden, in den Beeten sich bewegenden Arbeitern ohne Beschädigung der Pflanzen vorgenommen werden können; eine solche größere Entfernung der Pflanzreihen von einander, und betrage sie nur statt 15 cm deren 20, macht aber jene Ersparniß an Raum völlig illusorisch, ja letztere kann selbst ins Gegentheil umschlagen.

Wir möchten der Hauptsache nach letzterer Ansicht beistimmen, namentlich also für kleine, langsam sich entwickelnde und daher engere Verschulung zulassende Pflanzen, dann auf unkrautwüchsigem und bindendem Boden, dessen öfteres Betreten um des Festtretens willen zu vermeiden ist; schon bei der Arbeit des Verschulens selbst läßt sich bei den größeren Ländern dieses Zusammentreten des vorher sorgfältig gelockerten Bodens nicht vermeiden, während bei der Beeteintheilung diese Arbeit von den Wegen aus geschehen kann. Die Anbringung von Schutzvorrichtungen, Schutzgittern, wie sie für die meisten Holzarten vortheilhaft, ist bei beetweiser Eintheilung erleichtert; auch der Werth, den die schmalen Wege als Entwässerungsgräbchen und Vorbeugungsmittel gegen das Auffrieren (s. § 62) haben können, dürfte ins Auge zu fassen sein. Auf geneigtem Terrain ist die Anwendung größerer Länder geradezu ein Fehler — hier erscheinen nur horizontal gelegte Beete als zweckmäßig.

Dagegen ist die Anwendung größerer Länder zulässig und zweckmäßig auf minder bindendem Boden und bei Holzarten, welche — wie die Mehrzahl unserer Laubhölzer — mit Rücksicht auf ihre rasche Entwickelung ohnehin in weiterem Verband zu verschulen sind (s. § 81). Für stärkere, zum Zweck der Erziehung von Heistern zum zweiten Male verschulte Pflanzen wählt man stets größere Länder ohne Beeteintheilung: alle Motive für letztere und gegen erstere fallen hier weg und tritt die Raumersparniß in ihr volles Recht.

§ 42.

Sonstige Einrichtungen: Hütten, Brunnen u. dgl.

In jedem größeren und ständigen Forstgarten sollte unbedingt eine einfach gebaute, verschließbare Hütte stehen, die einerseits zur Aufbewahrung der nöthigen Kulturwerkzeuge, Saatbretter,

Häckchen u. s. w. dient, anderseits den Arbeitern wie dem die Aufsicht führenden Personal als Unterschlupf bei plötzlich eintretendem Regen dient. Eine solche einfache Hütte erscheint wohl in keiner Weise als Luxus; der Transport jener Geräthe, jede Unterbrechung der Arbeit durch das momentane Fehlen des einen oder anderen Instrumentes wird vermieden, ebenso aber das sonst oft nöthige Beenden der Arbeit, wenn die Arbeiter durch einen Regenguß bis auf die Haut durch= näßt sind, während beim Vorhandensein eines schützenden Obdaches oft schon nach kurzer Pause die Arbeit wieder aufgenommen werden könnte.

Ein solches, wenn auch noch so einfaches Obdach wird man aber zweckmäßig selbst bei kleineren oder nur kürzer benutzten Pflanz= kämpen anbringen: das Material von geringen Stangen und etwa von Fichtenrinde zur Dachung läßt sich ja meist mit sehr geringen Kosten beischaffen, und von der Forderung der Verschließbarkeit, der Verschalung mit Brettern u. dgl. kann man absehen, so daß der Auf= wand für eine solche Hütte ein sehr unbedeutender sein wird.

Ueber die Zweckmäßigkeit, ja selbst Nothwendigkeit, Wasser in einem größeren Forstgarten oder wenigstens in dessen nächster Nähe zu haben, wurde bereits früher (§ 12) gesprochen. Fehlt fließendes Wasser, so legt man wohl im Forstgarten einen Brunnen oder eine Cisterne an, welch' letzterer man durch Gräben das Regenwasser zuzuführen sucht. Heyer[1] und Vonhausen[2] empfehlen sogar Vor= richtungen zur Bewässerung der Forstgärten aus nahe gelegenen Bächen oder mit Hülfe von Sammelteichen — doch wird sich die Möglichkeit der Anwendung des allerdings sehr günstig wirkenden und dem Be= gießen in jeder Art vorzuziehenden Bewässerns immerhin an verhältniß= mäßig wenig Orten ergeben, vielfach auch an den Kosten scheitern. (Vgl. § 59.) — Für kleinere Saat= und Pflanzkämpe sind aber Brunnen und Cisternen wohl entbehrlich.

Außerhalb des Forstgartens, manchmal auch innerhalb desselben, findet man endlich Plätze reservirt zur Aufbewahrung von Dünge= mitteln, Rasenasche, Komposterde, oder zum Ansetzen sogenannter Komposthaufen aus dem im Garten anfallenden Unkraut. Solche Lagerplätze (auch für die Schutzgitter während der Zeit ihrer Nichtbenutzung, für diese an einem trocknen, luftigen Ort, noch besser in einer einfachen gedeckten Halle) legt man gerne etwas abseits in

---

[1] Waldbau. S. 190.
[2] Centralbl. f. d. F.=W. 1877. S. 17.

einem minder in die Augen fallenden Winkel, zweckmäßiger aber noch außerhalb der Einfriedigung, um den Raum im Innern des Gartens und dessen regelmäßige Eintheilung nicht zu beeinträchtigen, zunächst des Ausganges an.

Früher fand man wohl auch Anlagen, Ziergesträuche, selbst Blumen= beete in den Forstgärten, was jetzt wohl selten mehr vorkommen dürfte; ebenso vermeidet man Rondelle inmitten des Gartens, die sonst als Zierde nicht selten angelegt und mit irgend fremden Holzarten besetzt waren. Dieselben erschweren aber die regelmäßige Eintheilung und den Verkehr im Garten und bleiben besser weg. Die Kulturmittel pflegen heut zu Tage dem Forstmann so knapp zugemessen zu sein, daß sich ohnehin jeder Luxus verbietet — gut gehaltene und gepflegte Pflanzbeete werden auch ohne solch' überflüssige Zuthaten das Auge des Sachverständigen erfreuen!

III. Abschnitt.
Die Pflanzenzucht im Saatbeet.

1. Kapitel.
Die Ansaat der Saatbeete.

§ 43.
Allgemeine Erörterungen.

Die Bestellung der Saatbeete erfolgt entweder in der Absicht, die erzogenen Pflanzen in ein= bis höchstens dreijährigem Alter sofort zu Kulturen zu verwenden, oder sie in einem Alter von 1—2 Jahren — ein höheres Alter wird nur ausnahmsweise vorkommen — zur Er= ziehung kräftiger, gut bewurzelter Pflanzen zu verschulen. In der Art und Weise der Aussaat wird aber hierdurch ein Unterschied nicht begründet, nur etwa in der Stärke der Aussaat, der Menge des verwendeten Samens, indem man in ersterem Falle wohl etwas dünner sät; das Nachstehende gilt daher für beide Fälle; bezüglich der Regeln über die zu verwendenden Samenmengen enthält der § 54 die nöthigen Erörterungen.

Die bei der Ansaat zu beobachtenden Grundsätze und Maßregeln lassen sich nun als solche unterscheiden, welche für die Ansaat im All= gemeinen, für alle Holzarten oder doch für eine Anzahl derselben Gültigkeit haben, und als spezielle Regeln für die einzelnen Holz=

arten, auf deren Eigenthümlichkeiten sich gründend. Wir werden nun hier zunächst diese allgemeinen Grundsätze und Regeln besprechen, wobei sich allerdings eine Erwähnung der einzelnen Holzarten vielfach nicht vermeiden lassen wird; im zweiten, der speziellen Betrachtung der einzelnen Holzarten gewidmeten Theil werden wir dann das, was bei jeder derselben besonders zu beachten ist, unter Bezugnahme auf diesen allgemeinen Theil erörtern.

Als solche allgemeine Grundsätze und Regeln aber werden hier zu besprechen sein jene für die Auswahl des Saatgutes, die Prüfung, Erhaltung und Beförderung der Keimkraft, für die Zeit der Aussaat, die Art und Weise der Ausführung dieser letzteren unter Erwähnung der hiebei etwa zu benutzenden Instrumente und Hülfsmittel; auch die allgemeinen Grundsätze über die zu verwendenden Samenmengen gehören hieher, während die Angabe der bei den einzelnen Holzarten üblichen Quantitäten Aufgabe des speziellen Theils unseres Werkchens ist.

§ 44.

Bedeutung und Auswahl des Saatgutes.

Für den Erfolg unserer Saaten überhaupt wird die Anwendung eines möglichst guten und vollkommenen Samens von großer Bedeutung sein[1]), von ganz besonderer Wichtigkeit aber erklärlicher Weise für unsere Saatbeete, und die Auswahl solchen Samens verdient jedenfalls alle Rücksicht seitens des Forstwirthes. Wir dürfen uns hier jedenfalls ein Beispiel nehmen an den Landwirthen, die bekanntlich der Beschaffung eines möglichst vollkommenen Saatgutes große Sorgfalt zuwenden, während seitens der Forstwirthe in dieser Richtung sehr wenig geschieht — wobei allerdings zugegeben werden muß, daß die Sache für uns entschieden schwieriger liegt, indem die Qualität des Samens, namentlich auch soweit dessen Abstammung in Betracht kommt, sich in der äußeren Erscheinung vielfach nicht zu erkennen gibt.

Verschiedene gewichtige Stimmen haben sich schon für die sorgfältigere Auswahl des Samens erhoben: so in früherer Zeit von Berg und Nördlinger[2]), später Burckhardt[3]) und in besonders eindringlicher Weise Reuß[4]). Letzterer hebt namentlich hervor, daß

---

1) Gayer, Waldbau. S. 278.
2) Krit. Blätter XLI. 2. S. 230.
3) Säen u. Pflanzen. S. 420.
4) Die Lärchenkrankheit (1870). S. 38. 63.

zwischen dem Momente, wo der Baum überhaupt zum ersten Mal Samen trägt, und jenem, wo er die Fähigkeit hiezu wieder theilweise oder völlig verliert, ein längerer oder kürzerer Abschnitt liegen müsse, innerhalb dessen der Baum den besten und keimfähigsten Samen trage, während vor und nach diesem Zeitraum der Samen des zu jungen oder überalten Baumes geringwerthiger sein müsse; daß es aber jedenfalls wünschenswerth sei, den Samen von gerade in jener Periode stehenden Stämmen zu gewinnen. So weist z. B. Holl [1]) für die Fichte nach, daß die Größe der Zapfen, Anzahl, Größe und Güte der Samenkörner bei angehend haubaren Stämmen das Maximum erreiche und dann wieder abnehme.

In neuerer Zeit ist es insbesondere Cieslar [2]) gewesen, der sich mit dieser Frage eingehend beschäftigt und für die Fichte und Lärche untersucht hat, welchen Einfluß die Größe des Samens und namentlich auch dessen Abstammung aus milderer oder rauherer Lage auf die Entwickelung der Pflanzen habe und in welcher Weise sich zumal diese Abstammung in dem Wachsthumsvermögen der Pflanzen weiterhin geltend mache. Er kommt zu dem Resultat, daß der Einfluß der Größe des Samenkornes vom selben Mutterbaum oder Standort zwar in der ersten Lebenszeit sich bemerklich mache, sich aber schon nach wenigen Jahren (4—5) verwische, während der Einfluß verschiedenen Standortes viel nachhaltiger wirke, beispielsweise im langsamen Wuchs von Fichten aus den Hochlagen entnommenem Samen auch in günstigerem Klima wohl für länger hervortrete [3]).

Frischer, vollkommen ausgereifter Samen von gesunden, kräftigen Stämmen in mannbarem Alter wird hienach jedenfalls als der beste zu betrachten sein [4]): seine Größe und sein Gewicht geben weitere Anhaltspunkte für seine Güte. Bei an sich größerem Samen, so vor Allem bei der Eichel, läßt der Größenunterschied sich schon nach dem Augenmaß leicht erkennen, bei kleineren Sämereien, so bei den Nadel-

---

[1]) Oesterr. F.-Z. 1887. S. 183.

[2]) Centralbl. f. d. F.-W. 1887. S. 149 und 1890. S. 448, dann Verhandlungen des Wiener intern. land- und forstw. Kongresses 1890.

[3]) Centralbl. f. d. F.-W. 1895. S. 3.

[4]) Die mühevollen Untersuchungen, welche Forstmeister Reuß jun. in dankenswerther Weise mit Fichtensamen von Bäumen verschiedensten Alters (von 15 bis zu 142 Jahren) und verschiedenster Entwickelung bezüglich der Keimkraft, wie des Wachsthums der aus diesen Samen erzogenen Pflanzen in den vier ersten Lebensjahren angestellt hat (s. Centralbl. 1884. S. 65 u. 175), haben allerdings zu einem maßgebenden Resultat in dieser Richtung nicht geführt.

hölzern, wird man etwa das Gewicht von je 100 Körnern der einen oder anderen vorliegenden Sorte vergleichen. Direkte Versuche Nörd-linger's und Baur's[1] hinsichtlich des Einflusses der Größe des Samens auf jene der daraus erzogenen Pflanzen, mit Eicheln angestellt, ergaben als Resultat, daß große Eicheln größere Pflanzen lieferten als kleine Eicheln, ein Resultat, das uns nicht wundern kann, wenn wir an die größere Menge von Nahrungsstoffen denken, welche eben der größere Samen dem Keimling bietet. Zu gleichen Resultaten haben die von Cieslar mit Fichtensamen angestellten, schon oben berührten Versuche geführt, und auch Bühler's[2] Versuche mit Fichten- und Föhrensamen haben ergeben, daß größere Samenkörner im Ganzen auch kräftigere Pflanzen, und daß kleinere Samen nicht nur im Durchschnitt schwächere, sondern auch bis zu 20 % weniger Pflanzen liefern.

In wie weit die sonstigen Eigenschaften des Mutterbaumes, wie Vollholzigkeit, Langwüchsigkeit, Drehwuchs[3] u. s. f., sich durch den Samen fortzupflanzen vermögen, ob der Samen von Krüppelbeständen wieder Krüppelbestände erzeugt, darüber fehlen sichere Anhaltspunkte vielfach noch — wir sind auch hier dem Landwirth gegenüber, der rasch den Erfolg wahrnehmen kann, im Nachtheil! — Doch spricht die Vermuthung einigermaßen für solche Vererbung, ja es läßt sich letztere in einzelnen Fällen sogar nachweisen: so erwachsen aus den Samen der am sogenannten Süntel in Hannover wachsenden, kurz-schaftigen und krummastigen Süntelbuche wieder zahlreiche Bäume gleicher Art, und einen ähnlichen Fall berichtet Nördlinger[4] bezüglich der Eiche aus Ungarn. Auch Burckhardt[5] theilt Aehnliches über Lärchen aus Oldenburg mit, woselbst das aus dem Samen einiger besonders schönwüchsigen Lärchenbestände erzogene Pflanzmaterial sehr gesucht und hoch bezahlt wird. In besonders entschiedener Weise tritt auch Booth[6] für den Einfluß, den die Herkunft des Samens auf die Entwickelung und Eigenschaften der demselben entstammenden Pflanzen ausübt, ein und verlangt insbesondere bei allen Versuchen mit der Acclimatisation fremder Holzarten, daß man nur solche Samen bei uns zur Aussaat bringe, von welchen man die Garantie hat, daß sie in der ursprünglichen Heimath, und bei ausgedehntem Verbreitungs-

---

[1] Krit. Blätter XLI. 2. 101 u. Monatsschr. f. d. F.-W. 1880. S. 605.
[2] Bühler, Mitth.
[3] Heyer's Waldbau. S. 107.
[4] Krit. Blätter XLI. S. 231.
[5] Säen u. Pflz. S. 420.
[6] Die Naturalisation der ausländischen Waldbäume in Deutschland. 1882.

gebiet im nördlichsten und kältesten Theil (Nordamerika's, Japan's) an exponirten Standorten, von den besten Individuen gesammelt seien.

Auch in den „Untersuchungen aus dem forstbotanischen Institut in München" (Band III S. 21) finden wir Fehler in dieser Richtung als Grund des schlechten Gedeihens so vieler bei uns kultivirter japanischer Holzgewächse angegeben.

Unter allen Umständen wird man gut thun, den Samen, in so weit man ihn selbst sammelt, nur von möglichst vollkommenen Stämmen und Beständen zu verwenden, sichtlich kleinen und schlecht entwickelten Samen überhaupt nicht zu sammeln oder — wie bei Eicheln, Kastanien wohl möglich — auszuscheiden. Bei gekauftem Samen, der freilich im gegenwärtigen Kulturbetrieb eine große Rolle spielt, fehlt natürlich jeder Anhaltspunkt für die Abstammung des Samens.

Von Wichtigkeit ist ferner die Verwendung möglichst frischen Samens. Von einer Anzahl unserer Holzarten kommt überhaupt nur ganz frischer Samen zur Verwendung, so von Eiche, Buche, Tanne (auch Ulme, Birke), da der Samen sich nur bis zum nächsten, der Samenreife folgenden Frühjahr aufheben läßt, ohne entsprechende Vorsicht schon bis dahin leicht Noth leidet. Von anderen Holzarten, so von unseren wichtigeren Nadelhölzern, Fichte, Föhre, Lärche, läßt sich derselbe zwar (glücklicher Weise) mehrere Jahre keimfähig auf= bewahren, doch nimmt die Keimkraft mit jedem Jahre ab, das Laufen des Samens erfolgt ungleichmäßig, was wegen der gemeinsamen Hebung der Bodendecke durch den Samen bei der Keimung, der Wegnahme einer etwa gegebenen Schutzdecke von Moos und Reisig (s. § 58) von Bedeutung sein kann, und man verwendet auch diese Sämereien so frisch als möglich. — Bei einer weiteren Zahl von Holzarten keimt der Samen regelmäßig — so bei Esche, Weißbuche, Zirbelkiefer — oder doch häufig, wie bei Ahorn, Linde, erst im zweiten Jahre, von diesem letzteren Zeitpunkt an seine Keimkraft meist völlig verlierend und also nicht mehr verwendbar.

§ 45.

Untersuchung der Keimkraft.

Die Keimkraft des zu verwendenden Samens zu kennen, zu wissen, wie viel schlechte Körner unter je 100 Stück durchschnittlich seien, ist unbedingt nöthig. Diese Kenntniß wird uns davor bewahren, unsere sorgfältig zugerichteten Saatbeete mit allzu geringem Samen überhaupt anzusäen, sie wird uns vor zu dichter Aussaat mit gutem, vor zu schwacher Aussaat mit nur mittelmäßigem Samen bewahren. Die Erforschung der Keimkraft ist daher unsere Aufgabe, und doppelt nöthig ist dieselbe bei angekauftem Samen, um uns vor Betrug zu schützen.

Bei vielen Holzarten ist diese Prüfung der Keimkraft keine schwierige Aufgabe. Das äußere Ansehen des Samens, seine Farbe, das vollständige Ausfüllen der Schale durch den Kern, ein einfacher Schnitt durch den Samen gibt uns den nöthigen Aufschluß; so der dann zu Tage tretende weiße und wohlschmeckende Kern der Buchel und Edelkastanie, die grünen, saftigen Samenlappen des Ahorn, der wachsartige, blauweiße Kern der Esche, der weiße Kern und kräftige Terpentingeruch des frischen Tannensamens[1]). Selbst bei den kleineren Nadelholzsamen — Föhre, Fichte, Lärche — wenden wir, wenn es sich um ein sofortiges Urtheil über die Güte des Samens handelt, diese sogenannte Schnittprobe an, wenn auch mit minderer Sicherheit[2]).

Am schwierigsten wird ohne speziellen Versuch stets die meist geringe Keimkraft des kleinen Samens der Birke, Erle, Ulme zu bestimmen sein. Zerquetschen des ersteren mit dem Fingernagel, wobei sich bei keimfähigem Samen Spuren öliger Feuchtigkeit zeigen, Zerschneiden der letzteren zur Untersuchung des Kerns dienen als Hülfsmittel.

Für die weitaus am meisten zur Ansaat — im Freien wie im Saatbeet — gelangenden Nadelhölzer: Fichte, Föhre, Lärche, bestehen aber noch eine ganze Reihe genauerer Prüfungsmethoden für die Keimfähigkeit des Samens, die sich fast sämmtlich darauf gründen, daß man durch Feuchtigkeit und Wärme den Samen zu raschem Keimen zu bringen sucht.

---

[1]) Kienitz weist (Forstl. Bl. 1880. S. 1) allerdings darauf hin, daß auch diese Kennzeichen trügen können, daß auch anscheinend ganz gute, frische Bucheckern, Ahorn- und Tannensamen die Keimung versagen.

[2]) Orteb hat (Allg. F.- u. J.-Z. 1890. S. 122) einen Samenschneideapparat konstruirt, mittelst dessen die Keimkraft von je 100 Eicheln oder Bucheln, die in eine entsprechende Platte eingesteckt werden, durch einen Schnitt erprobt werden kann. Der Apparat ist sehr elegant gearbeitet, aber für seinen Zweck doch zu umständlich und zu theuer — nach Mittheilung der denselben herstellenden Firma Spoerhase vormals Staudinger in Gießen war denn auch der Absatz ein sehr geringer und mußte die Fabrikation aufgegeben werden. Die Schuld mag vor Allem auch daran liegen, daß man für jede Samenart einen besonderen Apparat bedarf, und daß gerade bei diesen großen Samenarten die Schnittprobe sich mit einem Messer ebenfalls rasch ausführen läßt.

Da diese Methoden für unsere Nadelhölzer gemeinsam sind, theil=
weise auch für Laubhölzer angewendet werden können, so möge hier
deren kurze Beschreibung folgen.

Die ursprünglichste Methode war wohl die sogen. Scherben=
oder Topfprobe; zu derselben nimmt man[1]) einen gewöhnlichen
unglasierten Blumentopf, füllt denselben zuerst zwei Finger hoch mit
grobem Sand oder klein geklopften Scherben, sodann mit guter
Gartenerde, legt den Samen in abgezählter Menge ein und bedeckt
ihn leicht mit Erde. Um diese letztere namentlich auch in der Oberfläche stets feucht zu erhalten, legt man am besten eine Lage feuchten
Mooses auf, das man in entsprechenden Zwischenräumen abnimmt
und in Wasser taucht, bei beginnendem Aufkeimen ganz entfernt; durch
Begießen würde der nur leichtgedeckte Samen bloßgelegt und zusammen=
geschwemmt, auch die nicht mit Moos bedeckte Erde in ihrer obersten
Schichte bei warmem Wetter sehr rasch austrocknen. Nach unseren
Erfahrungen braucht der Samen bei der Scherbenprobe länger zum
Keimen, als in der nachbeschriebenen Lappenprobe, und die Methode
ist minder sicher, auch umständlicher.

Die verbreitetste Anwendung hat nun wohl die eben genannte
Lappenprobe, bei welcher eine abgezählte Quantität von Samenkörnern, meist 100, zwischen zwei Flanelllappen gelegt wird, die man
in einen flachen Teller bringt und hier durch Aufgießen von Wasser
fortwährend feucht erhält; beginnt nach einiger Zeit das Ankeimen des
Samens, so beseitigt man einfach jedes gekeimte Korn — die Zahl
der ungekeimt übrig bleibenden gibt dann das Mittel zur Bestimmung
des Keimprozentes, so daß z. B. 23 zurückbleibende Körper ein Keim=
prozent von 77 angeben. — Besondere Aufmerksamkeit ist hiebei der
Erhaltung einer gleichmäßigen Feuchtigkeit zuzuwenden, und
ein einmaliges völliges Austrocknen der Lappen während der ver=
hältnißmäßig langen Dauer[2]) der Keimperiode (ungefähr 3 Wochen)
kann das Resultat der ganzen Probe fraglich machen, während zu
große Feuchtigkeit ein Verschimmeln des Samens zur Folge hat.

Professor Wilhelm wendet mit sehr gutem Erfolg statt der
Flanelllappen weißes Fließpapier — Filtrierpapier — an, das drei=
fach zusammengelegt wird; zwischen zwei Papierbogen kommen die

---

[1]) Heyer, Waldbau. S. 121.

[2]) Bei gleichmäßiger Wärme kann diese Dauer sehr abgekürzt werden; so
vollzieht sich bei den im Kesselhause der Appel'schen Samenklenganstalt zu Darm=
stadt aufgestellten Lappenproben die Keimung innerhalb einer Woche.

Samen. Das Papier liegt auf einer Glasplatte, 3—4 cm über der Tischfläche und wird durch einen etwa 1 cm breiten, ebenfalls dreifach zusammengelegten Papierstreifen, der in eine mit Wasser gefüllte Porzellanschale hinabreicht, stets gleichmäßig durchfeuchtet erhalten.

Die Schwierigkeit der richtigen Durchfeuchtung während der langen Dauer der Keimperiode hat Ohnesorge[1]) zu einer Modifikation des Verfahrens, der Flaschenprobe, veranlaßt, welche nach beiden Richtungen hin gute Erfolge zeigt, insbesondere eine Abkürzung der Keimperiode ermöglicht.

Man legt nämlich die abgezählte Samenprobe in ein 5 cm breites und 10 cm langes Flanelläppchen, die Körner möglichst einzeln und nicht auf einander, wickelt das Läppchen zu einer kleinen Rolle zusammen und schließt diese letztere mit ein paar Stecknadeln. Diese Rolle und eventuell deren zwei oder drei werden in einem 7—10 cm breiten und circa 40 cm langen Flanelllappen, und zwar in dessen Mitte, eingerollt und diese größere Rolle ebenfalls durch eine Nadel geschlossen; die Rolle wird nun durch den nicht zu engen Hals einer Weinflasche, die halb mit Wasser gefüllt ist, so weit eingelassen, daß der untere Theil des umhüllenden Lappens als Sauglappen ins Wasser hängt, die Samenrolle sich zwischen Wasserfläche und Flaschenöffnung befindet, während der obere Theil des Sauglappens, über letztere herausragend, umgeschlagen wird und ein Hineinrutschen des Lappens verhindert. In der durch den Sauglappen gebotenen steten Feuchtigkeit keimt der Same rasch, um so mehr, als man nun ohne Sorge vor Austrocknen des Flanells die Sonnen= und Ofenwärme einwirken lassen kann; in 8—10 Tagen, also kaum der Hälfte der sonst nöthigen Zeit, ist die Keimung erfolgt, die Probe beendigt. Wir können nach eigenen Erfahrungen diese Methode nur empfehlen.

Etwas komplizirter ist Weise's Keimapparat, der gleichfalls eine Lappenprobe darstellt und die Schwierigkeit, bei diesen Proben eine stetige, gleichmäßige Befeuchtung herzustellen, in anderer Weise zu beseitigen sucht. Wir müssen bez. dieses Apparates auf die Schilderung des Erfinders[2]) verweisen.

Zu möglichster Erleichterung der Prüfung der Keimkraft hat man auch eine Anzahl von Apparaten aus leicht gebranntem, unglasiertem Thon oder aus Gyps konstruirt, bei welchen der Zweck einer steten gleichmäßigen Feuchterhaltung des Samens dadurch erreicht wird, daß

---

1) A. d. Walde VI. S. 158.
2) Zeitschr. f. d. F.= u. J.=W. VIII. S. 415.

das in einem Reservoir enthaltene Wasser den porösen Thon oder Gyps durchdringt. Zu diesen Apparaten gehört

die Keimplatte von Nobbe[1] (Fig. 16). Die zur Aufnahme des Samens bestimmte Platte 1 ist 20 cm im Quadrat groß,

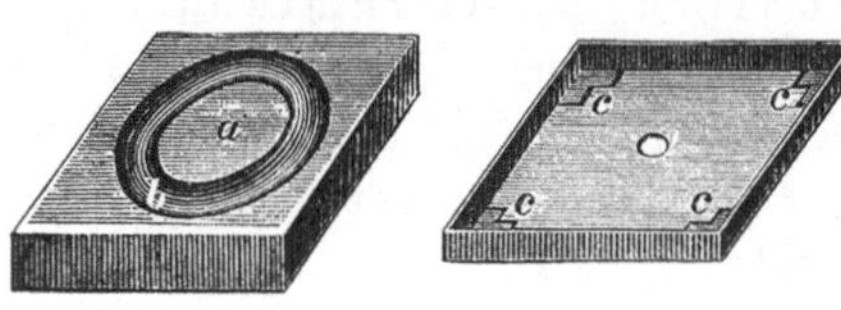

Figur 16.

5 cm hoch, die in der Mitte befindliche und von einem 3 cm tiefen Kanal umgebene Mulde a ist sanft ausgewölbt, hat 10 cm im Durchmesser und ist nach der Mitte zu etwa um 2 cm vertieft.

Diese Mulde ist zur Aufnahme des Samens bestimmt, während der umgebende Kanal b das Wasser aufzunehmen hat. Der Deckel 2 greift ziemlich weit über, und die vier auf dessen Innenseite befindlichen flachen Erhöhungen c c hindern dessen festes Aufliegen und sichern in Verbindung mit der Oeffnung d den genügenden Luftzutritt. Der ganze Apparat besteht aus mild gebranntem, unglasiertem Thon, und nur der Boden ist glasiert. — Zur Vornahme der Samenprobe werden die abgezählten Körner in die Mulde gebracht, und zwar kann man mehrere Sammenproben gleichzeitig vornehmen, indem man die Mulde durch ein paar Hölzchen in zwei oder drei Abtheilungen theilt; sodann wird der Kanal mit Wasser gefüllt und der Deckel aufgelegt. Durch Nachgießen von Wasser in den Kanal — dasselbe wird anfangs sehr rasch, später langsamer von dem porösen Thon aufgesogen — ist von Zeit zu Zeit für Ersatz der verdunsteten Feuchtigkeit Sorge zu tragen, jedoch soll in der Mulde nie tropfbar flüssiges Wasser sich zeigen; zu große Feuchtigkeit führt leicht das Verschimmeln des Samens nach sich[2].

Die Thonwaarenfabrik von Pröhl in Chemnitz liefert den Apparat à 1,50 Mark.

Als ein sehr zweckmäßiger Apparat, der insbesondere den Vorzug gewährt, daß man gleichzeitig eine größere Reihe von Keimversuchen — bis zu 10 à 100 Körner — vornehmen kann, möge der Samenkeimapparat von H. Th. Entel in Zittau auf Grund eigener wiederholter Versuche empfohlen sein.

---

[1] Thar. Jahrb. 1870. S. 109. Gayer's Waldbau. S. 282.

[2] Nach Mitth. Cieslar's (Centralbl. f. d. g. F.-W. 1885. S. 510) erwies sich das Füllen des Nobbe'schen Keimapparates mit feiner Erde und Aussaat des Samens auf diese als sehr vortheilhaft, die Samen schimmelten insbesondere viel weniger, als dies direkt auf dem feuchten Thon gerne der Fall ist.

Derſelbe (Fig. 17) beſteht aus einem Gypsblock von 32 cm
Länge, 23 cm Breite und 4 cm Höhe, enthält auf der Oberſeite
100 kleine Abtheilungen von nahezu 6 qcm Größe (ſo daß in jeder
10 Fichten= oder Föhrenſamenkörner bequem Platz finden) und wird
mit einem die zu ſtarke Verdunſtung hemmenden Glasdeckel zugedeckt.

Figur 17.

Der ganze Apparat ſteht in einem Kaſten von Zinkblech auf zwei
flachen Querleiſten, ſo daß eingegoſſenes Waſſer unter den Boden des
Blockes bringen kann. Sind die Samen eingelegt, ſo wird ſo viel
Waſſer in den Blechkaſten gegoſſen, bis der Gyps geſättigt iſt und
das Waſſer, das anfänglich ſehr begierig in ziemlicher Menge auf=
geſaugt wird, im Blechkaſten ſteht. Von Zeit zu Zeit muß Waſſer
nachgefüllt werden.

Der Preis dieſes ſehr praktiſchen Keimapparates beträgt
ohne Zinkblechkaſten 1,75 Mark, mit angeſtrichenem Kaſten 3,50 Mark.
Wir würden ihn dem Nobbe'ſchen Apparat entſchieden vorziehen.

Der Stainer'ſche Keimapparat beſteht aus einer runden Platte
von 18 cm Durchmeſſer aus leicht gebranntem Thon und enthält auf
der oberen Seite 100 kleine Vertiefungen (Keimzellen) zur Aufnahme
je eines Samenkornes; dieſelbe liegt in einem mit Sand gefüllten
Glasteller, iſt mit einer Glasglocke zugedeckt, und Oeffnungen in der
Mitte des Glastellers wie der Glocke ſorgen für den nöthigen Luft=
zutritt. Iſt der Samen in die Keimzellen eingelegt, ſo wird der
Sand genügend angefeuchtet, und durch die poröſe Thonplatte bringt
ſo viele Feuchtigkeit, als zur Keimung nöthig, zum Samen. Der
Apparat iſt nach unſeren Verſuchen empfehlenswerth; einen kompli=

____

[1] Allg. F.= u. J.=Z. 1870. S. 153.

zirteren, ebenfalls von Stainer in Wiener = Neustadt konstruirten, zur gleichzeitigen Vornahme einer größeren Anzahl von Keimproben dienenden Aparat, bei welchem neben gleichmäßiger Feuchtigkeit auch für gleichmäßige erwünschte Temperatur Sorge getragen wird, be= schreibt Hempel[1]).

Einen neuen Keimapparat hat auch Pfizenmayer[2]) konstruirt, bei welchem der Same auf ausgewaschenem Sande liegt, der in einem aus Zinkblech bestehenden seiherartig durchlöcherten Kästchen in nassem Torfmull eingebettet ist; der Apparat kann auf den warmen Ofen gestellt und der Samen hieburch zu sehr rascher Keimung (Fichten= und Föhren=Samen in 5—9 Tagen) gebracht werden.

Der von Cieslar[3]) konstruierte Keimkasten, in welchem auf Thon= platten eine größere Anzahl Keimproben gleichzeitig vorgenommen werden können, dient insbesondere zur sicheren Regulierung gleich= mäßiger höherer Temperatur, entsprechender Feuchtigkeit und hin= reichender Lüftung des Keimraumes, und ist mehr für Samenkontrol= stationen bestimmt.

Als eine rasch vorzunehmende Samenprobe für Nadelhölzer sei endlich noch der sogen. Feuerprobe Erwähnung gethan, bei welcher man die Körner einzeln auf die stark erhitzte Herdplatte wirft; die guten springen platzend in die Höhe, die schlechten, keine Feuchtigkeit mehr enthaltenden bleiben ruhig liegen und verkohlen. Die Methode ist jedoch viel weniger sicher, als die eigentlichen Keimproben, weil viele, schon halbverdorbene keimunfähige Körner doch noch so viele Feuchtigkeit enthalten, um erhitzt zu platzen. Man wird die Feuer= probe ähnlich der Schnittprobe daher nur dann anwenden, wenn keine Zeit zur Anstellung anderer, sicherer Keimproben mehr zur Ver= fügung steht.

Im Uebrigen möge bez. der Anstellung von Keimproben[4]) noch Folgendes bemerkt sein:

Erstes Erforderniß ist die Ziehung einer richtigen Samen= probe, die den Durchschnittscharakter der ganzen Waare darstellen soll. Der Samen ist daher tüchtig zu mischen, etwa nach vorherigem Ausschütten des Sackes, und sind dann 10—20 kleine Proben an ver=

---

[1]) Centralbl. f. d. F.=W. 1877. S. 146.
[2]) Allg. F.= u. J.=Z. 1893. S. 17.
[3]) Centralbl. f. d. F.=W. 1890. S. 251.
[4]) Vergl. den Artikel von Prof. Nobbe im Thar. Jahrb. 1890. S. 103 und von Kienitz, Forstl. Bl. 1880. S. 1.

schiedenen Stellen zu entnehmen. Den Samen oben oder unten aus dem Sack zu nehmen, wäre fehlerhaft.

Jede Keimprobe sollte in drei Parallelproben ausgeführt und das Mittel genommen werden; die drei Proben dürfen nicht mehr als 10 % von einander abweichen, wenn sie als brauchbar betrachtet werden sollen.

Eine sechs- bis zwölfstündige Vorquellung des Samens erweist sich zur Beschleunigung des Keimprozesses meist als zweckmäßig.

Die Erhaltung einer mäßigen Feuchtigkeit ist von großer Bedeutung; zu große Feuchtigkeit bringt leicht das Verschimmeln des Samens mit sich, während durch vorübergehendes Austrocknen der Keimprozeß unterbrochen, ja selbst ganz verhindert wird. Auf der sicheren Erhaltung dieser gleichmäßigen entsprechenden Feuchtigkeit beruht vor Allem der Werth der Keimapparate mit porösen Gyps- oder Thonplatten.

Ebenso ist die Erhaltung eines angemessenen, nicht zu hohen Wärmegrades — etwa 20° C. — für den Verlauf und insbesondere für die raschere Durchführung von Keimversuchen von hervorragender Bedeutung. Unsere Waldsämereien keimen im Freien bei einer im Allgemeinen niederen Temperatur und sind gegen künstlich gesteigerte zu hohe Wärme empfindlich. Dagegen erweist sich gleichmäßige, etwas höhere Temperatur, wie sie z. B. in einem Gewächshaus herrscht, der rascheren Keimung sehr förderlich.

Die Dauer eines Keimversuches ist auf höchstens vier Wochen zu beschränken; etwaige Nachkeimung einzelner Samen ist ohne Bedeutung. Von besonderem Interesse ist das Keimresultat der ersten sieben Tage (in erwärmtem Raume), weil maßgebend für die Keimungsenergie.

Im Uebrigen ist aber wohl im Auge zu behalten, daß im Saatbeet stets weniger Körner zur Keimung gelangen, als bei den Keimproben, da die für die Keimung nöthigen und günstigen Faktoren dort nie für jedes Samenkorn in gleichem Maße gegeben werden können, wie in dem Keimapparat. — Keimproben ohne Beachtung der nöthigen Vorsicht und Sorgfalt ausgeführt, haben

---

¹) Die mit der technischen Hochschule München verbundene Samenkontrolstation, die mit vorzüglichen Keimapparaten jeder Art versehen ist, prüft auf Wunsch auch Waldsamen und theilt den Erfolg mit. Ebenso die k. k. Versuchsanstalt Mariabrunn bei Wien, deren desfallsiges Statut im Forstw. Centralbl. 1880. S. 263 mitgetheilt ist.

natürlich **keinen Werth**, da sie stets zu geringe Resultate ergeben
müssen.

Solide Samenhandlungen nehmen stets sorgfältige Keimproben
insbesondere mit den durch Ausklengung gewonnenen Nadelholzsamen
vor und garantiren eine bestimmte Keimfähigkeit.

§ 46.
Erhaltung der Keimkraft, Beförderung und Verzögerung des Keimens.

Für die Erhaltung der Keimkraft ist die Behandlung und Auf=
bewahrung des Samens vom Moment der Einsammlung an von großer
Wichtigkeit. — Sofortiges **gutes Abtrocknen** aller etwa bei feuchtem
Wetter gesammelten, durch Thau oder Reif benetzten Samen und
Zapfen, dünnes Aufschütten auf trockenen Böden und öfteres Umstoßen
bis zu erfolgter Abtrocknung gilt als Regel und wird von E. Heyer[1]
selbst für jene Eicheln und Bucheln gefordert, die zur sofortigen Aus=
saat im Herbst bestimmt sind. — Die Samen dürfen aber auch nicht
zu stark austrocknen, ja die Eicheln und insbesondere Bucheln werden
bei der Ueberwinterung sogar angenetzt[2]), um solches Austrocknen zu
verhindern; bei Nadelholzsamen geschieht letzteres durch die Auf=
bewahrung in den Zapfen.

Die meiste Sorgfalt erfordern einerseits jene Sämereien, welche
dem Verderben schon während des ersten Winters ausgesetzt sind, der
Eiche, Buche, Tanne, dann jene, welche erst im zweiten Jahre keimen,
so der Esche, Weißbuche. Wir werden bei Besprechung der einzelnen
Holzarten die Aufbewahrungsmethoden der verschiedenen Samen kurz
besprechen.

Vielfach sind auch Versuche angestellt worden, durch welche Mittel
das **Keimen** der Samen **beschleunigt** werden könne, um dadurch
denselben möglichst rasch über die Gefahren, welche ihnen durch Vögel,
Mäuse, Trockniß u. s. w. in der Zeit zwischen der Aussaat und dem
Aufgehen drohen, hinwegzuhelfen. — Das gebräuchlichste Mittel hiezu
ist nun das **Einquellen** des Samens in reinem oder mit gewissen
Stoffen versetztem Wasser. So empfiehlt dies Burckhardt namentlich
bezüglich durchwinterter Bucheln[3]), die ähnlich wie die Gerste bei der
Malzbereitung behandelt und durch Anfeuchtung, Aufschichten in

---

[1] Allg. F.= u. J.=Z. 1866. S. 209.
[2] Genth, Doppelte Riesen. S. 48. 56.   Burckhardt, Säen u. Pflz. S. 137.
[3] Säen u. Pflz. S. 138.

Haufen, in denen sie sich erhitzen, und öfteres Umschaufeln so weit gebracht werden sollen, daß unmittelbar vor der Aussaat der Kern eben zum Vorschein kommt. E. Heyer empfiehlt[1] das Einquellen von Bucheln, Tannen, Eicheln im Frühjahr in der Weise, daß man den Samen acht bis zwölf Tage mit feuchtem Sand mengt, mit Fichtenreisig deckt und öfters angießt; eben so lange will er den Lärchensamen in Wasser einquellen lassen. — Eingehende Versuche hat Vonhausen angestellt[2]; derselbe wandte zuerst Chlorwasser, dann verdünnte Mineralsäuren — Salzsäure, Schwefelsäure, Salpetersäure — an, ersteres wie letzteres mit gutem Erfolg, wenn die Verdünnung eine genügende war, indem andernfalls jene Säuren zerstörend auf die Keimkraft wirken. Günstigen Einfluß auf die Beschleunigung der Keimung sowohl, wie auf reichlicheres Keimen älteren Samens zeigte auch Kalkwasser. Die Wirkung all' dieser Mittel beruht wohl auf dem raschen Mürbemachen der äußeren Hülle, wodurch dem Sauerstoff der Luft wie dem Wasser der Zutritt, dem Keim das Hervorbrechen erleichtert wird. Vonhausen empfiehlt Kalkwasser vor den Mineralsäuren, einerseits weil seine Herstellung sehr einfach (gebrannter Kalk wird mit Wasser übergossen, und bleibt dies so lange stehen, bis es alkalisch reagiert, gelbes Curcuma-Papier bräunt), anderseits eine schädliche Einwirkung desselben auf die Keimkraft nicht zu fürchten ist.

Aehnliche Versuche von Heß[3] führten zu gleichen Resultaten und zeigten für in Chlorwasser oder Kalkwasser eingequellte Fichten- und Föhrensamen die bedeutende Abkürzung des Keimprozesses von fünf bis sechs Tagen. Als Resultat der Versuche, die Dr. Möller[4] mit Fichten- und Föhrensamen anstellte, ergab sich, daß eine längere Quellung, als zur einfachen Durchtränkung der Samen nöthig war, sich als nachtheilig erwies; der Zeitpunkt der Durchtränkung wird durch das Untersinken der Samen erkenntlich. Auch zu starke Erwärmung zeigte sich nachtheilig und eine Temperatur des Wassers bei dem Uebergießen von 45 Grad für Fichten-, 60 Grad für Föhrensamen als die vortheilhafteste. Auch Robbe[5] erklärt ein 6—12stündiges Vorquellen des Samens für zweckmäßig; ebenso Lorey[6]. Eingequellte Nadelholzsamen

<hr>

[1] Allg. F.- u. J.-Z. 1866. S. 210.
[2] Allg. F.- u. J.-Z. 1858. S. 461; 1860. S. 8.
[3] Centralbl. 1875. S. 405.
[4] Centralbl. 1883.
[5] Thar. Jahrb. 1890. S. 103.
[6] Allg. F.- u. J.-Z. 1894. S. 194.

müssen jedoch vor der Aussaat durch Vermischung mit feiner trockener Erde so weit abgetrocknet werden, daß sie nicht an einander hängen, was die Aussaat und namentlich deren Gleichmäßigkeit erschweren würde. Auch darf die Aussaat eingequellten und also schon in der Keimung befindlichen Samens nicht bei zu trockenem Wetter und Boden erfolgen — eventuell muß durch Gießen und Decken nachgeholfen werden — da jede Unterbrechung des einmal begonnenen Keimprozesses nachtheilig wird, ja verderblich für die ganze Saat werden kann[1]).

Dieser Umstand und die Erschwerung der Aussaat des eingequellten oder mit feuchtem Sand gemischten Samens ist wohl der Grund, weshalb das sonst manche Vortheile bietende Anquellen des Samens noch keine allgemeinere Anwendung gefunden hat. — Es haben sich jedoch gegen jene künstlichen Reizmittel, durch welche nicht nur die Keimung beschleunigt, sondern auch ein reichlicheres Keimen älteren Samens bezweckt werden soll, auch Stimmen erhoben, so von Reuß[2]), welcher die Ansicht ausspricht, daß allerdings durch solche Reizmittel manches Korn noch zum Keimen werde gebracht werden, das außerdem versagt hätte, daß aber aus solchen Körnern der Hauptsache nach nur schwächliche und minderwerthige Pflanzen erzeugt würden. „Schlechten Samen können solche Mittel nie gut machen, wohl aber guten ver=derben." — Ein von Dr. Möller mit Schwarzkiefernsamen angestellter Versuch[3]) ergab für das Einquellen des Samens ebenfalls kein günstiges Resultat; kürzeres Einweichen — 24 Stunden — zeigte gar keinen Erfolg, längeres Einquellen — 36—40 Stunden — aber erwies sich direkt nachtheilig, indem dann statt 70 %, wie beim nicht eingequellten Samen, nur 40—50 zur Keimung gelangten, ein Resultat, das jeden=falls zur Vorsicht mahnen dürfte.

Aber nicht nur befördern, auch etwas zurückhalten läßt sich die Keimung, und zwar durch stärkere Deckung des ausgesäten Samens mit Erde, bei Herbstsaaten auch durch dichtes Bedecken des gefrore=nen Bodens während des Winters mit Reisig, das man nicht zu bald abnimmt. Eine solche spätere Keimung kann wünschenswerth sein bei Holzarten, welche wie Eiche und Buche durch Spätfröste ge=fährdet sind; doch wird man sich in den meisten Fällen zweckmäßiger durch Schutzgitter, Bestecken der Beete mit Reisig u. dergl. helfen, eventuell auch bei Frühjahrssaat durch spätere Vornahme der Saat (siehe § 61).

<hr>

[1]) Von besonderer Bedeutung scheint nach eigenen Versuchen das Einquellen des Lärchensamens (s. die spezielle Besprechung dieser Holzart § 119).

[2]) Die Lärchenkrankheit 1870. S. 73.

[3]) Seckendorff, Mitth. I. S. 118.

§ 47.

Zeit der Ansaat.

Die Ansaat der Saatbeete kann entweder im Herbst oder im Frühjahr erfolgen, in letzterem wieder früher oder später; eine andere Saatzeit, im eigentlichen Sommer, wird nur bei der Ulme unmittelbar nach der Samenreife (Anfang Juni) zur Anwendung gebracht. Als Regel dürfte wohl gelten, daß alle Samen, welche beim Aufbewahren über Winter größere Mühe und Kosten verursachen und zugleich einer Gefährdung ihrer Keimkraft durch Austrocknen, Erhitzung u. s. w. ausgesetzt sind, wo möglich alsbald nach der Reife im Spätherbst ausgesät werden, so Eiche, Buche, Tanne. Auch Erlen, Birken, Ahorn kann man noch im Herbste säen, und letzterer zumal keimt dann im Frühjahr sicherer und reichlicher, als bei der Frühjahrssaat; wo man die Ulme nicht im Juni sät, wählt man auch die Herbstsaat. — Dagegen werden Fichten-, Föhren- und Lärchen-Samen, die leicht und sicher zu überwintern sind, häufig auch erst während des Winters und bis zum Frühjahr ausgeklengt werden, stets erst im Frühjahr gesät. In beiden Fällen folgen wir dem Fingerzeig der Natur, welche ja auch die erstgenannten Samen im Herbste, die letzteren im Frühjahr aussät.

Droht aber in mäusereichen Jahren, zumal in Saatbeeten, welche nicht weit von Feldern abliegen, den Samen der Eiche, Buche, Kastanie die Gefahr des Verzehrtwerdens im Winterlager, so ist man genöthigt, diese Samen an geschütztem Ort zu überwintern und erst im Frühjahr auszusäen; ebenso kann der Bezug des Samens aus größerer Entfernung, das spätere Eintreffen desselben in Verbindung mit frühzeitigem Eintritt des Winters zur Frühjahrssaat nöthigen — so bei Tannensamen, ungarischen Eicheln. Der Wunsch, im frisch angelegten Saatbeet den Boden während des Winters tüchtig ausfrieren zu lassen, bindenden Boden dadurch entsprechend zu lockern, gibt ebenfalls nicht selten Veranlassung, die Frühjahrssaat statt der Herbstsaat anzuwenden, ebenso der Umstand, daß etwa die anzusäenden Beete noch mit den erst im Frühjahr zu verwendenden Pflanzen besetzt sind; bei der mancherseits empfohlenen Brache der im Frühjahr abgeleerten Beete fällt dieser Grund allerdings weg.

Herbstsaaten pflegen stets früher aufzugehen als Frühjahrssaaten, und die Keimlinge empfindlicher Holzarten leiden dann leicht durch Spätfröste — unter Umständen ebenfalls ein Grund zur Frühjahrssaat; doch läßt sich, wie am Schluß des vorigen Paragraphen

angegeben, das Keimen der Herbſtſaat auf künſtliche Weiſe etwas ver=
zögern.

Die Ausſaat der Samen im Frühjahr nimmt man zweckmäßig
nicht zu b a l d vor; bei mangelnder Luft= und Bodenwärme verzögert
ſich die Keimung doch und der länger liegende Samen iſt dem Ver=
zehren durch Vögel und ſonſtige Feinde längere Zeit ausgeſetzt als bei
ſpäterer Saat. Letztere ſoll aber auch nicht z u ſ p ä t erfolgen, da die
im Mai nicht ſelten eintretende längere Trockniß die Keimung gefähr=
den kann, die noch zu ſchwachen und gering bewurzelten Keimlinge
auch der oft ſchon bedeutenden Hitze am wenigſten zu widerſtehen ver=
mögen. Die z w e i t e H ä l f t e A p r i l dürfte im Allgemeinen die beſte
Saatzeit ſein[1]), wobei rauhes Klima ſpätere Saat bedingt, mildes
Klima frühere Saat geſtattet. Schmitt[2]) empfiehlt nach ſeinen bei
Fichtenſaaten gemachten Erfahrungen für mittleres und rauhes Klima
den Monat Mai für die Vornahme der Saat und theilt mit, daß auch
Saaten im Juni noch guten Erfolg zeigten; doch werden ſo ſpäter
Saat entſtammende Pflänzchen in der Entwickelung ſtets hinter den
früher aufgegangenen zurückbleiben. Das Gleiche haben uns unſere
eigenen Verſuche bez. der ſpäteren Saat der Eiche (ſ. dort) gezeigt.

Beſondere Erwägung erfordert die Zeit der Ausſaat jener ſchon
mehr erwähnten Samen, welche eine e i n J a h r d a u e r n d e K e i m =
r u h e beſitzen, erſt im zweiten Jahre keimen. Sät man dieſelben ſo=
fort im Herbſt oder Frühjahr nach der Samenreife aus, ſo iſt zu
fürchten, daß die betreffenden Beete während des Sommers ſtark ver=
unkrauten, oder daß beim Reinigen derſelben der Same mit den Un=
krautwurzeln herrausgeriſſen wird; auch das Abſchwemmen der bloß=
liegenden Beete während des Sommers iſt wohl zu beſorgen. Man
hilft ſich nun entweder durch ein Jahr dauerndes Einſchlagen des
Samens in die Erde, oder dadurch, daß man die alsbald angeſäten
Beete mit handhoher Nadelſchichte[3]) oder mit Laub, das durch auf=
gelegtes Reiſig feſtgehalten wird, bedeckt und hiedurch das Erſcheinen
von Unkraut, wie das Abſchwemmen der Bodens verhindert. Man

---

[1]) Verſuche, welche bez. des Einfluſſes der Saatzeit auf das Gedeihen der
Kiefernjährlinge in Eberswalde angeſtellt wurden (Z. f. d. F.= u. J.=W. 1887.
S. 10), ergaben das günſtigſte Reſultat für die Mitte April ausgeführte Saat, und
lieferten insbeſondere die ſpäten Saaten im Mai die ſchwächſten Pflanzen und den
meiſten Abgang. — Erklärlicher Weiſe ſpielt die Frühjahrswitterung bei ſolchen
Verſuchen eine ſehr bedeutende Rolle.

[2]) Fichtenpflanzſchulen. S. 68.

[3]) Krit. Blätter. L. 1. S. 139.

versäume jedoch nicht, derartig gedeckte Beete im Spätherbst abdecken zu lassen, da sich sonst unter der Laub- und Nadelschichte die Mäuse mit besonderer Vorliebe ansiedeln und den Samen verzehren. Ebenso muß nach unseren Erfahrungen die Aussaat der in die Erde eingeschlagenen Samen (Esche, Hainbuche, Linde, auch Spitzahorn) sehr zeitig im Frühjahr erfolgen, da deren Keimung sehr bald beginnt[1]).

§ 48.

Vorbereitung zur Aussaat; Vollsaat und Rillensaat.

Wir haben oben (§ 19) gehört, in welcher Weise die zweite Bearbeitung und Zurichtung der Saatbeete im Frühjahr geschieht; dieselbe ist eine völlig gartenmäßige und erfolgt um so sorgfältiger, je kleiner der auszusäende Samen. Insbesondere erfordert die Anwendung von Säelatten, Saatbrettern und dergleichen Vorrichtungen, die wir unten kennen lernen werden, gute Einebnung des Beetes, da sonst die eingedrückten Rillen ungleich tief werden, die Bedeckung des Samens dadurch auch leicht ungleich wird, was für den Erfolg der Saat von wesentlicher Bedeutung sein kann.

Der Boden selbst soll sich vor der Einsaat wieder etwas gesetzt haben, und es ist daher gut, wenn die letzte Bearbeitung wenigstens einige Tage vor der Saat stattgefunden hat. Vonhausen empfiehlt[2]), den Boden im Frühjahr so zeitig als möglich herrichten zu lassen; die an der Oberfläche liegenden Unkrautsamen keimen, durch Bearbeitung mit dem Rechen sollen dann die Unkrautpflänzchen herausgerecht oder durch Obenaufliegen zum Vertrocknen gebracht werden und neue Samen in günstige Keimlage kommen. Diese Operation, mehrmals wiederholt, soll sehr günstigen Erfolg bezüglich der Verminderung des Unkrautes zeigen. — Erscheint der einige Zeit vor Ausführung der Saat zugerichtete Boden etwa in Folge starken Regens in der Oberfläche festgeschlagen oder durch dem Regen gefolgte Trockniß verkrustet, so hilft ein leichtes Ueberrechen beiden Mißständen ab.

Die Aussaat kann nun als Vollsaat oder als Rillensaat erfolgen. Früher war erstere vielfach im Gebrauch, und Biermans

---

[1]) Wir haben im Frühjahr 1886, nachdem am 21. März Thauwetter eingetreten und der Boden zugänglich geworden war, wenige Tage später die etwa 25 cm tiefen Keimgräben öffnen lassen und alle oben genannten Samen schon so stark angekeimt gefunden, daß sie nicht mehr verwendbar waren!

[2]) Allgem. F.- u. J.-Z. 1880. S. 42.

säte seine Saatbeete stets voll an; — jetzt sind die Vortheile der Rillensaat so allgemein anerkannt, daß Vollsaaten wohl nur ausnahms=weise im Saatbeet vorkommen; eine solche Ausnahme gibt uns Burckhardt bezüglich der Erle an[1]). Vonhausen empfiehlt die Vollsaat für Ulmen und Birken (auch Pappeln und Platanen)[2]), und für letztere haben wir sie mit gutem Erfolg angewendet. (Vergl. den Ab=schnitt über die Birke, § 114.)

Die Vortheile der Rillensaat aber bestehen in der viel sicherern gleichmäßigen Aussaat, in der leichteren Pflege der Pflanzen durch Entfernung des Unkrautes, Lockern des Bodens, Durchrupfen zu dichter Wüchse, der Möglichkeit einer Nachdüngung auf den Zwischen=räumen, sowie der Verhinderung des Ausfrierens der Pflanzen durch Belegen dieser Zwischenräume mit Moos, schließlich in dem erleichterten Ausheben der Pflanzen gegenüber jenen im voll angesäten Beet. Auch dürfte es noch als Vortheil zu erwähnen sein, daß eine annähernde Bestimmung der vorhandenen Pflanzenzahl auf den durch Rillensaat bestellten Beeten viel leichter möglich ist, als bei der Vollsaat.

Während nun bei der Vollsaat, wo solche gleichwohl noch an=gewendet wird, das geebnete Beet breitwürfig und möglichst gleich=mäßig besät und der Samen dann durch Ueberstreuen mit feiner Erde, Rasenasche 2c. entsprechend dick und ebenfalls möglichst gleich=mäßig — was gleichfalls schwieriger als bei der Rillensaat zu bewerk=stelligen ist — bedeckt wird, ist bei der Rillensaat ein entsprechendes Keimlager, die Saatrille zu beschaffen. Die Entfernung dieser Rillen von einander, deren zweckmäßigste Breite und Tiefe, ihre Richtung nach der Länge oder Breite der Beete und endlich die ein=fachste und sachgemäßeste Art ihrer Herstellung — dies Alles ver=schieden nach Holzart, wie nach dem Alter, welches die Pflanzen im Saatbeet erreichen sollen — werden uns nun in den nächsten Ab=schnitten zu beschäftigen haben.

§ 49.

Entfernung der Rillen von einander.

Bezüglich der Entfernung, in welcher die Saatrillen zu ziehen sind, werden zunächst die Holzart und deren raschere oder langsamere

---

[1]) Säen u. Pflz. S. 227.
[2]) Allg. F.= u. J.=Z. 1880. S. 46.

Entwickelung in den ersten Lebensjahren, dann das Alter und die Größe, welche die Pflanzen im Saatbeet erreichen sollen, bestimmend sein; jedoch gehen auch unter sonst gleichen Verhältnissen die Ansichten der Pflanzenzüchter nicht unbedeutend auseinander.

Als allgemein gültiger Grundsatz wird jedenfalls festzuhalten sein, daß jede zu große Entfernung der Rillen als Raumverschwendung auf unseren kostspieligen Saatbeeten ebenso von Uebel ist, wie ein zu enges Aneinanderlegen der Rillen, durch welches die Entwickelung der Pflanzen und namentlich die so vortheilhafte Lockerung des Bodens zwischen den Rillen gehemmt wird.

Als Minimum der Rillenentfernung dürfte jene der bayrischen Anleitung vom Jahre 1862[1]), sowie die von Schmitt[2]) empfohlene mit etwa 10 cm zu betrachten sein, anwendbar für die Erziehung ein- und zweijähriger Nadelholzpflanzen; sie gestattet eben noch eine entsprechende Bodenlockerung mit schmalem Häckchen. Burckhardt[3]) gibt für Fichten die Entfernung auf 22, Heß[4]) sogar auf 24—26 cm an; — wir möchten aber diese Entfernungen schon für überflüssig groß und eine solche von 10 bis höchstens 15 cm nach unseren Erfahrungen für Nadelhölzer als völlig genügend erachten. Für die sich schon im ersten Jahr oft sehr kräftig entwickelnden Laubhölzer — Eichen, Ahorne, Kastanien, Akazien — sind selbstverständlich größere Entfernungen, bis zu 25 und 30 cm, angezeigt, und das Gleiche wird da der Fall sein, wo selbst zur Saat nicht Beete, sondern größere Länder gewählt werden. Hier muß der Abstand der Rillen so groß sein, daß der jätende und lockernde Arbeiter sich ohne Beschädigung der Pflanzen zwischen den Saatrillen bewegen kann.

Neben der Holzart ist, wie oben erwähnt, die Zeit, welche die Pflanzen im Saatbeet stehen, die Stärke, welche sie in demselben erreichen sollen, von Einfluß auf die zu wählende Entfernung der Saatrillen; je länger diese Zeit dauert, je größer sonach die Pflanzen werden sollen, um so weiter wird man die Rillen behufs Gewährung des nöthigen Wachsraumes aus einander legen. So würde sich gegenüber der oben angegebenen Entfernung von 10—15 cm für ein- und zweijährige Fichten eine solche von 20 cm dort empfehlen, wo man kräftige dreijährige Pflanzen zur Verwendung ohne Verschulung erziehen will — und Aehnliches gilt natürlich für die übrigen Holzarten.

---

[1]) Forstl. Mitth. XI. S. 110.
[2]) Fichtenpflanzschulen. S. 63.
[3]) Säen u. Pflz. S. 358.
[4]) Allgem. F.- u. J.-Z. 1866. S. 210.

§ 50.

Breite der Rillen.

Wie über die Entfernung, so gehen die Ansichten auch über die Breite, welche den Saatrillen zu geben ist, nicht unwesentlich auseinander. Während man größere Samen — Eicheln, Bucheln, Kastanien — wohl fast allenthalben in schmale Rillen, Samen möglichst neben Samen, legt, werden die übrigen Laubhölzer, sowie die Nadelhölzer bald in schmale, bald in breitere Rillen gesät. Während Burckhardt[1] z. B. für Fichten 8—9 cm breite Rillen, Vonhausen[2] solche von 10 cm Breite empfiehlt, macht Schmitt dieselben nur 3 cm breit, und die schon mehrerwähnte bayrische Anleitung geht noch weiter, indem sie die knapp 3 cm breiten Rillen nicht voll ansät, sondern mit Hülfe des dazu eingerichteten Saatbretts (vergl. § 53) aus jeder solchen Rille eine ganz schmale Doppelrille macht, in diesen die Pflanzen dann möglichst einzeilig stellend. — Bühler[3] spricht sich für Rillen von höchstens 3,5 cm Breite aus, da breitere Rillen im Innern derselben viel schwaches und kümmerndes Material liefern.

Wir geben auf Grund unserer eigenen Erfahrungen und Beobachtungen diesen schmalen Rillen entschieden den Vorzug vor den breiten. Wir sehen, daß in den Rillen sich die Randpflanzen stets viel kräftiger entwickeln, als die in der Mitte stehenden, im Luft- und Bodenraum beengten Pflanzen, und es liegt daher nahe, durch ganz schmale Rillen möglichst viele Randpflanzen zu erziehen. Breite Rillen, etwas dicht angesät und selbst nur zwei Jahre stehend, liefern stets sehr viel Ausschußmaterial; dünner Stand und kräftige Düngung werden diesen Nachtheil allerdings nicht unwesentlich mindern, wie dies ein Versuch Vonhausens[4], der die kümmernden Pflanzen in der Mitte breiter Rillen durch Begießen mit Mistjauche kurirte, beweist. Vonhausen bestätigt hierdurch übrigens selbst das Zurückbleiben und Kümmern der Pflanzen in der Mitte der breiten Saatrille!

Als Vortheil der breiten Rille wird die größere Pflanzenmenge und die mindere Gefahr des Auffrierens geltend gemacht. Ersteres

---

[1] Säen u. Pflz. S. 368.
[2] Allg. F.- u. J.-Z. 1880. S. 46.
[3] Bühler, Mitth. Bd. I H. 1.
[4] Allg. F.- u. J.-Z. 1880. S. 46.

mag der Fall sein, aber die Pflanzen sind schwächer, enthalten, wie oben schon gesagt, viel Ausschuß; letzterer Gefahr aber läßt sich auch durch andere, bessere Schutzmittel vorbeugen.

§ 51.

Tiefe der Rillen.

Die Tiefe, welche den Rillen zu geben ist, steht in innigem Zusammenhang mit der Stärke der Bedeckung, welche der Samen erhalten soll. Indem wir die Rille entsprechend tief eindrücken oder ausheben und sodann nach erfolgter Einsaat wieder ausfüllen, haben wir die möglichst genaue Regulirung der Deckung in der Hand, in viel höherem Grade, als dies bei dem Uebererden einer Vollsaat der Fall ist. Wir werden daher hier die Frage: wie tief soll der Same zugedeckt werden? zu behandeln haben, da deren Beantwortung maßgebend ist für die Tiefe der herzustellenden Rillen.

Die Bedeckung soll das Austrocknen des Samens, des hervorbrechenden Keimes hindern, ihn gegen das Verzehren durch Vögel, das Verschwemmen durch Regengüsse schützen; eine entsprechende Bedeckung wirkt stets vortheilhaft, ja ist unbedingt nöthig. Anderseits aber darf dieselbe auch den zur Keimung nöthigen Luftzutritt und Luftwechsel im Boden nicht abhalten, und ein zu tiefes Decken des Samens kann dessen Keimen sehr erschweren, ja vollständig verhindern; kleine Samen, wie Birke, Ulme, sind hierin sehr empfindlich. — Die physikalische Beschaffenheit des Bodens und des zur Deckung benutzten Materials ist erklärlicher Weise von wesentlichem Einfluß auf die zulässige Stärke der Deckung — mit lockerem Boden, humoser Erde darf man stärker decken als mit bindenderem Boden, der als Deckungsmittel überhaupt möglichst vermieden werden sollte.

Die Praxis hat bezüglich der Stärke der Deckung, welche für die einzelnen Holzsämereien als die beste zu erachten ist, sich nach und nach ihre Regeln gebildet und gesammelt, und ist hiebei von dem Grundsatz ausgegangen, daß je größer der Samen, um so stärker auch seine Bedeckung sein dürfe, eine Regel, welche die nachfolgend mitgetheilten Versuche Baur's[1]) auch mit einer einzigen Ausnahme (bez. der Akazie) bestätigt haben.

Diese Versuche, im Hohenheimer Forstgarten mit großer Genauigkeit und Sorgfalt angestellt, haben nun folgende Stärke der

---

[1]) Forstw. Centralbl. 1875. S. 357.

Deckung, also Tiefe der Saatrillen — nur bei großen Samen, wie Eicheln und Kastanien ist die Stärke des Samens, also 1—2 cm noch zuzugeben — mit entsprechend lockerem Material (durch= gesiebte Erde) als die beste ergeben:

Für Eichen		3—6 cm,
„	Buchen		1—4	„
„	Ahorn		1—2	„
„	Akazie		4—5	„
„	Erle		$^1/_2$—1	„
„	Tanne bis	2	„
„	Fichte
„	Föhre	} 1—1$^1/_2$ cm, mehr nur bei Deckung mit sehr
„	Lärche		lockerem, humosem Boden;
„	Ulme möglichst schwache Deckung; eine Deckung von 1$^1/_2$ cm verhindert bereits jedes Keimen.

Aehnliche Versuche hat Bühler[1]) im Forstgarten der Versuchs= anstalt zu Zürich angestellt, und zwar zunächst für Fichte, Föhre und Lärche; dieselben haben ähnliche Resultate ergeben: für Föhre und Lärche 1—1$^1/_2$, für Fichte 1$^1/_2$—2 cm starke Bedeckung als die zweck= mäßigste. Von Interesse ist das Resultat, daß auch Bedeckungen von 2$^1/_2$—3 cm namentlich bei der Fichte noch ganz gute Keimresultate ergeben, so daß man also mit der Stärke der Bedeckung nicht ängstlich zu sein braucht. Bühler spricht sich auf Grund seiner Versuche dahin aus, daß die zulässige tiefere Bedeckung die zweckmäßigere und zumal in trockenen Jahrgängen die sicherere sei.

Zu tiefe Deckung hat geringere Pflanzenzahl, auch gering= werthigere Pflanzen zur Folge und ist deßhalb zu vermeiden. Zu seichte Rillen und damit zusammenhängend zu schwache Deckung des Samens erhöhen dagegen die Gefahr des Austrocknens, des Heraus= schwemmens des Samens bei Regen, des Verzehrens (der Nadelholz= samen) durch Vögel und sind daher unzweckmäßig.

§ 52.

Richtung der Rillen.

Die Rillen können entweder in der Längsrichtung der Beete oder parallel der schmalen Kante gezogen werden. Im All= gemeinen wird man dieser letzteren Richtung, welche das Eindrücken

---

[1]) Bühler, Mitth. Bd. I. H. 1—3.

der Rillen, die Anwendung von Säevorrichtungen, das Behäckeln der Zwischenräume von den schmalen Wegen aus wesentlich erleichtert, den Vorzug geben und sieht sie auch in den meisten Saatbeeten angewendet.

Dagegen werden tiefere Rillen, welche für Eicheln, Kastanien, etwa auch Bucheln nöthig sind und die sich nicht eindrücken lassen, sondern mit Hacke, Rillenzieher, Pflug 2c. nach der Schnur gezogen werden müssen, meist nach der Längsrichtung der Beete mit Rücksicht auf diese Art ihrer Herstellung, welche lange Riefen wünschenswerth macht, gelegt. — In vielen Fällen werden übrigens gerade bei diesen Holzarten die Saaten nicht auf Beete, sondern auf größere Länder vorgenommen, wobei dann die Frage der Rillenrichtung gegenstandslos wird. In der Regel wird man in solchem Falle die Rillen parallel der längeren Kante ziehen.

<h2 style="text-align:center">§ 53.</h2>

<h2 style="text-align:center">Herstellung der Rillen.</h2>

Dieselbe geschieht, wie wir eben schon berührt, auf doppelte Weise: durch Eindrücken mit Hülfe von Saatlatten, Saatbrettern und ähnlichen Vorrichtungen für kleinere, minder tiefe Rillen bedürfende Samen, oder durch Anfertigung mit Hacke, Rillenzieher u. dergl. für größere Samen, welche eine stärkere Deckung und also tiefere Rillen verlangen.

Das einfachste Instrument zum Eindrücken von Saatrillen ist die Saatlatte, wie sie Schmitt für Fichten anwendet. Dieselbe ist eine Latte, deren Länge gleich der Beetbreite (1 bis 1,2 m), deren Breite gleich dem Abstand der Rillen (10 bis 15 cm), deren Dicke endlich gleich der Breite der einzudrückenden Rillen (ca. 3 cm). Die schmale Seite wird, parallel zur schmalen Kante des Beets, entsprechend tief durch zwei in den Zwischenwegen sich gegenüberstehende Arbeiter eingedrückt, die breite Seite der Latte gibt dann durch Umschlagen den Zwischenraum, dann folgt abermaliges Eindrücken u. s. f.

Sollen die Rillen breiter werden, dann benutzt man zum Eindrücken eine Latte von entsprechender Breite, fügt etwa auch deren mehrere in dem der Rillenentfernung entsprechenden Abstand durch ein paar Querhölzer zu einem Gestell zusammen, oder mißt diesen Abstand jedesmal durch ein Hölzchen ab.

Als sehr zweckmäßig zum Eindrücken der Rillen kann das bayrische

Saatbrett[1]) empfohlen werden. Dasselbe (Fig. 18) besteht aus einem 26 cm breiten und etwa 3 cm starken Brett, am besten von Eichenholz, dessen Länge der Beetbreite entsprechend 1—1,2 cm be-

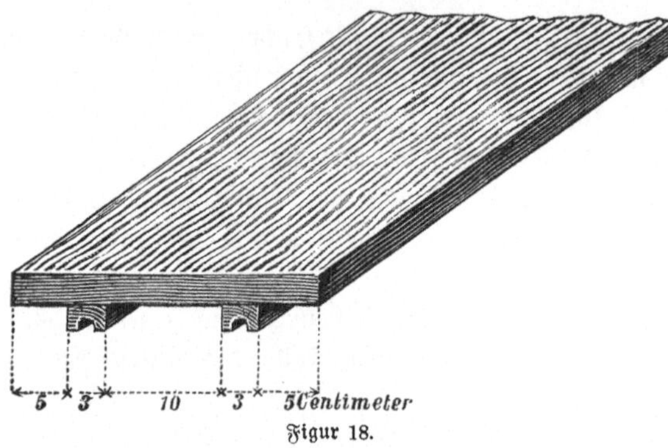

Figur 18.

trägt; auf dies Brett sind nun zwei je 3 cm breite Hohlleisten in einer Entfernung von 10 cm aufgenagelt, während die Entfernung jeder Leiste von der betreff. Längskante 5 cm beträgt.

Durch Auflegen dieses Brettes, welches bei den angegebenen Dimensionen zur Benutzung bei Fichten=, Föhren= und Lärchensaatbeeten bestimmt ist und durch andere Dimensionen des Brettes, der Leisten und des Abstandes dieser letzteren entsprechend modifiziert werden kann, auf das gut geebnete Beet und Auftreten zweier kräftiger Personen drücken sich nun zwei

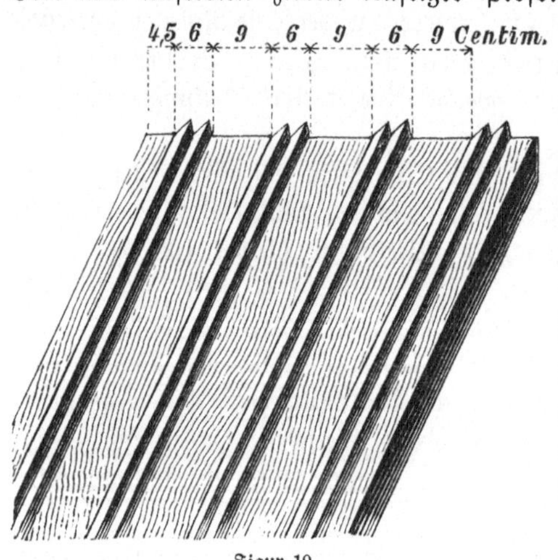

Figur 19.

Doppelrillen hinreichend scharf dem Boden ein und zugleich markiert sich die Kante des Brettes auf der Bodenoberfläche deutlich genug, um Anhalt dafür zu geben, wie das Brett anstoßend wieder angelegt werden soll. Besser noch arbeitet man mit zwei solchen, wechselweise an einander gestoßenen Brettern.

Danckelmann hat dies Saatbrett im Nürnberger Reichswald gesehen und dasselbe einigermaßen modifiziert im Eberswalder Forstgarten zur Anwendung gebracht[2]). Dieses modifizierte Saatbrett (Fig. 19) hat doppelte Breite wie das bayrische und auf

---

[1]) Forstl. Mitth. XI. S. 123.
[2]) Zeitschr. f. F.= u. J.=W. V. S. 65.

der Unterseite 4 Paar Doppelleisten, welche dreikantig sind und sonach statt der runden Erhöhung des bayrischen Brettes einen scharfen Kamm zwischen den Doppelrillen herstellen; von letzteren werden sonach bei jedesmaligem Auflegen vier zugleich eingedrückt. Dabei wird stets mit zwei abwechselnd an einander zu stoßenden Saatbrettern gearbeitet, wodurch die möglichste Einhaltung der stets senkrechten Richtung der Rillen zur Längskante des Saatbeetes gesichert ist.

Dieses breite Brett mag auf sehr leichtem Sandboden ganz zweckmäßig sein, auf lehmigeren Böden werden sich aber in Folge der großen Fläche des Brettes die Saatrillen vielfach viel minder scharf abdrücken, insbesondere aber ungleich tief werden, wenn das Beet nicht vollkommen eben ist. Bei dem schmäleren Brett mit nur zwei Leisten werden beide Nachtheile in minderem Maße hervortreten, bezw. leichter überwunden werden, und geben wir daher letzterem den Vorzug.

Aehnlich dem bayrischen Saatbrett ist das Lang'sche Rillenbrett[1]), welches einfache, nicht Dop= pelrillen, mittelst aufgena= gelter vierkantiger Leisten eindrückt. Ein solches Brett (Fig. 20) mit 20 cm Abstand der vierkantigen, 2 cm im Quadrat starken Leisten wird von uns mit gutem Erfolg seit Jahren zur Saat von Ahorn, Eschen, Tannen, Hain= buchen, Akazien benützt.

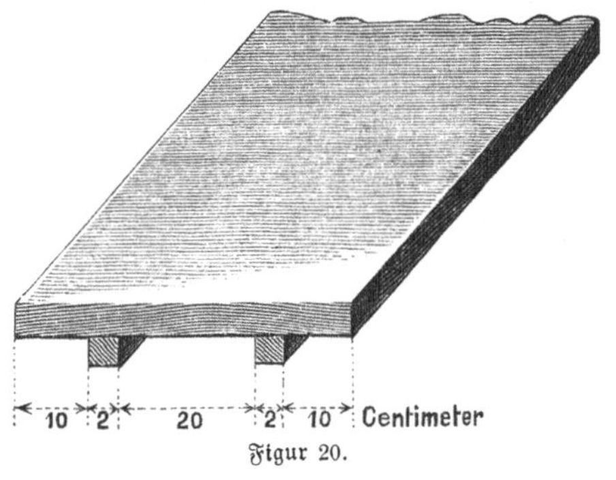

Figur 20.

Wir möchten den Saatbrettern entschieden den Vorzug vor der Saatlatte geben, da durch dieselben stets 2 resp. 4 Rillen zu gleicher Zeit eingedrückt werden, deren Tiefe eine stets gleiche und von den Arbeitern unabhängige ist, endlich durch das Antreten des Brettes gleichzeitig der Boden etwas angedrückt und bei etwa frisch um= gearbeitetem Boden dessen späterem Setzen vorgebeugt wird. — Lehmiger Boden muß jedoch auf der Oberfläche etwas abgetrocknet sein, da er sich sonst in die Hohlkehle und zwischen den Leisten zu stark an= hängt, das scharfe Eindrücken der Rillen erschwert. Auch zu trockner Boden gestattet ein scharfes Ausprägen der Rillen nicht leicht, und

---

[1]) Krit. Blätter. XLVI. 1. S. 173.

man hilft sich in diesem Fall durch leichtes Ueberbrausen der Beete mit der Gießkanne und nochmaliges Ueberrechen der Oberfläche, wodurch letztere dann die für das Eindrücken der Rillen günstige Consistenz erhält.

Auch Walzen werden zur Herstellung von Rillen benutzt, und Figur 21 stellt eine solche vor[1]), wie sie an einigen Orten in Böhmen angewendet wird. Die Walze von hartem Holz hat eine der Beetbreite von 1 m entsprechende Länge, einen Durchmesser von 40 cm und läuft zwischen zwei durch Querhölzer verbundenen, etwa 2 m langen Armen.

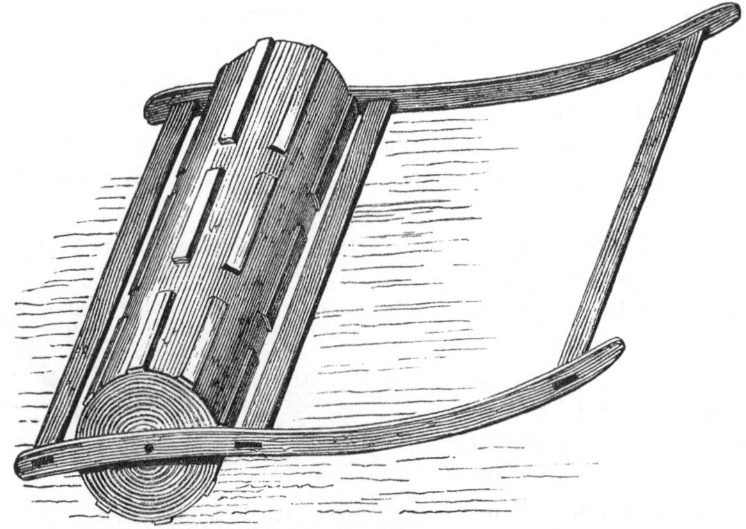

Figur 21.

Auf der Walze sind nun die 5 cm breiten, 1,5 cm hohen Rillenleisten in dem Rillenabstand entsprechender Entfernung angenagelt; ihre zwei= malige Unterbrechung soll das Verschlämmen der Rillen verhüten, scheint uns aber überflüssig. Bei der Anwendung wird nun die Walze un= mittelbar vor der Ansaat von zwei in den schmalen Wegen gehenden Arbeitern über die Beete geschoben, wobei ihre Schwere von etwa 80 Kilogramm zur erforderlichen Eindrückung der Rillen genügt. Auch hier erfolgt gleichzeitig ein entsprechendes Andrücken des frisch gelockerten Bodens, wie bei den Saatbrettern, auf dem ganzen Beet, und die An= fertigung der Rillen mag bei guter Führung der Walze durch die Arbeiter sehr rasch und präcis von statten gehen.

Eine andere Saatrillenwalze empfiehlt Forstaufseher Zinger[2]). Dieselbe ist von Eisen, 1,2 m lang und 40 cm im Durchmesser; auf diese

<hr>

[1]) Centralbl. f. d. F.=W. 1879. S. 267.
[2]) Allg. F.= u. J.=Z. 1890. S. 412.

Walze werden in entsprechenden Abständen 10 cm breite und 2 cm hohe Ringe aus Gußeisen geschoben und mit Schrauben, die in Löcher mit Gewinden eingreifen, an der Walze befestigt. Indem man die Walze, welche 100—125 Kgr. schwer ist, über das Beet hinführt, werden 2 cm tiefe Rillen in der Längsrichtung des Beetes eingedrückt und zugleich der lockere Boden entsprechend festgewalzt.

Während die eben geschilderten Vorrichtungen zum Eindrücken der seichten Saatrinnen, wie sie für die Nadelholz- und leichteren Laubholzsamen nöthig sind, dienen, werden die tieferen Saatrinnen für Eicheln, Kastanien, etwa auch Bucheln, die eine stärkere Bedeckung vertragen und selbst bedürfen, mittelst anderer Hülfsmittel gefertigt.

Das einfachste Instrument hiezu ist die gewöhnliche Haue, mittelst der man längs der gespannten Schnur ein entsprechend tiefes Gräbchen zieht; die Saatrillen werden in diesem Falle der Länge der Beete nach gelegt und die Schnur eventuell gleich auf möglichste Länge, über mehrere neben einander liegende Beetreihen oder Länder, gezogen, um den mit dem Weiterstecken der Schnur verknüpften jedesmaligen Zeitaufwand möglichst zu reduzieren. — In ähn-

Figur 22.

licher Weise, wie die Haue, wendet man einen löffelartigen Rillenzieher (Fig. 22) oder auch einen starken Rechen[1]) an, dessen 3—4 Zinken entsprechend weit von einander abstehen, 5—6 cm lang und entsprechend dick sind und gleichzeitig eine der Zinkenzahl entsprechende Anzahl von Saatrillen herstellen.

Burckhardt[2]) erwähnt auch ein für Eichen sowohl bei der Aussaat ins Freie (auf bisherige Felder), wie im Saatkamp anwendbares Steckbrett (Fig. 23); durch Eindrücken eines Brettes, an welchem sich Zapfen von entsprechender Länge und Stärke in geeigneter Distanz, im Saatbeet also sehr nahe befinden, entsteht eine der Zapfenzahl entsprechende Anzahl von Steglöchern

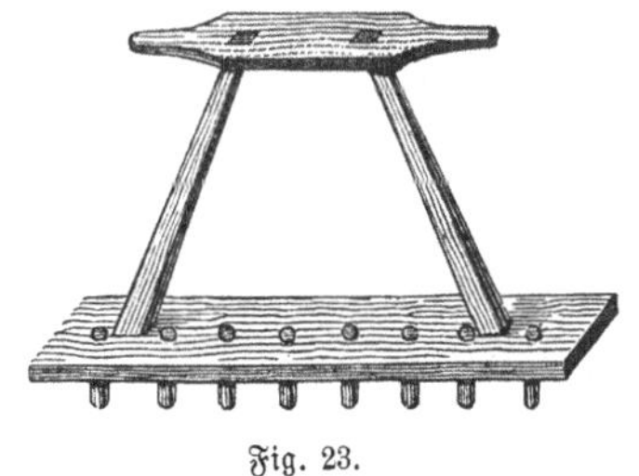

Fig. 23.

von genau gleicher Tiefe. Das gegen die Anwendung eines solchen

---

[1]) Forstl. Mitth. XI. S. 123.
[2]) Säen u. Pflz. S. 62, s. auch Heyer, Waldbau, S. 146.

Steckbrettes etwa geltend gemachte Bedenken, daß die Eichel hiebei nicht in die naturgemäße horizontale Lage komme, in Folge dessen häufig das Würzelchen und das Stengelchen eine mißliche Krümmung um die Eichel machen müsse, scheint nach einem von uns angestellten desfallsigen Versuch in so fern unbegründet, als ein Unterschied in der Entwickelung der Pflanzen sich nicht wahrnehmen ließ. (Vergl. im II. Theil § 105, die Eiche.)

§ 54.
Bestimmung der nöthigen Samenmenge.

Die Angabe, welches Samenquantum pro Ar bei jeder einzelnen Holzart zu verwenden sei, wird im II. Theil unseres Werkchens, welcher sich die Besprechung der einzelnen Holzarten zur Aufgabe gemacht hat, erfolgen; hier haben nur die allgemeinen Gesichtspunkte, nach welchen dies Quantum zu bestimmen ist, ihren Platz zu finden.

Die Samenmenge, welche pro Flächeneinheit des Saatbeets zur Verwendung kommen soll und die bei allen kleineren Samen nach dem Gewicht (Kilogramm), bei einigen großen Samenarten nach dem Maß (Hektoliter) bestimmt wird, ist für eine Holzart nicht stets die gleiche.

In erster Linie kommt die Güte des Samens selbst in Betracht, wie sie etwa durch Keimproben festgestellt wurde; je geringwerthiger der Samen, um so dichter selbstverständlich die Saat. Holzarten, welche erfahrungsgemäß viel tauben Samen erzeugen, wie Lärchen, Ulmen, werden stets etwas dicht zu säen sein, während man den stets keimkräftigen Samen der Akazie, Schwarzkiefer entsprechend dünner sät. Bei einigen andern Holzarten, deren Samen ebenfalls meist ein hohes Keimprozent besitzt, wie Eicheln, Kastanien, ist es die nicht un= bedeutend schwankende Größe der Früchte, welche das nöthige Samen= quantum bedingt und resp. modifiziert; enthält doch ein Hektoliter große Stieleicheln nur etwa 12,000, ein Hektoliter kleiner Trauben= eicheln über 40,000 Stück!

Es ist ferner zu beachten, daß im Saatbeet stets eine geringere Zahl von Samenkörnern aufkeimen wird, als bei den Keimproben, bei welchen jedem Samenkorn die denkbar günstigsten Bedingungen gegeben werden. Verhärten der Bodendecke, Trockniß, Abschwemmen, Vögel, Mäuse u. s. w. werden die Zahl der keimenden Körner stets vermindern [1]).

_____

[1]) Bühler's Versuche haben ergeben, daß bei Fichten die Zahl der geernteten 2jährigen Pflanzen im Durchschnitt nur 33 % von der Zahl der keimfähigen Körner, bei der Föhre sogar nur 17 % ergeben haben. — Er weist darauf hin,

Im Weiteren ist wohl ins Auge zu fassen, wie lange die er=
scheinenden Pflanzen bis zu ihrer Verschulung oder direkten Verwendung
ins Freie im Saatbeet stehen sollen; je rascher letztere erfolgt, um so
dichter wird man säen dürfen, und sonach für Fichten, welche einjährig
verschult werden sollen, dichtere Saat anwenden dürfen, als wenn
deren Verwendung in dreijährigem Alter ohne vorherige Verschulung
beabsichtigt ist.

Die langsamere oder raschere Entwickelung der Pflanzen,
je nach der Holzart, ist ebenso ein Faktor bei der Bestimmung der
Samenmenge; die fast durchaus in den ersten Lebensjahren sich rascher
entwickelnden Laubhölzer — man vergleiche Ahorn, Eiche, Akazie mit
Fichte und Tanne! — erfordern deshalb eine verhältnißmäßig minder
dichte Saat.

Erklärlicher Weise ist aber auch die angewendete Samenmenge
und der dadurch bedingte mehr oder minder dichte Stand der
Pflanzen auf die Entwickelung der letztern nach Stamm und Wurzel=
bildung von sehr wesentlichem Einfluß. Von großen Samenmengen
erhält man allerdings größere Pflanzenmengen, allein die Pflanzen
bleiben in der Entwickelung zurück, die Zahl der brauchbaren Pflanzen
sinkt, jene des Ausschusses mehrt sich; ein dünner Stand der Pflanzen
dagegen pflegt stets kräftigere Pflanzen und reichlichere, allseitigere
Wurzelbildung zur Folge zu haben. So kann man z. B. beobachten,
wie dicht stehende zwei= und dreijährige Fichten fast zu einer Pfahl=
wurzelbildung genöthigt werden, nachdem namentlich den in der Mitte
breiterer Rillen befindlichen Pflanzen die Möglichkeit der Bildung von
Seitenwurzeln durch ihre Nachbarn entzogen wird; für die spätere
Verpflanzung ist dies geradezu als Mißstand zu betrachten. — Einen
exakten Versuch über diesen Einfluß der Samenmenge auf Zahl und
Entwickelung der Pflanzen, angestellt im Forstgarten zu Eberswalde,
theilt Riebel mit [1]). Hienach wurden auf vier gleich großen, je 31
Quadratmeter haltenden Flächen Kiefern angesät und zwar mit Samen=
quantitäten, welche der Verwendung von 1,75 . . . 1,50 . . . 1,25 . . .
1 Kilogramm pro Ar entsprachen. Das Resultat war, daß zwar die
Zahl der brauchbaren Pflanzen Hand in Hand ging mit der ver=
wendeten Samenmenge — sie betrug 25,479, 21,531, 15,549 und

---

daß dieser Ausfall erklärlicher Weise nicht genauer beziffert werden kann, und daß
man deshalb, um zu dünne Saaten zu vermeiden, stets lieber etwas stärker zu
säen pflege — darum seien zu dichte Saaten im Freien wie im Saatbeet nicht
selten zu finden. Vergl. Bühler, Mitth. Band I, H. 1.

²) Zeitschr. f. d. F.= u. J.=W. XI. S. 114.

15,306 Pflanzen —, daß aber die geringeren Samenmengen viel kräftigere Pflanzen erzeugten: das Tausend derselben wog in obiger Reihenfolge 1,300 ... 1,317 ... 1,727 ... 1,733 Kilogramm.

Da es sich aber meist um Erziehung kräftiger Pflanzen mit guter Wurzelbildung handelt, so wird man einer mäßig dichten Saat, welche entsprechend viele und hinreichend kräftige Pflanzen liefert, den Vorzug geben.

Auch die Güte des Bodens, die mehr oder minder reichliche Düngung spricht hiebei wohl ein Wort mit, und dichte Saat auf schwächerem Boden wird stets ein unbefriedigendes Resultat liefern.

Wie bei Ansaaten ins Freie, so wird auch bei der Ansaat von Saatbeeten die Saatmethode von nicht unwesentlichem Einfluß auf die nöthige Samenmenge sein; zu der (seltener angewendeten) Vollsaat wird man mehr Samen verwenden als zur Rillensaat, und bei letzterer wird wieder die Breite und Entfernung der Rillen von großer Bedeutung sein [1]. Durch letzteres Moment werden denn auch wohl die oft so abweichenden Angaben, welche wir in unserer Literatur über die zweckmäßig zu verwendenden Samenmengen finden, bedingt sein.

§ 55.

Die Ansaat selbst; Säevorrichtungen.

Das Einlegen des Samens in die Saatrillen, die Aussaat selbst, erfolgt nun bei größeren Samen, wie Eicheln, Bucheln, Tannensamen, stets aus der Hand, und ebenso können die mit größeren Flügeln versehenen Laubholzsamen, wie Ahorn, Esche, Ulme, nicht wohl anders gesäet werden. Ebenso erfolgt die Vollsaat stets aus der Hand, ohne Säevorrichtungen.

Auch die kleineren Samen, so also jene von Fichte, Föhre, Lärche, wurden ursprünglich und werden vielfach noch jetzt in gleicher Weise gesät, und es läßt sich nicht in Abrede stellen, daß aufmerksame und geübte Personen — man verwendet zum Säen fast ausschließlich die billigeren weiblichen Arbeitskräfte — eine ziemliche Gleichmäßigkeit in der Vertheilung des Samens, auf die es ja vor Allem ankommt, erzielen. Dagegen hängen diesem Ansäen aus der Hand auch wesentliche Schattenseiten an: vor Allem geht dasselbe langsam und ist daher kostspielig; sind die Leute nicht geübt und aufmerksam, so wird die

---

[1] Für Rillensaaten erscheint die Angabe der Samenmenge pro laufenden Meter zweckmäßiger und vergleichungsfähiger, als jene pro Ar.

Saat ungleich, wie es denn überhaupt schwierig ist, eine Anzahl von Leuten zu gleich starkem Ansäen anzuweisen und abzurichten; insbesondere aber wird die Saat gern ungleich an kalten Tagen, wie sie Ende April, Anfang Mai nicht selten sind, indem dann die durch Frost steifen und minder empfindlichen Finger der Arbeiterinnen den Samen ungleich ausfallen lassen. Endlich ist auch das stete Niederkauern für die letzteren beschwerlich; dieselben treten und drücken dabei auch gerne die schmalen Zwischenwege ungebührlich breit.

Schon lange hat man sich daher mit dem Problem beschäftigt, einfache und zweckmäßige Apparate zur Ansaat, insbesondere der in unsern Forstgärten in großer Menge zur Verwendung kommenden Nadelholzsamen zu konstruiren, und einfache wie zusammengesetztere Vorrichtungen verdanken diesem Streben ihre Erfindung[1]). Insbesondere ist es die Saat in schmale Rillen, welche solche Säevorrichtungen leicht anwendbar macht, während man breite Rillen wohl stets aus der Hand wird ansäen müssen.

Nachstehend mögen nun eine Anzahl solcher Apparate — mit Ausschluß solcher, die praktisch wenig anwendbar erscheinen — eine kurze Erwähnung und Beschreibung finden.

In der von E. Heyer[2]) angegebenen Methode, aus einem Blatt steifen Papiers, das entsprechend spitzwinklig zusammengefaltet ist, zu säen, können wir keinen rechten Vortheil erblicken. Eher ist dies schon der Fall bei der sogenannten Saatrinne, welche

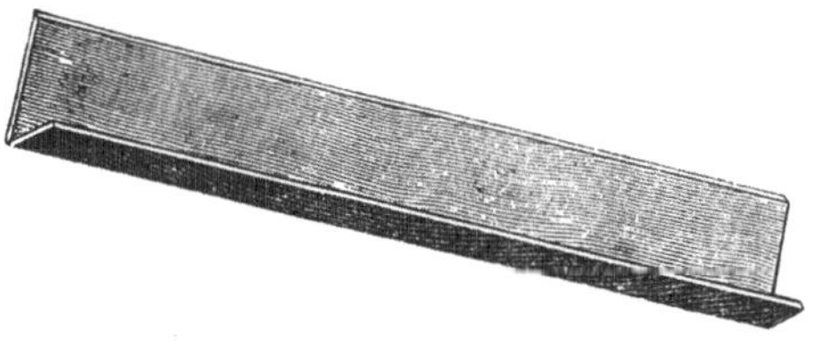

Figur 24.

Verfasser vor Jahren im Steigerwald in Anwendung gesehen hat[3]) (Fig. 24). An ein etwa 10 cm breites Brett, dessen Länge gleich der Beetbreite, ist längs einer der langen Kanten eine schwache, etwa 3 cm hohe Leiste rechtwinklig angenagelt; in die dadurch gebildete Rinne

---

[1]) Nach unseren Erfahrungen haben sich nur jene Instrumente zur Bodenvorbereitung, zum Säen, Pflanzen u. s. w. eine dauernde Stelle im Forstkulturbetrieb zu erwerben vermocht, welche sich durch einfache Konstruktion und Handhabung auszeichnen. Alle übrigen sind im Verlauf der Zeit aus der forstlichen „Geräthekammer" in die forstliche „Rumpelkammer" gewandert! Vergl. übrigens bez. der Säeapparate auch Cieslar, Centralbl. f. d. F.-W. 1887. S. 531.

[2]) Allg. F.- u. J.-Z. 1866. S. 210.

[3]) Forstw. Centralbl. 1867. S. 138.

wird der Samen von den in den schmalen Wegen einander gegenüber stehenden Arbeitern eingestreut, — von jedem bis zur Mitte der Rinne — etwaige Ungleichheiten werden mit den Fingern ausgeglichen und sodann die schmale Leiste genau an die vorher schon eingedrückte Rille gelegt. Durch eine leichte Hebung des Brettes gleitet der Samen über die schmale Leiste in die Rille.

Der Apparat ist sehr einfach, dagegen die gleichmäßige Vertheilung des Samens in der Rille doch schwieriger und zeitraubender, als man glauben sollte.

Eine ebenfalls sehr einfache, aber praktische Vorrichtung ist in der Gegend von Aschaffenburg in Form des nachstehend abgebildeten Saatholzes in Anwendung (Fig. 25). An einer Holzleiste, deren Querschnitt nebenan in natürlicher Größe gegeben ist, und deren Länge gleich der halben Beetbreite, ist längs der oberen Kante eine seichte Rinne eingeschnitten, eben tief genug, um die kleinen Samenkörner der Fichte, Föhre, Lärche, Korn an Korn, aufnehmen zu können; zur bequemeren Hand-

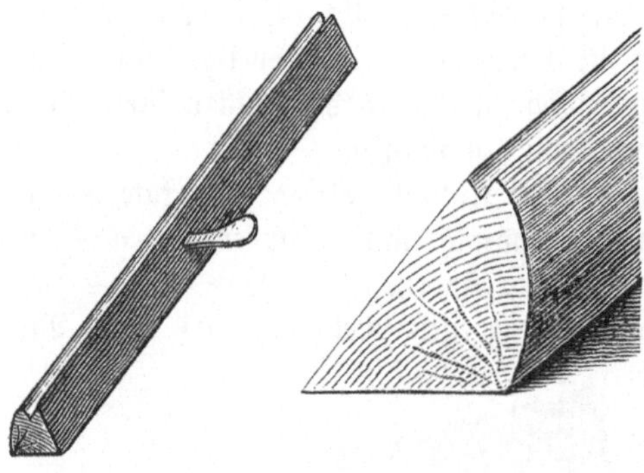

Figur 25.

habung befindet sich an der der Abrundung entgegengesetzten Seite ein etwa 10 cm langer Handgriff. Der Samen wird in einen hinreichend großen, seichten Kasten aus leichten Brettern geschüttet, und die Arbeiter, die je zwei einander gegenüber an einem Beete arbeiten, rücken denselben auf letzterem mit fort; aus dem Kasten wird nun der Samen mit jenem Saatholz gleichsam geschöpft, in der kleinen Rinne bleibt eben genug Samen liegen und gleitet von dem mit der abgerundeten Seite längs der vorher eingedrückten Rille angelegten Saatholz durch eine kleine Drehung leicht und sicher in diese. Das Ansäen der unter Anwendung des bayrischen Saatbrettes eingedrückten Doppelrillen geht sehr rasch und völlig gleichmäßig vor sich. Die je nach Qualität des Samens wünschenswerthe schwächere oder stärkere Ansaat läßt sich durch Anwendung verschiedener Saathölzer mit seichter oder tieferer Rinne reguliren, und da das Stück derselben nur auf etwa 40 Pfennige kommt, so kann man ja leicht eine kleine Anzahl derselben vorräthig halten.

Auch die von Forstmeister Eßlinger[1] in Aschaffenburg konstruirte Säelatte kann namentlich um deßwillen empfohlen werden, weil das Säen mit derselben nicht nur rasch von Statten geht, sondern auch der Samen — unabhängig von der Geschicklichkeit der Arbeiter — gleichmäßig und entsprechend dünn, wie dies insbesondere zur Erziehung 2—3jähriger, unverschult zur Verwendung kommender Fichtenpflanzen wünschenswerth erscheint, in die Saatrillen gestreut wird.

Diese Säelatte, von welcher Figur 26 a den Querschnitt in natürlicher Größe gibt, besteht aus zwei mit einander verbundenen Leisten A und B, deren Länge gleich der Beetbreite. Längs der Kante sind nun in der Leiste A kleine, etwa 7 mm lange, seichte, rechteckige Ein-

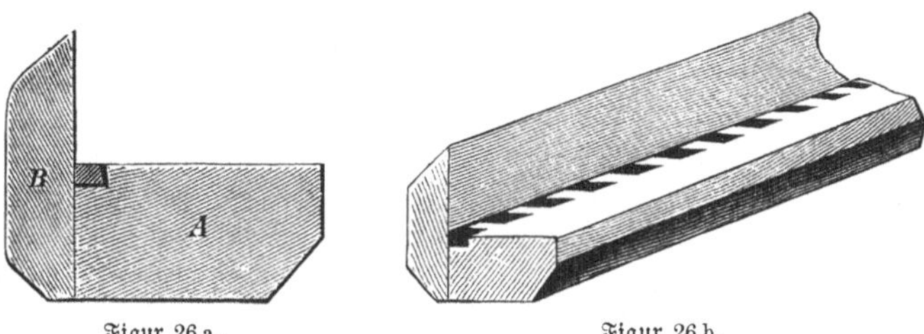

Figur 26 a.   Figur 26 b.

schnitte, welche etwa 3 bis 4 Samenkörner von Fichte oder Föhre aufzunehmen vermögen, durch gleich große, nicht vertiefte Zwischenräume getrennt (Fig. 26 b). — Zu der Säelatte gehört nun noch ein der Länge der Latte entsprechender, etwa 12 cm breiter und 8 cm hoher Kasten, sowie das Fig. 20 abgebildete Rillenbrett. Soll nun gesäet werden, so werden mit letzterem Brett zuerst die Rillen eingedrückt, der Kasten mit Samen etwa zur Hälfte gefüllt und aus diesem mit der Säelatte gleichsam geschöpft: bei entsprechender Drehung der Latte rollen alle Samenkörner, bis auf die in den Vertiefungen liegenden, in den Kasten zurück. Die gefüllte Latte wird sodann an den Rand der eingedrückten Rille angesetzt und der Same durch seitliches Umkippen in die Rille eingestreut.

Als sehr einfach, zweckmäßig und arbeitsfördernd kann Verfasser nachfolgende Vorrichtung, das Klappbrett (Fig. 27) empfehlen. Zwei etwa 10—12 cm breite, mäßig starke Bretter, deren Länge wieder gleich der Breite der anzusäenden Beete, sind durch zwei oder drei innen angebrachte schmale Charniere so aneinander befestigt, daß sie sich bis zu einem Winkel von etwa 90° öffnen können und

---

[1] Forstw. Centralbl. 1890. S. 535.

dann das eine fest auf dem anderen steht, beide mit einander eine geschlossene Rinne bilden, in welche der Samen eingestreut werden

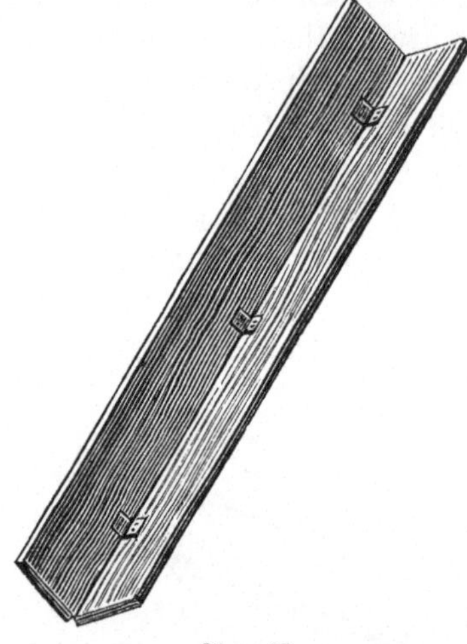
Figur 27.

kann. Setzt man die Kante des Bretts in die eingedrückte Saat= rille und klappt die beiden Seiten= bretter zusammen, so öffnet sich durch die Charniere die untere Kante so weit, daß der Samen (Fichten=, Föhren=, Lärchen=Samen) durch und in die Rille fällt.

Das Einlegen des Samens in die durch beide Bretter gebildete Rinne erfolgt aber eben so rasch als gleichmäßig — und das ist der Vorzug des Apparates gegen= über der oben beschriebenen Saat= rinne — dadurch, daß man die innere Kante des aufsitzenden Bretts etwas abstumpft, wie dies untenstehender Querschnitt (Fig. 28) durch den unteren Theil des Saatbretts (natürl. Größe) versinnlicht. Wenn nun der eine der Arbeiter, die sich in den schmalen Wegen gegenüber= stehen und mit je einer Hand das Brett halten, eine Prise Samen

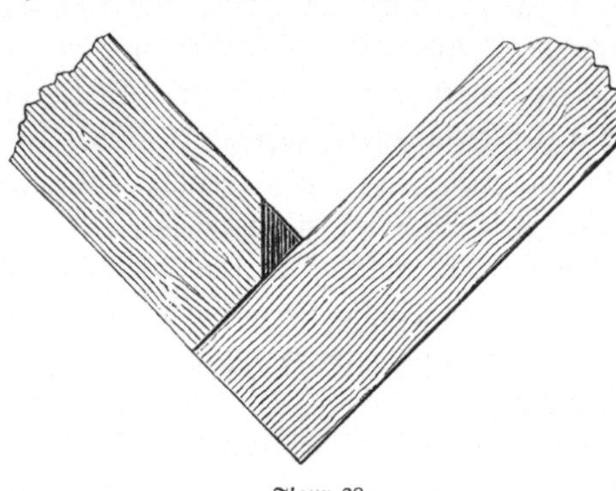
Figur 28.

einlegt und durch die Rinne nach der anderen Seite schiebt, woselbst der andere den Ueberschuß in seine aufgesteckte Schürze streift, so bleibt in der kleinen, durch die Ab= stumpfung der Kante ge= bildeten Vertiefung so viel Samen, als nöthig, in gleicher Vertheilung liegen, ja man hat durch leichteres oder festeres Aufsetzen des Fingers beim Durchstreifen des Samens eine stärkere oder schwächere Einsaat, je nach Qualität des Samens, ganz in der Gewalt. — Die Arbeit geht sehr rasch und sicher vor sich; eine weitere Vereinfachung dadurch erzielen zu wollen, daß man die Saatrille selbst mit der scharfen Kante des

Saatbretts eindrückt[1]), hat sich nicht als praktisch bewährt — das vorherige Eindrücken der Rillen mit dem s. g. bayrischen Saatbrett fördert die Arbeit entschieden besser.

In einer von den bisher beschriebenen Methoden verschiedenen Weise sucht das Säehorn (Fig. 29) das Ziel einer möglichst gleich= mäßigen Saat zu erreichen.

Dasselbe[2]) besteht aus einem etwa 20 cm hohen elliptischen Blechgefäß, wel= ches, mit einem Deckel zum Aufklappen versehen, unten ein Ausschüttrohr in schrä= ger Richtung angelöthet be= sitzt; dieses Ausschüttrohr, etwa 20 cm lang, enthält vier sich allmählich verjün= gende, durch s. g. Bajo= nettverschluß mit einander verbundene Tüllen, deren Ausflußöffnungen sich all= mählig von einem Durch=

Figur 29.

messer mit 4,5 cm auf 1 cm verkleinern. Ein angelötheter Henkel erleichtert die Handhabung, die in der Weise erfolgt, daß man, nach Füllung des Blechgefäßes mit Samen und Regulirung der Ausfluß= öffnung, die zuerst nach oben gehaltene Spitze des Rohrs nach unten über die Rille senkt und nun, langsamer oder rascher längs derselben fahrend, je nachdem man dünner oder dicker säen will, den Samen in die Rille laufen läßt Uebung und sichere Hand sind zu gutem Erfolg nöthig. — Da übrigens in der Regel nur die kleinen Nadelholzsamen mit dem Säehorn ausgesäet werden, so erscheinen die großen Ausfluß= öffnungen als entbehrlich und genügt eine einzige kleinere solche Oeff= nung, wodurch die Herstellung des Säehorns viel einfacher und billiger wird.

Eine praktische, rasch fördernde Säevorrichtung, bei welcher das

---

[1]) Wie dies bei der vom Verf. im Jahre 1867 in der Monatsschr. für F.= u. J.=W. S. 138 gegebenen ersten Beschreibung empfohlen wurde.

[2]) Zeitschr. f. J.= u. F.=W. I. S. 454. (Dasselbe ist bei Gebr. Dittmar in Heilbronn um 2,50 Mark zu beziehen.

Säehorn Anwendung findet, ist die Saatkrippe (Fig. 30)[1]. Die zwei Theile a und b sind durch je 3 Schrauben mit dem mittleren keilförmigen Stück c in der

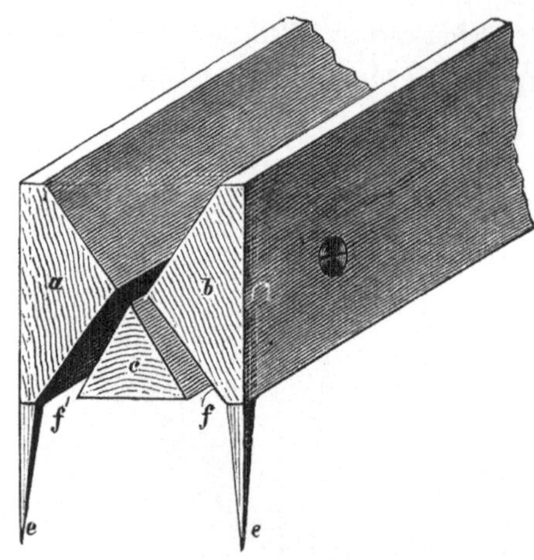
Figur 30.

Weise fest verbunden, daß zwischen denselben hinreichen= der Raum zum leichten Durch= fallen des Samens verbleibt; die Höhe des Keils c beträgt 2 cm, die untere Seite des= selben stimmt genau mit der Entfernung der Doppelrillen des bayrischen Saatbrettes, welches zum Eindrücken der Rillen benutzt wird, so daß, wenn der bezüglich seiner Länge mit der Beetbreite korrespon= birende Apparat mittelst seiner 4 eisernen Füße e e[2]) genau auf die Rillen gesetzt wird, die Oeffnungen f f über die beiden Doppel= rillen kommen. Mit dem bez. der Oeffnung entsprechend regulirten Säehorn fährt nun der (vorher auf einem unter den Apparat gelegten Tuch gehörig geschulte und dann zur Ansaat aller Saatbeete im ganzen Revierbezirk benutzte, von einem zweiten Arbeiter im genauen Aufsetzen der Vorrichtung auf die Rillen unterstützte) Arbeiter längs der oberen Kante des Keils c, in der zwischen den Seitentheilen a und b verbliebenen Rinne hin, und der Samen rollt, gleichmäßig durch den Keil halbirt, durch die Lücken f f in die Rillen, die also beide gleichzeitig eingesäet werden. — Die Arbeit fördert sehr rasch, wird bei einiger Uebung des Arbeiters gleichmäßig und nur beim Ansetzen des Säehorns, wie beim Absetzen, ist Gewandtheit nöthig, damit hier der Same nicht zu dick zu liegen kommt.

Eine etwas komplizirte Säemaschine hat Oberförster Praxa konstruirt[3]. Das Princip derselben besteht darin, daß sechs durch eine Welle verbundene, je 17 cm von einander entfernte Scheiben bei der Bewegung des Apparates über das Saatbeet (nach dessen Längs=

---

richtung) ebenso viele Rillen eindrücken, in welche sofort aus hinter den Scheiben befindlichen Trichtern der Samen eingestreut wird. Die Trichter selbst erhalten die nöthige Füllung aus einem über den Rädern befindlichen Samenkasten, aus welchem eine Schöpfradwelle bei Bewegung des Apparates den Samen schöpft und in die Trichter entleert; hinter letzteren befinden sich angeschraubt die Samendecker, welche herabgelassen zu beiden Seiten der Rillen den Boden streifend den Samen mit Erde bedecken. — Die Maschine, welche sinnreich erdacht und zur Aussaat von Föhren-, Fichten- und Lärchensamen bestimmt ist, ermöglicht nach Praxa's Angabe die Ansaat eines 1 ha großen Saatbeetes durch zwei Arbeiter in sechs Stunden, kostet aber 80 Gulden östr. und wird daher nur für große Saatkampanlagen bezw. größere Forstbezirke angeschafft werden können.

Erwähnt mögen hier noch sein Kalab's Waldsamentrog[1]), der in Verbindung mit dem bayrischen Saatbrett Anwendung finden, das Säen erleichtern und Verstreuen des Samens verhindern soll, und Swoboda's Samenvertheiler, von Cieslar[2]) beschrieben und sehr empfohlen; bezüglich der etwas umständlichen Beschreibung des letzteren Apparates müssen wir jedoch auf die angegebene Quelle verweisen. (Preis desselben 12 Gulden.) —

Wie dicht zu säen sei, das hängt von den mancherlei Erwägungen ab, die wir in § 54 berührt haben. Im Allgemeinen kann man wohl behaupten, daß zu dichte Saaten öfter vorkommen, als zu dünne, und es ist dies auch gerade kein Fehler, wenn man zu rechter Zeit durch entsprechendes Durchrupfen hilft; eine zu dünn ausgefallene Saat aber läßt sich nicht mehr korrigiren! — Je größer der Samen, um so leichter läßt sich eine gleichmäßige und bezüglich der Dichte entsprechende Saat vornehmen — so insbesondere bei Eicheln und Kastanien, deren jede einzeln in die Rille eingelegt wird; auch bei Ahorn-, Eschen-, Buchen-Samen hat die Vornahme der Saat in den eben berührten beiden Richtungen keine Schwierigkeit.

Auch bei der Saat ist man nicht selten genöthigt, der Witterung etwas Rechnung zu tragen: bei trocknem Wetter drücken sich auf sandigem Boden die seichten Rillen oft schlecht ein, und man muß sich eventuell durch leichtes Ueberbrausen der Beete helfen. Bei nasser Witterung läßt sich auf stark lehmigem Boden nicht arbeiten, die Erde

---

1) Oestr. F.-Z. 1890. Nr. 49.
2) Centralbl. f. d. F.-W. 1887. S. 531.

hängt sich an die Saatbretter und Latten, und einiges Abtrocknen des Bodens muß abgewartet werden.

Wird ausnahmsweise für ein Saatbeet die Vollsaat gewählt, so sind diese letzteren Rücksichten auf die Witterung allerdings nicht noth=wendig. Auf das gut geebnete Beet wird der Samen aus der Hand möglichst gleichmäßig oben auf gesät, wobei man jedenfalls gut thut, das Samenquantum pro Beet vorher durch Abwägen oder Messen zu bestimmen und die Ansaat dann etwa in der Weise, wie sie bei der Vollsaat im Freien von vorsichtigen Forstwirthen vorgenommen wird, auf zweimal mit je dem halben Samenquantum auszuführen. Man hat dann die gleichmäßige Vertheilung mehr in der Hand, während sonst die Saat nicht selten Anfangs zu dicht und gegen Ende zu dünn ausfällt.

<h2 style="text-align:center">§ 56.</h2>

<h3 style="text-align:center">Bedeckung des Samens.</h3>

Wie oben (§ 51) schon angeführt, ist der Samen durch eine ent=sprechende Bedeckung gegen Austrocknen, Verschwemmen, Vögel u. s. w. zu schützen. Wie stark diese Bedeckung sein soll, haben wir dortselbst im Zusammenhang mit der Frage nach der Tiefe, welche den Rillen zu geben ist, besprochen und werden uns daher hier auf das „womit“ und „wie“ des Deckens zu beschränken haben.

Zum Decken soll nun unter allen Umständen lockerer Boden ge=nommen werden, um die bei Anwendung eines bindenderen Deckmittels nach Regen so leicht eintretende Krustenbildung zu verhindern, eine Bildung, die den kleineren Samenarten oft geradezu verderblich werden kann, zumal wenn etwa der Samen ungleichzeitig keimt, nicht mit vereinter Kraft die Decke zu heben und zu sprengen vermag[1]). Ebenso begünstigt lockeres Deckmaterial den zur Keimung nöthigen Luftzutritt, und eine etwas stärkere Deckung wird minder nachtheilig sein als bei schwererem Deckmittel. — Dammerde, mit Humus gemischter Sand, gute Rasenasche sind die besten Stoffe zum Decken, zumal durch sie dem keimenden Samen sofort auch eine reiche Nahrungsquelle zur Ver=fügung gestellt wird. Auch die hygroskopischen Eigenschaften humosen Bodens wirken jedenfalls vortheilhaft bei der Keimung mit. —

Auch die von Bühler[2]) mit Nadelholzsamen im Forstgarten der

---

[1]) Krit. Blätter. LI 2. S. 208. Allg. F.= u. J.=Z. 1894. S. 194 (Lorey).
[2]) Bühler, Mitth. Bd. I. Heft 1.

schweizerischen Versuchsanstalt ausgeführten genauen Versuche mit ver=
schiedenen Deckungsmitteln: Humus, Sand= und lehmigem Thon=
boden — haben die günstige Wirkung der Humusdeckung ergeben.
Die Samen keimten früher, die Keimlinge zeichneten sich durch üppigere
Entwickelung, dunkelgrüne Farbe der Kotyledonen und Nadeln aus,
und auch die Zahl der Pflanzen war eine größere. Lorey[1] hat neben
Komposterde auch Gerberlohe, Sägespäne, Torfmull in Untermischung
mit ersterer mit Erfolg angewendet.

Wo man also mit Dammerde und Rasenasche düngt, wird man
sich stets eine entsprechende Quantität dieses Materials zum Decken
reserviren, außerdem entsprechendes Deckmaterial anderweit herbei=
schaffen.

Das Decken selbst erfolgt bei der breitwürfigen Ansaat durch
möglichst gleichmäßiges Uebersieben, bei stärker zu deckenden Samen
durch Ueberwerfen mit klarer, lockerer Erde, bei Rillensaaten aber
mit der Hand durch Einstreuen des Deckmaterials in die Rillen;
dabei trägt man dasselbe so stark auf, daß die gedeckten Rillen etwas
erhaben erscheinen, und drückt dann, am einfachsten mit dem um=
gedrehten Saatbrett, die Erde etwas an. Auch Walzen von ent=
sprechender Konstruktion werden hiezu wohl verwendet. — Dieses
Andrücken des Deckmaterials an den Samen erweist sich als ent=
schieden vortheilhaft, der letztere kommt mit jenem in innige Berührung,
wird dadurch rascher Feuchtigkeit anziehen und keimen, während dem
Verschwemmen des Deckmaterials durch das Andrücken ebenfalls vor=
gebeugt wird.

Die tieferen, mit Haue oder Rillenzieher gezogenen Rillen für
Eicheln u. dgl. werden nicht selten durch einfaches Beiziehen der
nach der Seite gezogenen, ausgehobenen Erde mittelst des Rechens ge=
deckt, was bei gutem und lockerem Boden wohl zulässig erscheint; bei
schwererem, leicht verkrustendem Boden wird man auch hier gute, hu=
mose Walderde oder stark mit Rasenasche gemengten Boden zweckmäßig
zur Ausfüllung der Rillen anwenden, und das Deckmaterial ebenfalls
entsprechend andrücken.

Vor zu tiefen Saatrillen und damit zusammenhängender zu
starker Deckung haben wir schon oben gewarnt; je lockerer das Deck=
material, um so stärker darf aber erklärlicher Weise die Decke sein.

Herbstsaaten empfiehlt E. Heyer etwas stärker zu decken[2], da durch

---

[1] Allg. F.= u. J.=Z. 1894. S. 194.
[2] Allg. F.= u. J.=Z. 1866. S. 210.

bie vielen Niederschläge im Winter und Frühjahr ein Abspülen von Deckmaterial doch stets erfolgen werde.

Das weitere Decken der Saatbeete mit Laub, Reisig u. dgl. gehört in das Gebiet des Schutzes der Saatbeete gegen Trockniß, Abschwemmen u. s. f. und wird dem entsprechend im nächsten Kapitel besprochen werden.

<hr>

2. Kapitel.

Schutz und Pflege der Saatbeete.

§ 57.

Allgemeine Erörterungen.

Von dem Augenblicke an, wo wir den Samen in die Erde legen, bis zu seinem nach kürzerer oder längerer Zeit erfolgenden Aufgehen drohen demselben mancherlei Gefahren, so das Aufzehren durch Mäuse und Vögel, das Vertrocknen nach vorher erfolgtem Quellen, das Verschwemmen durch Regengüsse. Neue Gefahren beginnen mit dem Erscheinen des jungen Pflänzchens: Spätfröste tödten die Keimlinge, beschädigen die älteren Pflanzen, Trockniß läßt sie zu Grunde gehen, Insekten verzehren Wurzeln und Blätter, Vögel gefährden die noch in der Samenhülle steckenden Kotyledonen der Nadelhölzer, größere Thiere verbeißen die Pflanzen. Der Barfrost hebt uns jüngere und ältere Pflanzen aus dem Boden, das wuchernde Unkraut beeinträchtigt deren freudiges Gedeihen — und möglichster Schutz gegen alle diese Gefährdungen ist daher eine weitere Aufgabe des Pflanzenzüchters.

Aber nicht bloß Schutz bedürfen unsere Pflanzen — sie wollen zu raschem und freudigem Gedeihen auch eine sachgemäße Pflege, bald in höherem, bald in geringerem Grad je nach Holzart und Standort. Schon die rechtzeitige Entfernung des Unkrautes gehört einigermaßen mit in das Kapitel der Pflege, wie denn Schutz und Pflege nicht selten in einander greifen, so z. B. auch bei dem Anhäufeln, dem Begießen oder Bewässern; es gehören ferner zur Pflege die Lockerung des Bodens zwischen den Pflanzenreihen, das Durchrupfen zu dichter Wüchse, die Nachdüngung jener Beete, die durch ihren kümmernden Wuchs Nahrungsmangel verrathen, das Beschneiden der Aeste.

In den folgenden Abschnitten werden wir nun besprechen, in welcher Weise der nöthige Schutz, die wünschenswerthe Pflege den

Saatbeeten am zweckmäßigsten gegeben werden. Vieles davon gilt erklärlicher Weise auch für die mit verschulten Pflanzen besetzten Pflanz=beete; wir werden uns dort um so kürzer fassen, uns vielfach auf das hier Gesagte beziehen können.

§ 58.

Schutz des Samens gegen Trockniß.

Starkes Austrocknen des Bodens als Folge anhaltender Luft=wärme und austrocknender Ostwinde in Verbindung mit längere Zeit ausbleibenden atmosphärischen Niederschlägen wird unsern Saaten ge=fährlich von dem Moment an, in welchem der Samen durch Wasser=aufnahme zu laufen, anzuschwellen beginnt, bei künstlich gequelltem Samen daher vom Moment der Aussaat an, außerdem nach mehr=tägigem Liegen des Samens im feuchten und durch die höhere Luft=wärme des Frühjahrs gleichfalls erwärmten Boden. Bodenfeuchtigkeit und Bodenwärme bedingen das raschere oder langsamere Laufen des Samens. Ist dieses aber einmal erfolgt, so kann anhaltende Trockniß das völlige Verderben des Samens nach sich ziehen, indem derselbe das zur Fortsetzung des Keimprozesses nöthige Wasser sich von dem ausgetrockneten Boden nicht mehr zu verschaffen vermag; die etwa schon durchgebrochene Keimspitze, das zuerst erscheinende Würzelchen vertrocknen.

Nicht alle Samen sind der Gefahr, durch Trockniß zu Grunde zu gehen, in gleichem Maße ausgesetzt; je kleiner der Samen, je schwächer sonach die Bedeckung, je geringer die natürliche, dem Samen inne=wohnende Feuchtigkeit, um so größer ist die Gefährdung. Die tief=liegende saftige Eichel hat unter der Trockniß nahezu gar nicht zu leiden, der kleine Same der Ulme, Erle, Birke dagegen in hohem Grad.

Zunächst beugen wir nun solcher Gefahr vor durch nicht zu späte Saat (siehe § 47); Ende April, Anfang Mai pflegt der Boden noch reichlich Winterfeuchtigkeit auch in seinen oberen Schichten zu haben, atmosphärische Niederschläge treten häufig ein, während in der zweiten Hälfte des Mai anhaltend schönes, trocknes Wetter nicht selten ist. Gequellten Samen säen wir nur bei feuchtem Wetter, in feuchten Boden, eine Vorsicht, die bei ungequelltem Samen nicht nöthig ist.

In Weiterem suchen wir insbesondere bei kleinem und also schwach gedecktem Samen dem Boden seine Feuchtigkeit durch eine Deckung zu erhalten — eine Deckung, die häufig zugleich als Schutz gegen anderweite Gefährdungen, wie Vögel, Regengüsse u. s. w., dient. Als solche Deckungsmittel, die sofort nach beendigter Saat aufgelegt, nach erfolgter Keimung aber meist theilweise oder ganz entfernt werden, dienen Moos, Nadelholzäste, Besenpfriemen und Heide, Gras, Stroh, endlich Schutzgitter verschiedener Konstruktion.

Was nun den Werth dieser Schutzmittel anbelangt, so hätten wir zunächst gegen das insbesondere auch von E. Heyer empfohlene[1] Moos mancherlei Bedenken, obwohl dasselbe den Zweck der Feuchterhaltung des Bodens gut zu erfüllen vermag. Das Decken ist nicht gerade billig, schwächere Niederschläge gelangen durch dasselbe gar nicht an den Boden, beim Trockenwerden wird das Moos oft stark verweht, muß durch aufgelegte Stangen oder Aeste festgehalten werden, und endlich ist der richtige Zeitpunkt des Wegnehmens bei dem doch meist etwas ungleich laufenden Samen schwer zu errathen: nimmt man dasselbe zu bald weg, so gehen die obenauf liegenden, eben keimenden Samen bei trocknem Wetter zu Grunde; entfernt man das Moos zu spät, so wachsen die Keimlinge spindelig in dasselbe hinein, und insbesondere die Köpfchen der Nadelholzsamen werden abgerissen. Schaal[2] konstatirte auch, daß sich Laufkäfer in großer Menge unter dem Moos gesammelt und (insbesondere Harpalus tardus) die Samen verzehrt haben[3].

Der eben genannte, als erfahrener Forstwirth bekannte Fachgenosse empfiehlt als vorzügliches Deckungsmittel Stroh[2], von welchem er etwa vier Bund pro Ar verwendet, und das, zum Schutz gegen Wind mit leichten Stangen beschwert, nach der Keimung fast unversehrt ab=genommen wird, also auch ein billiges Deckungsmaterial ist. Ihm reiht er Tannen= und Föhrenreisig, dann die Forstunkräuter an und bezeichnet als die schlechteste Deckung mit vollem Recht jene mit Fichten=ästen, welche schon nach wenig warmen Tagen die Nadeln fallen lassen, keinen Schutz mehr gewähren, später aber durch starke Erhitzung dieser abgefallenen rothen Nadeln geradezu nachtheilig werden (Brennen). Besenpfrieme und Heide werden wohl stets mehr aushülfsweise zur Verwendung kommen, Tannen= und Föhrenreisig daher das gebräuchlichste Material sein, und da die Tanne an vielen Orten, die Föhre aber bekanntlich fast nirgends ganz fehlt, so kann man das

---

[1] Allg. F.= u. J.=Z. 1866. S. 211.

[2] Allg. F.= u. J.=Z. 1866. S. 210.

[3] Wesentlich anders liegt die Sache, wenn Moos zur Deckung des Bodens zwischen Pflanzen — im Gegensatz zu erst aufkeimenden Saaten — verwendet wird. Nach Cieslar's Versuchen (Centralbl. f. d. g. F.=W. 1893. S. 24) zeigt hier eine Moosdeckung vorzüglichen Erfolg, während die oben angeführten Bedenken zum größten Theil wegfallen.

allerdings etwas sperrige und daher minder gut deckende, aber die Nadeln lange haltende und zum nachherigen Bestecken der Beete gut verwendbare Föhrenreisig wohl als das gebräuchlichste Material bezeichnen.

Ueber die Verwendung abgesichelten grünen Grases, welches E. Heyer empfiehlt[1]), stehen uns keine Erfahrungen zur Seite; zur Saatzeit im April und Anfang Mai dürfte dasselbe in genügender Menge oft schwer aufzutreiben sein.

Bei allen diesen in mäßig dicker Lage anzuwendenden Deckungsmitteln, deren Auflegen sich sofort an die Saat anzuschließen pflegt, hat man den richtigen Zeitpunkt für das Wegnehmen derselben im Auge zu behalten. Bei zu langem Liegenlassen wachsen die Keimlinge lang und spindelig in die Decke hinein, leiden bei deren Abnehmen Schaden oder fallen bei trockenem Wetter um; man nehme die Deckmittel daher rechtzeitig ab und schütze die zarten Keimpflänzchen durch Aufstecken des Reisigs (s. § 59) oder durch auf Stangen übergelegte Aeste.

An Stelle der oben genannten Deckungsmittel sind in neuerer Zeit vielfach Schutzgitter, Saatgitter einfachster oder soliderer Art getreten.

Solche Schutzgitter werden nun am billigsten in der Weise angefertigt[2]), daß man zwei genügend starke, gleichlange Lattenstücke oder Stängchen durch Querhölzer (als welche einfache Bohnenstecken genügen), deren Länge gleich der Beetbreite ist und also in der Regel 1,2 m beträgt, mittelst Nägeln genügend fest verbindet. Diese Querhölzer sind etwa 30 cm von einander entfernt; ihre Zahl richtet sich nach der Länge des Schutzgitters und diese wieder nach der Länge der Beete einerseits und der nöthigen leichten Transportfähigkeit der Gitter anderseits; im hiesigen Forstgarten beträgt deren Länge 5 m; für längere Beete nimmt man Gitter von halber Beetlänge. Dieses Gitter wird nun mit Material verschiedener Art, als Kiefernreisig, Besenpfriemen, Saalweiden- oder Birkenreisig u. dgl., hinreichend dicht durchzogen; Alers gibt die Herstellungskosten eines solchen Gitters von 1,80 Quadratmeter Deckfläche auf 75 Pfennige an.

Die zuerst von dem fürstlich fürstenbergischen Revierförster Ganter[3])

---

1) Allg. F.- u. J.-Z. 1866. S. 211.
2) Centralbl. f. d. F.-W. 1880. S. 159.
3) Forstw. Centralbl. 1872. S. 321.

angewendeten, neuerdings von Schmitt[1]) empfohlenen Saatgitter (Fig. 31) bestehen aus einem 15 cm hohen und 1,25 m langen Rahmen aus hinreichend starken, ordinären Brettern, über welchen querüber 1—1,2 m (je nach der Beetbreite) lange und 2 cm starke Lättchen in Zwischenräumen von je 2 cm aufgenagelt werden. Nur jene Gitter, welche an die Enden der Beete kommen, haben auch auf einer Breit=seite ein Rahmenbrett. Die Kosten eines solchen Gitters gibt Schmitt für Material und Arbeitslohn auf 3 Mark an; jene im hiesigen Forst=garten kamen auf 70 Pfennige pro Quadratmeter, wovon 52 Pfennige auf das Material und 18 Pfennige auf den Arbeitslohn treffen[2]).

Lorey[3]) erwähnt Deckmatten aus Kokosbaft, die auf leichte Stangenrahmen gespannt werden, sehr dauerhaft, aber auch ziemlich theuer sind, da eine Matte, 2 m lang und 1 m breit, je nach Maschen=

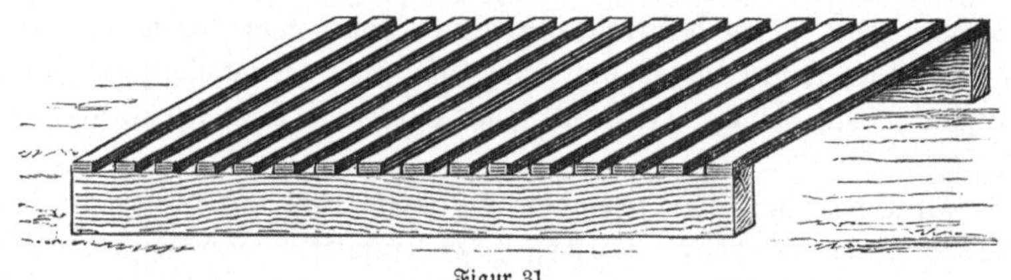

Figur 31.

weite 1,20—1,40 Mark kostet; dazu würden noch die Kosten des Rahmens kommen.

Diese Schutzgitter werden nun ersteres auf kurzeln Gabeln in geringer Höhe über die Beete gelegt, das Ganter'sche Saatgitter mit seinem Rahmen auf dieselben gestellt, und beide haben unleugbare Vorzüge gegenüber den erstgenannten Deckungsmitteln, indem sie den Schutz gegen Hitze wie alle sonstigen Gefährdungen des keimenden Samens in vollständiger Weise geben, ohne die oben berührten Ge=fahren des zu frühen oder zu späten Wegnehmens befürchten zu lassen, und zugleich, wie wir in den nächsten Paragraphen hören werden, zum Schutz der jungen und älteren Pflanzen gegen mancherlei schädliche Einwirkungen benutzt werden können. — Schaal hat allerdings bei einem Versuch mit Schmitt'schen Saatgittern sehr schlechte Erfolge erzielt[4]); der Samen zeigte sich breiig erweicht und theilweise ver=

---

[1]) Fichtenpflanzschulen. S. 57.

[2]) Die Holzwaarenfabrik von Hesse u. Comp. zu Walsrode (bei Bremen) stellt Schutzgitter in jeder erwünschten Größe zum Preis von 95 Pfennigen pro Quadrat=meter her.

[3]) Allg. F.= u. J.=Z. 1894. S. 195.

[4]) Allg. F.= u. J.=Z. 1880. S. 437.

schimmelt, doch dürften hier ganz besondere, mißliche Umstände ob=
gewaltet haben, da die Erfolge Schmitt's bei langjähriger An=
wendung stets günstig waren. Auch wir wenden die beiden Arten
von Schutzgittern seit Jahren mit bestem Erfolge an. Auch Bühler's[1]
Versuche über die Wirkung von Saatgittern haben gute Resultate er=
geben, insbesondere eine sehr wesentliche Herabsetzung der Verdunstung
unter denselben (je nach Stärke der Deckung bis auf 62 %) und da=
durch Erhaltung der Feuchtigkeit des Bodens. —

Die erstmalige Beschaffung der Ganter'schen Gitter verursacht
zwar nicht unbedeutende Kosten, doch ist ihre Dauer bei guter Auf=
bewahrung während des Winters eine ziemlich lange; man wird sie
namentlich bei ständigen Pflanzgärten, wo für solche Aufbewahrung
in einfachen Schuppen Sorge getragen werden kann, in Anwendung
bringen, während für kleinere Saatkämpe das Decken mit Reisig oder
mit den ersterwähnten sehr billigen Schutzgittern wohl in Anwendung
bleiben wird.

Schwerere und in Folge dessen stärker mit Erde gedeckte Samen
(Eicheln, Kastanien) bedürfen einer weiteren schützenden Decke gegen
Trockniß nicht. —

In dem Decken der Beete, in der Abhaltung der Sonne und des
austrocknenden Windes liegt ein Mittel zur Erhaltung der Feuchtig=
keit; in dem Begießen haben wir ein solches zur Beschaffung
derselben.

Das Begießen nun ist unbedingt nöthig, wenn nach be=
reits begonnenem Keimprozeß, nach der Aussaat gequellten Samens
dieser letztere bei eintretender längerer Trockniß nicht zu Grunde gehen
soll, und ist von besonderer Wichtigkeit für einige durch Trockniß be=
besonders gefährdete Samen — Erlen, Ulmen, Weymouthskiefern.
Außerdem vermeidet man die immerhin kostspielige Maßregel des
Gießens so lange wie möglich[2]; hat man aber einmal damit begonnen,
so muß es auch fortgesetzt werden bis zu eintretendem Regenwetter.
Unter allen Umständen aber setzt das Begießen das Vorhandensein
des nöthigen Wassers im Pflanzgarten oder doch in dessen nächster
Nähe voraus, da sonst die Kosten zu bedeutend sind.

Aehnlich dem Verfahren der Gärtner gießt man am liebsten Abends,
um die alsbaldige Verdunstung des Wassers durch Sonnenschein zu
vermeiden, und verwendet gerne gestandenes und dadurch erwärmtes

---

[1] Bühler, Mitth. Bd. III. S. 194.
[2] Forstw. Centralbl. 1863. S. 452.

Wasser. Vonhausen's in beiden Richtungen angestellte Versuche[1] haben ein abschließendes Resultat noch nicht ergeben, scheinen aber auffallender Weise den bisherigen, eben erwähnten Annahmen zu widersprechen.

Das Gießen erfolgt mit der Gießkanne, und führt man, um das Festschlagen und Abschwemmen des Bodens zu vermeiden, die Brause dicht über dem Boden hin. Die Bildung einer lästigen Kruste auf letzterem ist bei thonigem Boden in solchem Falle nicht wohl zu vermeiden, um so nöthiger daher auf derartigem Boden Vorsicht bei Wahl des zum Decken des Samens benutzten Materials.

Die Möglichkeit, zum Zweck des Gießens die schützenden Saatgitter leicht wegnehmen und wieder auflegen zu können, ist jedenfalls auch ein Vorzug derselben gegenüber den andern Deckungsmitteln; auf letzteren bleibt beim Gießen ein Theil des Wassers hängen und verdunstet nutzlos; sie aber jedesmal wegzunehmen und wieder aufzulegen, ist nicht wohl möglich.

§ 59.

Schutz der Pflanzen gegen Trockniß.

Nicht bloß der keimende Samen, sondern auch die frisch aufgegangenen, noch krautartigen Pflänzchen können durch trocknes, heißes Wetter getödtet[2], stärkere wenigstens in kümmernden Zustand gebracht werden. Die trockne, heiße Erde entzieht den Keimlingen und Pflänzchen nach Möller[3] die Feuchtigkeit sogar direkt, bietet ihnen unter allen Umständen keinen Ersatz für das durch Verdunstung verlorene Wasser, — so müssen sie kümmern und schließlich vertrocknen, je zarter und flachwurzelnder, desto rascher. Wir haben die frisch aufgegangenen Fichten in Masse absterben sehen, wo die Föhren und Schwarzkiefern nebenan freudig fortwuchsen! Auch auf die schwachen Pflanzen, namentlich in ihrem ersten Lebensjahr, werden sich unsere Schutzvorrichtungen daher vielfach zu erstrecken haben.

Zunächst schützen wir nun die frisch aufgegangenen Pflänzchen wieder durch eine Sonne und Wind abhaltende Vorrichtung, in vielen Fällen dadurch, daß wir das bisher zur Deckung benutzte Reisig nach erfolgtem Aufkeimen des Samens nun zu beiden Seiten des Beetes

---

[1] Centralbl. f. d. F.-W. 1877. S. 21.
[2] Zeitschr. f. F.- u. J.-W. I. S. 69.
[3] Allg. F.- u. J.-Z. 1878. S. 416.

mit nach der Mitte geneigter Spitze, eventuell hier gehalten durch eine über die Beetmitte auf Gabeln gelegte Stange, fest in den Boden stecken. Reisig, welches die Nadeln möglichst lange behält, also auch hier wieder das Föhrenreisig, ist deshalb als Deckmaterial zu empfehlen. Dieses Schutzreisig, anfänglich dichter gesteckt, wird all= mählich und nach hinreichender Erstarkung der Pflänzchen, am besten bei Regenwetter oder doch bei gedecktem Himmel, ganz abgenommen.

Statt des oft etwas mißlichen Einsteckens der Aeste benutzt man auch leichte Stangengerüste auf Gabeln, über welche man dann die Aeste legt und dieselben etwa durch eine aufgelegte Stange gegen das Herunterwehen schützt.

An Stelle dieser beiden Arten der Deckung wendet man auch für die jungen Pflanzen Schutzgitter an, und zwar entweder die oben beschriebenen einfachen Gitter, aus einem mit Reisig durchflochtenen Stangengerüst bestehend, oder eigens konstruirte Pflanzgitter.

Jene einfachen, bisher nur 15—20 cm über dem Saatbeet liegen= den Schutzgitter werden mit Hülfe längerer Gabeln ganz allmählich höher gestellt, bei eintretendem, nicht zu starkem Regen wohl auch ganz abgenommen, um den Pflanzen denselben möglichst zukommen zu lassen, bei Sonnenschein aber wieder aufgebracht. Hat man das Saatbeet un= mittelbar am Hause (bei Försterswohnungen), so deckt man überhaupt Abends gerne auf, um atmosphärische Niederschläge jeder Art, Thau oder leichten Regen, den Pflanzen thunlichst zuzuführen. — Zu tiefes Hängen dieser Schutzgitter wird durch zu starke Entziehung von Licht (vielleicht auch von Luft?) nachtheilig, und man erhöht den Zwischen= raum zwischen Boden und Decke allmählich auf 60—70 cm, bis schließlich die Deckung von den hinreichend erstarkten Pflänzchen ganz abgenommen wird.

Die von Oberförster Schmitt empfohlenen Pflanzgitter[1] be= stehen aus zwei Latten oder Stangen, an welchen schwache Lättchen oder Bohnenstecken von 1—1,2 m Länge (Beetbreite) in etwa 3 cm breiten Zwischenräumen querüber aufgenagelt sind. Diese Gitter werden an mit Haken versehenen Pfosten über dem Saatbeet in ent= sprechender, allmählich sich steigernder Höhe eingehängt. Die An= fertigungskosten eines solchen 1,25 m langen Gitters werden zu 1 Mark pro Stück angegeben.

Zur Abhaltung der Sonne und mehr noch der austrocknenden Winde hat Forstmeister Bando Schutzschirme in Anwendung ge=

---

[1] Fichtenpflanzschulen. S. 57.

bracht[1]), die sich im Choriner Forstgarten sehr gut bewährt haben. Er unterscheidet dabei Frontschirme, von Ost nach West laufend und daher gegen die Mittagssonne schützend, und Seitenschirme, von Süd nach Nord gerichtet und daher als Schutz gegen die austrocknenden Ostwinde dienend. — Die Frontschirme, in parallelen, etwa 3—4 m entfernten Reihen verlaufend, werden dadurch hergestellt, daß reichlich 2 m lange, entsprechend starke Baumpfähle in Entfernungen von je 2 m etwa 50 cm tief in den Boden gesetzt, deren Köpfe durch Stangen (Hopfenstangen) verbunden und dann auf beiden Seiten in Entfernungen von je 30 cm mit Bohnenstecken benagelt werden, so daß zwischen letztere, die also um die Stärke der senkrechten Säulen aus einander stehen, das Schutzreisig — Wachholder, Besenpfriemen, Nadelholzreisig — eingeschoben werden kann. Hinter jedem solchen Schirm befinden sich, parallel mit demselben verlaufend, zwei Saatbeete, wobei man eventuell empfindlichere Holzarten in das dem Schirm zunächst liegende geschützte Beet bringt.

In ähnlicher Weise angefertigte, jedoch 25—30 m von einander entfernte Seitenschirme, rechtwinklig zu den Frontschirmen stehend und mit diesen durch übergenagelte Stangen behufs größerer Festigkeit verbunden, sollen den entsprechenden Schutz gegen austrocknende Winde bieten.

Diese immerhin etwas umständliche und kostspielige Einrichtung (die Kosten für die etwa fünf Jahre aushaltenden Zäune werden für einen 15 Ar großen Saatkamp auf 100 Mark angegeben) dürfte sich dort als nothwendig und zweckentsprechend erweisen, wo man es mit leichtem, zum Austrocknen und selbst Verwehen geneigtem Sandboden zu thun hat, — bei geschützt liegenden Pflanzgärten aber selbst da entbehrlich sein.

Zum Schutz des Bodens gegen das Austrocknen erweist sich ferner als sehr vortheilhaft das Belegen der Räume zwischen den Saatrillen mit einer todten Bodendecke: Laub, Moos, Gerberlohe, Sägespänen, auch mit gespaltenem geringwerthigen Prügelholz, Lattenstücken, ja selbst mit etwa vorhandenen breiteren Steinen. Solche todte Decke erweist sich nicht nur bezüglich der Verhinderung des Austrocknens günstig, hält den Boden feuchter und kühler, sondern sie wirkt auch sehr vortheilhaft auf den Lockerheitsgrad des Bodens ein, hindert das Festschlagen des Bodens durch Regen, erhält die krümelige Struktur der oberen Bodenschichte, erhöht nach

---

[1]) Zeitschr. f. F.- u. J.-W. I. S. 69.

Ebermayer's Untersuchungen den Kohlensäuregehalt der Grundluft, hält den Unkrautwuchs auf mechanischem Weg mehr oder weniger zurück[1]. Es kann durch eine solche todte Bodendecke, welche außerdem auch noch im Frühjahr Schutz gegen das Ausfrieren junger Pflanzen bietet, die Lockerung des Bodens während des Jahres erspart werden; doch darf dieselbe nicht zu stark sein, da sonst von schwächeren Regen nur wenig an den Boden kommt, in der Moos= oder Laubschichte hängen bleibt. Nothwendig ist auch, daß die gedeckten Beete einigermaßen geschützt gegen Wind liegen, der Moos oder Laub im trocknen Zustand verwehen würde.

Auch das Anhäufeln der Pflanzenreihen, wobei zwischen den= selben ein seichtes Gräbchen entsteht, wirkt günstig, indem das in letzterem sich sammelnde Regenwasser leichter und tiefer in den Boden bringt, in den angehäufelten Pflanzenreihen aber die Erde langsamer austrocknet. Bezüglich des günstigen Einflusses, den das Lockern des Bodens zur Verhütung des Austrocknens ausübt s. § 70.

Das Begießen wird nach erfolgtem Aufgehen der Pflänzchen wohl noch seltener angewendet, als während der Keimungsperiode; da= gegen empfehlen Karl Heyer[2] und Vonhausen[3] in hohem Grad die Bewässerung der Pflanzgärten mit Hülfe in der Nähe befindlichen fließenden Wassers oder selbst eines kleinen Sammelteiches.

K. Heyer will die zwischen den Beeten befindlichen Pfade als Hülfsmittel benutzen; in diese horizontal gelegten Pfade soll das Wasser eingeleitet und so weit aufgestaut werden, daß es die Beete nicht überfluthet, sondern nur von unten und von der Seite her eindringt, auf welche Weise eine Krustenbildung auf der Oberfläche verhindert wird. Auch schädliche Thiere, wie Mäuse, Maulwürfe und Werren, wird man gleichzeitig vertreiben.

Vonhausen empfiehlt eine Modifikation dieses Verfahrens, in= dem er nicht die Beetpfade, sondern ein eigentliches Grabensystem, bestehend aus Zuleitungsgräben und Staugräben, angewendet wissen will. Die Tiefe dieser horizontal gelegenen Staugräben und deren Entfernung stehen in Verhältniß, — je größer die Tiefe, um so größer kann auch die Entfernung sein; auch die Bindigkeit des Bodens ist von Einfluß, und lockerer Boden gestattet größeren Abstand der Gräben. Auch er will die Gräben nur bis auf etwa 3 cm unter ihren Rand

---

[1] Vergl. Dr. Cieslar's Mitth. im Centralbl. f. d. F.=W. 1893. S. 24.
[2] Waldbau. 1. Aufl. S. 155.
[3] Centralbl. f. d. F.=W. 1877. S. 17.

angestaut und jedes Ueberfluthen der Beete vermieden haben. Von=
hausen hebt als Vortheil neben den schon erwähnten Vortheilen der
Bewässerung noch den dadurch vermehrten Luft= und Temperatur=
wechsel innerhalb des Wurzelbodenraums hervor als einen ebenfalls
beachtenswerthen Faktor für das Gedeihen der Pflanzen. Uebrigens
erklärt Vonhausen auch die einfache Ueberrieselung der Pflanzenbeete
durch zugeleitetes Wasser für zulässig und vortheilhaft, und wird
diese letztere mit Hülfe hölzerner Rinnen und einer Pumpe bisweilen
angewendet.

Obwohl die Vortheile einer zweckmäßigen Bewässerung einleuchtend
sind, findet man dieselbe doch selten angewendet. Der Grund mag vor
Allem darin liegen, daß Forstgärten seltener fließendes Wasser in
so unmittelbarer Nähe haben, daß dasselbe zur Bewässerung zu be=
nutzen ist; — man vermeidet Mulden, Einbeugungen, Thalsohlen,
Niederungen um der Frostgefahr, des mit dem dort feuchteren Boden
zusammenhängenden Graswuchses willen, und damit verzichtet man
eben meist auch auf die Möglichkeit einer Bewässerung. Auch der
Kostenpunkt (Sammelteiche!) mag eine Rolle spielen [1]).

Das Hauptmittel gegen Trockniß liegt aber jedenfalls in der
günstig gewählten Lage des Pflanzgartens an nördlichem oder
nordöstlichem Gehänge, in dem Schutz durch die Umgebung: ältere,
Schatten spendende Bestände an der Süd= und Westseite, jüngere Be=
stände als Schutz gegen austrocknende Winde an der Ost= und Nord=
ostseite. Rings von Wald, von älteren Beständen umgebene Pflanz=
gärten werden stets weniger durch Trockniß zu leiden haben als solche,
denen dieser natürliche Schutz fehlt, und die Saatkämpe eines und
desselben Reviers zeigen in trocknen Sommern je nach ihrer Lage oft
die wesentlichsten Verschiedenheiten im Aufgehen der Samen, in Ent=
wickelung der Pflanzen.

§ 60.

Schutz der Saatbeete gegen Frost im Allgemeinen.

Mancherlei Beschädigungen sind es, die der Frost in verschiedenster
Gestalt unseren Saatbeeten zufügt: als gefährlicher Spätfrost tödtet
er im Frühjahr die Keimlinge empfindlicher Holzarten und selbst schon
jährige Pflanzen, versengt die jungen Triebe und bringt die Pflanzen

---

[1]) Gustav Heyer (Waldbau. 3. Aufl. S. 193) macht übrigens selbst auf diese
Schwierigkeiten, die der Bewässerung entgegen stehen, aufmerksam und wirft die
Frage auf, ob dieselbe allen Holzarten zuträglich sei.

dadurch im Wachsthum, in der normalen Entwickelung zurück, so daß sie zur gewünschten Zeit noch nicht verwendungsfähig sind; wiederholte Spätfrostbeschädigung hat selbst vollständige Verkrüppelung und Un= brauchbarkeit der Pflanzen zur Folge. Minder häufig und minder gefährlich überhaupt sind die im Herbste auftretenden Frühfröste, durch welche meist nur die noch unverholzten Triebspitzen getödtet werden; die Schütte der Föhre schreibt man bekanntlich auch von manchen Seiten auf deren Konto. — Am wenigsten ist für unsere einheimischen Holzarten der Winterfrost zu fürchten, durch welchen nur bei intensiverem Auftreten die sogenannten Johannistriebe mancher Holzarten getödtet werden, während die meisten Pflanzen unversehrt bleiben[1]). In dem abnorm strengen Winter 1879/80 erfroren aller= dings, abgesehen von fremden Holzarten, namentlich die bei uns als heimisch zu betrachtenden Akazien und Edelkastanien sehr vielfach, ja selbst Fichten und Tannen litten, namentlich in Folge des raschen Temperaturwechsels in den sehr kalten Nächten und durch Sonnenschein warmen Tagen, in manchen Oertlichkeiten[2]).

Sehr nachtheilig endlich tritt vielerorts, in Freisaaten wie in unseren Forstgärten, der sogenannte Barfrost, das Auffrieren des Bodens auf, jene Wirkung des Frostes, durch welche im Winter und Frühjahr das im Boden reichlich vorhandene Wasser gefriert, bei der Eisbildung den Boden und mit ihm die schwachen Pflanzen hebt; bei eintretendem Aufthauen des Bodens und Zurücksinken desselben bleiben dann die Pflanzen mit entblößten Wurzeln obenauf liegen.

Die folgenden Paragraphen sollen uns nun jene Mittel kennen lernen, welche uns gegen die schädlichen Einwirkungen dieser ver= schiedenen Arten von Frost zu Gebote stehen.

§ 61.

Schutz gegen Spät=, Früh= und Winterfrost.

Die gefährlichsten Feinde unserer Saatbeete sind die Spülfröste, um so gefährlicher, je später sie eintreten, je weiter also die Vegetation schon entwickelt ist; Spätfröste, welche in der zweiten Hälfte Mai ein= treten, was leider nicht selten, richten wie allenthalben in der Vegetation,

---

1) Forstw. Centralbl. 1880. S. 476.
2) Der von Borggreve (Allg. F.= u. J.=Z. 1880. S. 409) mitgetheilte Fall der Wurzelbeschädigung junger (2j.) Eichen durch strengen Winterfrost dürfte zu den Ausnahmen gehören.

so auch unter unseren Holzpflanzen große Verheerungen an, und Schutz gegen diesen oft eintretenden Feind ist daher wenigstens für empfindlichere Holzarten nicht zu entbehren, während die wenig empfindlichen solchen missen können oder nur für die empfindlicheren Keimpflanzen bedürfen. Während Eiche, Buche, Tanne, Edelkastanie, Akazie, Esche, auch Fichte, gegen Spätfröste sehr empfindlich sind, ist dies bei anderen Holzarten nur in geringerem Maß der Fall, so bei Ahorn, Ulme, Linde, und wieder andere — Föhre, Schwarz- und Weymouthskiefer, Hainbuche, Erle, Birke — leiden gar nicht oder doch nur in unbedeutender Weise durch dieselben. Auch die Zeit des Ausschlagens spielt bezüglich der Größe der Gefahr eine nicht unwesentliche Rolle: während die so empfindliche Eiche und Akazie durch ihren späteren Laubausbruch manchem Spätfrost entgehen, wird die sonst minder empfindliche Lärche in Folge ihres sehr frühen Ergrünens nicht selten von demselben beschädigt. Dabei wirkt nach Nördlinger's Angabe[1]) nicht jede Erniedrigung der Temperatur unter den Gefrierpunkt sofort schädlich, vielmehr ertragen viele sonst empfindliche Holzarten eine Temperatur von 2 bis 3 Grad trocknen Frostes ohne Nachtheil, während die gleiche Temperatur in Verbindung mit Reif und insbesondere auch unter alsbaldiger Einwirkung der Sonne schädlich wird.

Als Schutz gegen Spätfrost wird nun angewendet: spätere Saat, um das zu frühe Erscheinen der Keimlinge zu verhindern, Wahl der Frühjahrssaat an Stelle der erfahrungsgemäß stets früher aufgehenden Herbstsaat; dichtes Bedecken der im Herbst angesäten Beete (Eicheln, Bucheln, Tannen) mit Reisig oder Laub nach eingetretenem starken Winterfrost, um durch diese Decke das Eindringen der die Keimung bedingenden Frühjahrswärme möglichst lange zurück zu halten. Dieses Decken der Beete wird auch für die ein- und zweijährigen Pflanzen als Schutz gegen Spätfrost und zum Zurückhalten der Vegetation empfohlen und sollen die verwendeten Nadelholzäste, Besenpfriemen u. dgl. zugleich Schutz gegen das Abäsen für uneingefriedigte Kämpe bieten[2]). Nach den von Bühler angestellten desfallsigen Versuchen mit Fichten hält eine Deckung der Pflanzen deren Entwickelung jedoch nur in geringem Maß zurück. (Vergl. § 8).

Auch das Ueberhalten von Schutzbäumen auf der Saatbeetfläche selbst hat man namentlich für Buchen und Tannen empfohlen, doch wird man dasselbe mit Rücksicht auf die damit verbundenen

---

[1]) Lehrbuch des Forstschutzes S. 340.
[2]) Forstl. Mitth. XI. S. 129.

Mißstände (vergl. § 12) nur noch ausnahmsweise in Anwendung bringen. Ebenso ist das stärkere Bedecken des Samens, um dadurch das Aufgehen desselben zu verzögern, ein etwas bedenkliches Mittel — man kann leicht des Guten zu viel thun[1]!

Zweckmäßiger aber als die bisher genannten Mittel sind direkte Schutzvorrichtungen[2], die Beschützung der jungen Pflänzchen durch Schutzgitter, durch Bestecken der Beete mit Reisig, kurz alle jene Vorrichtungen, die wir oben als Schutz gegen Trockniß kennen gelernt haben. Dicht eingeflochtene Schutzgitter einfacher Art oder die Schmitt'schen Saat= und Pflanzgitter werden sich noch von besserer Wirkung erweisen, die Fröste noch vollständiger abhalten, als das Bestecken mit Reisig. Häufig wird man diese Gitter, die etwa Tags über abgenommen oder mit Hülfe von Gabeln nach einer Seite (der Sonnenseite) aufgestellt waren, erst Abends bei hellem Himmel und drohender Frostgefahr wieder über die Beete decken.

Selbst die Bildung einer Rauchdecke, in neuerer Zeit bekanntlich vielfach zum Schutz der Weinberge angewendet, hat in Forstgärten schon Anwendung gefunden[3], indem um dieselben angehäuftes Reisig in der Nacht bei eingetretenem Sinken des Thermometers unter den Gefrierpunkt angezündet wurde. Für andere Gärten wurde diese Bildung künstlicher Wolken in der Weise bewerkstelligt, daß man blecherne Schüsseln mit schwerem Theeröl gefüllt aufstellte und im gegebenen Augenblick mit Hülfe einer Hand voll Stroh oder Hobelspäne entzündete[4]. Immerhin wird diese Art des Schutzes gegen Spätfrost nur ausnahmsweise in unseren Forstgärten durchführbar sein.

Ist aber Spätfrost mit Reifbildung eingetreten, so erweist sich bisweilen das Begießen der bereiften Pflanzen vor Sonnenaufgang mit kaltem Wasser als ein Rettungsmittel, indem hierdurch der Aufthauungsprozeß — mit welchem erst die schädliche Wirkung des Frostes eintritt — wesentlich verlangsamt und mehr oder weniger unschädlich gemacht wird[5].

Wie gegen Trockniß, so ist aber auch gegen Spätfröste die

---

[1] Burckhardt, Säen u. Pflz. S. 163.

[2] Krit. Blätter. XLIII. 1. S. 165.

[3] Fichtenpflanzschulen. S. 89.

[4] Allg. F.= u. J.=Z. 1874. S. 211.

[5] Heß, Forstschutz. II. S. 274. Nach den Mittheil. der dendrologischen Gesellschaft 1895 hat jede Pflanze einen Gefrier= und einen Erfrierpunkt. Das Gefrieren kann ohne Nachtheil, zumal bei langsamem Aufthauen, vorübergehen, das Erreichen des Erfrierpunktes wird für die Pflanze tödtlich.

zweckmäßig gewählte Lage des Saatbeets eines der wichtigsten Sicherungsmittel: die Vermeidung von Frostlagen, die Wahl nördlich statt südlich oder westlich geneigten Terrains um des späteren Erwachens der Vegetation willen, endlich Seitenschutz gegen rauhe Nord- und Ostwinde.

Viel seltener und weniger schädlich als Spätfröste treten die herbstlichen Frühfröste auf; am ersten bringen sie wohl dann Schaden, wenn durch günstige feuchtwarme Witterung im September und Oktober die Vegetation zu längerer Fortsetzung ihrer Thätigkeit angeregt wird. Durch Frühfrost werden stets nur die jüngsten, noch nicht ausgereiften Theile der Jahrestriebe getödtet. Decken mit Schutzgittern wird auch diesem Schaden vorbeugen, doch selten angewendet werden. Für seltene und werthvolle Laubholzgewächse nennt Nördlinger[1] das Abstreifen des Laubes zeitig im Herbste, wodurch die Vegetation zur Ruhe kommt, als ein Schutzmittel. — Welchen Einfluß die Frühfröste auf die sogenannte Schütte der Föhren haben, ist noch nicht endgültig festgestellt (siehe § 116).

Gegen den Winterfrost endlich, der, wie oben erwähnt, nur ausnahmsweise nachtheilig wird, pflegen wir keine Schutzmittel anzuwenden; das beste Schutzmittel in jeder Richtung ist für die Pflanzen eine Schneedecke, die selbst gegen den strengsten Frost schützt.

§ 62.
Schutz der Pflanzen gegen das Ausfrieren (Barfrost).

Das Auswintern, Ausfrieren der Pflanzen durch den sogenannten Barfrost ist eine Erscheinung, die in Forstgärten wie bei Kulturen im Freien auf unbedecktem — einer Decke barem — Boden nicht selten auftritt, insbesondere auf dem gelockerten Boden unserer Saatbeete oft sehr lästig und schädlich wird. Nicht alle Holzarten leiden in gleichem Maße unter dieser Erscheinung, und die Wurzelbildung ist hiebei von größtem Einfluß: die schon als einjährige Pflanze so tief wurzelnde Eiche, Föhre, Schwarzkiefer leiden nahezu gar nicht, die flach wurzelnde Fichte, die schwache Tanne aber sehr bedeutend, und letztere beiden werden bei wiederholtem Auffrieren des Bodens mit nachfolgendem Aufthauen oft nahezu vollständig aus dem Boden gehoben und gehen bei eintretender Trockniß zu Grunde; andere, minder seicht wurzelnde Holzarten leiden ebenfalls, wenn auch in geringerem Maße.

---

[1] Krit. Blätter. XLIII. 1. S. 174.

Auch Boden und Lage sind von Einfluß auf das Auftreten des Barfrostes. Wasserhaltige und humose Böden, wie Moor- und Humusboden, aber auch gelockerter Kalk- und Thonboden sind dem Auffrieren am meisten ausgesetzt, doch friert bei der überschüssigen Feuchtigkeit im Frühjahr auch der leichtere Lehm- und Sandboden gerne und dann wohl in erhöhtem Maße auf. Ebenso sind Süd- und Westlagen durch das abwechselnde Thauen am Tag und Gefrieren bei Nacht dem Auffrieren sehr ausgesetzt, während Nordseiten weniger leiden[1]), ein weiterer Grund, erstere bei Anlage eines Saatbeetes zu meiden.

Dem Barfrost beugen wir nun vor, indem wir im Herbst, etwa vom August an, die Lockerung des Bodens zwischen den Pflanzenreihen in unseren Forstgärten unterlassen, auch das noch erscheinende Unkraut belassen oder nur oberflächlich abschneiden, nicht ausziehen, um dadurch dem Boden möglichst Halt zu geben. — Etwas breitere und dichter angesäte Rillen sind dem Auffrieren weniger ausgesetzt, weil die gleichsam in einander verflochtene Bewurzelung sich gegenseitig festhält; in solchen dichter angesäten Rillen läge also ein Mittel gegen das Auffrieren, wenn nicht zu dichter Pflanzenstand wieder einen anderen Nachtheil — zu schwache Pflanzen, zu viel Ausschuß — mit sich brächte. Verschulte schwache Pflanzen (Fichten) leiden oft in ziemlich bedeutendem Maß durch Auffrieren, als Folge ihres Einzelstandes.

Vertiefte Steige zwischen den Beeten dienen gleichsam als kleine Entwässerungsgräben für die obere, dem Auffrieren ausgesetzte Bodenschichte, wirken demselben also einigermaßen entgegen.

Von entschiedenem Nutzen ist ferner das rechtzeitige Belegen der Zwischenräume zwischen den Pflanzenreihen mit Moos, Laub, Sägmehl, Kohlenstübbe, fein gehacktem Reisig[2]), bei breiten Zwischenräumen und auf feuchtem Boden wohl auch Deckung mit Plaggen[3]); durch solche Deckungsmittel wird dem Gefrieren des Bodens bei jedem auch nur leichten Frost und, wenn bei stark gefrorenem Boden aufgebracht, dem raschen Aufthauen entgegen gewirkt. Auch das Anhäufeln der Pflanzen im Herbst durch Anziehen der Erde an die Pflanzen von beiden Seiten her erweist sich als nützlich gegen das

---

[1]) Vergl. über Barfrost: Zeitschr. f. F.- u. J.-W. 1881. S. 604. — Heß, Forstschutz. II. S. 250. — Krit. Blätter. XLIII. 1. S. 151. L. 1. S. 146.

[2]) Vergl. auch die Mittheilungen des Kammerrathes Horn im Hils-Solling-Verein. 1882. (Verhandl. S. 55.)

[3]) Burckhardt, Säen u. Pflz. S. 359.

Auffrieren [1]), ebenso nach unseren Versuchen ein Ueberfieben der Beete im Herbst mit klarer Erde, so daß die Pflänzchen halb mit Erde ge= deckt sind.

Ist aber gleichwohl die Erscheinung des Ausfrierens der Pflanzen eingetreten, so müssen dieselben alsbald, und ehe die bloßliegenden Wurzeln austrocknen, wieder entsprechend angedrückt, eventuell die letzteren mit klarer Erde überdeckt werden, damit die Pflanzen wieder so tief stehen, als vorher. Mit geringen Kosten lassen sich hiedurch oft größere Pflanzenmengen retten.

§ 63.
Schutz der Saatbeete gegen Regengüsse.

Auch heftige Regengüsse, Platzregen, werden unseren Saatbeeten nicht selten nachtheilig, waschen von den frisch angesäten Beeten die leichte und lockere Decke, die wir unserm Samen gegeben haben, weg, schwemmen die kleinen Samen heraus und partienweise zusammen und richten namentlich in Forstgärten, welche auf geneigtem Terrain gelegen sind, durch Abschwemmen und Zerreißen der Beete und Wege nicht unbedeutenden Schaden an. Auch das Festschlagen des lockeren bezw. gelockerten Bodens gehört zu den Nachtheilen, welche stärkere Regen in Saat= wie Pflanzbeeten verursachen.

Gegen erstere Nachtheile — das Verschwemmen der Saatbeete — schützen wir dieselben durch Bedecken mit Reisig oder ähnlichem Material (§ 58), besser noch durch die mehrerwähnten Schutzgitter, welche diesen Schutz jedenfalls am vollständigsten geben, insbesondere besser schützen, als das nach erfolgter Keimung aufgesteckte Reisig.

Dem Abschwemmen des Bodens aber und Zerreißen der Beete und Wege in geneigtem Terrain wirken wir entgegen durch das Terrassiren der Fläche (§ 20), durch möglichste Vermeidung von Wegen in der Richtung der Wasserlinie oder, wo dies nicht zu vermeiden ist, durch links und rechts vom Wege angebrachte kleine Versitzgruben in Verbindung mit Querriegeln, welche ersteren das Wasser zuweisen. Größere zusammenhängende Länder, welche bei der Anlage von Saat= beeten überhaupt nur ausnahmsweise und bei einzelnen Holzarten an= gewendet werden (s. § 52), sind hier nicht zulässig, da sie viel mehr unter dem Abschwemmen leiden, als die horizontal gelegten Beete, deren Zwischenwege zugleich als kleine Wasserauffanggräben dienen. — In

---

[1]) Schmitt, Fichtenpflanzschulen. S. 86.

stark geneigtem Terrain, wie es wohl da und dort im Gebirg gewählt werden muß, wirken zwischenliegende unbearbeitete Horizontalstreifen, mit Gras und Unkräutern bewachsen, wie schon erwähnt (s. § 20), dem Abschwemmen ebenfalls entgegen.

Heftige Platzregen hüllen auf gelockertem, lehmigem Boden die Nadelpflänzchen, insbesondere die Fichten, oft weit hinauf durch die aufspringenden und an den nassen Pflänzchen, zwischen den Nadeln hängen bleibenden Erdtheilchen in einen dichten Ueberzug, die sogen. Erdhöschen, ein. Es ist erklärlich, daß diese Einhüllung der Nadeln nachtheilig wirken muß. Belegen der Zwischenräume mit irgend welchem Material, wie es zum Schutz der Saatbeete gegen Trockniß geschieht, wirkt auch diesem Uebelstand und gleichzeitig dem ungünstigen Festschlagen und Verschlämmen des Bodens entgegen. — Wo diese Erdhöschen vorhanden, lassen sie sich übrigens nach einigen trocknen Tagen leicht beseitigen, indem beim Ueberfahren der Pflänzchen mit einem Stock oder Rechen die Erde staubartig wegfällt, so daß in rascher und fast kostenloser Weise geholfen werden kann.

§ 64.

Schutz gegen pflanzliche Parasiten.

Verschiedene Pilze, an Keimlingen wie an älteren Pflanzen auftretend, schädigen unsere Saatbeete nicht selten in bedenklicher Weise. Die durch diese Parasiten veranlaßten Krankheitserscheinungen sind theils ziemlich allgemein bekannt, so z. B. die Schütte der Föhrenpflanzen, theils wenigstens einer kleinen Zahl der Pflanzenzüchter, wie die Schädigungen durch Rosellinia quercina und Phytophthora omnivora, und ihre Besprechung dürfte daher hier wohl am Platze sein[1]).

1. Der Eichenwurzeltödter, Rosellinia quercina, scheint nur die Wurzeln 1—3jähriger Pflanzen zu befallen und macht sich durch Verbleichen und Vertrocknen der befallenen Pflanzen zumal in nassen Jahren bemerklich. An der Hauptwurzel der ausgezogenen er-

---

[1]) Es wäre fraglich, ob diese Pilze nicht besser im speziellen Theil bei jenen Holzarten besprochen würden, die von ihnen heimgesucht sind, wie dies in den früheren Auflagen bezüglich Phytophthora omnivora und Hysterium pinastri geschehen. Da aber insbesondere erstere an den verschiedensten Holzarten auftritt, dürfte die Besprechung im allgemeinen Theil zweckmäßiger sein.

Bei dieser folgen wir den betr. Abschnitten in Hartig's Lehrbuch der Pflanzenkrankheiten, 2. Aufl. 1889.

krankten Pflanze finden sich hie und da schwarze Kugeln von der Größe eines Stecknadelkopfes, sowie äußerlich den Wurzeln anhaftend und diese gleichsam umspinnend zarte, den Zwirnfäden ähnliche Stränge, sog. Rhizoctonien, die das umgebende Erdreich durchdringen und so die unterirdische Verbreitung der Krankheit ermöglichen. Dieselbe verbreitet sich bei feuchtem Wetter in Rillensaaten nach beiden Richtungen, in Vollsaaten nach allen Seiten, so daß nicht selten die Pflanzen auf Plätzen von 1 m Durchmesser vollständig absterben. Trocknes Wetter beschränkt die Verbreitung, die im Herbste an sich ein Ende nimmt.

Isolirgräben, um die erkrankten Stellen in den Saatkämpen gezogen, sind nach Hartig das beste Mittel, der weiteren Verbreitung des nur in nassen Jahren schädlichen Parasiten vorzubeugen.

2. Der Keimlingspilz, Phytophthora omnivora, zuerst an Buchenkeimlingen beobachtet und dem entsprechend Ph. Fagi benannt, wurde später auch an den Keimlingen von Ahorn, Eschen, Akazien, dann an jenen fast aller Nadelhölzer gefunden und deshalb Ph. omnivora benannt.

Die Erkrankung äußert sich an Buchenkeimlingen dadurch, daß dieselben entweder schon während der Keimung im Boden am Würzelchen schwarz werden und absterben oder erst nach Entfaltung der Samenlappen am Stengel ober- und unterhalb der Anheftungsstelle der letzteren eine schwarzgrüne Färbung zeigen; auch die Samenlappen selbst zeigen diese Mißfärbung, namentlich zunächst der Anheftungsstelle, doch tritt dieselbe auch auf deren übriger Fläche oder den ersten Blättchen in Gestalt schwarzgrüner Flecken auf. Die erkrankten Pflanzen gehen zu Grunde. Aehnliche Erscheinungen, insbesondere auch schwarze, von der Basis der Samenlappen abgehende Striche am Stengel, zeigen sich bei Ahorn-, Eschen- und Akazienkeimlingen; in Nadelholz-Rillensaaten geht oft ein großer Theil der Keimlinge schon im Boden oder unmittelbar nach dem Aufkeimen zu Grunde; es verfaulen Wurzeln und Stengel, und die Pflänzchen fallen um oder vertrocknen, ohne daß irgend welche mechanische Verletzung zu erkennen wäre. Ganze Beete anscheinend gut ankeimender Pflanzen werden hiedurch oft stark gelichtet, ja selbst theilweise zerstört. Der ansteckende Charakter der Krankheit zeigt sich in Vollsaaten durch das kreisförmige, in Rillensaaten durch das nach beiden Seiten erfolgende Fortschreiten der Erkrankung.

Das intensivere Auftreten des Pilzes, das bei jeder Buchenmast in stärkerem oder schwächerem Grade beobachtet werden kann, wird insbesondere durch regnerisches Wetter in den Monaten Mai und Juni begünstigt und ist in Saatbeeten von Nadelhölzern jeder Art eine nicht seltene Erscheinung. Als Mittel der Bekämpfung dient vorsichtige Entfernung aller kranken oder getödteten Pflanzen, bei stärkerem Auftreten auch Uebererdung der letzteren, um der Sporenverbreitung vorzubeugen, sodann auch Entfernung aller Beschattungsmittel (Reisig, Gitter), um das Abtrocknen der Beete, das Austrocknen des Bodens zu beschleunigen.

Saatbeete, in welchen die Erkrankung aufgetreten, sollen zu Saaten nicht mehr benutzt werden, da sich die Eisporen bis vier Jahre lang lebensfähig erhalten und daher die Saaten abermals gefährden würden. Dagegen können die betr. Flächen zu Verschulungen sehr wohl verwendet werden.

3. Der Kiefernritzenschorf, Hysterium pinastri, ist in vielen Fällen die Ursache einer die jungen Kiefern befallenden Krankheit, der allbekannten Schütte. Da diese Erkrankung jedoch auch durch andere Ursachen — Fröste, Trockniß — hervorgerufen wird, so erscheint es zweckmäßig, dieselbe im speziellen Theil bei Besprechung der Föhre abzuhandeln, und sei dorthin verwiesen.

Ein unechter Parasit ist der zerschlitzte Warzenpilz, Telephora laciniata, dessen vegetativer Pilzkörper in den oberen Bodenschichten von humosen Bestandtheilen lebt, dessen rostbraune, ungestielte, am Hutrande zerschlitzte Fruchtträger aber an jungen Nadelholzpflanzen emporwachsen und bei kleineren Pflanzen die Nadeln und Zweige oft so vollständig einschließen, daß dieselben absterben. Seltener tritt derselbe an Rothbuchen auf.

§ 65.

Schutz der Saatbeete gegen Engerlinge.

Bekanntlich hat der Schaden, welcher durch Maikäfer und resp. durch deren Larven, die sogenannten Engerlinge, den Waldungen zugeht, sich in den letzten Jahrzehnten an vielen Orten außerordentlich gesteigert und selbst zu Aenderungen im Wirthschaftsbetrieb — zum Verlassen der Kahlschlagwirthschaft in Kiefernwaldungen und zur Anwendung der natürlichen Verjüngung — Veranlassung gegeben. Erklärlicher Weise ging mit diesen Beschädigungen der Jungwüchse eine solche der Saat- und Pflanzbeete Hand in Hand. Der gelockerte Boden derselben bietet dem Käfer eine ebenso günstige Oertlichkeit zur Ablage

---

[1]) Forstw. Centralbl. 1863. S. 454.

seiner Eier wie die zarten Pflanzenwurzeln den Engerlingen eine will=
kommene Nahrung, und so liegen denn an vielen Orten die Forstleute
in hartem Kampf mit diesen Verderbern ihrer Kulturen, ihrer Forst=
gärten, und zahlreiche, leider meist weniger wirksame Mittel finden sich
in der forstlichen Literatur als Waffen in diesem Kampf mitgetheilt.

Als Vorbeugungsmittel gegen das Auftreten von Engerlingen
räth uns E. Heyer[1]) die Anlage von Saatbeeten ferne von Eichen=
beständen, insbesondere Eichenstockschlägen, die der Käfer besonders
liebt, und in deren Nähe er seine Brut absetzt. Auch Anlegung der
Saatbeete in etwas größerer Meereshöhe — wo die Terrainverhältnisse
des Reviers dies ermöglichen — erweist sich günstig, da sich der Käfer
mehr in den tieferen Lagen aufhält. Ob dagegen die gleichfalls an=
gerathene Wahl sehr bindenden, lettigen Bodens, der den Enger=
lingen das im Winter nöthige tiefere Eindringen in den Boden zur
Erreichung eines frostfreien Winterlagers erschwert oder selbst unmöglich
macht und daher gemieden wird, nicht anderweite größere Nach=
theile in einem Forstgarten nach sich zieht, erscheint uns doch kaum
zweifelhaft.

Mit gutem Erfolg wurde ferner an verschiedenen Orten die An=
bringung zahlreicher hölzerner (nicht thönerner!) Staarenkästen
an Bäumen rings um den Garten angewendet[2]); die Staare, welche
diese ihnen gebotenen Brutplätze gerne annehmen, führen nicht nur
einen wahren Vernichtungskrieg gegen die schwärmenden Maikäfer,
sondern wissen nach Raatz's Mittheilung[3]) auch die nach warmem
Regen oft sehr nahe der Bodenoberfläche sich bewegenden Larven mit
großer Gewandtheit aus ihren Gängen zu holen.

Nach den von eben Genanntem im Choriner Pflanzgarten ge=
machten Erfahrungen ist auch Seitenschatten von der Südseite
ein Schutzmittel für die beschatteten Beete, da der Boden hier kühler
und feuchter ist, die Käfer aber warme, trockne Oertlichkeiten zur Ei=
ablage vorziehen. Aehnliche Wirkung zeigten sog. Schutzschirme.

Baur hat in dem Decken der Beete mit Schutzgittern[4]) ein
Mittel gegen die Eierablage gefunden, da der Käfer zu letzterer stets
offene Flächen sucht; Theod. Hartig empfiehlt Bedeckung der Beete bis
nach der Flugzeit mit Fichtenreisig; andernorts hat sich das Decken
der Zwischenräume mit kräftiger Buchenlaubschichte als vortheilhaft

---

[1]) Allg. F.= u. J.=Z. 1865. S. 126.
[2]) Allg. F.= u. J.=Z. 1865. S. 74. 102. 126. Forstw. Centralbl. 1892. S. 479.
[3]) Z. f. d. F.= u. J.=W. 1891. S. 581.
[4]) Forstw. Centralb. 1883. S. 246.

erwiesen — das dadurch erzielte Feuchthalten des Bodens mag eben=
falls zur Wirkung beitragen[1]).

Forstmeister Raßl[2]) hat sehr gute Erfolge dadurch erzielt, daß
er die zu schützenden Beete während der Flugzeit wöchentlich einmal
(im Ganzen also zwei= bis dreimal) mit einer Gießkanne überbrausen
ließ, nachdem dem Wasser in der Kanne vorher etwa 0,1 Liter Car=
bolineum beigemengt worden war und sich dieses nach einiger Zeit
am Boden abgesetzt hatte; den Bodensatz gießt man auf die Wege. Der
Geruch des so behandelten Wassers soll vollständig ausreichen, die Mai=
käfer von der Eiablage auf den benetzten Flächen abzuhalten — be=
währt sich dies Mittel, so wäre dasselbe eben so einfach als billig.!

Ohne Erfolg sind die Versuche geblieben, dem Käfer durch Kompost=
haufen aus Rasenstücken oder mit Erde bedecktem Kuhmist zusagende
Plätze zur Eiablage[3]) zu bieten, und auch die von Bando[4]) be=
schriebenen steinernen Keimkästen, welche im Choriner Pflanzgarten
angewendet worden waren, scheinen sich wenig bewährt zu haben —
wenigstens thut Raatz derselben in seinen oben citirten Mittheilungen
über die dortselbst bezüglich der Engerlinge gemachten Erfahrungen gar
keine Erwähnung.

Zum Schutz der Pflanzen gegen vorhandene Engerlinge hat
man die Ansaat oder Pflanzung von Gartensalat zwischen den
Pflanzreihen da und dort angewendet[5]) und will guten Erfolg gehabt
haben, indem die Engerlinge die milchige Wurzel des Salats den
Pflanzenwurzeln vorzogen; auch Möhren hat man zu gleichem Zwecke
angesät. Die Zwischenpflanzung von Salatpflanzen wird auch noch
zu anderem Zweck — zum Aufsuchen und Vernichten der Larven —
empfohlen[6]). Bei dem Befressen der Wurzeln durch die Engerlinge
welken die Salatpflanzen sehr rasch, und man findet bei sofortigem
Nachgraben die Thäter noch an den Wurzeln, während dieselben bei
den langsamer welkenden Holzpflanzen meist schon weiter gewandert sind.

Eine ganze Reihe von Mitteln zweifelhaften Werthes findet sich
noch in Heß' Forstschutz zusammengestellt[7]), so das Verbreiten getheerter
Blätter auf den Beeten, das Einlegen kurz geschnittener Fichten= und

---

[1]) Zeitschr. f. d. F.= u. J.=W. 1891. S. 581. Forstw. Centralbl. 1892. S. 419.
[2]) Centralbl. f. d. F.=W. 1894. S. 325.
[3]) Zeitschr. f. d. F.= u. J.=W. 1891. S. 581.
[4]) Zeitschr. f. d. F.= u. J.=W. I. S. 76.
[5]) Forstl. Bl. 1872. S. 23.
[6]) Verhandlungen des Hils=Solling=Vereins 1878. S. 50.
[7]) Bd. I S. 230.

Wachholderzweige in die Saatrillen (unter die Erde), deren spitze Nadeln die Engerlinge abhalten sollen, Begießen der Beete mit einer Abkochung des Laubes von Juglans regia, ja selbst das Aussetzen lebendig eingefangener Maulwürfe — Mittel, die wohl alle nur da und dort versuchsweise angewendet wurden.

Schwierig ist nun erklärlicher Weise auch die Vertilgung vorhandener Engerlinge auf den bestockten Saatbeeten, und läßt sich das Sammeln derselben, dem beim Umgraben der Beete natürlich alle Sorgfalt zuzuwenden ist, hier nicht ohne Beschädigung der noch unverletzten Pflanzen ausführen. Doch scheue man diese letztere nicht, sondern wo man die frische Thätigkeit der Engerlinge etwa an den etwas in den Boden gezogenen (einjährigen), noch nicht welken Pflänzchen wahrnimmt, da fahre man mit der Hand oder einer schmalen Schippe unter die Pflanzenreihe und hebe den Uebelthäter heraus; die noch guten, unbefressenen Pflanzen drücke man wieder entsprechend an und wird dergestalt wenigstens einen Theil derselben retten. Sind die Pflanzen schon welk, so findet man den Engerling in der Regel nicht mehr an den Wurzeln, sondern an jenen der noch frisch aussehenden Nachbarn.

Schwieriger ist natürlich an stärkeren Pflanzen die Thätigkeit von Engerlingen zu konstatiren, da hier nicht sofortiges Absterben, sondern allmähliches Kümmern eintritt, und Hülfe durch Aufsuchen des Engerlings meist zu spät kommt. Bei werthvollen Pflanzen unternimmt man wohl, wenn man im Garten überhaupt ein massenhafteres Auftreten von Engerlingen wahrnimmt, eine vorsichtige Revision der Wurzeln und deren Umgebung und sammelt die Feinde. Raatz's Mittheilungen aus dem Choriner Pflanzgarten[1]) zeigen, daß bei energischer und wiederholter Anwendung des Sammelns immerhin ganz wesentliche Erfolge erzielt werden können; es empfiehlt sich namentlich das Sammeln bei warmer und feuchter Witterung, bei welcher die trockenen Boden scheuenden Larven nahe der Oberfläche liegen.

Das von Oberförster Witte konstruirte Engerlingseisen[2]), dazu bestimmt, die oberflächlich an den Pflanzenwurzeln fressenden Engerlinge durch Erstechen zu tödten, scheint sich — wie wohl zu erwarten war! — nicht bewährt zu haben und sei hier nur um der Vollständigkeit willen erwähnt.

---

[1]) Zeitschr. f. d. F.- u. J.-W. 1891. S. 581.
[2]) Altum, Forstzoologie. S. 112.

Auch die Vertilgung der Engerlinge mit Hülfe eines parasitischen Pilzes (Botrytis tenella) ist bis jetzt über das Studium des Versuches nicht hinausgekommmen[1]), und es erscheint wenigstens zweifelhaft, ob uns durch diesen Pilz ein Hülfsmittel im Kampfe gegen die Engerlinge, diese gefährlichsten Feinde unserer Pflanzgärten, geboten werden wird.

§ 66.

Schutz gegen sonstige Feinde aus der Klasse der Insekten.

Erfahrungsgemäß nimmt die Zahl der schädlichen Insekten, die sich in dem Boden einer neu gerodeten Fläche nur in geringer Menge zu finden pflegen, in dem wiederholt gelockerten und gedüngten Boden der ständigen Kämpe und Pflanzgärten fortwährend zu[2]), und es wird dies in Verbindung mit der ebenfalls zunehmenden Verunkrautung vielfach und nicht ganz mit Unrecht gegen jene und zu Gunsten der Wanderkämpe ins Feld geführt. Nicht nur die eben schon besprochenen Engerlinge, sondern auch eine Anzahl anderer Erdinsekten stellt sich ein, Wurzeln und Pflänzchen zerstörend und oft eine große Zahl der letztern vernichtend, ohne daß in allen Fällen der Feind erkannt wird, und vielfach auch ohne die Möglichkeit erfolgreichen Einschreitens gegen den erkannten Feind.

Von diesen Feinden wäre zunächst zu nennen die allbekannte Werre (Gryllus gryllotalpa), welche zwar nicht die Pflanzenwurzeln verzehrt, dieselben jedoch bei dem Graben ihrer fingerstarken Gänge abbeißt, wo sie ihr hinderlich sind, außerdem auch durch das Heben der jungen Pflanzen in Saatbeeten sehr lästig werden kann, wenn sie, wie manchen Orts der Fall, in größerer Zahl auftritt.

Man vernichtet sie namentlich zur Paarzeit im Juni, indem man die durch einen schrillenden Ton sich lockenden, nahe unter der Erdoberfläche sitzenden Thiere durch einen Hackenschlag herauszuwerfen sucht. Mit gutem Erfolg soll auch das Eingraben von Blumentöpfen (zur Zeit der Paarung) in die Beetoberfläche — etwa 2 m von einander entfernt und mit dem Rand 3 cm unter der Erdoberfläche liegend — sich bewährt haben; von Topf zu Topf wird dann eine

---

[1]) Vergl. die Mittheilungen über die von Febbersen und Eckstein angestellten Versuche in Zeitschr. f. d. F.- u. J.-W. 1894. S. 48.

[2]) Theod. Hartig, „Das Insektenleben im Boden der Saat- und Pflanzkämpe" (Krit. Bl. XLIII. 1. S. 142).

4—5 cm hohe Latte fest auf den Boden aufgelegt, und die derselben entlang laufenden Werren stürzen in die Töpfe[1]). Ebenso kann man mit Erfolg Töpfe in die schmalen Beetwege eingraben, und in den zur Abwehr gegen Mäuse gezogenen, gleichfalls mit Töpfen versehenen Gräben fangen sich nicht selten auch Werren. — Auch die Nester, die ca. 10 cm tief liegen und mit Hülfe der kreisförmigen Gänge zu denselben, welche nach Regenwetter oft etwas erhaben hervortreten, gefunden werden können, sucht man auf und zerstört sie. Durch Ein= gießen von Oel oder Petroleum in die Eingänge und Nachschütten von Wasser sucht man endlich auch die Werren zum Herauskommen zu nöthigen, und empfiehlt Ney auf Grund eigener Erfahrung dies Verfahren als sehr zweckmäßig[2]). Das Verfolgen des anfänglich flach verlaufenden und dann plötzlich in die Tiefe führenden Ganges, an dessen Ende die Werre sitzt, läßt sich mit sehr gutem Erfolg außerhalb der Saatbeete in deren nächster Umgebung, nicht wohl aber ohne zu große Beschädigung in diesen selbst durchführen.

Als schädliche Wurzelverderber treten ferner in Saatbeten bis= weilen die fußlosen, weißen Larven einiger **Rüsselkäfer** — so jene des Otiorhynchus niger und ovatus, dann des Brachyderes incanus — auf, die feineren Wurzeln der Nadelhölzer befressend, die stärkeren entrindend, und bringen hiedurch die Pflanzen zum Kümmern und Absterben. — Auch die in der Erde lebenden Larven einiger **Fliegen**, den Gattungen Tipula und Anthomyia angehörig, können durch ihren Fraß die zarten Wurzeln von Keimlingen und einjährigen Nadelhölzern wie deren Samen durch Ausfressen nach Theodor Hartig's[3]) Be= obachtung beschädigen, ohne daß uns gegen diese wie die vorgenannten Feinde Mittel zur Verfügung ständen.

Als Samenzerstörer nennt Nitsche einen **Laufkäfer**, Harpalus pubescens, durch welchen[4]) eine große Zahl von Fichtensamen und Keimlingen in einem mit Reisig gedeckten Beet zerstört wurde; ebenso führt er[5]) einen Fall an, in welchem **Tausendfüße** ein Beet mit Lärchensamen vernichteten.

Die sonst nützliche **Ameise** kann in Saatbeeten ebenfalls durch Verzehren von Nadelholzsamen schädlich werden, wie dies im hiesigen Forstgarten beobachtet wurde, woselbst 2 Beete, mit Kiefern angesät,

---

1) Centralbl. f. d. F.=W. 1875. S. 95.
2) Allg. F.= u. J.=Z. 1887. S. 69.
3) Krit. Bl. XLIII. 1, dann Altum, Forstzoologie III. 1. S. 292 u. 319.
4) Forstl.=naturw. Zeitsch. 1893. S. 48.
5) Thar. Jahrb. 1888. S. 293.

durch Ameisen völlig zerstört wurden; es ging auch nicht ein Korn
auf, und alle Samenkörner lagen aufgebissen und ausgefressen in den
Rillen. Die anstoßenden Beete waren völlig intakt geblieben. Ein
Mittel gegen diese allerdings seltnere Beschädigung dürfte kaum ge=
geben sein.

Als ein im Ganzen wenig bekannter Feind treten die Elate=
riden= oder Springkäferlarven (auch Drahtwürmer genannt) auf,
welche die Nadelholzsamen verzehren[1]), Eicheln und Bucheln benagen,
die zarten Pflanzenwurzeln abfressen, so daß bisweilen ganze Saat=
rillen vernichtet werden[2]), ohne daß dem Pflanzenzüchter die Ursache
dieser Beschädigungen erklärlich ist. Mittel gegen diese Feinde stehen
uns nicht zu Gebote, und auch die Vertilgung der in Kulturen wie
in Saatbeeten an ein= und zweijährigen Kiefern schädlich auftretenden
Saateule (Agrotis vestigialis oder valligera) und ihrer sehr ähn=
lichen Gattungsgenossen durch Aufsuchen der theils oberirdisch, theils
unterirdisch fressenden Raupen ist jedenfalls eine schwierige Arbeit[3]).

In Eichen= und Erlensaatbeeten wird der die Blätter benagende
und skelettisirende Erdfloh (Haltica erucae und oleracea) bisweilen
sehr lästig und schädlich; durch Bestreuen der Beete mit Asche oder
Kalk wie durch Begießen mit einer Wermuthabkochung[4]), durch Be=
gießen mit sehr verdünnter Karbolsäure (1 Theil auf 100 Theile
Wasser[5]) sucht man die kleinen Feinde zu vertreiben, mittelst Brettchen,
welche mit Tischlerleim grundirt und dann mit Brumataleim über=
zogen sind, und welche in die Beete gestellt werden, sie zu fangen.

Endlich mögen hier noch die Regenwürmer erwähnt sein,
welche die Keimlinge der Erlen und Nadelhölzer nach Baur's Be=
obachtungen[6]) massenhaft in ihre Löcher ziehen, auch durch Anlegen
der letzteren dicht an den Wurzeln der zarten Pflanzen das Vertrocknen
derselben bewirken können.

§ 67.
Schutz gegen Mäuse.

In nicht geringem Grade werden bisweilen unsere Saaten und
Saatbeete durch Mäuse gefährdet, und mannigfach sind die Zer=

---

1) Thar. Jahrb. 1879. S. 312.
2) Altum, Forstzool. III. 1. S. 142.
3) Zeitschr. f. F.= u. J.=W. VII. S. 114, IX. S. 19.
4) Heß, Forstschutz II. S. 49.
5) Centralbl. f. d. J.=W. 1879. S. 158.
6) Forstw. Centralbl. 1883. S. 246.

störungen, welche diese kleinen Nager anrichten[1]). Zunächst sind die Samen durch sie bedroht, obenan Eicheln, Bucheln, Kastanien, doch sind auch Zerstörungen von Fichten= und Föhrensaaten schon wiederholt beobachtet worden. Ebenso sind nach unseren eigenen Erfahrungen die Sämereien jener Holzarten, welche ein Jahr im Boden liegen — Linden, Weißbuchen, Eschen —, während des Winters durch Mäuse stark gefährdet, doppelt gefährdet, wenn die zum Schutz gegen Verunkrautung aufgebrachte Laub= oder Strohdecke nicht entfernt wurde (s. § 47). Auch ein Benagen der Holzpflanzen — Buchen, Hainbuchen, Eschen, Eichen, Lärchen — kommt nicht selten vor, doch seltener als in unseren Schlägen; im Saatbeet fehlt eben jener dichte Grasfilz oder die Laubdecke, die den Mäusen zur erwünschten Deckung dient, und ihre Arbeit ist hier stets eine mehr unterirdische. So ist denn auch schon vielfach ein unterirdisches Abschneiden der Pflanzen in den Saatbeeten beobachtet worden, und mag der Grund zu dieser außerhalb der Forstgärten selten wahrgenommenen Erscheinung darin liegen, daß die Mäuse sich eben als Schutz flach im Boden hinstreichende Gänge anlegen, in diesen ihre Nahrung suchend. Auch das Abbeißen junger Pflanzen unmittelbar über dem Boden kommt vor, und dem Verfasser wurden einmal binnen wenig Tagen etwa 50,000 einjährige Fichten in einem zum Schutz gegen das Auffrieren mit Tannenästen dicht gedeckten Saatbeet abgebissen, wobei die Mäuse nur einen kleinen Theil des zarten Stengels verzehrten; die Schutzdecke hatte offenbar die Mäuse angezogen, ihnen erwünschte Deckung während ihrer Arbeit geboten. Ebenso ist uns der Fall bekannt, daß dreijährige verschulte Fichten, zum Schutz gegen Auergeflüg während des Winters mit Gittern gedeckt, in großer Zahl abgebissen wurden.

Endlich können die Mäuse noch schädlich werden durch Unterwühlen des Bodens, wodurch die hohl gestellten Pflanzen eingehen.

Als Vorbeugungsmittel gegen Mäuseschaden in unseren Saatbeeten sind nun zu betrachten[2]): Die Vermeidung der Nähe des Feldes bei Anlegung eines Saatbeetes, um dem Einwandern der Mäuse entgegen zu wirken; das Betreiben der umgebenden Bestände mit Schweinen, soweit dies möglich, um Alte wie Brut thunlichst zu vernichten; Umziehen des Saatbeetes mit einem Graben, dessen Wände möglichst scharf und senkrecht abgestochen sind, und in dessen Sohle in entsprechenden Entfernungen Töpfe oder Drainröhren eingegraben sind,

----

[1]) Vergl. Altum, Die Mäuse.
[2]) Allg. F.= u. J.=Z. 1865. S. 126.

in welche die Mäuse stürzen. — Vor Allem wird man aber jede Herbstsaat mit Eicheln oder Bucheln unterlassen, wenn man das Vorhandensein von Mäusen in irgend nennenswerther Zahl wahrnimmt, und die oben genannten, überliegenden Holzarten bis zur Aussaat an gesichertem Ort eingeschlagen aufbewahren und erst im zweiten Frühjahre aussäen. — E. Heyer[1]) empfiehlt ausdrücklich das Entfernen des Laubes von den mit solchem etwa gedeckten Saatbeeten, da dasselbe als Schutzmittel die Mäuse anziehe; dagegen wird das Bedecken der Eichensaatbeete mit einer dünnen Schichte Gerberlohe als Schutzmittel empfohlen.

Als Schutzmittel gegen das Aufzehren des Samens empfiehlt sich die Anwendung von Bleimennige (vergl. § 67), die bisher vorzugsweise nur für Nadelholzsämereien zum Schutz gegen Vögel angewendet wurde, auch für manche andere Samen, so z. B. jenen der Weißbuche, Linde; nach Lorey's Angabe[2]) hat das Einlegen klein gehackten Wachholderreisigs in die Eichel-Saatrillen sich sehr gut bewährt.

Als Vertilgungsmittel aber wird ausschließlich das Vergiften zu empfehlen sein, da das Fangen in Fallen in größerem Maßstabe nicht wohl durchführbar ist. Als Vergiftungsmittel dienen Weizen, mit Strychnin oder Arsenik präparirt, oder sogenannte Phosphorpillen, die käuflich zu haben sind und pro Kilogramm nur wenig über eine Mark kosten; mit Rücksicht auf ihre Gefährlichkeit für andere Thiere wie auf Abhaltung von Feuchtigkeit, welch' letztere den Phosphorpillen in wenig Tagen jede Schädlichkeit raubt[3]), werden diese Giftmittel vorzugsweise nur in Drainröhren ausgelegt, deren Weite gerade das Einkriechen einer Maus gestattet. E. Heyer hat Köder aus Mehl und Weizenkörnern, mit Phosphor und Arsenik vermischt, angewendet und rühmt den Erfolg[4]). Auch Strohhalme, in Phosphorbrei getaucht und in die Mauslöcher gesteckt, wurden angewendet.

Die angegebenen Mittel zeigen sich nun zwar sehr wirksam, haben aber auch ihre Schattenseite, indem die mit Phosphor oder Arsenik vergifteten Mäuse, nach Luft und Wasser strebend, meist außerhalb ihrer Löcher verenden und dadurch Veranlassung zur Vergiftung nütz-

---

[1]) Allg. F.- u. J.-Z. 1873. S. 84.
[2]) Allg. F.- u. J.-Z. 1894. S. 194.
[3]) Schaal auf der Wiesbadener Forstversammlung, 1. Bericht S. 164.
[4]) Allg. F.- u. J.-Z. 1874. S. 70.

licher Thiere, wie Eulen, Wiesel ꝛc., werden können. Es wurde nun neuerdings als ein diesem Uebelstand vorbeugendes Mittel die Anwendung von kohlensaurem Baryum empfohlen[1]), welches sofortige Lähmung der hinteren Gliedmaßen bei den hiemit vergifteten Mäusen und also Absterben in den Gängen bewirkt. Aus einem derben Teig, durch Zusammenkneten von 1 Pfund Mehl mit 1/4 Pfund ausgefälltem Baryum mit entsprechendem Wasserzusatz hergestellt, werden bohnengroße Stücke in noch weichem Zustande in die Mauslöcher geworfen.

Auch in der Weise hat man die Vergiftung bewerkstelligt, daß man eine Anzahl locker angesetzter, also willkommene Schlupfwinkel bietender Steinhaufen in den Pflanzgärten angebracht und die Giftmittel inmitten der Steinhaufen und dadurch geschützt gegen das Aufnehmen durch andere Thiere gelegt hat[2]). Auf ähnlichem Prinzip beruhen die sogenannten Mausehütten, kleine, meterhohe Reisighaufen, dicht mit Rasen belegt und am Boden mit ausgestreutem Strychninweizen für die das Versteck aufsuchenden Mäuse versehen[3]).

Fleißige Revision der Forstgärten während des Winters, um bei Einwanderung von Mäusen sofort eingreifen zu können, wird stets, namentlich aber bei Herbstsaaten mit bedrohten Sämereien, zu empfehlen sein. —

Auch des Maulwurfes sei hier gedacht, der uns durch die Vertilgung von Engerlingen und Würmern, von im Boden lebenden Larven jeder Art im Forstgarten außerordentlich nützlich, durch Aufwerfen seiner Haufen aber, mit denen er Samen und schwache Pflanzen aus dem Boden wirft, bisweilen auch sehr lästig wird. In Pflanzbeeten mit stärkeren Pflanzen werden wir ihn ruhig gewähren lassen können, ja bei großer Engerlingplage auch in Saatbeeten den erwähnten Schaden in Kauf nehmen[4]) — andernfalls aber denselben trotz seiner Nützlichkeit mittelst Fallen oder durch Auflauern beim Aufwerfen seiner Haufen zu beseitigen suchen. Auch Lappen, mit Petroleum getränkt und in seine Gänge gesteckt, dienen zu seiner Vertreibung.

---

[1]) Allg. F.- u. J.-Z. 1879. S. 411.

[2]) Forstw. Centralbl. 1858. S. 43.

[3]) Zeitschr. f. d. F.- u. J.-W. XIII. S. 62.

[4]) Raatz theilt (Zeitschr. f. d. F.- u. J.-W. 1891. S. 581) mit, wie im Choriner Forstgarten eine Maulwurfsfamilie ein Quartier jahrelang vollständig engerlingfrei gehalten habe.

§ 68.

Schutz gegen Vögel.

Aus der Vogelwelt sind es besonders die Häher, die Finken und deren Gattungsverwandte, bisweilen auch die Wildtauben, welche unseren Saaten vor oder unmittelbar nach dem Aufgehen schädlich werden, während das Auerwild durch Abäsen der Nadel= holzknospen nachtheilig werden kann.

Der Häher macht sich in Saatbeeten, die mit Eicheln, Bucheln, Edelkastanien angesät wurden, in oft sehr lästiger Weise bemerkbar, zumal bei Herbstsaaten, in welchen er bei offenem Boden seine Räubereien während des ganzen Winters fortsetzen kann; mit großer Sicherheit findet er selbst die gut mit Erde gedeckten Eicheln, und sämmtliche Häher aus größerer Umgebung ziehen sich am Saatbeet zusammen. — Auflegen einer dichten Schichte Dornreisig ist wohl das beste Mittel zur Abhaltung dieses Feindes; eine andere dichte Decke, von Laub oder Reisig, hat leicht Gefahr durch Mäuse, sowie ein Vermodern[1]) des Samens im Winterlager zur Folge. Das voll= ständige Ebenrechen der Beete[2]), damit der Häher die Saatrillen nicht finde, kann angesichts der Sicherheit, mit welcher derselbe be= kanntlich die im Walde eingestuften, durch den herbstlichen Laubfall nochmals gedeckten Eicheln findet, unmöglich von Wirkung sein! Bessern Erfolg dürfte das Ueberspannen der Beete mit Garn= fäden haben[3]), ebenso die Erbauung einer einfachen Schießhütte von Fichtenreisig, von der aus man die einfallenden Häher theilweise erlegt, die andern aber gleichzeitig so scheu macht, daß sie sich nicht mehr beizugehen trauen.

Die Finken (Buch= und Bergfinken), Hänflinge, Zeisige werden uns durch das Aufzehren der Samen von Fichte, Föhre, Lärche vor der Keimung wie durch das Abbeißen der noch von der Samenhülle umschlossenen Kotyledonen dieser Holzarten nach dem Aufgehen oft in hohem Grade lästig und schädlich. Bucheln und deren Kotyledonen sind, wenn auch in minderem Maß, ebenfalls ge= fährdet. Wo Finken in größerer Menge einfallen, sind Schutzmaß= regeln für Nadelholzsaatbeete unbedingt nöthig.

Das Bewachen der Saatbeete nach der Aussaat und bis zum

---

[1]) Allgem. F.= u. J.=Z. 1865. S. 126.
[2]) Forstw. Centralbl. 1860. S. 59.
[3]) Forstw. Centralbl. 1860. S. 99.

Abstreifen der Samenhüllen ist eine kostspielige und nur etwa für größere Saatbeete anwendbare Maßregel, und man sucht sich deshalb auf andere Weise zu helfen: durch Vogelscheuchen, Saatgitter, Netze, endlich Einweichen des Samens in den Vögeln schädliche oder widerliche Substanzen.

Als Vogelscheuchen werden ausgestopfte Raubvögel empfohlen[1]), die jedoch nach anderweitiger Mittheilung ihre Wirkung bald verlieren, so daß sich die Finken zuletzt auf den Scheuchen selbst niedersetzen![2]) Eine leicht herzustellende Vogelscheuche[3]) besteht aus einer Flasche ohne Boden, die mittelst einer Schnur an einer längeren, elastischen, fest in den Boden gestoßenen Stange befestigt ist; durch den Hals hängt an einer Schnur ein als Klöpfel dienender Nagel ins Innere der Flasche herab, am untersten Ende der Schnur aber ein schimmernder Streifen von Zink- oder Eisenblech, der, vom Wind bewegt, den Klöpfel zum Anschlagen bringt und durch sein Schimmern ebenfalls verscheuchend wirkt.

Das schon oben (beim Häher) erwähnte Ueberspannen der Beete mit Fäden oder mit Schnüren, in welche weiße Fäden eingeknüpft sind, wird mit gutem Erfolg angewendet, nach Heß' Versuchen[4]) mit entschieden besserem Erfolg als das Bestecken der Beete mit Reisig, zwischen welches die Vögel hineinschlüpfen. Die Fäden selbst wurden 15—20 cm hoch kreuzweise über die Beete gespannt. Auch alte Netze wurden als Schutzmittel mit gutem Erfolg verwendet[5]).

Man wandte ferner das Anfeuchten des anzusäenden Samens mit stinkendem schwarzen Steinöl an[6]), ein Mittel, das helfen mag, die Aussaat aber jedenfalls zu einem auch für Menschen unangenehmen Geschäft macht. Gleiches gilt wohl von dem Einweichen des Samens in eine aus stinkendem französischen Oel, Wermuth und Salzsäure oder Kochsalz unter Wasserzusatz bereitete Flüssigkeit, welche Vögel und Insekten abhalten und zugleich die Keimkraft anregen soll[7]).

Vor einiger Zeit hat nun Pflanzschulbesitzer Booth in Flottbeck als sicheres Mittel zum Schutz der Nadelholzsämereien das Behandeln

---

[1]) Allg. F.- u. J.-Z. 1862. S. 240.

[2]) Allg. F.- u. J.-Z. 1862. S. 405.

[3]) Centralbl. f. d. F.-W. 1879. S. 45.

[4]) Centralbl. f. d. F.-W. 1875. S. 534.

[5]) Zeitschr. f. F.- u. J.-W. V. S. 70.

[6]) Forstl. Blätter. 1873. S. 252.

[7]) Allg. F.- u. J.-Z. 1860. S. 63.

derselben mit **rothem Mennig** empfohlen[1]) und neuerdings, nach=
dem die Wirksamkeit des Mittels von einigen Seiten auf Grund an=
gestellter Versuche bezweifelt worden[2]), das von ihm eingehaltene und
mit bestem Erfolg angewendete Verfahren genau mitgetheilt[3]). — Der
Samen wird zunächst angefeuchtet, so daß jedes Korn feucht ist, doch
darf kein Wasser auf dem Boden des betreffenden Gefäßes, in welchem
das Anfeuchten geschieht, stehen. (Man hüte sich vor zu starkem Be=
feuchten — der Same nimmt den Mennigüberzug dann viel weniger
an, als wenn er nur mäßig feucht ist!) Hierauf wird der Samen
mit rothem Blei=(nicht Eisen!)Mennig bestreut und so lange mit
der Hand umgerührt, bis jedes Samenkorn leicht mit demselben über=
zogen ist, was sich schnell vollzieht; alsdann wird der durch das trockene
Mennigpulver schon ziemlich getrocknete Samen in der Sonne oder
an der Luft wieder vollständig getrocknet und verliert nun die krebs=
rothe Färbung nicht mehr. — Die Kosten sind sehr gering, denn mit
1 Pfund Mennig à 40 Pfennige kann man ca. 7 Pfund Samen
färben. Der Erfolg ist nach unseren eigenen mehrfachen Versuchen
ein günstiger: man findet wohl einzelne abgebissene Köpfchen der Keim=
linge, nie aber größere Beschädigungen, so daß es scheint, als über=
zeugten sich die Vögel rasch von der Unzuträglichkeit jener Nahrung
für sie. An Vergiftung eingegangene Vögel haben wir nie gefunden[4]).

Einen ganz vollständigen Schutz gewähren die § 58 beschriebenen
Schmitt'schen Saatgitter, da hier bei dem nur 2 cm betragenden
Abstand der Lättchen ein Hineinschlüpfen der Vögel von oben her eben=
so wenig möglich ist, als von der Seite her, woselbst der Rahmen
dies verhindert. Minderen Schutz gewähren die an gleicher Stelle

---

[1]) Zeitschr. f. F.= u. J.=W. IX. S. 548.

[2]) Zeitschr. f. F.= u. J.=W. XII. S. 455, 576.

[3]) Zeitschr. f. F.= u. J.=W. XIII. S. 60.

[4]) Dr. Cieslar hat im Laboratorium der forstlichen Versuchsleitung in Wien
Versuche über den Einfluß angestellt, den das Behandeln des Samens mit Mennig
Carbolsäure und Petroleum zum Schutz gegen Vögel und Mäuse auf die Keimung
geübt. Diese Versuche haben ergeben:

1) daß Mennig die Keimung etwa um einen Tag verzögert, also wohl das
Eindringen der Feuchtigkeit etwas verlangsamt, nebenbei den Samen gegen
Schimmelpilze sichert;

2) daß Carbolsäure in sehr verdünnter Lösung den Keimverlauf verzögert, in
stärkerer Lösung das Keimprozent beeinträchtigt, in 10prozentiger Lösung den
Samen tödtet;

3) daß Petroleum die Keimkraft sehr benachtheiligt, den Samen fast völlig
vernichtet.

(Centralbl. f. d. F.=W. 1885. S. 510.)

genannten einfacheren Gitter, unter welche die Vögel von der Seite
her schlüpfen können; doch läßt sich wahrnehmen, daß sie dies nur mit
Mißtrauen thun, wohl den Entzug der Möglichkeit sofortigen Auf=
fliegens scheuen, so daß solche Gitter, ziemlich niedrig gehängt, immer=
hin ausreichend erscheinen.

Wildtauben werden in Saatbeeten nur ausnahmsweise lästig
und durch die gleichen Mittel (event. ein paar Schüsse) abzuhalten sein.

Auch gegen das (leider so selten gewordene!) Auergeflüg
werden wir nur ausnahmsweise unsere Saatschulen zu schützen haben.
Haben allerdings einige Stücke sich einen Forstgarten als Aesungsplatz
erkoren, so kann der Schaden, den sie nach und nach durch das Abäsen
der Knospen von Tannen, Fichten, Föhren verursachen, ein recht be=
deutender werden; bei Tannen beschränken sie sich häufig nicht auf
die Knospen, sondern äsen auch die Nadeln ab. Die Beschädigung
wird namentlich zur Winterszeit, bei Schnee, der die Aufnahme anderer
Nahrung am Boden hindert, die Spitzen der Holzpflänzchen aber noch
herausschauen läßt, bemerklich werden[1]). In Thüringen wandte man
bei einigen besonders heimgesuchten Forstgärten das Ueberspannen
der ganzen Gärten mit Draht in etwa 2 m Höhe und 70—80 cm
Abstand der Drähte mit mäßigen Kosten und vollkommenem Erfolg
an[2]). — Auch Reisigeinlage zwischen die Beete und Pflanzen=
reihen zeigte sich als Hinderungsmittel für das Umherlaufen der Hühner
von Erfolg; im Spessart verwendet man die oben beschriebenen
Schutzgitter mit vollem Erfolg auch zur Abhaltung des Auergeflügs.

<h2 style="text-align:center">§ 69.</h2>

<h3 style="text-align:center">Schutz gegen Haarwild jeder Art.</h3>

Der gegen das Wild nöthige Schutz wird sehr verschieden sein je
nach der Holzart, beziehungsweise den Holzarten, die sich in einem
Saatbeet oder Forstgarten vorfinden, wie nach dem Wildstand einer
Gegend, den vorkommenden Wildarten.

Größere Forstgärten pflegen stets so eingefriedigt zu sein, daß
sie gegen Wild jeder Art — Hochwild, Rehwild, Sauen, Hasen —
geschützt sind; die Art und Weise der Einfriedigung wird mit Rück=
sicht auf die Wildart gewählt werden; sie muß entsprechend hoch sein,
wenn Hochwild, hinreichend fest, wenn Schwarzwild, genügend dicht,

---

[1]) Heß, Forstschutz. I. S. 160.
[2]) Forstw. Centralbl. 1876. S. 133.

wenn Hasen oder die so schädlichen Kaninchen abzuhalten sind (ver=
gleiche § 30 ff.). Letztere können, wenn auch in noch so geringer Zahl
vorhanden, bei der Anzucht gefährdeter Holzarten zu sehr dichten Ein=
friedigungen nöthigen; über die Gefährdung der einzelnen Holzarten
haben wir schon in § 30 das Nöthige erwähnt.

Bei kleineren Pflanzschulen, Wanderkämpen, sucht man
dagegen wo immer möglich die kostspielige Einfriedigung zu vermeiden,
was da, wo weder Hochwild noch Sauen vorhanden, insbesondere bei
Nadelholzkämpen wohl zulässig ist. Fichten und Föhren zumal sind
von Hasen fast gar nicht, von Rehen wenig bedroht, und von Laub=
hölzern sind es namentlich Erlen und Eichen, die von letzteren Wild=
arten wenig zu leiden haben. Erscheint eine Einfriedigung aber auch
für solche kleine oder wandernde Kämpe geboten, so wendet man hier
gerne die transportablen Einfriedigungen (siehe § 36) an.

Um aber ganz uneingefriedigten Saatschulen überhaupt oder den
in denselben befindlichen Beeten mit gefährdeten Holzarten einigen
Schutz gegen Rehe und Hasen zu geben, wendet man mancherlei Mittel:
das Umziehen derselben mit Federlappen, leichte Stangengerüste (gegen
Rehe)[1], Verwittern der Saatbeetfläche mit stark riechenden Substanzen,
Ueberspannen derselben mit getheerten Schnüren — während der
Wintermonate, in welchen allein eine Gefahr für die Pflanzen durch
das Wild besteht, an. Bei Eichensaatbeeten bedarf der etwa schon im
Herbst gesäte Samen gleichfalls Schutz gegen das ihn begierig auf=
suchende Roth=, Reh= und Schwarzwild.

Gegen Hasen sollen die Pflanzen auch mit gutem Erfolg durch
das Umziehen der Beete mit Bast, etwa 15 cm hoch über dem Boden,
geschützt werden können, indem die Hasen solche Schutzwehr nicht
überspringen[2]; doch würde stärkerer Schneefall dies Mittel sofort un=
wirksam machen.

Auch die Eichhörnchen mögen hier noch Erwähnung finden, die
den Eichel=, Buchel= und Kastaniensaatbeeten sehr gefährlich werden
können, den gut gedeckten Samen mit großer Sicherheit zu finden

---

[1] Solche empfiehlt insbesondere Pöpel (Thar. Jahrb. 31 S. 118) in der
Weise, daß eine größere Zahl von Stangen — er hat auf 4 Ar 30 Stück 8—10 m
lange Stangen verwendet —, auf etwa ½ m hohen Pflöcken aufgenagelt, schräg
über die Saatbeete gelegt werden. Er bemerkt, daß dadurch auch einiger (nach
unseren Erfahrungen geringer!) Schutz gegen Auerhühner gegeben sei, und daß
solche Stangengerüste durch querüber gelegte Stängchen aus Reisig auch als
Schutzmittel gegen Frost und Hitze Verwendung finden könnten.

[2] Krit. Blätter. L. 1. S. 154.

wissen und sich nicht leicht vertreiben lassen. Sie haben uns Buchen=
saatbeete wiederholt vollständig zerstört und sich selbst durch Schutz=
gitter nicht abhalten lassen, so daß der allerdings nicht schwierige
Abschuß derselben in der Nähe der Saatbeete als letztes Hülfsmittel
erschien.

§ 70.

Schutz und Pflege der Saatbeete gegenüber dem Unkraut.

In fast noch höherem Grade als durch die bisher besprochenen
schädlichen Einflüsse der unorganischen Natur und durch die Feinde
aus der Thierwelt sind unsere Saatbeete durch einen nie fehlenden,
bald mehr, bald weniger lästigen Feind bedroht, dessen Bekämpfung
jedoch eine sichere, wenn auch oft kostspielige ist: — durch das Un=
kraut. Die Beantwortung der Frage, wie diesem lästigen Feinde
vorzubeugen, wie er am besten und billigsten zu vertilgen sei, wird
Gegenstand dieses Abschnittes sein.

Das in den Saatbeeten auftretende Unkraut, nach Art und Zahl
außerordentlich verschieden je nach der mineralischen Zusammensetzung
des Bodens, seiner natürlichen Feuchtigkeit, seiner bisherigen Benutzung,
entzieht unseren Pflanzen einen Theil der für sie bestimmten Nährstoffe
des Bodens, der feineren atmosphärischen Niederschläge, insbesondere
den Thau; es überwächst rasch die sich langsam entwickelnden Holz=
pflanzen, verdämmt und überlagert sie, beengt deren Wurzelraum,
hindert den Luftwechsel im Boden, verbraucht eine große Menge des
Wassers im Boden. In einem nur einigermaßen gepflegten Saatbeet
darf daher Unkraut nie überhand nehmen[1]).

Wie bei so manchem anderen Feind unserer Waldungen und
Pflanzenwelt werden wir auch bei dem Unkraut von der Verhütung,
Vorbeugung gegen dessen rasches und massenhaftes Auftreten, und
von der Vertilgung des trotzdem vorhandenen zu sprechen haben.

Dem übermäßig auftretenden Unkraut beugen wir nun vor
durch zweckmäßige Auswahl des Platzes für unser Saatbeet, so zu=

---

[1]) Vergl. die in Seckendorff's Mittheilungen aus dem österr. Versuchswesen
Band II. S. 192 angegebenen Resultate der über die Einwirkung der Verunkrautung
angestellten Versuche.

Auch im Versuchsgarten der galizischen Forstlehranstalt zu Lemberg (s.
Centralbl. f. d. F.=W. 1888. S. 104) wurden ähnliche Versuche angestellt, welche
sehr bemerkenswerthe Resultate bez. des schädlichen Einflusses des Unkrautes er=
geben haben.

nächst durch Vermeiden zu frischen oder gar feuchten, zu Gras- und Unkrautwuchs besonders geneigten Bodens. In bisherigen Feldern, die allerdings den Vortheil sehr billiger erstmaliger Bodenbearbeitung haben, hat man namentlich in den ersten Jahren einen sehr energischen Kampf mit dem Unkraut zu führen, während frisch gerodete Waldböden meist in den ersten Jahren wenig Unkrautwuchs zeigen, weniger als schon länger unbestockt liegende Blößen. — Die Umgebung von jungen Schlägen mit starkem Unkrautwuchs macht sich im Saatbeet ebenfalls bemerklich, indem die leichten Samen vieler Unkräuter im Saatbeet anfliegen.

In Weiterem werden wir der Vermeidung rascher Verunkrautung durch Vertilgung etwa vorhandener Unkräuter bei der wiederholten Bearbeitung des Bodens alle Aufmerksamkeit zuwenden, deren ausschlagsfähige Wurzeln (Quecken!) sorgfältig entfernen, den Rasen, welcher zum Zweck des Verfaulens und Düngens untergebracht werden soll, tief mit Erde überdecken, um dessen Durchwachsen nach oben zu hindern, da gerade solche durchwachsende Rasenplaggen beim Ausjäten die größten Schwierigkeiten bereiten.

Vonhausen empfiehlt, wie schon oben (§ 48) erwähnt, möglichst frühzeitiges Bearbeiten im Frühjahre vor der Saat, um die obenauf liegenden Unkrautsämereien nach erfolgter Keimung durch Unterarbeiten mit eisernen Rechen zu zerstören und andere solche Samen obenauf in günstige Keimlage zu bringen, die in gleicher Weise vor erfolgender Ansaat vernichtet werden sollen.

Entsprechende Vorsicht ist ferner nöthig bei Anwendung von Kompost, wenn zu letzterem das im Saatbeet ausgejätete Unkraut mit verwendet wurde, damit mit demselben nicht eine Menge keimfähigen Unkrautsamens ins Saatbeet gebracht wird, ein Nachtheil, der solchen Kompost vielfach in entschiedenen Mißkredit gebracht hat. Fischbach warnt[1]) geradezu vor ihm, als dem theuersten Dünger. — Zwischenlagen ungelöschten Kalkes, welche eine rasche Zersetzung der organischen Substanzen zur Folge haben, sind bei Herstellung solchen Unkrautkompostes jedenfalls auch aus diesem Grunde empfehlenswerth. Ebenso wenig darf man auf den Komposthaufen das Unkraut wuchern und zur Samenreife kommen lassen, wie wohl da und dort zu sehen, sondern muß dasselbe durch wiederholtes Umarbeiten der Haufen zerstören, wobei auch alle im Innern des Haufens befindlichen Sämereien allmählich an die Oberfläche und dadurch zur Keimung kommen und

---

[1]) Allg. F.- u. J.-Z. 1860. S. 217.

vernichtet werden können. Auch durch Straßenabraum soll leicht Unkrautsamen in die Saatbeete gebracht werden[1]).

Als Mittel gegen Ueberhandnahme des Unkrautes hat man mit Erfolg auch das Belegen der Zwischenräume zwischen den Saatstreifen mit Moos, dann mit geringwerthigen Latten oder (billiger) mit gespaltenen Stangen[2]), schlechterem Prügelholz, angewendet, durch welche Mittel das Wachsthum des Unkrauts mechanisch zurückgehalten wird. Beete mit stärkeren, verschulten Pflanzen, insbesondere Heistern, haben wir mit sehr gutem Erfolg zur Zurückhaltung des Unkrauts mit Buchenlaub einige Centimeter hoch überschütten lassen. Selbst Steine (Platten) hat man, wo solche in unmittelbarer Nähe vorhanden, schon dazu verwendet, und alle diese Deckungsmittel erweisen sich zugleich als günstig für Erhaltung der Feuchtigkeit, als Schutz gegen Verdunstung (s. §§ 58 u. 59).

Trotz all' dieser Vorsichtsmaßregeln werden wir in jedem Saatbeet bald mehr, bald weniger Unkraut erscheinen und vielfach dessen Menge mit der längeren Benutzung zunehmen sehen, es also mit dessen Vertilgung zu thun haben. Hier gilt nun als Regel: Zeitiges Beginnen mit dem Ausjäten im Frühjahre, um das Unkraut nie zu sehr erstarken zu lassen, da sonst mit dem in den Saatreihen selbst stehenden Unkraut nur zu leicht die schwachen Pflänzchen herausgerissen werden; Jäten wo möglich bei feuchtem Boden, damit die Wurzeln des Unkrauts mit herausgezogen werden, letzteres nicht bloß oberflächlich abgerissen werde, was sofortiges Wiederausschlagen vieler Wurzeln zur Folge zu haben pflegt, oder vorheriges Lockern des Bodens durch Behacken, wenn bei trockner Witterung das Unkraut entfernt werden muß; Wiederholung des Jätens, so oft sich das Unkraut in nennenswerther Weise zeigt; letztmaliges Jäten etwa Anfang September, um eine nochmalige Lockerung des Bodens in Hinblick auf die Gefahr des Auffrierens zu vermeiden. Erscheint nach diesem letztmaligen Jäten nochmals stärkeres Unkraut, so reißt oder schneidet man dasselbe nur oberflächlich ab, und ebenso muß man bisweilen verfahren, wenn bei anhaltender, das Jäten hindernder Trockniß einzelnes Unkraut in den Pflanzreihen so stark geworden, daß durch dessen Ausziehen Pflänzchen mit herausgerissen werden könnten.

Das Jäten selbst, eine Arbeit, zu der stets nur die billigere Arbeitskraft von Weibern oder Kindern verwendet wird, geschieht meist

---

[1]) Krit. Blätter. L. 1. S. 133.
[2]) Forstl. Mitth. XI. S. 128.

einfach mit der Hand, unter Zuhülfenahme eines alten starken Messers, mit welchem tiefergehende Wurzeln herausgehoben oder schlimmsten Falles tief im Boden abgestochen werden, oder einer eigens hiezu konstruirten starken eisernen Gabel. Vorheriges Lockern des Bodens mit dem Jätehäckchen erleichtert die Arbeit wesentlich, namentlich bei lehmigerem Boden, und muß, wie schon oben erwähnt, auf letzterem bei trockner Witterung dem Ausgrasen unbedingt vorangehen, wenn diese Arbeit mit gutem Erfolg geschehen soll.

Die nicht unbedeutenden Kosten, welche das Ausjäten verursacht, haben zur Anwendung von mancherlei Instrumenten zur thunlichsten Erleichterung dieser Arbeit geführt; wir geben nachstehend die Beschreibung einiger derselben und bemerken, daß dieselben alle gleichzeitig eine Lockerung des Bodens bewirken und bezw. zum Zweck haben.

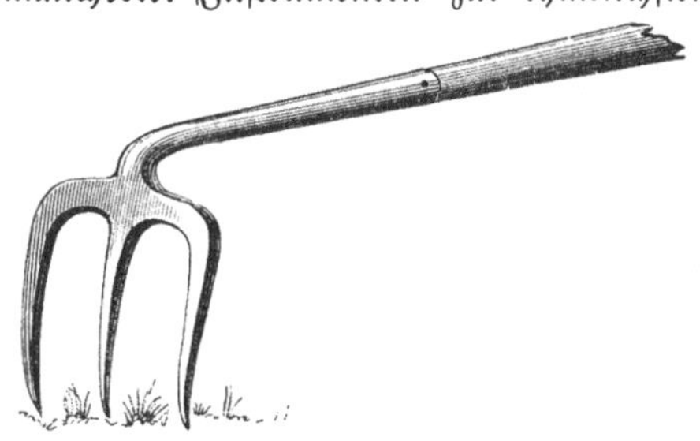

Figur 32.

Der Jätkarst von Geyer (Fig. 32)[1] ist ein dreizackiger eiserner Rechen, dessen 14 cm lange Zinken je 5 cm von einander abstehen; der Zwischenraum zwischen den einzelnen Saatrillen wird also bei Anwendung dieses Instrumentes mindestens 15 cm betragen müssen, damit die Pflanzenwurzeln nicht beschädigt werden.

Der Dreizack von Schoch (Fig. 33)[2], zur Reinigung der nur 12 cm breiten Zwischenräume in Nadelholzsaatbeeten bestimmt, bewirkt gleichzeitig die nöthige Lockerung des Bodens, und wird demselben eine ebenso rasche als gute Arbeitsleistung mit Recht nachgerühmt. Die ganze Länge des Instrumentchens beträgt etwa 14 cm, jene des mittleren Zinkens 5 cm, während die beiden äußeren, etwas gekrümmten Seitenzinken nur 4 cm lang sind; die Entfernung der Spitzen

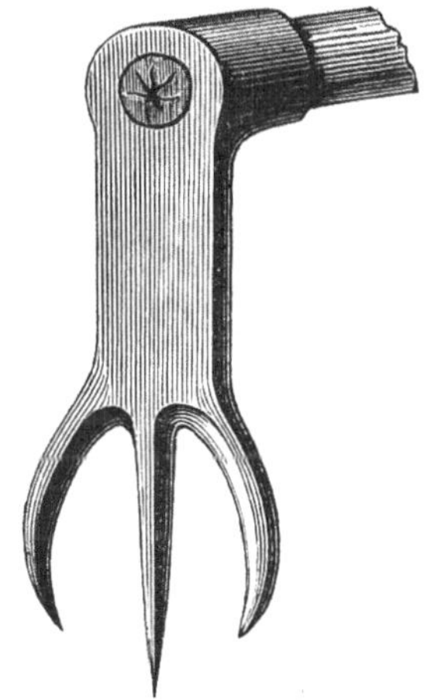

Figur 33.

dieser Seitenzinken von der Mittelzinke beträgt nur je 4 cm. Durch

---

[1]) Geyer, Die Erziehung der Eiche. S. 36.
[2]) Forstw. Centralbl. 1864. S. 54.

Hin- und Herschieben des Dreizacks wird der Boden zwischen den Pflanzreihen gelockert, das Unkraut ausgezogen und gleichzeitig ein Anhäufeln
der Pflanzen bewirkt; bei trockenem Wetter kann man wohl das Unkraut liegen und vertrocknen lassen. — Für breitere Zwischenräume
zwischen den Pflanzreihen, wie sie für Eichensaaten (und Verschulungen)
in Anwendung kommen, hat Schoch einen stärkeren Dreizack und einen
Fünfzack konstruirt, dessen Spannweite etwa 12 cm beträgt.

Bei diesen Instrumenten wie bei dem die Aufgabe der Reinigung
nur unvollkommen erfüllenden Jätepflug ist übrigens eine Nachhülfe
mit der Hand zur Entfernung des unmittelbar an oder zwischen
den Pflanzen, in den Saatrillen stehenden und besonders lästigen Unkrauts nicht wohl zu entbehren.

Das Reinigen der Saatbeete geschieht meist im Tagelohn, und die
Ueberwachung der Arbeiter bei dieser monotonen Arbeit gehört zu den
lästigsten Aufgaben des Schutzpersonales; ohne solche Ueberwachung
wird aber meist nachlässig und mit geringem Eifer gearbeitet, das
Unkraut oberflächlich abgerissen statt ausgezogen — die betreffenden
Personen sind ja schließlich froh, wenn es bald wieder einen Verdienst
durch Ausgrasen gibt. Verfasser hat daher dies Reinigen der Saat-
und Pflanzkämpe auf seinem seinerzeitigen Revier meist in Accord gegeben, wobei die bei der früheren Taglohnsarbeit erwachsenen Kosten
den nöthigen Anhalt gaben, und ist gut dabei gefahren. Die (weiblichen) Accordanten ließen das Unkraut nie überhand nehmen, benutzten
im eigenen Interesse jeden Regen zu sofortigem Jäten und fanden bei
entsprechendem Fleiß befriedigenden Verdienst. Für große Forstgärten
wird sich allerdings eine solche Veraccordirung schwerer durchführen und
bezw. die Ausgabe schwerer veranschlagen lassen, als für kleinere Kämpe.

Die Kosten der Reinigung pro Flächeneinheit sind erklärlicher Weise
nach den örtlichen Verhältnissen außerordentlich wechselnd, so daß den
Angaben über solche wenig Werth beizulegen ist (s. übrigens § 100).

§ 71.

Pflege der Saatbeete durch Bodenbearbeitung: Lockern und Anhäufeln[1].

Jede Lockerung des Bodens ist gleichsam eine Düngung, ebenso
aber auch von großer Bedeutung für die Erhaltung der Bodenfeuchtig-

----

[1] Vergl. insbesondere auch die werthvollen Untersuchungen Cieslar's über
den Einfluß der mechanischen Bodenbearbeitung, der Bedeckung des Bodens mit

keit. Durch dieselbe befördern wir die Verwitterung des Bodens, das Löslichwerden der Mineralstoffe, ferner den für die Vegetation so günstigen Luftwechsel im Boden, die Absorption von Kohlensäure und Ammoniak, ermöglichen ferner das leichtere und tiefere Eindringen des Regenwassers, vermeiden das bei festem Boden leicht erfolgende seitliche Abfließen desselben, wirken also schon hiedurch dem Austrocknen des Bodens entgegen. In noch höherem Grade geschieht dies aber durch die Absorption von Wasserdampf aus der Luft, welche durch gelockerten Boden in viel reicherem Maße erfolgt, als durch festen; und endlich verlangsamen wir durch Lockerung des Bodens das kapillare Aufsteigen des Wassers aus den tieferen Bodenschichten nach den oberen, welches in lockerem, größere Zwischenräume enthaltendem Boden in minderem Maße erfolgt, als in dichtem, ungelockertem[1]). Es ist eine insbesondere bei landwirthschaftlichen Gewächsen leicht zu beobachtende und bekannte Thatsache, daß sich eine Lockerung des Bodens zur Zeit der Trockniß für die durch Wassermangel leidenden Gewächse besonders günstig erweist[2]).

Direkte Versuche, wie sie Heß[3]) angestellt hat, ferner die vielfach so günstigen Resultate des Waldfeldbaues in Hessen, welche durch die forstlichen Zeitschriften ja allenthalben bekannt und vorwiegend auf die Lockerung und Vorbereitung des Waldbodens zurückzuführen sind, endlich die eigenen Erfahrungen, welche jeder schon einige Zeit wirthschaftende und aufmerksame Forstmann gemacht haben wird, stellen

---

Moos u. s. f. im Centralbl. f. d. F.-W. 1893, S. 24; wir haben auf dieselben auch schon im § 59 Bezug genommen.

[1]) Professor Wollny in München hat den Einfluß der krümeligen und der dichten oder staubförmigen Bodenbeschaffenheit auf die Feuchtigkeit des Bodens durch vergleichende Untersuchungen festgestellt. Bei dichtem Boden nun findet ein ununterbrochenes kapillares Aufsteigen der Feuchtigkeit statt, welch' letztere an der Oberfläche verdunstet; der Boden trocknet in Folge dessen tiefer und rascher aus, dagegen bleibt die Oberfläche feuchter, solange dies Aufsteigen der Feuchtigkeit dauert. Im krümeligen Boden dagegen finden sich größere Zwischenräume, die das kapillare Aufsteigen hindern bezw. verlangsamen; an der Oberfläche bildet sich bald eine trockne Schichte, die der weiteren Verdunstung hemmend entgegensteht, und der Boden erhält sich sonach im Innern länger feucht.

(Aus dem Gesagten geht auch hervor, weshalb das Walzen der Saatbeete nach der Ansaat, das Andrücken des Bodens mit dem Saatbrett vortheilhaft wirkt; es handelt sich bei der Saat zunächst um Feuchterhalten der oberen Schichte, in der das Samenkorn liegt.)

(Vergl. auch Centralbl. f. d. F.-W. 1882. S. 222.)

[2]) Vergl. H. Fischbach, Die Lockerung des Waldbodens. S. 9.

[3]) Centralbl. f. d. F.-W. 1875. S. 142.

diese Vortheile der Bodenlockerung so außer Zweifel, daß in derselben eines der wichtigsten Mittel zur Beförderung des Wachsthums unserer Holzpflanzen, zur Pflege unserer Saatbeete und Pflanzschulen gefunden werden muß.

Fragen wir nun, **wann, wie oft** und **wie** eine Lockerung des Bodens in unseren Saatbeeten stattzufinden habe, so lassen sich die beiden ersten Fragen erklärlicher Weise nur allgemein beantworten.

Die **erstmalige** Lockerung der im Frühjahr frisch angesäten Beete, deren Boden also erst gründlich bearbeitet wurde, erfolgt, sobald der Forstwirth wahrnimmt, daß der Boden sich stark zusammengesetzt hat oder gar oberflächlich verkrustet ist, wie dies durch längerem Regenwetter folgende Hitze leicht geschieht; bei den älteren Saatbeeten aber, deren Boden sich durch die Winterfeuchtigkeit stets stark zusammengesetzt haben wird, nehmen wir diese erste Lockerung im Jahre so bald vor, als die Rücksicht auf die Gefahr des Auffrierens es gestattet, etwa Anfang Mai. In der Regel schließt sich die Lockerung und Reinigung der älteren Saat- und Pflanzbeete als letzte Arbeit an die Ansaat und Verschulung an und wird während des Jahres nach Bedarf bald nur einmal, bald öfter wiederholt.

Das „**Wie oft**" der Bodenlockerung ist aber zunächst durch die Bodenverhältnisse bedingt. Thoniger und überhaupt etwas bindenderer Boden wird das Lockern **öfter** nöthig machen, als leichter Boden, und für lockeren Sandboden kann sogar eine einmalige Lockerung genügend sein. Von wesentlichem Einfluß ist ferner die **Neigung des Bodens zu Gras- und Unkrautwuchs**, da — wie schon im vorigen Paragraphen erwähnt — das Reinigen der Saatbeete vielfach mit der Bodenlockerung Hand in Hand geht, mit denselben Instrumenten (Jätkarst, Dreizack) ausgeführt wird; namentlich bei bindigen Böden und längerer Trockniß ist eine der Reinigung vorausgehende oder gleichzeitige Lockerung fast unumgänglich nöthig, wenn man mit nachhaltigerem Erfolg ausgrasen, die Unkrautwurzeln mit ausziehen will, und da bindige Böden stärkeren Gras- und Unkrautwuchs zu haben pflegen, als sandige, so ergibt sich schon hiedurch die Nothwendigkeit einer öfteren Lockerung der ersteren von selbst.

Auch die **Witterung** ist von Einfluß: stärkere Regen haben stets ein Zusammensetzen des Bodens, ein Verschlämmen desselben zur Folge, die so vortheilhafte krümelige Struktur der oberen Bodenschichte geht verloren und fordert zu ihrer Wiederherstellung die Lockerung. — War der Boden mit einer **todten Bodendecke** von Laub, Moos 2c. versehen, so tritt diese mißliche Wirkung des Regens nicht ein, und es genügt in solchem Falle häufig eine einmalige Lockerung im Frühjahr vor Aufbringung jener Decke. (Vergl. § 59.)

Während man ein bloßes Jäten der Saatbeete — mit welchem durch das Ausziehen der Wurzeln des Unkrautes übrigens stets einige Bodenlockerung verbunden ist — möglichst bei feuchtem Wetter, nach leichtem Regen vornimmt, wird man das Lockern des Bodens vorwiegend bei trockner Witterung vornehmen, da der trockene Boden besser zerfällt, die Wirkung eine größere ist[1]). Aus dem gelockerten Boden läßt sich das Unkraut auch bei trockenem Wetter herausnehmen, und nur das zwischen den Pflanzen, in den Saatrillen selbst stehende bereitet Schwierigkeiten, muß entweder oberflächlich abgerissen oder nach eingetretenem Regen nachgejätet werden.

Die letztmalige Bodenlockerung im Herbst soll gleichfalls — wie das Jäten — nicht zu spät stattfinden, damit der Boden sich wieder genügend setzt, der Gefahr des Ausfrierens nicht zu sehr ausgesetzt ist. Mit dem Monat August schließt man das Lockern des Bodens ab und kann dies um so mehr thun, als zu dieser Zeit die Vegetation bereits der Hauptsache nach ihren Abschluß gefunden hat, eine Einwirkung des Lockerns auf dieselbe daher nicht mehr besteht.

Was die Frage betrifft, wie tief man lockern soll, so wird dieselbe dahin zu beantworten sein, daß ein etwa 10 bis 12 cm tiefes Lockern des Bodens vollständig zur Erreichung der Eingangs angeführten günstigen Einwirkungen genügt, ein tieferes Lockern aber bei geringer Entfernung der Saatstreifen auch nur schwer möglich ist.

Mit dem Lockern der Saatbeete wird nicht selten zugleich ein Anhäufeln der Pflanzenreihen von beiden Seiten her verbunden, und zeigt sich solches, im Herbst bei dem letzmaligen Lockern angewendet, von guter Wirkung gegen das Auffrieren der Pflanzen (siehe § 62). Auch als Mittel zur Erhaltung der Feuchtigkeit wird dies Anhäufeln empfohlen, indem einerseits die Feuchtigkeit sich in dem durch das beiderseitige Anhäufeln zwischen den Pflanzenreihen entstehenden Gräbchen sammelt und tiefer in den Boden bringt, anderseits die stärkere Erddecke an den Pflanzen dem Austrocknen mechanisch entgegenwirkt.

---

[1]) Forstl. Mitth. XI. S. 129.

Die Instrumente nun, mit denen die Lockerung des Bodens ausgeführt wird, sind:

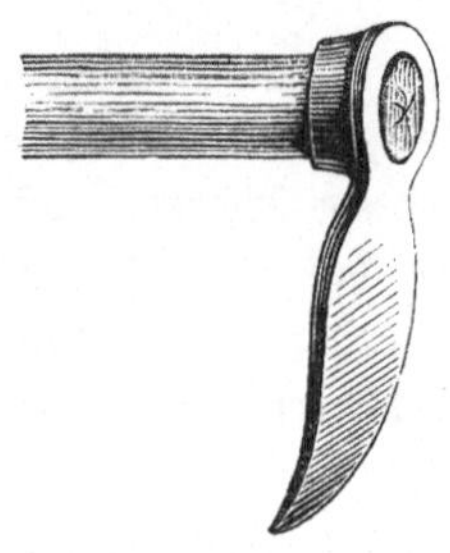

Das gewöhnliche Gartenhäckchen, Jäte= häckchen, dessen Blatt bezüglich seiner Breite einigermaßen im Verhältniß zu der Breite der Zwischenräume zwischen den Saatrillen stehen, für die geringen Zwischenräume von Nadelholz= saatrillen sehr schmal sein muß. Wir haben, um alle Wurzelbeschädigungen zu vermeiden, das= selbe mit nach unten schmäler werdendem Blatt anfertigen lassen (Fig. 34) und diese Modifi= kation zweckmäßig gefunden.

Figur 34.

Der im vorigen Paragraphen schon beschriebene Dreizack, bezw. Fünfzack, zur Lockerung und Reinigung gleichzeitig dienend, ebenso wie der Geyer'sche Jätkarst.

Der sog. bayrische Handpflug (Fig. 35)[1], der neben einer

Figur 35.

allerdings nicht sehr tiefgehenden Bodenbearbeitung zugleich die Pflanzen anhäufelt, durch seine geringe Größe (Länge der Schar 8,5 cm, Breite 6 cm, Höhe 4 cm) leicht transportabel ist und in der Weid= tasche bequem mitgeführt werden kann, was bei Wanderkämpen, bezw. einer im Revier vorhandenen größeren Anzahl kleinerer Saatbeete von Bedeutung ist. Mittelst einer Schraube kann er rasch an dem bei jedem Saatbeet versteckten Stiel befestigt werden. (Derselbe steht übrigens wenig mehr in Anwendung.)

---

[1] Forstl. Mitth. XI. S. 128.

Nördlinger's Reihenkultivator[1]), ein Pflug mit getrennten Scharen, welcher in der einen Stellung der letzteren als Häufelpflug wirkt, beim Versetzen der Scharen aber die Erde in der Mitte zusammenschlägt; er hat unseres Wissens nur geringe Verbreitung gefunden, das Schicksal aller minder einfachen Kultur-Instrumente getheilt.

Bei dem Lockern des Bodens mit der Hacke oder dem Dreizack, bei Anwendung des Handpfluges zeigt es sich, wie zweckmäßig es ist, die Rillen nicht nach der Längsrichtung des Beetes, sondern senkrecht zu dieser anzulegen. Die Arbeit erfolgt von den schmalen Zwischenwegen aus leicht und sicher; Beschädigungen der Pflanzen werden leicht vermieden und ebenso jedes Betreten der Beete. Wo aber letzteres, wie bei den häufig auf größeren Ländern ohne Beeteintheilung angesäten Eichen (oder bei verschulten Pflanzen auf solchen Ländern), nicht zu vermeiden ist, da trage man Sorge, daß die Arbeiter bei dem Lockern sich entweder rückwärts bewegen, wie bei Anwendung des Drei- und Fünfzacks gut thunlich, oder daß das mit Vorwärtsbewegen verbundene Hacken von der noch nicht bearbeiteten Nachbarreihe aus geschehe, damit nicht der eben gelockerte Boden sofort wieder zusammen getreten werde. — Daß bei solch' größeren Ländern die Zwischenräume zwischen den Saatrillen groß genug sein müssen, um ein Betreten derselben durch die Arbeiter zu gestatten, wurde bereits früher (§ 41) erwähnt.

Für voll angesäte Beete ist jede Pflege durch Bodenlockerung unmöglich — jedenfalls eine der bedeutendsten Schattenseiten dieses Verfahrens.

<h2 style="text-align:center">§ 72.</h2>

<h3 style="text-align:center">Pflege zu dichter Saaten durch Ausschneiden oder Durchrupfen.</h3>

Trotz aller Vorsicht, die wir auf Grund stattgehabter Keimproben bei Bemessung der Samenmenge anwenden, fallen doch nicht selten unsere Saaten zu dicht aus, sei es nun, daß besonders günstige Witterungsverhältnisse den ausgestreuten Samen zu möglichst vollständiger Keimung bringen, daß der gefürchtete und bei Bestimmung der Samenquantität in Betracht gezogene Abgang durch Trockniß, Vögel u. s. f. nicht stattgefunden, sei es, daß unsere Arbeiter ungleichmäßig und also stellenweise zu dicht gesät haben. Jede zu dichte Saat hat aber die nachtheilige Folge, daß neben dem Zurückbleiben

___
[1]) Krit. Blätter. L. 1. S. 258.

und Verkümmern zahlreicher Pflänzchen auch die dominirenden sich nicht so kräftig entwickeln, wie dies bei geringerer Pflanzenzahl der Fall sein würde; kümmerlicher Wuchs, schwache Endknospen, gelbliche Farbe sind die Folge dieser namentlich in Nadelholzsaatbeeten nicht seltenen Erscheinung, während bei größeren Samen eine gleichmäßige und nicht zu dichte Ansaat leichter auszuführen ist — so bei Eicheln, Bucheln, Ahorn.

Die eben berührten Nachtheile des dichten Standes machen sich aber am meisten dann geltend, wenn die Pflänzchen länger als ein Jahr im Saatbeet stehen, während bei nur einjährigem Verbleiben in demselben jene Folgen minder hervortreten, eine Verdünnung nur bei sehr dichtem Stand nöthig erscheint.

Die nothwendige Hülfe aber geben wir durch rechtzeitige Ver= dünnung der Saat mittelst Ausziehen oder Ausschneiden des Uebermaßes an Pflanzen. — Bei einer im ersten Lebensjahr stehenden Saat ist eine Ausscheidung zwischen den kräftigeren und den zurück= bleibenden Pflänzchen in der Art, daß wir beim Ausziehen nur die letzteren entfernen, noch nicht eingetreten; wir müssen hier ziemlich summarisch verfahren und eben einfach eine Anzahl von Pflanzen aus= reißen, am zweckmäßigsten in der Mitte der Rille, woselbst sich auch das Kümmern der Pflanzen am ersten und stärksten geltend macht, während die Randpflanzen wenigstens nach einer Seite hin freieren Wurzelraum haben, sich dadurch kräftiger entwickeln.

Zur Erleichterung und raschen Ausführung des Verdünnens zu dichter ein= und zweijähriger Fichtensaaten wandte man wohl ein Lineal an[1]), das durch die in einer Rille stehenden Pflanzen in der Weise geschoben wird, daß jene Pflanzen, welche stehen bleiben sollen, auf einer, die zu entfernenden Pflanzen auf der andern Seite des Lineals sich befinden. Die ersteren werden durch Andrücken des Lineals nach der Seite gebogen, die letzteren, aufrecht stehenden aber ausgerupft, was dann, ohne weitere Auswahl erfolgend, sehr rasch geht.

Wir können uns für dies Verfahren aber nicht aussprechen; für zweijährige Pflanzen, bei welchen sich der Unterschied zwischen stärkeren und zurückbleibenden Pflanzen schon deutlich markirt, halten wir das= selbe für zu summarisch, bei einjährigen aber rupfen wir, wie oben erwähnt, die zu entfernenden Pflanzen möglichst aus der Mitte der Rille.

Dem bei dichtem Stand oft schon im Sommer des ersten

---

[1]) Allg. F.= u. J.=Z. 1860. S. 413.

Lebensjahres stattgehabten Durchrupfen, das man — wenn es zu dieser Zeit unterblieb — zweckmäßig im Frühjahr des zweiten Jahres mit der erstmaligen Reinigung des Beetes und der Pflanzreihen von Unkraut verbindet (etwa im Mai), folgt bei Pflanzen, welche drei Jahre im Saatbeet stehen sollen, um dann unverschult verwendet zu werden, nicht selten ein nochmaliges Durchrupfen im Sommer des zweiten oder Frühjahr des dritten Jahres, und es kann sich diese Hülfe auch in Saatbeeten nöthig zeigen, die, anfänglich nicht zu dicht stehend, durch kräftige Entwickelung der Pflanzen im ersten und zweiten Lebensjahre in gedrängten Stand gekommen sind, ein Nachlassen im Wuchs für das dritte Lebensjahr befürchten lassen. Hier werden wir nun natürlich beim Durchrupfen minder summarisch verfahren; ein Unterschied zwischen stärkeren und geringeren Pflanzen wird sich schon sehr bemerkbar machen, und letztere sind es, die dann durch Ausziehen entfernt werden.

Statt des Ausziehens hat man auch wohl das Ausschneiden der überflüssigen Pflanzen mit der Scheere gewählt, um jede etwaige Lockerung der verbleibenden Pflanzen in ihren Wurzeln, jede Beschädigung der letzteren zu vermeiden. Diese Besorgniß dürfte aber, wenn das Ausziehen bei feuchtem Wetter und mit entsprechender Vorsicht geschieht, unbegründet sein und das rascher fördernde Ausrupfen dem umständlicheren Ausschneiden vorzuziehen sein.

Wir können das Durchrupfen zu dichter Saaten, insbesondere bei der Fichte, welche oft zwei- und dreijährig im Saatbeet erzogen und als unverschulte kräftige Pflanze ins Freie versetzt wird, unseren Fachgenossen nicht genug empfehlen. Der Erfolg ist nach vergleichenden Versuchen, die wir in unserem akademischen Forstgarten angestellt haben, ein ganz auffallend günstiger, und man wird mit der Verdünnung nicht leicht zu weit gehen[1]).

Die als entbehrlich ausgerupften Pflänzchen wirft man am besten wohl einfach weg; ein vorsichtigeres Ausheben des Uebermaßes und Einschulen desselben[2]) wird sich wohl nur ausnahmsweise empfehlen und nur bei im Frühjahr erfolgendem Durchrupfen überhaupt ausführbar sein.

---

[1]) Zu weit gehend dürfte das Scheeren der Nadelholzrillen in der Weise sein, daß die Pflanzen genau einzählig in der Reihe stehen. Allgem. F.- u. J.-Z. 1866. S. 210.

[2]) Forstl. Mitth. XI. S. 129.

§ 73.

Pflege der Saatbeete durch Zwischendüngung.

Wenn Saatbeete einer wiederholten Benutzung ohne gründliche und rationelle Düngung unterstellt werden, so macht sich nicht selten der Mangel an Nährstoffen durch kümmerliches Wachsthum, kleine Blätter, gelbe Färbung der Nadeln bemerklich. Bei Pflanzen, die einjährig zur Benutzung kommen sollen, läßt sich dem Uebelstand nicht mehr abhelfen, bei Pflanzen dagegen, welche zwei oder drei Jahre im Saatbeet stehen sollen, können wir durch eine sogenannte Zwischendüngung den Nahrungsmangel heben, den Pflanzen zu gedeihlichem Wachsthum verhelfen. Eine solche kann sich aber auch auf ursprünglich gut gedüngtem Boden bei etwas dichtem Pflanzenstand und längerem — dreijährigem — Verbleib im Saatbeet als nöthig oder doch vortheilhaft erweisen.

Ueber die Ausführung einer solchen Zwischendüngung haben wir bereits im § 28 das Nöthige gesagt und weisen nur nochmals darauf hin, daß bei derselben stets rasch wirkende, also leicht lösliche Düngemittel — chemische Präparate, Asche, Jauche u. dgl. —, nicht aber Kompost, Rasenerde und ähnliche langsamer sich zersetzende Materialien zu verwenden sind, und daß die Düngung möglichst zeitig im Jahre zu erfolgen hat, wenn sie sich im selben Jahre noch von entsprechendem Erfolg zeigen soll.

IV. Abschnitt.

Die Pflanzenerziehung im Pflanzbeet.

1. Kapitel.

Die Verschulung der Pflanzen.

§ 74.

Allgemeine Erörterungen.

Wenn eine im Saatbeet erzogene Pflanze nicht kräftig und groß genug erscheint, um sofort zur Kultur ins Freie benutzt werden zu können — sei es, daß sie durch überwachsendes Gras und Unkraut, durch Frost und Hitze, durch Wild oder Weidevieh gefährdet würde, sei es, daß bei Nachbesserungen im Hoch= oder Niederwald die schon herangewachsene oder (als Stockausschlag) rasch heranwachsende Um=

gebung stärkeres Pflanzmaterial nöthig macht — so wird dieselbe aus dem stets mehr oder weniger dichten Stand des Saatbeetes, der eine kräftige Entwickelung der Seitenwurzeln wie der Beastung für größere Pflanzen unmöglich macht, in eine nach allen Seiten freiere Stellung auf dem Pflanzbeet gebracht, um hier zu erstarken, Bewurzelung und Beastung allseitig auszubilden: sie wird verschult (umgeschult, umgelegt, verstopft).

Dieses Verschulen schwacher Pflanzen behufs Erziehung starker, kräftiger Pflänzlinge ist jedenfalls ein der Gärtnerei und Obstbaumzucht entlehntes Verfahren und wurde zunächst nur bei Laubhölzern — vor Allem wohl der Eiche — angewendet, um das zur Bepflanzung von Hutflächen, Alleen u. dgl. nöthige Material zu erziehen. Jedenfalls aber war die Anwendung der Verschulung bis zur Mitte unseres Jahrhunderts eine sehr beschränkte; sagt doch Hundeshagen noch 1828[1]), „daß er von dem öftern Umlegen der Stämmchen noch nirgends guten Erfolg gesehen", und Gwinner erzählt 1841[2]), daß bei Nadelhölzern ein Versetzen in der Regel nicht stattfinde. Vergleichen wir mit diesen Aussprüchen die ausgedehnten Beete voll verschulter Pflanzen, Laub- wie Nadelhölzer, in unseren jetzigen Pflanzgärten, so werden wir einen ganz außerordentlichen Umschwung und Fortschritt auch auf diesem Gebiete der Forstwirthschaft, beziehungsweise der Pflanzenerziehung zu konstatiren haben.

Einen Fortschritt: denn die Vorzüge der verschulten Pflanzen gegenüber den unverschulten sind so in die Augen fallend, daß selbst das Auge des Laien sie erkennt. Die allseitige, gleichmäßige Bewurzelung und Beastung, der stufige Wuchs unterscheiden sie aufs Vortheilhafteste von der unverschulten Pflanze, welche im dichten Stand des Saatbeets genöthigt war, ihre Wurzeln fast ausschließlich nach der Tiefe oder (als Randpflanze) nach einer Seite zu senden, welche ihren Höhentrieb auf Kosten der Seitenbeastung wie der Stärke des Stämmchens unverhältnißmäßig strecken mußte oder in Folge zu dichten Standes in der Entwickelung überhaupt zurückblieb. — Das Gedeihen unserer Kulturen hat durch die Anwendung verschulter Pflanzen außerordentlich an Sicherheit gewonnen, denn die stufig gewachsene, reichlich und allseitig bewurzelte Schulpflanze vermag allen Gefährdungen und namentlich dem größten Feind der Kulturen, der Trockniß, viel sicherer zu widerstehen, als die minder vollkommene Saatbeetpflanze[3]). Die

---

[1]) Encyklopädie 1828. S. 354.
[2]) Waldbau. 1841. S. 296.
[3]) Vergl. v. Oppen in Thar. Jahrb. 1893. S. 110.

12*

Verschulung hat uns die Mittel an die Hand gegeben, den für die Verpflanzung in höherem Alter ungünstigen Wurzelbau mancher Holzarten, obenan der Eiche, durch Kürzung der Pfahlwurzel und Hervorrufung reicher Seitenbewurzelung in günstiger Weise umzugestalten; sie hat die kostspielige und für die das Pflanzmaterial liefernden Schläge oft verderblich gewordene Ballenpflanzung sehr in den Hintergrund gedrängt und den Anbau empfindlicher Holzarten — so vor Allem der Tanne — im Freien und ohne Schutzbestand erst recht ermöglicht, indem wir diese Holzarten im Schutz des Saat- und **Pflanz-beetes** hinreichend erstarken lassen können. Die Mehrzahl unserer **Laubholzpflanzen**, welche zur Verwendung gelangen, Eichen und Ahorn, Eschen und Ulmen, werden umgeschult; von den **Nadel-hölzern** sind es Tanne und Fichte, auch Weymouthskiefer, deren Verschulung gegenwärtig in ausgedehntem Maße stattfindet, weniger die Lärche, fast gar nicht die Föhre, deren Verschulung jedoch in neuester Zeit auch für manche Verhältnisse empfohlen wird; die Besprechung der einzelnen Holzarten wird uns auf dies Thema zurückführen.

Es läßt sich dabei allerdings nicht in Abrede stellen, daß die Verschulung zunächst einen mehr oder minder nachtheiligen Eingriff in das Wurzelsystem der verschulten Pflanzen bedeutet[1]). Ein Theil der feineren Saugwurzeln geht neben den etwa absichtlich gekürzten stärkeren Wurzeln stets verloren, die Wurzeln kommen aus ihrer natürlichen Lagerung in eine oft ziemlich unnatürliche[2]) und müssen diesen Eingriff erst überwinden und ausheilen. Allein wir sehen, daß in dem gut gelockerten und natürlich gedüngten Boden des Pflanzbeetes dieser Ausheilungsprozeß sehr rasch vor sich geht, um so rascher, je besser die Verschulung ausgeführt wurde, und die **gut verschulte** Pflanze wird der gleichaltrigen unverschulten oder dem gleichalten Wildling in ober- und unterirdischer Entwickelung stets überlegen sein.

Die Frage, **wann** beim Kulturbetrieb verschulte Pflanzen nöthig, wann unverschulte genügend seien, hat die Lehre vom Waldbau, haben die lokalen Verhältnisse zu beantworten; unser Handbuch soll nach getroffener Entscheidung hierüber nur lehren, **wie** die nöthigen, stärkeren oder schwächeren Pflanzen zu erziehen seien. Nur im Allgemeinen möchten wir noch beifügen, daß trotz der oben erwähnten Vorzüge verschulter Pflanzen die Anwendung der billigern, rascher erzogenen,

----

[1]) Borggreve, Holzzucht. S. 262.

[2]) Centralbl. f. d. F.-W. 1888. S. 209, woselbst Melichar diesen Einfluß auf die Wurzelbildung durch eine Anzahl von Abbildungen (Naturselbstdrucke) darstellt.

unverschulten Pflanzen in möglichst geringem Alter da angezeigt er=
scheinen wird, wo die im Eingang dieses Paragraphen angeführten
Gründe für Verwendung stärkerer Pflanzen nicht bestehen, und daß mit
der immerhin nicht unwesentliche Kosten verursachenden Verschulung,
insbesondere der Fichte, vielfach wohl weiter gegangen wird, als un=
bedingt nöthig[1]). Auch hier bewährt es sich, daß ein zu weit gehen=
des Generalisiren im Waldbau nichts tauge!

§ 75.

Saat= und Pflanzschulen — Zusammenhang beider.

In sehr vielen Fällen finden wir die Pflanzschule mit der Saat=
schule, welche das zur Verschulung nöthige Material liefert, vereinigt,
Saat= und Pflanzbeete unmittelbar neben einander gelegen, und es
hat diese Vereinigung beider ihre ganz entschiedenen Vorzüge; Ver=
packung und Transport der jungen Pflänzchen wird erspart, die aus=
gehobenen Saatpflänzchen kommen oft schon nach wenig Minuten
wieder in den Boden, die Arbeit greift rasch und sicher in einander.
Dagegen sind wohl auch die Fälle nicht allzu selten, in welchen
die gegen Frost und Hitze, gegen Beschädigungen und Gefährdungen
mancher Art zu schützenden Saatpflänzchen in einem einzigen, günstig
gelegenen, gut eingefriedigten, ständig überwachten Forstgarten (etwa
bei einer Försterwohnung gelegen) erzogen werden, während die Pflanz=
schulen in dem vielleicht parzellirten Revier zerstreut, eventuell in der
Nähe der Kulturorte sich befinden; so insbesondere in Fichtenrevieren,
in denen die Pflanzkämpe meist einer Einfriedigung nicht mehr be=
dürfen, oder wo in denselben etwa Ballenpflanzen erzogen werden sollen,
was nur in einmal zu benutzenden Wanderkämpen geschehen kann.

Im Allgemeinen gilt für Auswahl einer Oertlichkeit zu
einer ausschließlichen Pflanzschule dasselbe, was wir über die Wahl
des Platzes für einen Forstgarten überhaupt gesagt, doch ist hier ein
weniger milder, hindernderer Boden eher zulässig als für die Saat, da
die schon erstarkten einzuschulenden Pflanzen manche Hindernisse leichter
überwinden, als die keimenden Samen, die aufgehenden Pflänzchen.

Die Größe der zur Verschulung zu bestimmenden Fläche
wird durch die mannigfachsten Verhältnisse beeinflußt: die Menge der

---

[1]) Vergl. die Mittheilungen des Oberförsters Pollak. Allg. F.= u. J.=Z.
1880. S. 339.

S. auch das im II. Theil unseres Buches über die Verwendung unverschulter
Fichten in § 117 Gesagte.

zur Ausführung der Kulturen alljährlich nöthigen verschulten Pflanzen, die Stärke, welche dieselben erreichen sollen, und hiedurch bedingt die Dauer ihres Verbleibens im Pflanzbeet, die Entfernung, in welcher je nach Holzart und Oertlichkeit die Pflanzen im Pflanzbeet zu setzen sind, endlich der erfahrungsgemäße (nicht unbedeutende) Abgang an eingehenden und untauglichen Pflanzen werden dem Wirthschafter hiebei maßgebend sein.

In engem Zusammenhang mit der Größe der Pflanzbeete, der Menge der alljährlich zu verschulenden Pflanzen steht die Größe der Saatbeete, auf welchen diese Pflanzen erzogen werden sollen. Im Allgemeinen bemißt man dieselbe nicht zu gering, trägt etwaigen Gefährdungen und Unfällen Rechnung und hat lieber ein paar Tausend Pflanzen übrig als ein Tausend zu wenig, zumal ein etwaiger Ueberschuß doch meist anderweit verwerthbar, verkäuflich zu sein pflegt. Relativ am kleinsten wird die Fläche der Saatbeete sein, wenn die Pflanzen einjährig verschult werden, während deren Verschulung in zweijährigem Alter reichlich die doppelte, in dreijährigem (wie dies als Ausnahme bei Fichten in Hochlagen vorkommt) die etwa vierfache Saatschulfläche nöthig macht (da natürlich zwei- und dreijährige Pflanzen nicht so dicht stehen dürfen, wie einjährige); im Weiteren aber ist das Größenverhältniß von Saat- und zugehöriger Pflanzschule bedingt durch die Zeit, welche die Pflanzen in dem Pflanzbeet zu stehen haben — je länger dieselbe, um so geringer natürlich die nöthige Saatbeetfläche, wie denn z. B. die Erziehung von Heistern, welche 5—8 Jahre im Pflanzbeet stehen, erklärlicher Weise die verhältnißmäßig kleinste Fläche im Saatbeete nöthig macht.

Auch der weitere Umstand ist für die Größe einer ständigen Pflanzschule von Bedeutung, ob die zu den Frühjahrskulturen abgeräumten Pflanzbeete nach sofortiger Umarbeitung und Düngung noch im gleichen Frühjahre wieder zur Verschulung benutzt werden, oder ob sie ein Jahr lang brach liegen bleiben; in letzterem Falle erhöht sich z. B. bei zweijährigem Verbleiben der Pflanzen im Pflanzbeet die Größe der Pflanzschule um die Hälfte. — Auf das Verhältniß der Saatbeet- zur Pflanzbeetfläche wird die Brache selbst dann nicht immer ohne Einfluß sein, wenn auch bei den Saatbeeten je eine Jahresfläche brach liegt; für die Erziehung einjähriger Pflanzen z. B. würde in diesem Falle die doppelte Fläche im Pflanzgarten zu bestimmen sein, für die Pflanzbeete im eben angeführten Fall nur um die Hälfte der sonst nöthigen Fläche mehr. Werden dagegen die Pflanzen zweijährig verschult und stehen zwei Jahre im

Pflanzbeet, so ist die Brache auf das Größenverhältniß von Saat- und Pflanzschule ohne Einfluß.

Bestimmte Zahlen über dies letztere lassen sich also erklärlicher Weise nicht geben; die lokalen Verhältnisse und die Erfahrungen lassen den Wirthschafter wohl das Richtige finden. Im Allgemeinen geben Schmitt[1]) und Gayer[2]) an, daß zur Erziehung 3—4jähriger verschulter Pflanzen etwa der zehnte, 5- und 6jähriger Pflanzen der zwanzigste Theil der Pflanzschulfläche zu Saatbeeten zu verwenden sei.

§ 76.
Alter und Stärke der zu verschulenden Pflanzen.

Bezüglich des Alters und der Größe der zu verschulenden Pflanzen läßt sich der allgemeine Grundsatz aufstellen, daß es zweckmäßig sei, die Pflanzen in thunlichst geringem Alter, in der Regel also einjährig, zu verschulen, indem einerseits mit solch' kleinen Pflanzen die Verschulung am leichtesten und billigsten auszuführen ist, den geringsten Wurzelverlust mit sich führt, anderseits die Pflanze durch diese frühzeitige Gewährung eines größeren Standraumes zu rascher Entwickelung gebracht, und die Absicht, kräftige Pflanzen zu erziehen, hiedurch in kürzester Zeit erreicht wird. Insbesondere gilt diese Verschulung einjähriger Pflanzen als Regel für jene Holzarten, welche schon im ersten Jahre eine bedeutendere Entwickelung, insbesondere auch der Pfahlwurzel, zeigen.

Man geht mit dem Alter der einzuschulenden Pflanzen sogar noch weiter herunter und verschult die eben erst aufgegangenen Keimlinge (in manchen Gegenden dann als „Krautpflanzen" bezeichnet) mit gutem Erfolg — so von Eschen, Weißbuchen.

Dagegen werden auch zwei- und selbst dreijährige Pflanzen[3]) zur Verschulung verwendet, wenn in Folge ungünstiger Verhältnisse die

---

[1]) Fichtenpflanzschulen. S. 64.

[2]) Waldbau. S. 335.

[3]) Wir haben einen Versuch gemacht, schon ältere (5jährige) Ahorn- und Ulmenpflanzen, erstere aus einer Freisaat unter zu starker Beschattung, letztere aus einem alten Saatbeet neben dichter Fichtenhecke und mit seitlicher Ueberschattung, noch zu verschulen. Der Versuch zeigte eine überraschende Entwickelungsfähigkeit der alten, verkümmerten Pflanzen! Dieselben, durchschnittlich 20—30 cm hoch, entwickelten sofort, im ersten Jahre nach der Verschulung, kräftige Höhentriebe bis zu 50 cm Höhe, und zeigten insbesondere die Ulmen sich sofort wuchskräftig.

Pflanzen im ersten Jahre sich nur sehr schwach entwickelt haben, wie dies z. B. bei der Fichte nicht selten, in rauhem Klima selbst regelmäßig der Fall ist, oder wenn die Entwickelung der betreffenden Holzart in den ersten Lebensjahren an sich eine sehr langsame ist, wie z. B. bei der Tanne.

Das Verschulen zu kleiner, zu schwach entwickelter Pflanzen ist an sich ein mißliches Geschäft, und eine natürliche Ausscheidung der Pflanzen in kräftigere und geringere Exemplare hat dann noch nicht in solchem Maße stattgefunden, daß sie auch beim Verschulen entsprechend berücksichtigt werden könnte, wie dies doch wünschenswerth ist.

Ebenso, wie das Verschulen zu kleiner, ist auch das Verschulen schon zu großer, im mehrjährigen dichten Saatbeetstand spindelig herangewachsener Pflanzen zu vermeiden — man wird aus solchem Material keine schönen, stufigen Pflanzen mehr erziehen und viel Abgang haben, und zudem ist die Einschulung solch' größerer Pflanzen stets kostspieliger, als jene kleiner Pflänzchen.

Für das Alter, in welchem zum Zweck der Erziehung von Heistern eine zweitmalige Verschulung stattzufinden hat, wird die Holzart und die mehr oder minder günstige Entwickelung der erstmals verschulten Pflanzen maßgebend sein und dieselbe demgemäß nach zwei- bis höchstens vierjährigem Stehen im Pflanzbeet einzutreten haben. —

Neben dem Alter ist es, wie oben erwähnt, die Stärke der Pflanzen im Saatbeet, welche für deren alsbaldige oder noch um ein Jahr zu verschiebende Verschulung bestimmend ist, und der durchschnittliche Entwickelungsgrad der Pflanzen eines Beetes wird hiebei den Ausschlag geben.

Unter den Pflanzen eines Saatbeets werden sich jederzeit eine kleinere oder größere Zahl von zurückgebliebenen Pflänzchen finden; je dichter der Stand war, um so mehr. Solche Schwächlinge, die sich durch geringere Größe und schwache Knospen leicht kenntlich machen, werfe man rücksichtslos bei Seite — das Einschulen derselben muß als ein entschiedener Fehler bezeichnet werden, der nur bei seltneren und werthvolleren Holzarten, oder durch Mangel an Verschulungsmaterial etwas entschuldigt werden kann. Solche Schwächlinge werden jederzeit ein Jahr länger im Pflanzbeet stehen müssen, als kräftige Pflanzen, um geeignetes Pflanzmaterial für die Kultur zu liefern, und doch in der Regel an Qualität hinter den um ein Jahr später verschulten kräftigen Pflänzchen zurückbleiben. Noch mißlicher aber ist es, wenn solche schwache Pflanzen auf die gleichen Beete mit den kräftigeren verschult werden: hier kann man dann mit der Benutzung der Beete in große Verlegenheit kommen, indem sich auf demselben Beet seinerzeit verwendbares und noch zu geringes Material gleichzeitig vorfindet, das erstere oft dem letzteren zuliebe ein Jahr zu lange im Pflanzbeet stehen muß.

Aber auch bei dem brauchbaren Pflanzmaterial bestehen auf ein und demselben Saatbeet oft sehr bedeutende Unterschiede in der Entwickelung, in höherem Grade bei den schon im ersten Lebensjahre sich stärker entwickelnden Laubhölzern — so bei Ahorn, Ulme, Eiche — als bei den Nadelhölzern. Hier ist dann vor der Einschulung ein entsprechendes Sortiren sehr zu empfehlen[1]), so daß auf ein und dasselbe Pflanzbeet möglichst gleich starke Pflanzen eingeschult werden; die Beete mit den stärkeren Pflanzen werden stets ein, selbst zwei Jahre vor den anderen zu nützen sein, ein nicht zu unterschätzender Vortheil neben dem Vermeiden des Nachtheils, daß man einen Theil der Pflanzen, die kräftigen, zu stark werden lassen muß, oder einen anderen, die schwächeren, in noch nicht genügend erstarktem Zustand mit zu verwenden genöthigt ist.

<h2 style="text-align:center">§ 77.</h2>

<h3 style="text-align:center">Dauer des Verbleibens der Pflanzen in der Pflanzschule.</h3>

Wie das Alter, in welchem die Verschulung vorgenommen wird, so ist auch die Dauer des Verbleibens der verschulten Pflanzen in den Pflanzbeeten eine verschiedene, bedingt durch Holzart, Entwickelung der Pflanzen, Verwendungszweck.

Als Minimum dieser Zeitdauer darf man wohl für die meisten Holzarten zwei Jahre betrachten, da ein nur einjähriges Stehen im Pflanzbeet meist verhältnißmäßig geringen Erfolg zeigen, nicht jenen Unterschied in der Stärke, Bewurzelung und Beastung hervorrufen würde, der das immerhin kostspielige Verschulen rechtfertigt. Erst im zweiten Jahre pflegt die verschulte Pflanze sich besonders kräftig und stufig zu entwickeln, nachdem sie sich im ersten Jahre dem neuen Standort angepaßt, den ihr gebotenen Wurzelraum benutzt, die etwa erlittenen Beschädigungen an den Wurzeln ausgeheilt, unter dem allseitigen Einfluß des Lichtes die entsprechenden Seitenknospen ausgebildet hat. —

---

[1]) Forstl. Blätter. 1879. S. 194. — Fischbach, Forstwissensch. S. 119. — Allg. F.- u. J.-Z. 1894. S. 195 (Lorey).

Wir können sogar die Wahrnehmung machen, daß bisweilen die Stamm=
entwickelung der unverschult gebliebenen Pflanzen bei nicht allzu
dichtem Stande eine kräftigere ist, als jene ihrer verschulten Alters=
genossen im ersten Jahre, zumal wenn eine Kürzung der Wurzel
(Eiche!) mit dem Verschulen verbunden war, oder der Verschulung
unmittelbar anhaltende Trockniß folgte, welche den versetzten Pflanzen
das Anwachsen erschwerte. Im zweiten Jahre allerdings pflegen die
verschulten Pflanzen dann das Versäumte reichlich einzuholen.

Eine Ausnahme bezüglich des oben angegebenen Minimums machen
nur einige besonders schnellwüchsige Holzarten — Erlen, Akazien —,
bei denen unter günstigen Umständen schon einjähriges Stehen im
Pflanzbeet zu genügender Erstarkung der Pflanzen ausreicht; auch ver=
schulte Föhren pflegt man nur ein Jahr im Pflanzbeet zu belassen.

Nicht selten aber werden die verschulten Pflanzen auch drei und
selbst vier Jahre im Pflanzbeet zu stehen haben, sei es, daß in Folge
lokaler Verhältnisse, rauhen Klimas die Entwickelung überhaupt eine
langsamere ist (Fichte), sei es, daß die betreffende Holzart an sich ein
in der Jugend sehr langsames Wachsthum hat, wie die Tanne, sei es
endlich, daß Pflanzen von besonderer Stärke zu Nachbesserungen in
älteren Schlägen, wegen Ungunst der Kulturorte und ähnlicher Gründe
gewünscht werden. Auch Beschädigungen, etwa durch starken Spätfrost,
können die Pflanzen in der Entwickelung derartig zurückwerfen, daß
dieselben länger, als sonst nöthig, im Pflanzbeet stehen müssen.

In dem eben erwähnten Falle jedoch, daß Pflanzen von besonderer
Stärke gewünscht werden, tritt bei Laubhölzern zur Erziehung der
sogenannten Halbheister oder Heister in der Regel eine zweite Ver=
schulung ein, welche dann Gelegenheit gibt, eine nochmalige Sortirung
und bezw. Ausscheidung minder tauglicher Exemplare, Korrektur der
Wurzeln und Gewährung entsprechenden Standraumes vorzunehmen.
Die Dauer des Verbleibens dieser zum zweiten Mal verschulten Pflanzen
in der Heisterschule schwankt, je nach Holzart und gewünschter Stärke,
etwa zwischen zwei und vier Jahren. — Für Nadelhölzer findet
eine zweimalige Verschulung im Forstbetrieb nur ganz ausnahms=
weise statt: bei der Lärche (s. § 119), wenn es sich um Erziehung
von Lärchenheistern (für Wildparke etwa) handelt, und noch seltener
wohl bei der Weißtanne (s. § 116) bei Bedarf besonders erstarkter
Pflanzen.

§ 78.

Zweckmäßigste Zeit zur Vornahme der Verschulungen.

Die richtigste Zeit zur Vornahme der Verschulung ist jedenfalls im Frühjahre vor dem Aufbrechen der Knospen[1]). Gegen ein Verschulen im Herbst spricht zunächst die Gefahr des Ausfrierens, welcher die noch nicht angewurzelten Pflanzen in dem frisch gelockerten Boden ausgesetzt wären; Herbstkulturen pflegen aber auch um der kürzeren Tage willen verhältnißmäßig theuerer zu sein, und endlich werden nicht selten die zur Verschulung zu benutzenden Beete erst durch die Frühjahrskulturen leer. Im Sommer läßt sich zwar auch verschulen[2]), und namentlich Fichten können im Juni mit schon ziemlich entwickelten Trieben noch mit gutem Erfolg verschult werden, während der letztere bei Laubholz sehr zweifelhaft sein wird; aber auch bei den weniger empfindlichen Nadelhölzern ist man jedenfalls sehr von der Witterung abhängig, muß beim Verschulen selbst, wie bei eintretender Trockniß gießen und wird gleichwohl bei anhaltender Hitze starken Abgang haben.

Beide Gefahren bestehen im Frühjahre nicht; man beginnt gerne zeitig mit dem Verschulen, um die Bodenfeuchtigkeit und die im April häufigen Niederschläge den Pflanzen zu Gute kommen zu lassen, und der April pflegt allenthalben der Hauptmonat für die Verschulungsarbeit zu sein; in rauheren Lagen verschiebt sich wohl die letztere in den Anfang bis selbst Mitte Mai. Fast überall läßt man zweckmäßiger Weise die Verschulung der minder dringenden Arbeit des Ansäens vorausgehen.

Wenn die Pflanzen schon etwas angetrieben haben, so schadet das bei Tanne und Fichte nichts; bei Laubhölzern und Lärchen aber sucht man die Verschulung nach bereits erfolgtem Laubausbruch zu vermeiden, da eintretende Trockniß stets sehr nachtheilig einwirkt. Wird die Verschulung dadurch, daß zuerst zahlreiche Kulturen auszuführen und zu denselben die Beete erst abzuleeren sind, etwas lange hinausgeschoben, so hebt man wohl zweckmäßig die zu verschulenden Pflänzchen aus und schlägt sie an kühlem, schattigem Ort ein, wodurch

---

[1]) Nach Lorey (Allg. F.- u. J.-Z. 1894. S. 196) haben Herbst- und Frühjahrsverschulungen annähernd gleiche Resultate bezüglich der Entwickelung der verschulten Pflanzen ergeben.

[2]) Allg. F.- u. J.-Ztg. 1866. S. 213 (Heyer). 1894. S. 196 (Lorey).

das Treiben derselben zurückgehalten wird[1]); es ist dies für empfind=
liche Holzarten zugleich ein Schutz gegen Spätfrostgefahr. —

Zu berücksichtigen sind bei Vornahme der Verschulung der
Feuchtigkeitsgrad des Bodens und die Witterung, und beide
können eine Verschiebung oder Unterbrechung der Arbeit nöthig machen.
Bei bindendem Boden tritt große Bodenfeuchtigkeit, Regenwetter, der
Arbeit hinderlich in den Weg, der Boden ist schmierig und klumpig,
die zarten Wurzeln können nicht entsprechend untergebracht werden, und
die Arbeiter treten beim Arbeiten auf den größeren Ländern den erst
gelockerten Boden stark zusammen. Bei lockerem Boden, Sandboden,
ist dagegen entsprechende Feuchtigkeit willkommen, da bei zu trockenem
Boden die zum Verschulen gezogenen Gräbchen oder eingestochenen Löcher
nicht recht halten wollen, indem der trockene Boden stets nachrollt. —
Etwas bewölkter oder gedeckter Himmel ist beim Verschulen stets will=
kommen, bei Sonnenschein und namentlich bei austrocknendem Ostwind
aber besondere Vorsicht nöthig, um das rasch erfolgende Austrocknen
der Wurzeln wie des Bodens (in den gezogenen Gräbchen oder Furchen)
zu verhindern.

<h2 style="text-align:center">§ 79.</h2>

<h3 style="text-align:center">Zurichtung des Bodens und der Beete für die Verschulung.</h3>

Die Vorbereitung des Bodens für die Pflanzbeete erfolgt bei
einer Neuanlage ganz in gleicher Weise, wie für die Saatbeete, also
durch hinreichend tiefes Umhacken oder Umgraben im Herbst,
damit der Boden während des Winters tüchtig ausfriere und die
Winterfeuchtigkeit reichlich aufnehme, und durch gartenmäßiges Um=
graben mit dem Spaten im Frühjahre vor der Benutzung. Waren
die Beete bisher schon benutzt und wurden etwa erst im Frühjahre
abgeleert, so findet natürlich letztere Bearbeitung allein statt. In Ver=
bindung mit dieser Bearbeitung im Frühjahre erfolgt auch die etwa
nöthige Düngung, und sei hier wiederholt (vergl. § 25), daß es bei
Düngung der Verschulungsbeete mehr auf nachhaltige, als auf rasche
Wirkung der Düngemittel ankommt, in um so höherem Grade, je
länger die Pflanzen in den Pflanzbeeten verbleiben sollen. Rasen=Asche
und =Erde, Humus, Kompost lassen sich also hier mit gutem Erfolg
verwenden.

Bei der Zurichtung des Bodens im Frühjahre wird man sich auch

---

[1]) Vergl. die Note bei § 8, sowie die in § 103 geschilderte Methode von
Kocešnik zur Zurückhaltung der Vegetation im Frühjahr.

zu entscheiden haben, ob man zur Verschulung Beete oder größere
sog. Länder (Quartiere, Gewannen) verwenden will. Wir haben über
das, was zu Gunsten der einen wie der anderen spricht, uns schon
früher (§ 41) geäußert und uns aus mancherlei Erwägungen für die
Beete, als die in vielen Fällen und insbesondere für langsamer sich
entwickelnde Holzarten (Fichten) und bindenden Boden vorzuziehende
Eintheilung ausgesprochen. Die Entfernung, welche man den
Pflanzreihen geben will und kann, spielt bei Lösung dieser Frage
gleichfalls eine sehr bedeutende, oft entscheidende Rolle, indem größere
Länder eine sonst etwa zulässige engere Verschulung ausschließen
— die Arbeiter müssen sich zum Zweck der Lockerung, Reinigung 2c.
zwischen den Reihen leicht bewegen können. Heister dagegen, welche
in ziemlich bedeutender Entfernung verschult werden müssen, wie rasch
sich entwickelnde Laubhölzer überhaupt, werden zweckmäßig auf
größere Länder verschult.

Eine nicht unwichtige Frage ist es, ob die im Frühjahre abgeleerten
Beete thunlichst sofort wieder benutzt werden oder bis zum nächsten
Frühjahre brach liegen sollen. Daß Letzteres manche Vortheile gewährt, läßt sich nicht in Abrede stellen, und namentlich auf schwererem
Boden, der etwa im Frühjahre beim Ausheben der Pflanzen stark zu-
sammengetreten wurde, klumpig und grobschollig erscheint, wird ein
Liegenlassen über Winter nach vorherigem Umarbeiten im Spätsommer
unter gleichzeitigem tüchtigen Unterarbeiten des während des Jahres
gewachsenen Unkrautes (das man aber nicht zur Samenreife gelangen
lassen darf!), oder besser noch unter gleichzeitiger Gründüngung
mittelst Lupinenanbaues (s. § 24 b) sich als zweckmäßig erweisen, zugleich die Vortheile der landwirthschaftlichen Brache bieten.

Dagegen lassen die nicht geringen Kosten, welche die erstmalige
Bodenbearbeitung wenigstens an vielen Orten, dann die Einfriedigung
unserer Forstgärten verursachen, nicht selten eine möglichst intensive Ausnutzung dieser letzteren als wünschenswerth erscheinen, und
in solchem Falle sucht man also das Brachliegen größerer Flächen zu
vermeiden[1]). Dies kann nun, wo die oben geschilderte Beschaffenheit
des Bodens ein Ausfrieren über Winter besonders wünschenswerth
macht, dadurch geschehen, daß man die im Frühjahre zu verwendenden
Pflanzen schon im Herbst aushebt, gut einschlägt und die abgeleerten
Felder rauh umarbeitet. Auf minder bindendem Boden dagegen oder
in schon länger benutzten Forstgärten, in welchen der Boden durch die

---

[1]) Allg. F.- u. J.-Z. 1866. S. 214.

öftere Bearbeitung und Düngung mit humosen Substanzen bereits mürbe geworden, unterliegt es auch keinem Anstand, die erst im Früh=
jahre geleerten Beete sofort unter gleichzeitiger Düngung umzugraben und, nachdem der Boden sich etwas gesetzt hat, zur alsbaldigen Ver=
schulung zu benutzen.

§ 80.

Ausheben der zu verschulenden Pflanzen.

Gutes und sorgfältiges Ausheben der Pflanzen — sei es zum Zweck der Verschulung oder des Auspflanzens ins Freie — ist für das Anschlagen einer Kultur, die Entwickelung der verschulten Pflanzen von großer Bedeutung: thunlichste Vermeidung aller Wurzel=
beschädigungen muß hier oberster Grundsatz sein — ein Grundsatz, gegen den leider nur zu oft verstoßen wird[1]).

Bei Besprechung des Aushebens der Pflanzen zum Zweck der Verschulung werden wir unterscheiden müssen, ob wir es mit voll oder rillenweise angesäten Saatbeeten, mit einzuschulenden Wildlingen, mit kleinen oder mit stärkeren, zum zweiten Mal zu verschulenden Pflanzen zu thun haben.

Voll angesäte Saatbeete kommen, wie schon erwähnt, ver=
hältnißmäßig selten mehr vor; zum Ausheben der Pflanzen aus den=
selben benutzt man am besten eine starke eiserne Gabel (Mistgabel), um Wurzelbeschädigungen zu vermeiden, sticht, am Rande beginnend, größere Ballen heraus und zertheilt dieselben vorsichtig mit der Hand, die einzelnen Pflänzchen herauslösend.

Am zweckmäßigsten geschieht dieses Auslösen der Pflanzen aus der umgebenden Erde dadurch, daß man die mit Gabel oder Spaten ausgestochenen Pflanzballen kräftig ein oder selbst mehrere Male auf den Boden aufwirft, wodurch die Erde abfällt; das Abschütteln der letzteren, wobei die Pflanzen am Kopfe gehalten werden, führt leicht zu Wurzel=
zerreißungen und ist deshalb verwerflich.

Wesentlich erleichtert und mit der größten Schonung der Wur=
zeln, namentlich der feinen Saugwurzeln[2]) und Wurzelenden, ermög=

---

[1]) Centralbl. f. d. F.=W. 1894. S. 161 (Kocesnik). Schweiz. Zeitschr. 1896. S. 10.

[2]) Von Prof. Bühler mit Fichten angestellte Versuche (Prakt. Forstwirth f. die Schweiz. 1885) haben das mit allen bisherigen Ansichten im Widerspruch stehende interessante Resultat ergeben, daß es nicht die feinen Wurzelfasern sind, mit denen versetzte Pflanzen an= und weiterwachsen, sondern daß diese absterben

licht ist das Ausheben der rillenweise erzogenen Pflanzen. Das=
selbe erfolgt, indem man, am Ende eines Beetes beginnend, durch Weg=
räumen der Erde längs einer Pflanzenreihe, jedoch zur Verhütung von
Wurzelbeschädigungen in genügender Entfernung von derselben, einen
kleinen Graben zieht, dessen Tiefe durch die mehr oder minder tiefe
Bewurzelung der betreffenden Pflanzen bedingt ist; auf der andern
Seite der Pflanzenreihe wird sodann ein Spaten (nie sollte die Haue
hiezu benützt werden!) hinreichend tief und bis unter die Wurzel=
enden reichend senkrecht eingestoßen und mit Hülfe desselben die ganze
Reihe nach und nach in jenen Graben gedrückt. Hieburch entsteht nun
gleich der nöthige Graben für die nächste Pflanzenreihe, bei der ebenso
verfahren wird; den Spaten sticht man stets genau in der Mitte
zwischen den Pflanzenreihen ein. Die losgelösten Pflanzenballen werden
in oben geschilderter Weise von der Erde befreit und durch vorsichtiges
Entwirren der oft vielfach verschlungenen Wurzeln die einzelnen
Pflänzchen gewonnen; diese letzteren sortirt man am besten sogleich,
indem man die Schwächlinge bei Seite wirft, eventuell auch die benutz=
baren Pflanzen nochmals in stärkere und schwächere scheidet (vergl. § 76).
Die brauchbaren Pflanzen bringt man in kleinen Partien sofort mit
den Wurzeln in feuchtes Moos oder feuchte Erde und vermeidet
namentlich bei trockener Witterung jedes auch nur kurze Bloßliegen
der Wurzeln[1]). Werden die Pflanzen nicht auf demselben Orte, wo
sie erzogen wurden, eingeschult, so ist natürlich die sorgfältige Ver=
packung der Wurzeln in feuchtes Moos zur Verhinderung jedes Aus=
trocknens während des Transportes doppelt nothwendig. Ueber das
zu gleichem Zweck stattfindende Anschlämmen vergl. § 81. — Besondere
Vorsicht erfordern selbstverständlich die gegen jede Beschädigung durch
Druck, jedes Austrocknen besonders empfindlichen Keimlinge, wo
solche verschult werden sollen.

Zum Ausheben kleiner Wildlinge — Keimlinge, wie ein= und
zweijähriger Pflanzen, wie solches nach geringen Samenjahren, bei

---

und dagegen an den stärkeren Wurzeln neue, durch ihre helle Farbe leicht erkenn=
bare Neubildungen entstehen, welche die Ernährung vermitteln. Es wird von
Interesse sein, diese für die Kulturpraxis wichtige Beobachtung weiter zu verfolgen.

[1]) Ueber die Folgen des kürzeren und längeren Bloßliegens der Wurzeln, der
Art der Feuchterhaltung u. s. w. vergl. die Versuche von Möller u. Reuß. (Secken=
dorff, Forstl. Versuchsw. Bd. II. S. 197.)

Auch Bühler hat derartige Versuche angestellt, welche die große Bedeutung
des Feuchterhaltens der Wurzeln in prägnanter Weise nachweisen.
(Schweiz. Zeitschr. f. d. F.=W. 1884. S. 86.)

welchen der nöthige Samen nicht gesammelt werden konnte und auch in manch' anderen Fällen [1]) sich als zweckmäßig, wenn auch meistens etwas theurer erweist, benutzt man am besten ein kleines, kurzstieliges Stech-

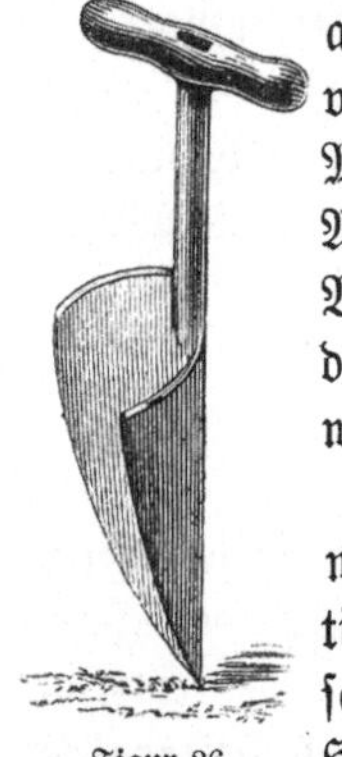

eisen (Fig. 36), mittelst dessen die Pflänzchen vorsichtig ausgehoben werden und ohne Ballen, aber mit möglichst viel anhängender Muttererde in Körbe mit feuchtem Moos gelegt, zur alsbaldigen Einschulung gelangen. Auch die kleinen Heyer'schen Hohlbohrer mit nur 4—5 cm Weite lassen sich zu diesem Zweck benutzen und werden die Pflänzchen dann mit den kleinen Ballen eingeschult, wodurch die Einschulung allerdings etwas theurer wird.

Je größer die Pflanzen, um so mehr Vorsicht wird beim Ausheben derselben zur Schonung der schon tiefer gehenden, weiter verzweigten Wurzeln nöthig sein, wobei allerdings zu bemerken ist, daß nicht alle

Figur 36.   Holzarten gleiche Empfindlichkeit gegen Beschädigung der Wurzeln oder gegen einiges Austrocknen zeigen — die Nadelhölzer stehen in beiden Richtungen obenan! Bei ihnen hat man es nun allerdings auch meist mit kleineren Pflanzen zu thun, die leichter zu behandeln sind, bei den Laubhölzern dagegen oft mit schon ziemlich starken Pflanzen da, wo es sich um Heisterzucht handelt. Solche stärkere, schon einmal verschulte Pflanzen werden mit besonderer Vorsicht, Pflanze um Pflanze, herausgestochen, und wird sodann zum Zweck etwaiger Wurzelkorrekturen meist die anhängende Erde abgeschüttelt; sind aber solche Korrekturen nicht nöthig, und bleiben die Pflanzen im selben Forstgarten, so läßt man auch hier möglichst viele Muttererde an den Wurzeln hängen, um hiedurch jedes Austrocknen zu verhüten, das Wiederanwurzeln zu befördern [2]).

§ 81.

Behandlung der Pflanzen nach dem Ausheben: Beschneiden, Anschlämmen, Einschlagen.

Das Beschneiden der Wurzeln zu verschulender Pflanzen kann verschiedene Zwecke haben: entweder lediglich Entfernung beschädigter, gequetschter oder abgeschundener Wurzeltheile, Herstellung einer glatten Schnittfläche an Stelle einer durch Zerreißung entstandenen

---

[1]) Vergl. § 116: Die Weißtanne.

[2]) Geyer verschult seine Heister mit Ballen (s. Die Erziehung d. Eiche zum Hochstamm).

Wunde, Kürzung zu langer, die Verschulung erschwerender Wurzel=
stränge — oder Veränderung der Wurzelbildung überhaupt in einer
die spätere Auspflanzung erleichternden Weise durch Kürzung der
Pfahlwurzel und zu langer Seitenwurzeln und dadurch bewirkte
reichliche Entwickelung von Saug= und Faserwurzeln. Insbesondere
dieser letztere Grund ist es, der das Kürzen der Wurzeln beim Ver=
schulen rechtfertigt, ja nothwendig macht, während man beim Ver=
pflanzen die Wurzeln stets möglichst unverkürzt zu erhalten suchen
wird[1]).

Ein Beschneiden der Wurzeln bei der erstmaligen Verschulung
wird sich nur bei Pflanzen mit besonders starker Pfahlwurzelbildung
als nöthig erweisen, so vor Allem bei der Eiche[2]), auch wohl bei der
Tanne[3]), während die meisten übrigen Holzarten, auf gutem, in der
oberen Schichte hinreichend gedüngtem Boden erzogen und in geringem
Alter verschult, ein Beschneiden der Wurzeln nur ausnahmsweise und
nur dann bedürfen, wenn ohne Kürzung der Wurzeln ein Umbiegen
derselben beim Einschulen zu fürchten ist. So empfiehlt Schmitt[4])
in diesem Fall selbst das Kürzen der Wurzeln zu verschulender Fichten,
wenn dieselben eine Länge von etwa 10 cm überschreiten sollten. Das
Beschneiden, welches am besten mit einer (Dittmar'schen) Baumscheere
oder einem krummen Messer erfolgt, da die werthvollere Scheere
sich an den erdigen Wurzeln rasch abnutzt, beschränkt sich sonach hier
auf ein mäßiges Einstutzen der Pfahlwurzel, wobei man im erst=
erwähnten Falle (bei der Eiche) wohl im Auge zu behalten hat, daß
einerseits der Pflanze die zum Anwachsen nöthigen Saugwurzeln ver=
bleiben, und daß anderseits der an der Abschnittsfläche selbst sich
bildende Kranz kräftiger Saugwurzeln bei der seinerzeitigen Ver=
pflanzung gut benutzt werden, also nicht zu tief sitzen soll[5]).

Größere Bedeutung hat für alle Laubhölzer das Beschneiden der
Wurzeln bei der zweiten, zur Erziehung von Heistern stattfindenden
Verschulung; hier hat sich die Wurzelkorrektur auf Beseitigung aller
zu tief gehenden, zu weit ausstreichenden und dadurch der künftigen
Verpflanzung hinderlichen Wurzeln zu erstrecken — es soll ein an
Saug= und Faserwurzeln reiches, möglichst konzentrirtes Wurzelsystem

---

[1]) Vergl. hierüber Forstl. Blätter 1878. S. 308. (Borggreve).

[2]) Vergl. hierüber § 105, Die Eiche.

[3]) Burckhardt, Aus dem Walde. IV. S. 67.

[4]) Fichtenpflanzschulen. S. 70.

[5]) Fischbach, Lehrb. d. Forstw. S. 119.

Fürst, Pflanzenzucht. 3. Aufl. 13

ausgebildet werden, welches die seinerzeitige Verpflanzung des Heisters
ins Freie mit thunlichst geringem Wurzelverlust gestattet.

Ein Beschneiden der Aeste, des Gipfels wird bei erstmaligen
Verschulungen fast stets entbehrlich sein und sich nur etwa auf Ent=
fernung einer Gabelbildung des Stämmchens, eines schlaffen oder er=
frorenen Johannistriebes beschränken, bei Nadelhölzern überhaupt nur
ausnahmsweise vorkommen. Auch bei der zweitmaligen Verschulung
zum Zweck der Heisterzucht sucht man jedes stärkere Beschneiden der
Aeste gleichzeitig mit der Verschulung zu vermeiden — die des=
fallsige Pflege der Stammbildung soll in den Pflanzbeeten entweder
der Verschulung vorausgehen, oder in der Heisterschule nach erfolgtem
Anwachsen des Stämmchens geschehen und erfolgt hier auch leichter,
als an den ausgehobenen Pflanzen. Ein späterer Abschnitt, die Pflege
der verschulten Pflanzen, wird uns auf das Beschneiden der Aeste
zurückführen (siehe § 91).

Soll man die ausgehobenen Pflanzen anschlämmen oder nicht?
Auch diese Frage findet eine verschiedene Beantwortung.

Wenn die Pflänzchen aus frischem oder feuchtem Boden ausgehoben,
sorgfältig gegen das Austrocknen durch Bedecken der Wurzeln mit
feuchtem Moos, feuchter Erde bewahrt und, wie dies in den meisten
Fällen zu geschehen pflegt, sofort eingeschult werden, so ist jedes An=
schlämmen der Wurzeln entbehrlich; die Pflanzenwurzeln bleiben in
naturgemäßer Lage, kleben nicht in unnatürlicher Weise an einander,
wie dies leicht Folge des Anschlämmens, namentlich in etwas dickerem
Lehmbrei, ist. Unter minder günstigen Umständen aber, namentlich
bei Sonnenschein, austrocknendem Ostwinde, empfiehlt es sich aller=
dings, die Pflanzenwurzeln noch in besonderer Weise gegen das ver=
derbliche Austrocknen der empfindlichen Saugwurzeln zu schützen, und
dies geschieht vielfach durch das sogenannte Anschlämmen.

Dieses Anschlämmen erfolgt nun in der Weise, daß man in
einem Gefäß oder einem Wasserloch einen dünnflüssigen Lehmbrei
anrührt, in welchem dann die in kleinere Partien so zusammengelegten
Pflanzen, daß deren Wurzelstöcke alle in gleicher Ebene sich befinden,
eingetaucht und hin und her bewegt werden, bis möglichst alle Wurzeln
angefeuchtet, mit einer dicken Lehmbreischicht überzogen sind; häufig
werden dann die Wurzeln noch mit etwas trockener, guter Erde oder
Rasenasche beworfen[1]). Buttlar verwandte sogar zu diesem Ein=
schlämmen einen dicken Lehmbrei, damit die etwas beschwerten Wur=

---

[1]) Allg. F.= u. J.=Z. 1866. S. 213.

zeln einer Pflanze sich an einander legen, alle senkrecht herabhängen, wodurch deren Einsetzen in eingestochene, verhältnißmäßig enge Pflanz= löcher erleichtert wird.

Gegen das Anschlämmen der Pflanzenwurzeln, namentlich mit dickerem Lehmbrei, sprechen sich aber verschiedene Stimmen, so auch Burckhardt[1]), aus, und gutes Zudecken der Pflanzen, eventuell auch tüchtiges Einnetzen derselben durch Ueberbrausen mit der Gießkanne wird hinreichenden Schutz gegen das Austrocknen gewähren. Zur Ar= beit des Einschulens selbst aber kann man die Pflanzen, insbesondere die kleinen Nadelholzpflänzchen, in kleine Gefäße — Kübel, Häfen — voll Wasser stellen, aus denen die diese Gefäße mit sich führenden Ar= beiterinnen Pflänzchen um Pflänzchen herausziehen, und wird man hieburch sein Ziel in sicherster und bester Weise erreichen.

Ein längeres Einschlagen der Pflanzen findet nicht leicht statt — man sucht Ausheben und Einschulen derselben stets rasch in einander greifen zu lassen. Zeigt sich dasselbe gleichwohl für etwas längere Zeit nothwendig, so wählt man hiezu einen schattigen Ort und legt die Pflanzen in dünnen Lagen — nicht in dicken Büscheln, wie man auch auf Kulturplätzen wohl sehen kann! — auf die wunde, feuchte Erde, jede Lage gut mit einer Erdschichte deckend. Bei trockenem Boden netzt man Erde und Wurzeln entsprechend an. (Vergl. über das Ein= schlagen ausgehobener Pflanzen § 102.)

§ 82.

Entfernung der Pflanzen und Pflanzreihen beim Einschulen.

In ähnlicher Weise und aus ähnlichen Gründen, aus welchen wir bei dem Kulturbetrieb fast stets die Pflanzung in Reihen, mit engerem Pflanzenabstand in den Reihen und größerer Entfernung dieser letzteren von einander ausführen, wählen wir auch bei der Verschulung fast ausnahmslos diese Stellung der Pflanzen; dieselbe gibt uns ins= besondere die Möglichkeit, durch engeren Stand in der Reihe eine größere Anzahl von Pflanzen auf derselben Fläche zu erziehen, während die breiteren Zwischenräume das Lockern des Bodens, eventuell das Betreten der Länder ohne Beschädigung der Pflanzen gestatten. — Nur bei der Erziehung von Heistern, bei welcher wir eine möglichst allseitig gleichmäßige Entwickelung des Pflänzlings anstreben, und bei der (immerhin selteneren) Erziehung von Ballenpflanzen im Pflanzbeet

---

[1]) Säen u. Pflz.   S. 295.

geben wir dem Quadrat=Verband den Vorzug. — Wir werden sonach in den meisten Fällen zu bestimmen haben die Entfernung der Pflanzreihen von einander und die Entfernung der Pflanzen in den Reihen.

Beide Größen sind nun abhängig von mancherlei Faktoren. In erster Linie wird die Größe und Stärke, welche die zu verschulenden Pflanzen im Pflanzbeet erreichen sollen, für diese Entfernungen maß= gebend sein, und je kleiner die Pflanzen zur Verwendung im Kultur= betrieb gelangen können, um so geringer werden wir bis zu gewisser Grenze deren Abstand im Pflanzbeet nehmen dürfen. Erklärlicher Weise spielt neben den lokalen Verhältnissen der Kulturorte hiebei die Holzart eine sehr wesentliche Rolle, und im Allgemeinen wird man sagen können, daß die verschulten Laubhölzer als höhere, stärkere Pflanzen zur Verwendung kommen, als die Nadelhölzer, daher in größerem Abstand zu verschulen sind. Von den Nadelhölzern wird wieder die sich anfänglich stark in die Aeste breitende Tanne größere Abstände erfordern als die Fichte, wenn den Pflanzen ein genügender Entwickelungsraum gewährt werden soll; ebenso wird man der Lärche, wenn man sie überhaupt verschult, größeren Wachsraum gestatten müssen, da es sich dann bei ihr um Erziehung starker Pflanzen (zu Nachbesserungen, in Mittelwaldschläge) handelt.

Als allgemeine Grundsätze für die richtige Entfernung der Pflanzen und Pflanzreihen werden nun aufzustellen sein: das Ver= meiden zu enger Verschulung, durch welche eine entsprechende Ent= wickelung der Pflanzen, insbesondere der wünschenswerthen Seiten= beastung gehindert, der Zweck der Verschulung also theilweise vereitelt würde, welche ferner der entsprechenden Lockerung des Bodens zwischen den Pflanzen hindernd in den Weg träte; insbesondere möchten wir nach unsern Erfahrungen die zu enge Verschulung von zur Heisterzucht bestimmten Pflanzen als einen Fehler erachten, der sich durch schlaffen Wuchs der Heister rächt! Ebenso aber das Vermeiden einer zu weiten Verschulung; eine solche ist als eine Verschwendung zu be= trachten, welche Angesichts der bedeutenden Kosten für Anlage und Unterhaltung der Forstgärten nicht zu rechtfertigen ist. Wenn man einen Reihen= oder Pflanzenabstand von 20 cm dort wählt, wo ein solcher von 15 cm zum gleichen Resultat geführt hätte, so erzieht man auf derselben Fläche um den vierten Theil Pflanzen weniger, und nahezu in gleichem Verhältniß erhöhen sich daher die Kosten für Beschaffung des nöthigen Pflanzenquantums; — die Ausgaben für Bodenbearbeitung, Düngung, Einfriedigung, Pflege sind ja in beiden

Fällen ganz gleich und nur jene für Verschulung in letzterem Falle etwas höher. In noch viel höherem Grade mehren sich natürlich die Kosten, wenn man in beiden Richtungen, bei der Entfernung der Pflanzen und Pflanzreihen, des Guten zu viel thut — und doch sieht man gerade in dieser Richtung so manche Sünde!

Als Minimum des Abstandes der Pflanzreihen von einander wird man, wenn die Verschulung auf Beete stattfindet, etwa 15 cm zu betrachten haben, eine Entfernung, welche noch gut hinreicht, um das Lockern des Bodens zwischen den Reihen mit dem Häckchen ohne Beschädigung der Pflanzen auszuführen; bei der Verschulung auf größere Länder muß dieser Reihenabstand wenigstens 20—25 cm betragen, um das Betreten der Beete den die Lockerung und Reinigung derselben besorgenden Arbeitern noch zu ermöglichen. Die geringste Entfernung von 15 cm wendet man meist nur bei der (allerdings in größter Menge zur Verschulung kommenden) Fichte, die in der Regel nur zwei Jahre im Pflanzbeet stehen soll, an; schon für Tannen, Weymouthskiefern wählt man meist 20 cm, für die rascher sich entwickelnden Laubhölzer 25 und 30 cm Reihenabstand, und bei wiederholt verschulten Laubholzpflanzen, im Heisterkamp, steigt dieser Abstand bis auf 70, ja selbst 90 cm.

Als Minimum des Abstandes der Pflanzen in den Reihen betrachtet man meist 10 cm, Schmitt[1]) geht für Fichten bis auf 8 cm herunter, und wir können nach einigen Versuchen (vergl. im II. Theil „Die Fichte") noch eine sehr befriedigende Entwickelung der Pflanzen bei solch' geringen Abständen konstatiren. Im Uebrigen sind dieselben Gründe, welche für größeren Pflanzenabstand sprechen: rasche Entwickelung, längeres Verbleiben in der Pflanzschule — auch maßgebend für die Wahl des Pflanzenabstandes in den Reihen, während natürlich die Wahl von Beeten oder Ländern hier ohne Einfluß ist. Vergleichende Versuche, die ja leicht anzustellen sind, und praktische Erwägungen werden den Wirthschafter das richtige Minimum — und um dieses handelt es sich ja vor Allem — finden lassen; bei Besprechung der einzelnen Holzarten werden wir der für dieselben üblichen Verschulungsweite speziell Erwähnung thun.

§ 83.

Die Ausführung der Verschulung selbst.

In der richtigen Erkenntniß, daß es Aufgabe des Forstwirthes sei, auf die Minderung der Kulturkosten in jedmöglicher Weise hinzuwirken,

---

[1]) Fichtenpflanzschulen. S. 78.

hat sich die Praxis seit Jahren bemüht, die immerhin kostspieligere Methode der Erziehung verschulter Pflanzen durch ein möglichst einfaches, rasch förderndes Verfahren, durch Anwendung mannigfacher Hülfsmittel so billig als möglich zu gestalten. Verschiedene Methoden der Verschulung, neuerdings auch mancherlei komplizirtere Verschulungs-Apparate, die wir nachstehend besprechen wollen, verdanken wir diesem Bestreben; gutes Ineinandergreifen der Arbeit, geübte Arbeiter, Verwendung billiger Arbeitskräfte, endlich gute, ständige Aufsicht spielen sowohl bezüglich des Resultates, wie der Kosten all' dieser Methoden erklärlicher Weise eine sehr bedeutende Rolle.

Fassen wir zunächst die Verschulung kleiner Pflanzen ins Auge, so geschah dieselbe zuerst, und geschieht wohl vielfach noch[1]), in einfachster Weise dadurch, daß nach der Schnur ein hinreichend tiefes Gräbchen in der Längsrichtung des Pflanzbeetes gezogen, in dasselbe die Pflanzen in der gewählten Entfernung nach dem Augenmaß oder nach an der Schnur angebrachten Zeichen eingelegt und nun durch Beiziehen der Erde mit der Hand eingepflanzt wurden.

Zur Herstellung des Gräbchens wurde die Haue (Breithaue), der Spaten oder auch ein sog. Rillenzieher benutzt; letzterer, unseres Wissens zuerst von Biermans empfohlen, ist ein löffelartiges Instrument von Eisen, etwa 12 cm lang und in der Mitte 6—8 cm breit, an einem hinreichend langen hölzernen Stiel befestigt[2]). An Stelle der genannten Werkzeuge trat mehrfach, als zur raschen und gleichmäßigen Herstellung des Gräbchens geeigneter, ein kleiner Handpflug von verschiedener Konstruktion.

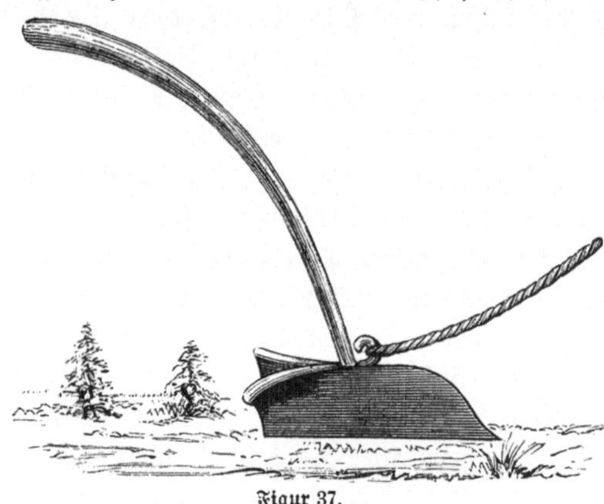

Figur 37.

struktion. Der von einem Kulturaufseher Schmidt gefertigte[3]) unterscheidet sich von jenem, welchen Oberförster Schmitt empfiehlt[4]) (Fig. 37), im

---

[1]) Burckhardt, Säen u. Pflz. S. 360.

[2]) Forstl. Mitth. I. S. 19. Siehe Figur 16 dieses Werkchens.

[3]) Allg. F.- u. J.-Z. 1866. S. 321.

[4]) Fichtenpflanzschulen. S. 56.

Wesentlichen dadurch, daß er, auf der einen Seite ganz eben, mit dieser Seite eine senkrechte Erdwand herstellt und die Erde nur nach der anderen Seite auswirft, während letzterer (40 cm lang, 10 cm hoch mit 15 cm Spannweite zum Rillenauswurf) nach beiden Seiten auswirft.

Um aber mit dem Pflug eine gerade Furche über das Pflanzbeet zu ziehen, ist ein Anlegen desselben an ein durch seine Kante die Stelle der zu ziehenden Furche bezeichnendes Brett nöthig, und ein solches wird denn auch von beiden Erfindern benutzt; die Länge desselben ist gleich der Beetlänge oder Beetbreite, je nachdem man die Pflanz= reihen in der einen oder anderen Richtung laufen lassen will. Das Ziehen der Furche erfolgt, wie aus Figur 37 hervorgeht, durch zwei Arbeiter, deren einer den Pflug an dem Stiel leitet, bezw. dessen Abweichen von der Brettkante verhindert, denselben zugleich in den Boden drückt, während der andere mittelst des angebrachten Strickes denselben vorwärts zieht.

Das hiebei benutzte Brett wird aber auch noch weiter benutzt, als sogenanntes **Pflanzbrett** (Fig. 38). Während nämlich dessen eine, glatte Kante gleichsam als Lineal für den Pflug dient, hat die andere in jenen Entfernungen, in welchen die Pflänzchen

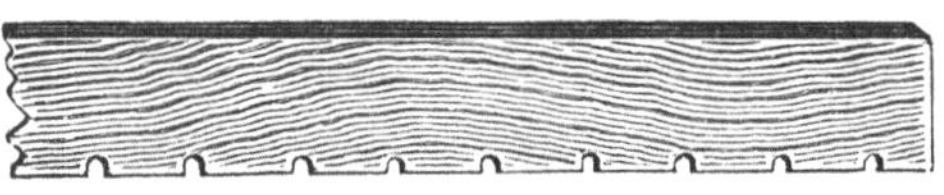

Figur 38.

in den Reihen verschult werden sollen, also von 10, 15, 20 cm, kleine, etwa 1—2 cm breite und tiefe Einschnitte; bei wechselnden Ent= fernungen sind also mehrere solcher Bretter nöthig. Die Breite des etwa 2 cm starken Brettes entspricht der Entfernung der Pflanzreihen, erspart also jedes weitere Abmessen.

Ist nach der glatten Kante die Furche gezogen (oder mit dem Spaten gefertigt), so wird das Brett umgedreht, die Kante mit den Einschnitten an letztere angelegt, in jeden Einschnitt ein Pflänzchen so eingehängt, daß dasselbe hinreichend tief — um des erfolgenden Setzens des Bodens willen etwas tiefer als bisher — in den Boden kommt, und nun die ausgeworfene Erde beigezogen und angedrückt. Die richtige Größe der Einschnitte, je nach Holzart und Stärke der Pflänzchen, ist hiebei von Bedeutung; sind die Einschnitte zu groß, so rutschen die Pflänzchen leicht zu tief hinunter, sind sie zu eng, so zieht man bei dem Wegnehmen des Pflanzbrettes, das durch vorsichtiges Seitwärts= schieben des Brettes erfolgt, leicht einzelne Pflänzchen wieder etwas heraus. — Das Wegnehmen des Brettes erfolgt erst, wenn man längs

der glatten Kante sofort wieder die neue Furche gezogen hat, so daß
die Arbeit also rasch in einander greift.

In ganz ähnlicher Weise erfolgt das Verschulen mit dem von
Danckelmann [1]) geschilderten sogenannten Harzer Pflanzbrett,
neben welchem man aber ein zweites Brett mit glatter Kante, das
Trittbrett, benutzt. Längs dieser Kante wird zuerst ein Gräbchen
von entsprechender Tiefe gezogen oder gestochen, dann das Pflanzbrett,
dessen Kante die entsprechenden Einschnitte enthält, angelegt und die
Verschulung, wie oben geschildert, vorgenommen. Nach erfolgtem Ein=
pflanzen aber wird das Trittbrett hart an das Pflanzbrett gelegt und
durch mehrmaliges kräftiges Auftreten die Erde in dem Pflanzgraben
fest angedrückt.

In ähnlicher Weise sucht die von Fischbach [2]) empfohlene, von
Mutscheller konstruirte Pflanzlatte (Fig. 39) den Zweck rascher

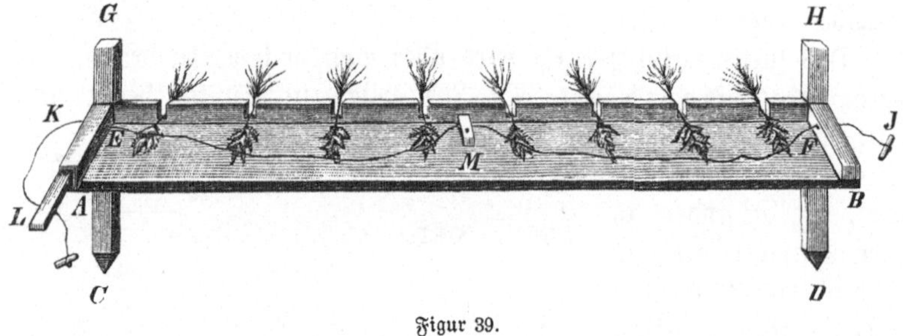

Figur 39.

und billiger Verschulung zu erreichen, und zwar vorwiegend für kleine
Nadelholz=(Fichten=)Pflanzen.

Die Länge derselben richtet sich nach der Breite der zum Verschulen
bestimmten Länder, je länger, um so arbeitsfördernder, und wurden
solche Latten bis zu 8 m Länge angewendet. Die Breite A E richtet
sich nach der Größe der Pflänzchen, beträgt 10—12 cm; längs der
Seite E F ist eine 3—4 cm breite, 1,5 cm starke Leiste aufgeleimt,
in welche in jenen Entfernungen, in welchen die Pflanzen in den
Reihen stehen sollen, 5—7 mm weite und 10—12 mm tiefe Einschnitte
gemacht sind.

Durch Einstecken der bei C und D zugespitzten Querhölzer G C
und H D in den Boden wird die Latte horizontal gestellt und werden

----

[1]) Zeitschr. f. F.= u. J.=W. V. S. 72.
[2]) Allg. F.= u. J.=Z. 1884. S. 7.

nun die Pflänzchen so in die Einschnitte der Leiste gelegt, daß das Stämmchen auf der Latte aufliegt, die Wurzeln aber genau so weit, als sie in den Boden kommen sollen, über die Leiste hinausragen. Mit Hülfe der Schnur JK, welche nun über die Stämmchen längs der Kante EF gelegt, angespannt und bei L befestigt wird, werden die Pflänzchen bis zu erfolgtem Einpflanzen festgehalten; bei längeren Latten dient hiezu auch noch der drehbare Bolzen M in der Mitte der Latte. Schon vor dem Einhängen der Pflänzchen wurde längs der Kante AB der mit den Enden C und D in den Boden eingesteckten, gleichsam als Lineal dienenden Pflanzlatte die Pflanzrille als ein Gräbchen von entsprechender Tiefe und Weite hergestellt; nach erfolgtem Einhängen der Pflänzchen wird nun die Latte auf die Querhölzer CG und DH so über die Mitte der Rille gelegt, daß alle Würzelchen frei in dieselbe hineinhängen und nun durch Beiziehen der Erde mit der Hand von beiden Seiten her leicht ein- und festgepflanzt werden können. Sodann löst man die Schnur und zieht die Latte nach rückwärts von den Pflanzen weg, und das Einschulen der Reihe ist beendigt. Fischbach rühmt die rasche, sichere Arbeit, das entsprechend tiefe Einpflanzen, den ganz regelmäßigen Verband.

Eine einfache Verschullatte für ein- und zweijährige Nadel- und Laubholzpflänzlinge, deren Herstellung sehr geringe Kosten verursacht (2 M. pro Stück) beschreibt Forstmeister Gerlach[1]).

In anderer, ebenfalls rasch fördernder Weise verschult man namentlich auf nur mäßig bindendem Boden, in eingestoßene oder eingedrückte Pflanzlöcher. Jeder Arbeiter ist in ersterem Falle mit einem einfachen Setzholz von entsprechender Stärke versehen und sticht mit demselben an jener Stelle, welche durch die mit eingebundenen Zeichen versehene Pflanzschnur vorgezeichnet ist, ein nicht zu enges und hinreichend tiefes Pflanzloch, senkt ein Pflänzchen in dasselbe und drückt es durch seitliches Einstechen des Setzholzes fest. Die Pflanzreihen laufen hiebei stets nach der Länge der Beete; an jeder Schnur arbeiten, je nach deren Länge, mehrere Personen in gleichen Abständen, und die beiden Flügelmänner stecken, so oft eine Reihe fertig ist, mit Hülfe eines Maßes die Schnur weiter. Will man die Pflanzreihen nach der Breite der Beete laufen lassen, so benutzt man zur Markirung der Pflanzstellen ein Brett von entsprechender Länge (1—1,2 m) und einer Breite gleich der Entfernung der Pflanzreihen, an dessen Rand die Pflanzenabstände durch kleine Kerben markirt sind; an einem solchen

---

[1]) Allg. F.- u. J.-Z. 1887. S. 397.

Brett arbeiten je zwei in den schmalen Zwischenwegen sich gegenüber
stehende Personen.

An Stelle derartiger Bretter wendet man im Interesse der Arbeits=
förderung auch wohl Markirapparate an, deren zwei in neuerer Zeit
beschrieben wurden.

Der eine (Fig. 40), von Waldbereiter Hornich in Nachod konstruirt[1]),
besteht aus einer Walze, deren Länge sich nach der Breite der Pflanz=
schulbeete richtet, und in welche kleine Zapfen, Holznägel, in einer dem
gewählten Pflanzenabstand entsprechenden Entfernung eingeschlagen sind;
der Durchmesser der Walze beträgt 33, die Länge der Nägel 3—5 cm,
deren Stärke 3,5 cm, und erscheint eine größere Länge der Nägel nicht

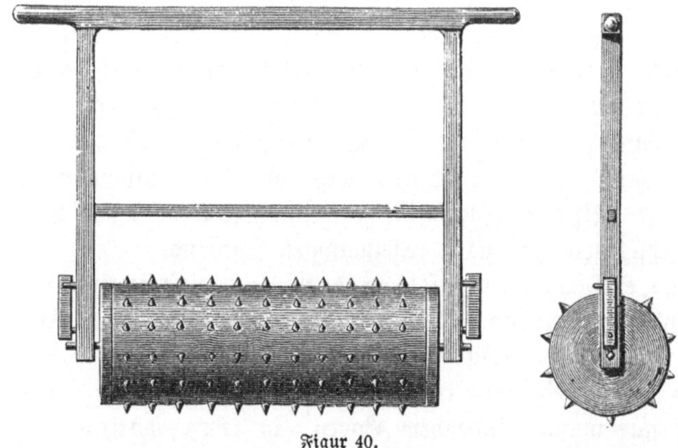

Figur 40.

rathsam, da sonst der Boden des Beetes stark aufgerissen und die
Markirung ungenau wird. Die eiserne Achse der Walze liegt in den
Achsenlagern, an welchen zwei durch eine Querleiste verbundene Arme,
die zum Ziehen der Walze dienen, angebracht sind; an diesen Armen
sind zwei kleine bewegliche Füßchen befestigt, die, wenn das Geräthe
nicht benutzt wird, heruntergeschlagen werden und die Walze tragen,
damit letztere nicht auf den schwachen Nägeln ruht. Bei der Be=
nutzung wird die Walze einfach über das Beet nach dessen Längs=
richtung hinweggezogen.

Einen zweiten solchen Apparat hat Krepler konstruirt[2]), und
rühmt als Vortheil desselben die Möglichkeit, die Entfernung der
Pflanzreihen wie des Pflanzenabstandes in den Reihen beliebig ändern
zu können.

<hr>

[1]) Oesterr. F.=Z. 1884. S. 265.
[2]) Oesterr. F.=Z. 1883. S. 279.

Der Apparat (Fig. 41) besteht aus einer 6—7 cm im Geviert starken gehobelten Achse von hartem Holz, deren Länge gleich der üblichen Beetbreite, in welcher auf jeder Seite eine sich um einen Eisenstab drehende Handhabe angebracht ist. Auf diese Achse werden

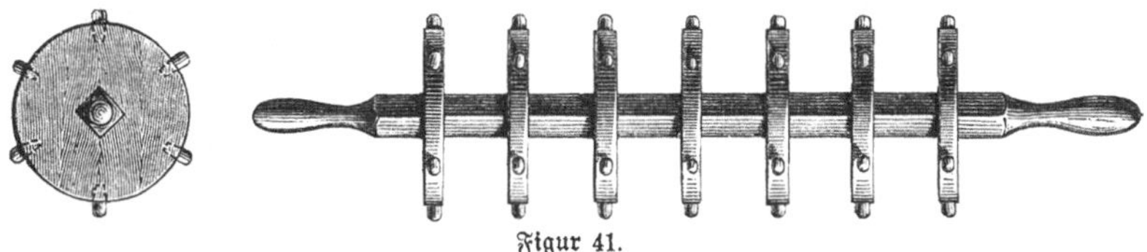

Figur 41.

60 cm im Umfang haltende, etwa 2,5 cm starke, aus hartem Holz ge= drehte Scheiben, welche im Centrum in der Stärke der Achse viereckig ausgeschnitten sind, aufgeschoben und in der gewählten Entfernung mit Holzkeilchen befestigt; auf dem Umfang tragen dieselben in den ent= sprechenden Entfernungen vorgebohrte Löcher, in welche 2 cm lange und mit eben so dicken Köpfen versehene Holznägel fest eingesteckt werden können. Die Bohrung dieser Löcher an der 60 cm messenden Peripherie ist dergestalt ausgeführt, daß eine Markirung auf 10, 15 und 20 cm erfolgen kann.

Bei der Anwendung des Apparates wird auf der einen Seite des Pflanzbeetes eine 10 cm breite, gerade Führungslatte angebracht, an welcher beim Ueberwalzen die erste Scheibe des Apparates stets anliegen muß, um gerade Linien zu erzielen; die Knöpfe der Scheiben markiren während der Umdrehung die Pflanzlöcher.

Eine verstellbare Markirvorrichtung für Pflanzenver= schulung beschreibt Professor Holl in Serajewo[1]); dieselbe beruht im Allgemeinen auf drei verschiebbaren Latten, die in Abständen von je 2 cm Löcher haben, in welche die zur Markirung dienenden Zapfen eingeschoben werden.

Rascher noch geht die Arbeit vor sich bei Anwendung eines Zapfenbrettes (Fig. 42), das namentlich für kleine Nadelholz= pflanzen, ein= und zweijährige Fichten, empfehlenswerth ist. Die Länge dieses entsprechend starken

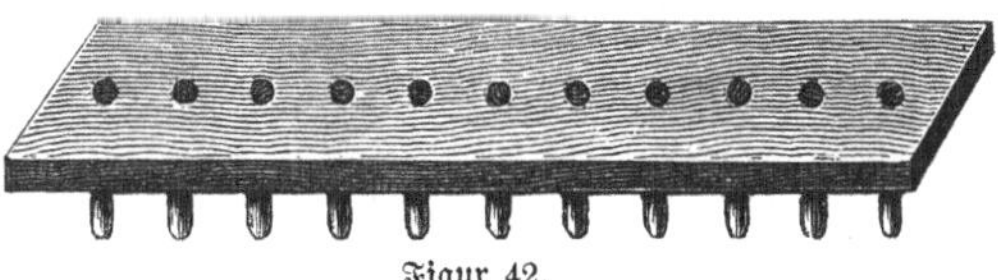

Figur 42.

Brettes ist gleich der Beetbreite, seine Breite gleich der Entfernung der Pflanzreihen, die Entfernung der genau längs der Brettmitte stehenden

---

[1]) Oesterr. F.=Z. 1893. Nr. 12.

Zapfen gleich dem Pflanzenabstand in den Reihen. Stärke und Länge der stumpf konischen Zapfen ist durch die Größe der Pflanzen und bezw. deren Wurzelbildung bedingt; für ein- und zweijährige Fichten wird eine Länge von 10—12 cm, ein oberer Durchmesser derselben von 3 cm genügen. Zwei Arbeiter, in den schmalen Beetwegen sich gegenüber stehend, legen das Brett längs der schmalen Kante am einen Ende des Beetes an und drücken bei leichterem Boden mit der Hand, bei schwererem durch Auftreten auf das Brett die Zapfen in den Boden, dadurch eben so viele Pflanzlöcher auf einmal anfertigend. Ist der Boden locker, so empfiehlt es sich, das Zapfenbrett beim Ab- heben etwas seitlich hin und her zu bewegen und dadurch die Löcher zu festigen, deren Zufallen zu verhindern; zu nasser oder zu trockner Boden ist aus naheliegenden Gründen der Arbeit hinderlich. Die auf dem frisch gelockerten und geebneten Beete sich scharf abdrückende Kante des Brettes gibt an, wo dasselbe aufs Neue anzulegen ist; besser noch arbeitet man mit zwei Zapfenbrettern, die ebenso wie die Saatbretter abwechselnd neben einander angelegt werden, und erspart also jegliches Abmessen. Die Pflanzerinnen, welche namentlich bei trockner Witterung den ersteren Arbeitern sofort folgen, besorgen das Einpflanzen der kleinen Pflänzchen lediglich mit den Fingern, bei etwas langwurzeligeren Pflanzen, auch auf bindenderem Boden mit dem Setzholz. Auch Doppelzapfenbretter, mit zwei Reihen im Drei- ecksverband nahe bei einander stehender Zapfen, werden für Verschulung einjähriger Fichten angewendet (s. II. Theil „Die Fichte").

Den Zapfenbrettern nahe verwandt ist das Pflanzenver- schulungsgestell von Eck[1]), dessen Konstruktion Fig. 43 ersichtlich macht. Die Breite des Gestells g g ist gleich der Beetbreite; die Pflanz- stöcke a werden in die Entfernung gebracht, welche die Pflanzen in den Reihen erhalten sollen und durch Anziehen der Schraubenmuttern fest- gestellt. Mittelst der an den beiden äußeren Pflanzstöcken befindlichen geschlitzten Platten b wird der Reihenabstand markirt, zu welchem Zweck man den Markirstock c im Schlitz an die entsprechende Stelle schiebt und feststellt. Die Tiefe der Pflanzlöcher wird durch die Fuß- platten d geregelt, welche an dem Querbalken g g anliegen, jedoch nach abwärts geschoben werden können, wenn die eingedrückten Pflanzlöcher nicht die volle Tiefe der Pflanzstöcke erreichen sollen; auch den Markir- stock c stellt man durch Versetzen der Scheiben e (auf oder unter die Platte b) in der Weise ein, daß dessen Spitze etwas tiefer steht als die Fußplatte d.

---

[1]) Allg. F.- u. J.-Z. 1885. S. 197.

Ist der Apparat entsprechend gestellt, so nehmen zum Arbeiten
zwei Leute den Apparat auf, setzen ihn längs der schmalen Kante des
Pflanzbeets an und treten a tempo, der eine mit dem rechten, der
andere mit dem linken Fuß, scharf auf den Querbalken g g, heben ihn
gleichmäßig wieder aus und setzen, in den schmalen Beetwegen vor=
wärts gehend, die beiden äußeren Pflanzstöcke genau in die Marke ein,
welche der Markirstock c in das Beet eingedrückt hat, hieburch den
Reihenabstand bezeichnend. Den Lochtretern folgen zwei Leute, welche

Figur 43.

die Pflanzen in die Löcher einstellen, und weitere Arbeiter besorgen
das sofortige Einpflanzen mit Hand= oder Setzholz.

Wir haben den Apparat, der um 27 Mark von dem Erfinder,
Revierverwalter Eck in Gera, zu beziehen ist, erprobt und praktisch
befunden; demselben werden zweierlei Pflanzstöcke, für schwächere und
stärkere Pflanzen, beigegeben. Wo Pflanzen gleicher Art und Stärke
in stets bestimmten Entfernungen verschult werden, genügen die von
demselben Herrn konstruirten festen Gestelle (à 12 Mark), die dann in
ihrem Effekt den oben geschilderten Zapfenbrettern gleichen.

Ein etwas komplizirter Apparat, bez. deſſen wir auf die Beſchreibung des Verfaſſers[1] verweiſen müſſen, iſt die Verſchulungsmaſchine von R. Hacker. Dieſelbe beſteht aus einem vierrädrigen Geſtell, mit welchem ein eiſerner Rechen, ſowie ein Linealgeſtell beweglich verbunden ſind, in welch' letzteres das Setzlineal — ein mit Einſchnitten zum Einhängen der Pflanzen verſehenes Holz — eingelegt werden kann. Das Prinzip der Arbeit beſteht nun darin, daß mit Hülfe des eiſernen Rechens von der quer über das Beet (die Räder in den Beetſteigen) geſtellten Maſchine aus durch einige Bewegungen des erſteren eine Furche geöffnet, an die vertikale Wand derſelben ein mit Pflanzen behängtes Lineal angelegt und mit Hülfe des Rechens das Einpflanzen der Pflänzchen und gleichzeitig das Oeffnen einer neuen Furche bewerkſtelligt wird. Die Handarbeit beſchränkt ſich ſonach hier lediglich auf das Einhängen der Pflänzchen in die Setzlineale.

Der Erfinder (Oberförſter in Ploskowic in Böhmen, von dem die Maſchine um 50 Gulden öſterr. bezogen werden kann), welcher die Maſchine bei der Verſammlung des böhmiſchen Forſtvereins zu Klattau im Jahre 1882 ausſtellte und dort mit derſelben arbeitete, rühmt ihr raſche, exakte und billige Arbeitsleiſtung nach[2]); bei enger Verſchulung kleiner Fichtenpflanzen, für welche der Apparat in erſter Linie berechnet iſt, wurden bei 5 cm Abſtand der Pflanzen in der Reihe ca. 400, bei $2^{1}/_{2}$ cm 6—700 Pflanzen pro Perſon und Arbeitsſtunde verſchult, während eine verſuchsweiſe Verſchulung mit dem Setzholze nur 200 Stück pro Stunde ergab. — Für Verhältniſſe, bei denen die Verſchulung einer großen Pflanzenmenge alljährlich nothwendig würde, mag die Maſchine trotz des höheren Anſchaffungspreiſes ſich als zweckmäßig erweiſen. — Für Oertlichkeiten, in denen letzterer mit Rückſicht auf die nur geringere zu verſchulende Pflanzenmenge zu hoch erſcheint, hat Hacker einen einfacheren Apparat konſtruirt[3]), bei welchem an Stelle der Maſchine zwei eiſerne Handrechen treten, mit welchen die Furche zur Einſchulung geöffnet und nach Anlegung des mit den Pflänzchen behängten Pflanzbrettes wieder geſchloſſen wird. Als Vortheil rühmt er neben raſcher Arbeit noch die naturgemäße Lage der Wurzeln, die Vermeidung der bei Verſchulung in Pflanzlöcher leicht vorkommenden Verkrümmungen. Der Preis des Apparates — 5 Pflanzbrettchen, 3 Ständer zum Auflegen derſelben beim Einhängen der Pflanzen und 2 langzinkige eiſerne Handrechen — beträgt 12 Gulden öſterr.

---

[1]) Centralbl. f. d. F.-W. 1883. S. 433.
[2]) Oeſterr. F.-Z. 1886. S. 189.
[3]) Centralbl. f. d. F.-W. 1891. S. 373.

Im Allgemeinen möchten wir bezüglich der Ausführung der Verschulung selbst noch folgende praktische Regeln hervorheben:

Die Verschulung in Gräbchen hat gegenüber der Anwendung des Verschulens in eingestoßene oder eingedrückte Löcher den Vorzug, daß die Wurzeln in möglichst naturgemäße Lage kommen, während bei letzterer Methode, namentlich bei etwas engen Löchern oder langwurzeligen Pflanzen, Verkrümmungen, Umstülpungen u. dgl. nur schwer ganz zu vermeiden sind. Am besten beugt man letzteren noch dadurch vor, daß man einerseits keine zu schwachen Setzhölzer oder Zapfen zur Anfertigung der Pflanzlöcher benützt, anderseits die Arbeiter anweist, die Pflanzen zuerst etwas tiefer, als sie eingepflanzt werden sollen, in das Pflanzenloch zu senken und sodann wieder, so weit nöthig, zu heben.

Zu allen leichteren Arbeiten, insbesondere zum Einschulen selbst, wähle man weibliche Arbeitskräfte, Frauen und Mädchen, durch welche die Arbeit nicht nur billiger, sondern meist auch besser ausgeführt wird, indem denselben das Bücken oder Niederkauern minder schwer fällt, als Männern. Stete Aufsicht durch Forstbedienstete oder tüchtige Vorarbeiter muß die Regel bilden, und Aufgabe des betreffenden Aufsehers ist es vor Allem, für das gute Ineinandergreifen der verschiedenen Arbeiten: Ausheben und Sortiren der Pflanzen, Fertigen der Furchen und Löcher und Einsetzen der Pflanzen — zu sorgen.

Das Zusammentreten des vorher sorglich gelockerten Bodens ist möglichst zu vermeiden, insbesondere bei an sich bindenderem Boden. Es ist eine entschiedene Schattenseite der größeren Länder, daß bei denselben dies Betreten absolut nicht zu vermeiden ist, und nur etwa durch Benutzung von Brettern, welche längs der Pflanzreihen über das Beet gelegt werden, sog. Laufbretter, möglichst unschädlich gemacht werden kann. Ein wiederholtes Lockern läßt sich hier häufig nicht umgehen und hat den Nachtheil, daß man nun in ganz frisch gelockerten, sich mehr oder weniger stark setzenden Boden verschulen muß. Bei 1,2 m breiten Beeten — schmälere sind Raumverschwendung in Folge der zahlreicheren Zwischenwege, breitere unpraktisch — kann dagegen jedes Betreten vermieden werden, die Arbeit von den Zwischenwegen aus geschehen. Verschult man in der Längsrichtung des Beetes nach der Schnur, so beginnt man mit der Mittelreihe und setzt die Arbeit nach beiden Seiten hin fort; es ist dann nur etwa nöthig, vor Einschulen der letzten Pflanzreihe den vielleicht etwas zusammengedrückten Beetrand, von welchem letztere übrigens mindestens 5 cm, besser etwas mehr, entfernt bleiben soll, wieder in Ordnung zu bringen.

Ebenso leicht ist jedes Zusammen-Drücken oder -Treten der Beete

bei Anwendung des Zapfenbrettes oder Verschulungsgestelles zu ver=
meiden, wobei die Pflanzreihen quer über das Beet laufen; diese
Richtung der Pflanzenreihen, senkrecht zu den Zwischenwegen, gewährt
den weiteren Vortheil, daß das Lockern des Bodens zwischen den Reihen
mittelst des Häckchens, auch das Anhäufeln mittelst des kleinen Hand=
pfluges, von jenen Wegen aus leichter erfolgt, als bei Reihen, welche
nach der Länge des Beetes verlaufen.

Legt man Werth auf besondere Accuratesse auch in der äußeren
Erscheinung des Forstgartens, so beginne man bei Anwendung letzterer
Verschulungsmethoden in der Mitte des Beetes (von einer s ch m a l e n
Kante zur andern gerechnet), die man sich eventuell gleich über eine
ganze Reihe neben einander liegender Beete hin mit Hülfe der Schnur
bezeichnet hat, und verschult von hier aus nach beiden Seiten hin.
Die Abweichungen von der zur Kante des Beetes senkrechten Richtung,
durch nicht ganz genaues Aneinanderstoßen oder Ansetzen der Zapfen=
bretter, werden sich dann nie so summiren, nie so groß werden, als
wenn mit der Arbeit an einem E n d e des Beetes begonnen wird. —
Das Gleiche gilt auch für Anwendung der Saatbretter zum Eindrücken
von Rillen, und zwar in beiden Fällen in um so höherem Grade, je
länger die Beete sind.

§ 84.

Wiederholte Verschulung — Heisterzucht.

Zu manchen Zwecken, so zur Bepflanzung von Hutungen, zur
Rekrutirung des Oberholzes im Mittelwald, in Auwaldungen, zur An=
lage von Alleen und Verpflanzung der Schneisenränder in mehr park=
artig behandelten Waldungen, namentlich aber auch zu manchen
Kulturen im eigentlichen Wildpark bedarf die Forstwirthschaft auch
besonders großer und starker, 2 bis selbst 4 m hoher Pflanzen, sog.
H e i s t e r. Sie verschafft sich dieselben durch n o ch m a l i g e Ver=
s ch u l u n g der im Pflanzbeet erzogenen, etwa meterhohen Pflänzlinge,
unter Umständen sogar und wenn es sich um Erziehung besonders
starker Heister handelt, durch zweimalige Verschulung derselben, und
verwendet nur ganz ausnahmsweise solch' starke Pflanzen aus natür=
lichen Anflügen, da deren Gedeihen um der minder günstigen Wurzel=
und Stammbildung willen stets ein zweifelhaftes zu sein pflegt. Sie
wendet aber die Pflanzung von Heistern nur da an, wo sie eben durch
die Verhältnisse a b s o l u t g e b o t e n erscheint; denn daß Heister in
Folge der wiederholten Verschulung, der langjährigen Pflege, der

großen Pflanzgartenfläche, welche die Heisterzucht beansprucht, ein sehr kostspieliges Pflanzmaterial sind, ist erklärlich.

Ein guter Pflanzheister soll ein entsprechend konzentrir= tes, an Faserwurzeln reiches Wurzelsystem, ein stufig gewachsenes Stämmchen, das sich allein zu tragen im Stande ist, und eine möglichst gleichmäßige, nicht zu starke Krone haben. Je nach Höhe und Stärke unterscheidet man wohl den Halbheister, bis 2 m hoch, und den eigentlichen Heister (Vollheister) mit 3 und selbst 4 m Höhe[1]).

Die Holzarten, welche bei der Heisterzucht überhaupt in Frage kommen, sind: als Hauptholzarten die Eiche, dann Ahorn, Esche, Ulme, Linde und Pappel, letztere beide fast nur für Alleen und Anlagen und daher selten im eigentlichen Forstgarten zu finden; end= lich die Rothbuche, im Hannöver'schen vielfach als Heister erzogen und benutzt in Folge besonderer Verhältnisse (namentlich bei Auf= forstung sog. Hudewälder), sonst aber als Heister wohl eine seltene Erscheinung in unseren Pflanzschulen. Von den Nadelhölzern ist es nur die Lärche, welche ausnahmsweise als Heister erzogen und verwendet wird. Die Besprechung der einzelnen Holzarten wird uns auf deren Erziehung als Heister vielfach zurückführen; hier seien die allgemeinen Grundsätze und Regeln der Heisterzucht einer näheren Besprechung unterzogen.

Die je nach ihrer Entwickelung ein= oder zweijährig verschulten und hiebei im Falle starker Pfahl= oder Seitenwurzelbildung durch zweckmäßiges Kürzen derselben vorbereiteten Pflanzen werden, sollen sie zu Heistern erzogen werden, nach zwei= bis dreijährigem Stehen im Pflanzbeet, in welchem sie namentlich auch durch entsprechendes Be= schneiden der Aeste die nöthige Pflege genossen, als etwa meterhohe kräftige Lohden abermals verschult. Der Zweck dieser nochmaligen Verschulung ist: Gewährung eines größeren Wurzel= und Kronenraumes behufs kräftiger und stufiger Entwickelung, zugleich aber Vornahme jener Wurzelkorrektur, durch welche die Bildung einer die seinerzeitige Auspflanzung möglichst sichernden und erleichternden Bewurzelung erreicht wird.

Man könnte etwa versucht sein, den ersten Zweck, die Gewährung eines größeren Standraumes, billiger dadurch zu erreichen, daß man von den in etwa 30 cm Entfernung stehenden Pflanzreihen der erst=

---

[1]) Vergl. über Heisterzucht insbes. Burckhardt's treffliche Abhandlung in „Aus dem Walde" V. S. 110, dann v. Barendorff's Anleitung zur Eichen=Heisterzucht im Jahrbuch des schlef. F.=V. 1880. S. 179.

maligen Verschulung je eine um die andere herausnimmt, hiedurch
die Entfernung der Pflanzreihen auf etwa 60 cm bringt, und ebenso
in den Reihen je die zweite Pflanze heraushebt, und bisweilen, ins=
besondere bei Holzarten ohne Pfahlwurzelbildung (Ahorn, Esche), wird
dies Verfahren wohl auch angewendet. Allein einerseits sind hiebei,
zumal wenn die Pflanzen etwas eng verschult waren, Wurzelverletzungen
schwer zu vermeiden, anderseits aber begibt man sich der Möglichkeit,
die oben erwähnte Wurzelkorrektur vornehmen zu können, vor Allem
aber der Möglichkeit, für die Heisterzucht nur die besten und
gutwüchsigsten Pflanzen aussuchen zu können, was wir
als oberste Regel einer richtigen Heisterzucht betrachten, während alle
minderwerthigen sofortige anderweite Verwendung finden. — Der
gleichen Vortheile würde man sich begeben, wenn man etwa gleich die
erstmalige Verschulung in weiteren Abständen vornehmen wollte; der
zu weite Stand der schwachen Pflanzen würde auch minder günstigen
Wuchs — zu starke Astentwickelung auf Kosten des Höhenwuchses —
vielfach zur Folge haben[1]).

Die Vorbereitung des Bodens zur Verschulung geschieht
in gleicher Weise wie für Pflanzschulen, doch wird man einer ge=
nügend tiefen Lockerung besondere Aufmerksamkeit zuzuwenden haben,
und ebenso einer zweckmäßigen, ausreichenden und nachhaltigen
Düngung. Heister auf schlecht gedüngtem Boden werden weit aus=
streichende und für die spätere Verpflanzung mißliche Seitenwurzeln
entwickeln, während guter Boden eine konzentrirtere Wurzelbildung zur
Folge hat.

Zur Erziehung von Heistern theilt man die hiezu bestimmte
Fläche nicht in Beete, sondern in größere Quartiere; die für
Beeteintheilung geltend gemachten Gründe fallen hier mehr oder weniger
weg, ein Betreten zwischen den weit von einander abstehenden Pflanz=
reihen ist leicht möglich, und die größere Entfernung, in welcher die
Pflanzen zu setzen sind, macht die Anwendung von schmalen Beeten
nicht wohl thunlich.

Das Ausheben der einzuschulenden Pflanzen erfolgt mit Rück=
sicht auf deren bedeutendere Größe in vorsichtiger Weise, am besten

---

[1]) Weise hat (vergl. Münd. Hefte 2. S. 13) in seinem Forstgarten zu Karls=
ruhe schöne Heister mit einmaliger Verschulung, ja 160—180 cm hohe Eichen=
halbheister direkt aus einer Saat, der die überzähligen Pflanzen allmählich ent=
nommen wurden, erzogen. — Trotzdem dürften die oben hervorgehobenen
Vortheile der wiederholten Verschulung für die Heisterzucht diese als Regel
gelten lassen.

durch Eindrücken in einen neben der Pflanzenreihe gezogenen, genügend tiefen Graben (§ 80), und jede einzelne Pflanze hat nun durch die Hand eines geübten und mit der Sache vollkommen vertrauten Arbeiters zu gehen, der die untauglichen bei Seite legt, die tauglichen durch Kürzung allzulanger Pfahl= oder Seitenwurzeln mit Messer oder Scheere zur Einschulung vorbereitet und hiebei zweckmäßig sogleich unter den für tauglich befundenen Pflanzen eine Sortirung nach der Stärke — etwa in zwei Klassen — aus den schon oben empfohlenen Gründen (siehe § 76) vornimmt. Ein Beschneiden oder Wegnehmen von Aesten soll hiebei nicht stattfinden, sondern theilweise und, so weit nöthig, bereits im vorhergehenden Jahre in dem Pflanzbeet stattgefunden haben, im Uebrigen erst im folgenden Jahre nach bereits erfolgtem Anwurzeln und Anwachsen des Pflänz= lings Platz greifen, so daß der letztere nicht im Moment der Ver= schulung noch mit zahlreichen Wunden bedeckt wird. Auch wird das Beschneiden des stehenden Pflänzlings leichter und richtiger erfolgen, als jenes des ausgehobenen.

Durch Decken mit Erde oder feuchtem Moos schützt man die Wurzeln gegen Austrocknen; braucht man bei stärkeren Laubholz= pflanzen auch nicht mit jener Aengstlichkeit zu verfahren, wie dies bei kleinen Nadelholzpflanzen nöthig ist, so wird doch entsprechende Sorg= falt sich auch hier lohnen, rascheres Anwachsen und besseres Gedeihen der Pflanzen zur Folge haben.

Die Entfernung, in welcher die Pflänzlinge wieder einzuschulen sind, wird je nach der Höhe und Stärke, welche sie bereits haben, wie insbesondere nach jener, welche sie in der Heisterschule erreichen sollen, zu bemessen sein, und zwischen 45 und 90 cm, als dem Minimum und Maximum schwanken[1]). Halbheister — bezw. Pflanzen, welche zu solchen erzogen werden sollen — verschult man in einem Abstand von 45—60 cm, gewöhnliche Heister in einem solchen von 75 cm, und nur für sehr starke Heister, insbesondere bei einer dritten Verschulung, wählt man etwa den Abstand von 90 cm. Eine zu geringe Ent= fernung[2]) hat ruthenartiges, zu wenig stufiges Wachsthum zur Folge, und die Herausnahme eines Theils der Pflanzen bei zu enger Ver= schulung in der Absicht, hiedurch den Wachsraum der übrigen zu be= fördern, ist, wie oben erwähnt, meist mißlich; ein eben so wenig

---

¹) Burckhardt, Säen u. Pflz. S. 77.

²) Wir warnen vor solcher auf Grund angestellter vergleichender Versuche eindringlich!

befriedigendes Resultat pflegt aber allzuweiter Stand kleiner
Pflanzen zu geben.

Im Interesse allseitig gleichmäßiger Entwickelung der Heister
stellt man die Pflanzen in Quadrat- oder Dreiecks-Verband,
und dürfte insbesondere dieser letztere um des größeren und gleichmäßigen Standraumes willen, den er den Pflanzen gewährt, zu empfehlen sein.

Um die zur Heisterzucht verwendete Fläche möglichst auszunutzen,
kann man dieselbe gleichzeitig zur Erziehung kleiner, schutzbedürftiger
und schattenertragender Pflanzen benutzen. So empfiehlt Forstmeister
Meier[1]), unter die Eichen einjährige Tannen einzuschulen, und zwar
zwischen je zwei Eichen eine Tanne und zwischen je zwei Heisterreihen
nochmals eine Tannenreihe, um hiedurch in 3—4 Jahren mit geringen Kosten sehr schöne Tannenpflänzlinge zu ziehen[2]); Geyer
erzieht in ähnlicher Weise Fichten[3]).

Zur Vornahme der Einschulung selbst wird entweder nach der
Schnur ein hinreichend tiefer Graben ausgehoben, was in dem gut
gelockerten Boden rasch geht, und Pflanze um Pflanze in entsprechender
Entfernung — bei minder gutem und bindenderem Boden wohl auch
unter Anwendung guter Füllerde — eingepflanzt, oder es erfolgt bei
größerem Abstand das Einsetzen in ein eigens für jede Pflanze aus-
gehobenes Pflanzloch, und wird der Zweck hiedurch billiger erreicht.
Zum Einschulen der größeren Pflanzen sind stets zwei Arbeiter nöthig,
deren einer die Pflanze an der genau abgemessenen Stelle in die
Grabenmitte hält und öfters rüttelt, während der andere die Erde
mit der Haue beizieht und zuletzt leicht antritt.

Steht Wasser in genügender Menge und Nähe zur Verfügung,
so empfiehlt sich bei Verschulung zu trockner Zeit ein kräftiges Angießen, wodurch sich die Erde auch sofort dicht an die Wurzeln legt,
deren Anwachsen beschleunigt. Man nimmt dieses Angießen etwa vor,
ehe man Pflanzloch oder Graben vollständig ausfüllt, wodurch der
Zweck mit geringerem Wasserquantum erreicht wird.

Die Pflege des Heisterkampes geschieht durch Reinhalten
von Unkraut, Lockerung des Bodens und kräftiges Behacken in

---

¹) Krit. Bl. L. 1. S. 152.

²) Im Frankfurter Stadtwald haben wir dies Verfahren ebenfalls in An-
wendung gefunden, und eigene Versuche haben namentlich unter der lichten Beschirmung von Ahorn- und Eschenheistern befriedigende Resultate ergeben.

³) Geyer, Die Erziehung der Eiche. S. 32. Auch Weise (Münd. Hefte 2.
S. 6) empfiehlt eine derartige Erziehung stärkerer Fichten und Weißtannen.

ähnlicher Weise, wie bezüglich der Pflanzbeete überhaupt im nächsten Kapitel angegeben ist. Die Pflege der einzelnen Pflanzen aber erfolgt durch das Beschneiden der Krone und Seitenäste, eine Arbeit, die viel Umsicht und Verständniß erfordert und welcher wir weiter unten einen eigenen Abschnitt (siehe § 91) widmen.

---

2. Kapitel.
Schutz und Pflege der Pflanzbeete.

§ 85.
Allgemeine Gesichtspunkte.

Gleich den Saatbeetpflanzen bedürfen auch unsere im Saatbeet stehenden verschulten Pflanzen des Schutzes gegen die gar mancherlei Gefahren, welche den Pflanzen überhaupt drohen und welche wir im vorigen Abschnitt bezüglich der Saatbeetpflanzen bereits besprochen haben; allerdings bedürfen sie diesen Schutz theilweise in minderem Maße als die zarten Keimlinge, die schwachen Saatpflänzchen. So wird Trockniß die mit ihren Wurzeln doch schon tiefer in den Boden reichenden verschulten Pflanzen weniger gefährden, der Spätfrost dieselben zwar mehr oder weniger beschädigen, nicht leicht aber gleich dem empfindlichen Keimling mancher Holzarten tödten, und während der Engerling die einjährige Pflanze durch Befressen der Wurzel stets zum Absterben bringt, wird die kräftige Schulpflanze, der starke Heister eine mäßige Wurzelverletzung nicht selten ohne schwereren Nachtheil überstehen. Je größer und stärker die Pflanze wird, um so weniger bedarf sie mehr des Schutzes, so also z. B. in der Heisterschule.

Eine entsprechende Pflege aber durch Entfernung des Unkrautes, Lockerung des Bodens, Düngung bei sichtbarem Nahrungsmangel bedarf unsere verschulte Pflanze von der einjährigen Fichte bis hinauf zum starken Heister, wenn sie sich in jener Weise entwickeln soll, wie es das Ziel des Pflanzenzüchters ist: rasch und kräftig und entsprechend gestaltet. Als ein besonderer und wichtiger Theil der Pflege tritt hier für Laubholz das Beschneiden der Stämmchen, die Kürzung und Entfernung überflüssiger, tief angesetzter Aeste, Wegnahme von Doppelwipfeln u. dgl. zu jenen Arbeiten, welche wir als zur Pflege der Saatbeete gehörig kennen gelernt haben, hinzu, und zwar steigt die Bedeutung derartiger Pflege mit der Größe, welche die Pflanzen im Forstgarten erreichen sollen.

In Vielem werden wir uns in den nachstehenden Abschnitten auf das in dem Kapitel für Schutz und Pflege der Saatbeete Gesagte beziehen können, und hier nur das zu erörtern haben, was für die Behandlung der Pflanzbeete eigenthümlich ist.

§ 86.
Schutz der Pflanzbeete gegen Trockniß.

In viel minderem Maße, als die Saatbeete, als die keimenden Samen oder zarten Pflänzchen, sind unsere verschulten Pflanzen durch Trockniß gefährdet; die schon tiefere Bodenschichten erreichenden Wurzeln finden selbst bei länger ausbleibendem Regen, länger anhaltender Hitze dort noch die nöthige Feuchtigkeit. Doch gehen, je nach Boden- und Holzart, in diesem Falle immerhin eine kleinere und größere Anzahl der Pflanzen zu Grunde, während andere wenigstens eine schlechte Entwickelung zeigen, und ein nach Lage des Pflanzbeetes, natürlicher Frische des Bodens, Art und Stärke der verschulten Pflanzen bald mehr, bald minder intensiver Schutz gegen Trockniß, gegen die direkte Einwirkung der Sonne wird auch für die Pflanzbeete vielfach nöthig sein.

Am meisten leiden wohl die verschulten Pflanzen durch Verschulung bei trocknem Wetter und Boden, und durch unmittelbar dieser Arbeit folgende anhaltende Wärme; zu dieser Zeit bedürfen sie daher auch am ersten besonderer Hülfe oder eines künstlichen Schutzes, um so mehr, je kleiner und flachwurzelnder sie sind. — Will und kann man bei trockner Witterung und mangelnder Bodenfeuchtigkeit die Verschulung nicht temporär aussetzen, weil etwa die Jahreszeit schon etwas weit vorgeschritten, so hält man einerseits die Pflanzenwurzeln durch Einstellen in Wasser oder dünnen Lehmbrei reichlich naß und wendet anderseits, wenn möglich, auch ein tüchtiges Angießen der frisch verschulten Pflanzen an, wobei man bei Verschulung in Furchen und Gräbchen am besten in diese vor vollständiger Ausfüllung derselben mit Erde gießt, hiedurch das Gießen wirksamer macht und Krustenbildung vermeidet[1]).

Als Schutz der frisch verschulten Pflanzen gegen die Einwirkung der Sonne dienen die in § 58 geschilderten Schutzgitter — Pflanzgitter —, welche in gleicher Weise wie über die Saatbeete, und nur etwa entsprechend höher, über die Pflanzbeete gehängt werden. Un

---

[1]) Schmitt, Fichtenpflanzschulen. S. 81.

entbehrlich werden dieselben sein, wenn Keimlinge verschult werden, da dieselben gegen direkte Sonneneinwirkung sehr empfindlich sind, ihre Verschulung auch stets in eine etwas spätere Zeit fällt, die Gefährdung durch Hitze also in höherem Grade besteht. Pflanzen dagegen, welche schon ein Jahr im Pflanzbeet stehen, pflegen eines solchen Schutzes nicht mehr zu bedürfen, wenngleich er sich ihnen bei anhaltender Hitze wohlthätig erweist. Die im nächsten Paragraphen besprochene sogenannte Hochdeckung gewährt solchen Schutz sämmtlichen Pflanzen eines Forstgartens.

Als ein vorzügliches Mittel zur Erhaltung der Feuchtigkeit erscheint das schon im § 59 erwähnte und für Pflanzbeete noch besser als für Saatbeete anwendbare Decken der Zwischenräume mit Laub, Moos oder sonstigen todten Materialien — vorausgesetzt, daß die Beete genügend gegen den Wind geschützt sind.

Ein wiederholtes Begießen verschulter Pflanzen findet wohl nirgends statt, da die Kosten hiefür zu bedeutend sein würden; ein Bewässern derselben würde sich allerdings in trocknen Sommern für deren freudiges Gedeihen vortheilhaft erweisen, wird aber unseres Wissens nur selten angewendet (s. § 59).

Die beste Sicherung aber gegen nachtheiliges Austrocknen des Bodens liegt, wie für Saatbeete, so auch hier in der zweckmäßigen und günstigen Lage des Pflanzbeetes, dem Schutz durch vorliegende Bestände gegen die Sonne, wie gegen austrocknende Ostwinde, dann in der natürlichen Frische des Bodens. Nicht zu seichte Bearbeitung des letzteren bei der Anlage und häufige Lockerung desselben zwischen den Pflanzreihen wirken gleichfalls günstig gegen Trockniß.

<h2 style="text-align:center">§ 87.</h2>

<h3 style="text-align:center">Schutz der Pflanzbeete gegen Frostbeschädigungen jeder Art.</h3>

Wie in den Saatschulen, so sind es auch in den Pflanzschulen Spätfrost, Frühfrost und Barfrost, ausnahmsweise der Winterfrost, welche, je nach der Holzart, bald mehr, bald minder schädlich auftreten.

Die beiden erstgenannten Frostarten, namentlich aber der Spätfrost, ziehen durch Tödten des Gipfeltriebes die Bildung von Doppelwipfeln nach sich, eine Erscheinung, die wir namentlich bei Holzarten mit gegenständigen Knospen, also Ahorn und Esche, wahrnehmen, durch Tödten der Seitentriebe aber struppigen, unschönen Wuchs, erzeugen bei wiederholtem Auftreten viel Ausschußmaterial, verzögern die Verwendbarkeit der Pflanzen und haben dadurch oft schwere Störungen im Kulturbetrieb zur Folge. Der Frühfrost, seltener und minder verderblich auftretend, tödtet die noch unverholzten Triebe, namentlich die sogenannten Johannistriebe mancher Holzarten.

Gegen den Spätfrost wenden wir ähnliche Mittel an, wie wir sie in § 61 bereits kennen gelernt: statt der späteren Saat spätere Verschulung der frühzeitig ausgehobenen und eine Zeit lang eingeschlagenen Pflanzen (§ 78) als Schutzmittel im ersten Jahre, und außerdem die schon vielfach erwähnten Pflanzgitter zur Zeit der Spätfrostgefahr im Monat Mai. Als einen intensiven Schutz der Pflanzen gegen Frost und Hitze empfiehlt Schmitt[1]) eine sogenannte Hochdeckung, welche namentlich den weiteren Vortheil biete, daß ein Abdecken und Wiederauflegen der Gitter zum Zweck der Lockerung und Reinigung nicht nöthig sei.

Zum Zweck derselben werden entsprechend starke Pfosten von 2 m Höhe über der Erde in 4—5 m Entfernung im Boden befestigt und darüber ein Stangengerüst so angebracht, daß Astreisig auf dieselben gelegt werden kann, ohne durchzufallen, so daß hiedurch über der ganzen Pflanzschule gleichsam ein Schutzdach gebildet wird. Als Deckmaterial verwendet man das die Nadeln lange haltende Föhrenreisig, das durch leichte Stangen gegen das Abwehen geschützt und im Herbst heruntergenommen wird.

Die etwas kostspielige und — wenn auch wohlthätige, aber doch nicht absolut nöthige — Einrichtung wird wohl nur ausnahmsweise Platz greifen[2]).

In der richtig gewählten Lage des Pflanzgartens und entsprechendem Seitenschutz wird wie gegen Hitze, so auch gegen Spätfröste ein wenigstens theilweise wirksames Sicherungsmittel zu suchen sein.

Gegen die seltener auftretenden und minder schädlichen Frühfröste pflegen Mittel nicht zur Anwendung zu kommen.

Durch den Barfrost leiden insbesondere die schwachen und seichtbewurzelten verschulten Pflanzen, so Tannen und Fichten, und zwar oft noch in höherem Grade, als die in den Rillen dichter beisammen stehenden Saatpflanzen, während tiefer wurzelnde Holz-

---

[1]) Fichtenpflanzschulen. S. 88.

[2]) Nach Schmitt's Angabe sind solche Hochdeckungen in den Fichtenpflanzschulen der Stadt Villingen im Schwarzwald mit sehr gutem Erfolg zur Anwendung gekommen. Auch Baur (Forstw. Centralbl. 1883. S. 247) hat in Hohenheim einen befriedigenden Versuch mit Hochdeckung angestellt und die Kosten bei billigem Materialbezug nicht zu hoch gefunden.

arten — Schwarzkiefern, Eichen — dessen Wirkungen fast gar nicht ausgesetzt sind. Die für die Saatbeete in § 62 angegebenen Schutzmittel, dann Hülfsmittel nach eingetretener Beschädigung, werden auch in den Pflanzbeeten Platz zu greifen haben, und hat namentlich das sofortige Wiederandrücken der gehobenen Pflanzen oft in ziemlicher Ausdehnung zur Rettung derselben stattzufinden. — Die Wirkung, welche die nicht zu seichten Beetwege auf den Abzug des Wassers aus der obersten Bodenschichte und dadurch auf Verminderung des Auffrierens haben, kann in durch Barfrost gefährdeten Oertlichkeiten ein triftiger Grund für Wahl von Beeten an Stelle der größeren Länder bei der Verschulung sein.

§ 88.
Schutz der Pflanzbeete gegen Regengüsse.

Auch die Pflanzbeete können durch starke Regen gefährdet sein, werden aber in minderem Maße durch dieselben leiden, als die Saatbeete, zumal wenn in geneigtem Terrain die Anwendung größerer Länder zum Verschulen vermieden und beetweise Eintheilung unter entsprechender Terrassirung mit Horizontallegung der Beetwege gewählt wird.

Gegen das Abschwemmen, wie das Festschlagen des Bodens durch Regengüsse, ebenso gegen die in § 63 bereits erwähnten Erdhöschen schützen insbesondere die mehrgenannten Schutzgitter, sowie Deckung der Räume zwischen den Pflanzreihen mit Laub und Moos.

§ 89.
Schutz der Pflanzbeete gegen Thiere jeder Art.

Von kleineren Thieren sind es insbesondere Engerlinge, Maulwurfsgrillen, Mäuse, welche unsere Pflanzbeete in ähnlicher Weise gefährden, wie dies oben bezüglich der Saatbeete näher besprochen wurde (vergl. §§ 65—67), und werden die Schutzmittel die gleichen sein. — Die Gefährdung durch Maulwurfsgrillen pflegt allerdings mit der zunehmenden Größe der Pflanzen abzunehmen und auch die vorwiegend manchem Samen gefährlichen Mäuse werden in Pflanzschulen weniger lästig — sehr lästig dagegen nicht selten die Engerlinge, denen man in den zwei und drei Jahre lang mit Pflanzen besetzten Pflanzbeeten nicht so gut beikommen kann, wie in den in vielen Fällen alljährlich umzugrabenden und hiebei von diesen Feinden wenigstens einigermaßen zu säubernden Saatbeeten. Gehen stärkere Pflanzen auch durch Engerlingsfraß seltener ganz zu Grunde, indem doch einige Wurzeln verschont bleiben, so kümmern sie doch an den Folgen stärkerer Wurzelbeschädigung Jahre lang, verkrüppeln auch wohl derart, daß sie zur Auspflanzung nicht mehr brauchbar sind; schwächere Pflanzen dagegen, zumal Nadelholzpflanzen aber sterben rasch ab.

Aus der Vogelwelt wird nur in seltenen Fällen eine Gefährdung unserer Pflanzbeete zu befürchten sein — durch das Auerwild, dessen wir in § 68 gedacht, auf welchen Abschnitt wir uns daher beziehen.

Gegen das Verbeißen durch Wild jeder Art, wo solches nach Wildstand und Holzart zu befürchten steht, muß durch Einfriedigungen oder die sonstigen in § 69 angegebenen Hülfsmittel Sorge getragen werden.

<h2 style="text-align:center">§ 90.</h2>

Pflege der Pflanzbeete durch Entfernung des Unkrautes, durch Lockerung und Düngung.

Vom Gras- und Unkrautwuchs sind die Pflanzbeete insbesondere noch im ersten Jahre nach der Verschulung heimgesucht, während bei nicht zu weitläufiger Verschulung und kräftiger Entwickelung der Pflanzen die letzteren durch ihre Beschirmung das Unkraut im zweiten und eventuell dritten Jahre schon mehr oder weniger zurückhalten und dann einer Pflege durch Reinigung der Beete nur in geringerem Maße bedürfen. Zwischen verschulten Tannen, die mit ihren horizontal streichenden Aesten den Boden rasch decken, vermag nach zweijährigem Stehen im Pflanzbeet oft kein Grashalm mehr aufzukommen.

Auch durch Belegen der Zwischenräume mit Laub oder Moos läßt sich der Unkrautwuchs wenigstens einigermaßen zurückhalten und gleichzeitig die Frische und Lockerheit des Bodens bewahren — wir haben auf diese Vortheile unter Bezugnahme auf Cieslar's vergleichende Versuche[1] schon mehrfach hingewiesen. Insbesondere auch für Heisterbeete und in windgeschützten Oertlichkeiten haben wir solche Bodendeckung mit sehr gutem Erfolg in Anwendung gebracht, ohne hiebei den von Burckhardt[2] gefürchteten Nachtheil, daß man hiedurch den kleinen Nagern willkommenen Unterschlupf gebe, bis jetzt beobachtet zu haben.

----

[1] Centralbl. f. d. F.-W. 1893. S. 24.
[2] A. d. Walde. V. S. 110.

Die Reinigung der Pflanzbeete geschieht theils durch Jäten mit der Hand, meist aber in Verbindung mit der auch für verschulte Pflanzen so vortheilhaften öfteren Lockerung des Bodens, welch' letzterer, je nach der Reihenentfernung, mit dem kleinen Jätehäckchen, dem Schoch'schen Dreizack (s. § 70), oder mit dem stärkeren Fünfzack oder Jätekarst stattfindet. In Heisterkämpen wird man zu noch stärkeren (aber schmalen) Hauen greifen und verhältnißmäßig tief lockern. Bei trockner Witterung wird es oft genügen, das Unkraut beim Behacken und Lockern einfach aus dem Boden auszureißen und liegen zu lassen, dessen Vernichtung durch Dürrwerden der Sonne zu überlassen [1]); schon aus diesem Grunde ist die Lockerung bei trockner Witterung zu empfehlen.

Wie oft das Lockern vorzunehmen sei, wird von den Boden=verhältnissen, der Witterung (anhaltender Regen schlägt den Boden fest!), der Nothwendigkeit, das Unkraut zu entfernen, abhängig sein. Lieber lockere man zu oft, statt zu selten — allerdings ist der Kosten=punkt hiebei auch etwas zu berücksichtigen!

Unter allen Umständen möchten wir auf bindendem Boden ein zweimaliges Behacken der Pflanzbeete alljährlich empfehlen; kräftige Entwickelung der Pflanzen im zweiten oder dritten Jahre, in Folge deren sich die Reihen nahezu schließen, kann demselben allerdings hindernd in den Weg treten.

Beim Lockern und Reinigen der zur Verschulung kleiner Pflanzen nicht selten, zur Heisterzucht stets angewendeten größeren Länder (Quartiere) lasse man die in § 71 empfohlene Vorsicht bezüglich des Betretens der frisch gelockerten Streifen nicht außer Acht! Auch die übrigen in jenem Paragraphen berührten Maßregeln bezüglich der letzten Lockerung im Herbst, des Anhäufelns als Schutz gegen Auf=frieren u. s. f. haben für schwächere verschulte Pflanzen ihre volle Geltung.

Eine Zwischendüngung kann sich bei längerem Stand der Pflanzen im Pflanzbeet — für zwei Jahre sollte die vor der Ver=schulung dem Boden gegebene Düngung stets ausreichen! — wohl als nöthig erweisen und wird dann in ähnlicher Weise wie für Saat=beete (s. § 73) gegeben. Wo sich das Bedürfniß der Düngung im Habitus der Pflanzen geltend macht, wird ein rasch wirkender, leicht löslicher Dünger (Jauche, Mineraldünger) auch hier zweckmäßiger in

---

[1]) Für Heisterbeete haben wir das ausgerissene Unkraut stets gleich als Düngematerial liegen lassen.

Anwendung gebracht, als langsam wirkende Düngemittel, wie Humus, Rasenerde u. dgl., die wir für die Düngung v o r der Verschulung empfohlen haben.

§ 91.

Pflege der Pflanzen durch Beschneiden der Aeste.

Ein für L a u b h o l z p f l a n z e n nicht unwichtiger, ja für stärkere Pflanzen, bei der Heisterzucht, geradezu unentbehrlicher Theil der Pflege im Pflanzbeet ist das B e s c h n e i d e n von Aesten und eventuell Gipfeln. Ein Beschneiden von N a d e l h o l z p f l a n z e n im Pflanzbeet findet wohl nur ganz ausnahmsweise statt und wird sich für starke Fichten- und Tannenpflanzen etwa auf Wegnahme eines Doppelwipfels be- schränken [1]), während die dem Laubholz ohnehin in mancher Beziehung sich nähernde Lärche bei der Erziehung zum Heister etwa an den Aesten pyramidal zugeschnitten wird.

Der Z w e c k des B e s c h n e i d e n s ist die Erziehung einer möglichst normal gewachsenen Pflanze mit kräftigem Gipfeltrieb und hinreichend zahlreichen, nicht zu starken und nicht zu tief angesetzten Seitenzweigen. Durch sachgemäßes Abnehmen oder Kürzen der Aeste soll die Pflanze eine für ihre spätere Auspflanzung möglichst günstige und mit der gleichfalls durch Schnitt gelegentlich der jedesmaligen Verschulung korrigirten Bewurzelung in richtigem Verhältniß stehende Beastung und Bekronung erhalten.

Im Allgemeinen wird man jedes Beschneiden der Pflanzen als ein Uebel erklären müssen [2]); die N o t h w e n d i g k e i t, eine Pflege durch Beschneiden eintreten zu lassen, ergibt sich aber einerseits an- gesichts der mannigfachen Mißbildungen, die wir unsere Pflanzen im Pflanzbeet entwickeln sehen — Gabelbildungen, Krümmungen, tief an- gesetzte Aeste u. dgl. —, anderseits durch unsere Aufgabe, so viel als thunlich j e d e einmal mit Kosten erzogene und verschulte Pflanze für ihren Zweck tauglich zu machen, allen Ausschuß bei der seinerzeitigen Auspflanzung ins Freie möglichst zu vermeiden. — In unseren natür- lichen Anflügen, unseren Saat- oder d i c h t e n Pflanzkulturen mit ihrer Pflanzenfülle bedürfen wir eines Beschneidens der Pflanzen nicht; manche Art der Mißbildung, die wir in unseren Pflanzbeeten wahr- nehmen, tritt dort an sich seltener auf — so verhindert der dichtere

---

[1]) Für die Tanne wird von einigen Seiten auch ein Stutzen der Seitenäste empfohlen — s. § 116.

[2]) Hartig, R., Lehrbuch der Pflanzenkrankheiten. S. 160.

Stand eine zu starke, zu tief angeſetzte Beaſtung, der Gipfel drängt an ſich zum Licht empor; jede nicht normale, mißgebildete Pflanze aber geht in Bälde durch das Ueberwachſen ſeitens ihrer normalen Nachbarn zu Grunde, ohne Nachtheil, ja zum Beſten für das Ganze. Anders im Pflanzbeet, wo der fehlende Schluß durch die Pflege er=ſetzt werden muß, wo jeder verſchulte Pflänzling auch als tauglich erhalten bleiben ſoll.

Die Nothwendigkeit dieſer Pflege und deren Maß iſt aber eine ſehr verſchiedene nach der Holzart, wie nach Alter und Stärke, welche der Pflänzling im Pflanzbeet erreichen ſoll. Nach der Holz=art: die eine iſt mehr zu ſtarker Aſtbildung geneigt, während die andere ſelbſt im geringeren Schluß ſchlank und ohne Seitenäſte empor=wächſt. Zu den erſteren gehört vor allem die Eiche, in etwas min=derem Maße die Ulme und Linde, während als Beiſpiel für letztere vor Allem Ahorn und Eſche zu nennen ſind. — Nach Alter und Stärke: je länger eine Pflanze im Pflanzbeet ſtehen, je ſtärker ſie bis zu ihrer Verwendung werden ſoll, in um ſo höherem Grade wird ſie auch der Pflege durch Beſchneiden bedürfen, und während z. B. einjährig verſchulte und dreijährig ausgepflanzte Eichen des Beſchneidens nur in geringſtem Grade benöthigen, iſt eine rationelle Eichenheiſterzucht ohne wiederholtes und zweckgemäßes Beſchneiden nicht denkbar.

Man hat die Nothwendigkeit eines Beſchneidens der Aeſte beim Verſetzen einer ſtärkeren Pflanze mit Recht auch damit begründet, daß — nachdem Wurzeln und Krone bezüglich ihrer Entwickelung jedenfalls in einem beſtimmten Verhältniß ſtehen — jede Kürzung eines Theiles auch eine entſprechende Reduzierung des andern noth=wendig mache, die meiſt nicht zu umgehende Kürzung der Wurzeln alſo ein Einſtutzen der Aeſte erfordere, damit Waſſeraufnahme durch die Wurzeln und Verdunſtung durch die Blätter ins Gleichgewicht ge=bracht werden. (Revierförſter Kropp beſtreitet[1]) dies zwar, behauptet, daß die Pflanze durch Bildung kleinerer Blätter dies Gleichgewicht ſchon ſelbſt herzuſtellen miſſe, und tritt jedem ſtärkeren Beſchneiden entgegen.) Wir haben nun hier nur von jenem Beſchneiden der Aeſte zu reden, welches zum Zweck normaler Stammbildung in der Pflanzſchule, nicht nach deren Verlaſſen ſtattfindet, und unſere Auf=gabe in der Pflanzſchule iſt es jedenfalls, bei dem Verſchulen auf eine Wurzelbildung, durch entſprechendes Beſchneiden während des Stehens in der Pflanzſchule auf eine Stamm= und

---

[1]) Krit. Blätter. XLIII. 2. S. 132.

Kronenbildung hinzuwirken, die bei dem Auspflanzen ins Freie eine möglichste Schonung beider Organe, der Wurzeln wie der Krone, gestattet.

Was die Zeit betrifft, zu welcher das Beschneiden vorzunehmen ist, so ist als günstigste Jahreszeit jedenfalls die Zeit der Vegetationsruhe zu betrachten; auch R. Hartig spricht sich[1]) in diesem Sinne aus und hält das Beschneiden zur Sommerszeit auch um deßwillen für ungünstig, weil dadurch Organe, welche Reservestoffe fürs kommende Jahr produzirt und im Stamm abgelagert hätten, der Pflanze genommen werden. Man kann wohl auch zu anderer Zeit schneiden, soll aber wenigstens aussetzen, solange die Rinde sich leicht löst[2]), um Beschädigungen derselben zu vermeiden. Der entlaubte Pflänzling erscheint auch dem Auge am übersichtlichsten, erleichtert das Beschneiden wesentlich, und mit eintretendem Saft wird die Ueberwallung der am Stämmchen befindlichen Schnittwunden sofort beginnen. — Manteuffel gibt dagegen an[3]), daß Johanni die zweckmäßigste Zeit zum Schneiden sei, und das Gleiche findet sich auch noch andern Orts behauptet[4]), und zwar weil die Pflanzen sich verbluten würden, wollte man vor der Zeit des Saftsteigens schneiden, während im Sommer eine dicke, gummiartige Ausscheidung alsbald die Wunde decke (?). Bezüglich der Jahre, in welchen man die Ast- und Gipfel-Korrekturen vornimmt, ist zu beachten, daß man im Jahre der stattgehabten Verschulung nicht gerne schneidet, um den Pflänzling erst fest und gut einwurzeln zu lassen, daß man aber auch namentlich den stärkeren Heister rechtzeitig vor seiner Auspflanzung beschneidet, so daß bis zu dieser letzteren die Schnittflächen wieder überwallt sind, nicht aber denselben im Moment der Auspflanzung noch „mit Wunden überladet", wie Burckhardt sich ausdrückt[5]).

Als allgemeine Grundsätze und Regeln für Ausführung des Beschneidens dürften folgende gelten[6]).

Das Beschneiden ist stets auf das absolut Nothwendige zu beschränken, jedes Uebermaß zu vermeiden. — An Laubholzpflanzen, die nur einmal verschult und als etwa meterhohe Lohden ausgepflanzt werden, ist in der Regel und mit Ausnahme der zur Astbildung be-

---

[1]) Lehrbuch der Pflanzenkrankheiten.

[2]) Burckhardt, Säen u. Pflz. S. 78.

[3]) Die Eiche. S. 86.

[4]) Krit. Blätter. XXIX. 1. S. 65.

[5]) Burckhardt, Säen u. Pflz. S. 78.

[6]) Vergl. Burckhardt, S. 78 ff. Erlaß des preuß. Fin.-Minist. (Allgem. F.- u. J.-Z. 1866. S. 269.) Krit. Blätter XLVII. 2. S. 132 u. XLIX. 1. S. 60.

sonders geneigten Eiche wenig zu schneiden, die Arbeit beschränkt sich auf das Wegnehmen einzelner tief angesetzter und stärkerer Aeste, auf das Zurückschneiden zu langer, eventuell den Gipfeltrieb beeinträchtigender Seitenäste, auf die Entfernung von Doppelwipfeln und Gabelbildungen, wie letztere insbesondere bei Holzarten mit gegenständigen Knospen (Ahorn, Esche) im Falle des Verkümmerns oder Erfrierens des Haupttriebes häufig entstehen. Ein Zurückschneiden des Wipfeltriebes wird nur bei unverhältnißmäßig langem, ruthenförmigem Wuchs desselben oder bei schlecht verholztem Johannistriebe nöthig sein und erfolgt dann in einiger Höhe über einer kräftigen Seitenknospe, die dadurch zur Gipfelknospe wird. Schneidet man unmittelbar über der betreffenden Knospe, von welcher man den Wipfeltrieb erzielen möchte, so erfolgt nicht selten ein Eintrocknen derselben von der nahen Schnittfläche aus, während dies bei einiger Entfernung der letzteren von der Knospe vermieden wird[1]). — Ein ruthenförmiges Aufschneiden ist jedenfalls verwerflich; tief angesetzte Aeste nehme man allerdings ganz weg, und zwar glatt am Stamm, um die Ueberwallung zu befördern, weiter oben stehende Aeste dagegen stutzt man nur ein, um den stufigen Wuchs der Pflanze nicht zu beeinträchtigen, und nimmt dieses Einstutzen ebenfalls nicht zu kurz über einer Knospe vor. Nie dagegen belasse man kurze, knospenlose und darum bald absterbende Zweigstummel am Stämmchen.

In viel ausgedehnterem Maße bedarf der zu erziehende kräftige Heister der Pflege mit Messer und Astscheere; mit deren Hülfe soll ein stufiger Stamm mit möglichst gleichmäßig nach allen Seiten entwickelter, nicht zu hoch angesetzter Krone erzogen werden. Einseitige und hoch angesetzte Krone bringt namentlich die Nachtheile mit sich, daß der Stamm durch die Belastung mit Schnee und Eis leicht zur Seite gebogen wird, daß der Wind das Stämmchen stärker angreift und in den Wurzeln lockert. Eine der Pyramidengestalt sich nähernde Form der Krone wird als die zweckmäßigste betrachtet, auf sie soll durch den Schnitt hingewirkt werden; dabei ist der Schutz der Rinde durch die Aeste, welcher bei solcher Art des Astschnitts erhalten wird, insbesondere für die gegen direkte Einwirkung der Sonne empfindliche Rinde mancher Holzarten, obenan der Buche, von Werth.

Auch in der Heisterschule ist übrigens das Maß der nöthigen Pflege durch Beschneiden ein nach der Holzart wesentlich verschiedenes, und Ahorn und Esche, beide vielfach als Heister erzogen, bedürfen auch hier derselben am wenigsten, die Eiche dagegen wohl am meisten.

---

[1]) Zeitschr. f. F.- u. J.-W. XI. S. 112.

Der Astschnitt nun hat tief angesetzte Aeste ganz zu entfernen. ebenso ein Uebermaß dicht beisammen stehender Aeste zu reduziren, im

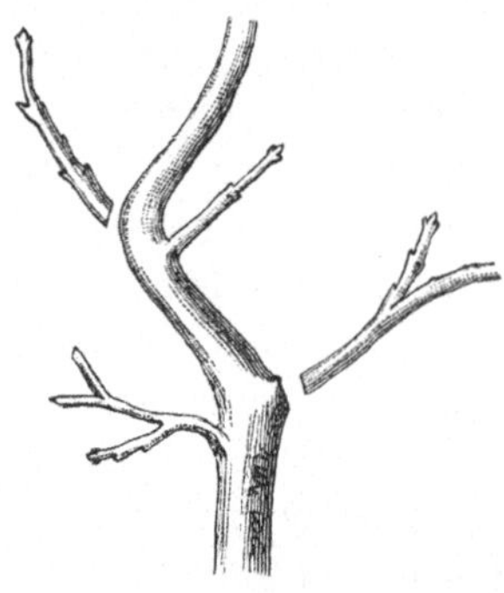

Uebrigen zu lange Aeste entsprechend zu kürzen, die oberen stärker als die unteren, um eben jene (annähernde) Pyramiden= gestalt der Krone zu erreichen. Besonderes Augenmerk ist beim Astschnitt den Krüm= mungen des Schaftes zuzuwenden und auf deren Korrektur hinzuwirken; wo Aeste sitzen, da findet ein stärkerer Nahrungs= zufluß, eine stärkere Holzbildung statt. So wird man (s. Fig. 44) durch Wegnahme der auf der äußeren Seite einer Krümmung sitzenden Aeste und Belassung der etwa

Figur 44.

auf der Innenseite stehenden die Krümmungen allmählich zu mindern und auszugleichen im Stande sein[1]).

Der Gipfelschnitt wird sich hauptsächlich auf Beseitigung

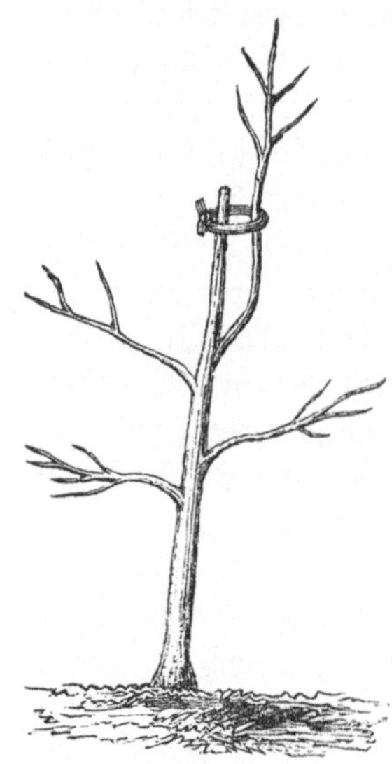

gabeliger (Ahorn, Esche) oder gar quirl= förmiger Triebe (Eiche) zu beschränken haben, wobei man den am besten verholzten, die kräftigsten Knospen tragenden Trieb stehen läßt. Ist der Endtrieb zu ruthenförmig, so schneidet man ihn, in oben schon erwähnter Weise, entsprechend zurück. Haben sich bei ver= säumtem rechtzeitigen Schnitt schirmförmige Kronen gebildet, so kann man den Schirm mittelst einer Wiede so zusammenbinden, daß alle Zweige in die Höhe stehen und in dieser Richtung fortwachsen; nach Jahres= frist löst man den Verband, sucht den passend= sten Zweig aus und schneidet die übrigen mehr oder minder weg. Falls ein tiefsitzen= der, kräftiger Ast vorhanden ist, kann es so= gar angezeigt sein, den abnormen Gipfel

Figur 45.

ganz zu entfernen, den Seitenast mittelst einer

Wiede in die Höhe zu biegen und so einen neuen Gipfel zu schaffen (Fig. 45)[2]). Durch sorgfältige Auswahl der in die Heisterschule zu

---

[1]) Vergl. Allg. F.= u. J.=Z. 1866. S. 269, welcher auch obige Abbildung entnommen ist.

[2]) Burckhardt, Säen u. Pflz. S. 79.

bringenden Pflanzen, Ausscheiden aller minder schönen Exemplare und stets rechtzeitiges Beschneiden werden derartige umständlichere Manipulationen aber großentheils zu vermeiden sein.

Noch radikaler erscheint die Kur mißgebildeter Pflanzen, wenn man dieselben im Frühjahre kurz über dem Boden vollständig abschneidet, von den erscheinenden Stockausschlägen den kräftigsten, unter Entfernung der übrigen, beibehält und aus ihm eine gutwüchsige, starke Lohde oder selbst einen Heister erzieht. Dies Verfahren ist unseres Wissens nur für die Eiche[1]), und zwar nicht nur für schlechte Pflanzen, sondern für ganze Pflanzbeete, zur Anwendung gebracht worden, und werden wir bei der Besprechung dieser Holzart auf dasselbe zurückkommen.

Als Instrument bei dem Beschneiden der Pflanzen diente ursprünglich ein gekrümmtes Messer (Gartenmesser); in neuerer Zeit wird aber dazu fast ausschließlich die Astscheere verwendet. Der Vorzug dieses Instrumentes gegenüber dem Messer besteht in der leichten, sichern Handhabung, dann in der Vermeidung jeder Rindenbeschädigung wie jeder Lockerung der Pflanze, welch' letztere bei

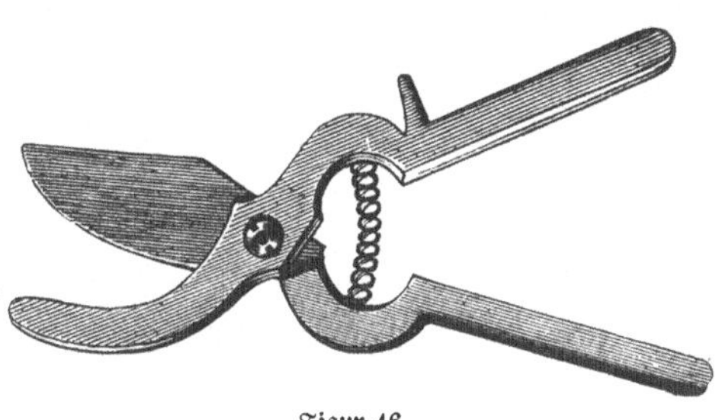

Figur 46.

schwächeren Pflanzen und größerer Stärke der wegzunehmenden Aeste mit Anwendung des Messers leicht verbunden ist. Die verbreitetste Astscheere ist wohl die Fig. 46 abgebildete; dieselbe wird auch durch die oben erwähnte preußische Finanz-Ministerial-Verfügung empfohlen[2]). Mit derselben werden auch schon stärkere Aeste leicht entfernt, und wird bei solchen der Schnitt schräg, nicht senkrecht zur Achse geführt. — Varendorf[3]) gibt dagegen einem krummen Baummesser mit rundem, festem Heft den Vorzug, da mit demselben einerseits die Arbeit

---

[1]) Baur (Forstw. Centralbl. 1883. S. 247) hat das Verfahren versuchsweise und mit sehr gutem Erfolg für Ahorn, Esche und Akazie angewendet. Nachdem aber schlecht gewachsene Pflanzen bei diesen Holzarten an sich selten vorkommen die Entwickelung der letzteren überhaupt eine raschere ist, wird das Verfahren auch bei ihnen keine Verbreitung finden.

[2]) Solche Scheeren liefert in vorzüglicher Qualität die Firma Dominicus & Söhne in Remscheid-Vieringhausen, dann Gebrüder Dittmar in Heilbronn.

[3]) Jahrb. der schles. F.-V. 1880. S. 191.

schneller gehe, anderseits das bei der Scheere zu befürchtende Stehen=
bleiben kleiner Stummel am Stämmchen, sowie das leicht mögliche
Quetschen der Rinde vermieden werde.

Eine besondere Art der Pflege, in ihrer Wirkung dem Schneiden
ähnlich, ist das Ausbrechen überflüssiger Knospen, indem
von den am Ende des Triebes dicht gehäuften Knospen (der Eiche) alle
bis auf die kräftigste entfernt oder auch die Seitenknospen überhaupt
zu Gunsten der kräftigeren Entwickelung der Endknospe theilweise aus=
gebrochen werden. Auch dieses — immerhin etwas umständliche und
zeitraubende — Geschäft, das wohl nur in die Hände sehr geschulter
Arbeiter gelegt werden darf, wird nur für die Eiche empfohlen[1]) und
soll bei dieser Holzart noch nähere Erwähnung finden. — Ist man bei
Holzarten mit gegenständigen Knospen (Ahorn, Esche) genöthigt, den
Gipfel zu entfernen, so bricht man zweckmäßig auch eine der beiden
Endknospen aus, hiedurch der Gabelbildung vorbeugend[2]).

V. Abschnitt.

Die Gewinnung und Erziehung von Ballen= und Büschelpflanzen.

§ 92.

Verwendung derselben überhaupt.

Bereits in § 4 ist die Verwendung der Ballenpflanzen im
Forsthaushalt besprochen und sind dort die Gründe angegeben worden,
weßhalb die erstere gegenwärtig eine wesentlich geringere ist, als in
früheren Zeiten. Immerhin sehen wir auch heute noch die Ballen=
pflanze bei Fichte, Föhre, seltener bei andern Holzarten, mit Vortheil
und gutem Erfolg in Anwendung gebracht: so bei Nachbesserungen in
Schlägen, welche — durch natürliche Verjüngung oder Saat entstanden —
das nöthige Pflanzmaterial gleich neben der kulturbedürftigen Stelle
in einfachster und billigster Weise bieten; bei Aufforstung besonders
mißlicher, bereits erstarktes Pflanzmaterial fordernder Kulturflächen,
so insbesondere bei der Gefahr des Ausfrierens oder leichten Ver=
trocknens ballenloser Pflanzen. Will man Lücken in Schlägen mit

---

[1]) Allg. F.= u. J.=Ztg. 1866. S. 269.
[2]) Fischbach, Lehrb. der Forstw. S. 119.

stärkeren Föhrenpflanzen ausfüllen, so muß man ebenfalls zur Ballenpflanzung greifen.

Die Büschelpflanze ist eine Ballenpflanze, bei der mehrere
Pflanzen auf einem gemeinsamen Ballen stehen. Dieselbe kam und
kommt nur bei Fichten in Verwendung, und zwar war es der Harz
mit seinen rauhen Hochlagen, seinen durch Wild und Weidevieh gefährdeten Schlägen, woselbst Fichtenbüschel, aus dichten Saaten oder
Pflanzungen gestochen, zuerst Anwendung fanden. Auch im Thüringer
Walde haben sie nach Heß' Mittheilung[1]) eine, wenn auch beschränkte
Anwendung gefunden. Allein die mancherlei Nachtheile, welche insbesondere die sehr dicht bestockten Pflanzbüschel — es standen nicht
selten 10—15 Pflanzen auf einem Ballen beisammen — mit sich
führten: lange Wuchsstockungen, Stammverwachsungen, Schneedruck-
schäden —, ließen in Verbindung mit den Erfahrungen, die man mit
Erziehung und Verwendung der kräftigen, verschulten Einzelpflanze
machte, mehr und mehr der letzteren den Vorzug geben, und so kommt
die Fichten-Büschelpflanzung auch in ihrer früheren Heimath nur in
beschränkterem Maße und dann mit Büscheln von nur geringer Pflanzenzahl noch zur Anwendung.

§ 93.

Gewinnung aus natürlichen Anflügen und aus Saaten.

Die Mehrzahl der Ballenpflanzen liefern uns nun natürliche
Verjüngungen, gut bestockte Saatkulturen, dann Anflüge in lichten,
älteren Beständen, auf kleineren Lücken und Blößen. In letzteren Fällen
kann das Stechen der Ballen ohne jeden Schaden für den Bestand
geschehen, bei der Gewinnung von Ballenpflanzen aus Schlägen
aber, mögen sie durch natürliche Verjüngung oder durch Saat entstanden sein, hat man jedoch wohl im Auge zu behalten, daß man
nicht nach und nach zu viele Pflanzen herausticht und dadurch die
Wurzeln der bleibenden Pflanzen bezw. den ganzen Schlag schwer
schädigt.

Ballenpflanzen aus noch einigermaßen geschlossenen Fichten- oder
Tannenbeständen verwende man nur etwa zu Unterpflanzungen, nicht
ins Freie — der plötzliche Uebergang vom Schatten zu vollem Licht
wird denselben fast stets verderblich! — Gegen die Verwendung älterer,
schon etwas kümmernder Föhrenvorwüchse aus lichten Altbeständen hat

---

[1]) Allg. F.- u. J.-Z. 1862. S. 287.

15*

man bisher vielfach Bedenken getragen; Versuche im Großen haben jedoch ergeben, daß sich solche Ballenpflanzen, von besserem Boden stammend, rasch erholen und kräftig heranwachsen[1]).

Nicht selten erzieht man sich jedoch auch Ballenpflanzen auf eigens hiezu ausgewählten Flächen durch Vollsaat. Man achte darauf, daß der Boden der betr. Fläche möglichst frei von den dem seinerzeitigen Stechen der Ballen hinderlichen Wurzeln und Steinen, sowie hinreichend bindend sei; die Bodendecke wird mit dem Rechen oder durch flaches Abschälen, je nach ihrer Beschaffenheit, entfernt, der Boden oberflächlich zur Beschaffung eines entsprechenden Keimbettes umgehäckelt und nur bei bindenderem, sich bald wieder hinreichend fest zusammensetzendem Boden etwas tiefer gelockert. Die Fläche wird sodann mit Fichten oder Föhren (auch Erlensaatflächen solcher Art haben wir schon gesehen) voll und unter Anwendung eines gegenüber der gewöhnlichen Vollsaat bedeutend verstärkten Samenquantums — nach Burckhardt[2]) geht man bei Fichten bis zu 0,4 kg pro Ar — angesäet und der Samen tüchtig eingekratzt. Auch das Uebertreiben solcher Flächen mit Schafheerden, wo solche zur Verfügung stehen, hat sich als Mittel zu gutem Unterbringen des Samens bewährt. Schutz und Pflege solcher Vollsaatbeete pflegen sich auf Einlandern der Fläche zum Schutz gegen Weidevieh, Fuhrwerk, Grasfrevel, dann auf Abschneiden — nicht Ausjäten — des Unkrautes, insoweit solches lästig wird, zu beschränken, letzteres um jedes das seinerzeitige Halten der Ballen beeinträchtigende Lockern des Bodens zu hindern.

Die Ausnutzung der Fläche, bei Föhren etwa im 3. oder 4., bei Fichten im 5. Jahre beginnend, pflegt eine allmählige zu sein; alljährlich sticht man die stärksten Pflanzen heraus.

Das Stechen erfolgt entweder mittelst des einfachen geraden Spatens, häufiger mit dem Hohlspaten Fig. 47, für kleinere Pflanzen auch mit dem Heyer'schen Hohlbohrer[3]), Fig. 48 a u. b, dessen Oberweite nach Heyer's Angabe für kleine Pflanzen nur 5—8, für stärkere etwas mehr beträgt, während die untere Weite um $\frac{1}{2}$—1 cm geringer ist und die Höhe je nach der Weite wechselt. Die Größe der Ballen wird stets mit Stärke und Wurzelbildung der Pflanzen im Verhältniß stehen müssen; zu große Ballen vertheuern die Kultur unnöthiger Weise; bei zu kleinen werden den Pflanzen zu viele Seitenwurzeln abgestochen

---

[1]) Zeitschr. f. F.- u. J.-W. IX. S. 551.
[2]) Säen u. Pflz. S. 340.
[3]) Heyer's Waldbau. S. 219.

und deren Gedeihen beeinträchtigt. Bei Föhren wird man um der
Pfahlwurzel willen stets tiefere, bei der flachwurzelnden Fichte dagegen
breitere Ballen stechen müssen.

Aus dichten Saaten ergeben sich beim Stechen von selbst
Büschelpflanzen, d. h. es werden fast auf jedem größeren Ballen
mehrere Pflanzen stehen. Bei der Föhre beseitigt man die schwächeren
unbedingt; bei der Fichte läßt man da, wo man wegen Wild,
Weidevieh und ähnlichen Gefährdungen auch heute noch etwa der
Büschelpflanze den Vorzug gibt (wie da und dort im Harz), wenigstens
nicht mehr wie drei bis fünf Pflanzen auf einem Ballen stehen, die

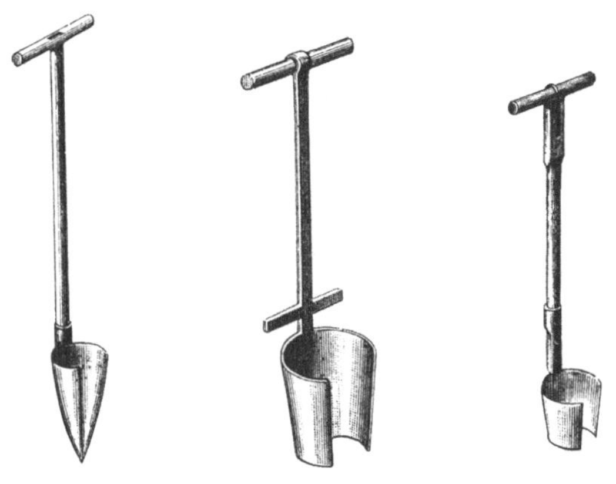

Figur 47.   Figur 48 a.   Figur 48 b.

entbehrlichen unter Schonung des Ballens wegschneidend. — Aber auch
im Saatbeet erzieht man Büschelpflanzen oder richtiger Pflanzen-
büschel[1]) durch nicht zu dichte Rillensaat, die man eventuell bei zu
dichtem Stand mittelst Durchrupfens gelegentlich des Ausjätens ver-
dünnt; man benutzt die Pflanzen mit drei, im Gebirge mit Rücksicht
auf deren langsame Entwickelung wohl auch erst mit 4—5 Jahren.
Das Ausheben erfolgt mit dem Spaten in der Weise, daß je eine
Rille in größeren Stücken oder Ballen abgestochen und auf der Kulturfläche dann mit der Hand in Ballen von entsprechender Größe vertheilt wird; auch hier soll ein Büschel nicht mehr wie drei bis fünf
Pflanzen enthalten.

§ 94.

Erziehung durch Verschulung.

Auch durch Verschulung wurden und werden (wenn auch in beschränkter Zahl) Ballen- und Büschelpflanzen erzogen, und in den

---

[1]) Burckhardt, Säen u. Pflz. S. 343.

sechziger Jahren haben wir im Thüringer Walde zahlreiche „Stopf=
gärten“ mit durch Verschulung erzogenen Fichtenballenpflanzen ge=
sehen[1]). In neuerer Zeit ist auch die Verschulung einjähriger Föhren
zur Erziehung von zwei= und dreijährigen Ballenpflanzen von ver=
schiedenen Seiten empfohlen worden[2]).

Die als Stopfgärten benutzten Pflanzgärten waren aus doppeltem
Grunde wandernde: man legte sie zur Erleichterung des Trans=
portes der Ballenpflanzen stets möglichst auf den Kulturflächen oder
in deren unmittelbarster Nähe an, bei dem dort üblichen Wirthschafts=
betrieb: kahle Absäumung der Fichtenbestände mit entsprechendem (meist
dreijährigem) Hiebswechsel, — so zeitig auf der letzten Hiebsfläche,
daß der wiederkehrende Hieb die zur Auspflanzung der neuen Schlag=
fläche nöthigen Pflanzen nebenan vorfand. — Es wird aber auch
durch das Ausstechen der Ballen dem Kamp alle bessere Erde entzogen,
und schon dadurch erweist sich das Wandern der Pflanzkämpe als
nothwendig.

Zur Verschulung benutzt man, je nach der Entwickelung, ein= bis
zweijährige Pflanzen, die zwei bis höchstens vier Jahre im Pflanzbeet
bleiben, letzteres jedoch nur in Ausnahmefällen: bei sehr langsamer
Entwickelung in rauhen Gebirgslagen oder Bedarf an besonders starken
Pflanzen. Die Verschulung erfolgt nach normaler Bearbeitung des
Bodens am besten auf größere Länder, nicht in Beete, und zwar
reihenweise mit einem Abstand der Pflanzenreihen, sowie der Pflanzen
in diesen, welche der Größe der seinerzeit zu stechenden Ballen ent=
spricht; sollen die Pflanzen drei oder vier Jahre im Pflanzbeet ver=
bleiben, so wird dieser Abstand wesentlich größer sein müssen, als
wenn nur zweijähriges Belassen derselben beabsichtigt ist. Sollen die
Ballen quadratisch gestochen werden, was wohl das Richtige ist, so
ist Reihen= und Pflanzenabstand gleich. Zu große Ballen sind um
der dadurch sofort bedeutend steigenden Kosten willen — steigend durch
Erziehung, Stechen, Transport und Einpflanzen — zu vermeiden, und
Entfernung der Pflanzen zu 12—15 cm im Quadrat wird wohl meist
genügen.

Die Pflege der Pflanzbeete beschränkt sich auf Abschneiden des
erscheinenden stärkern Unkrautes, während jede Lockerung des Bodens
und deshalb auch das Ausjäten zu unterbleiben hat, da sonst die

―――――――

[1]) Vergl. Heß' Mitth. in der Allg. F.= u. J.=Z. 1862. S. 285.
[2]) Zeitschr. f. F.= u. J.=W. 1878. S. 555. Jahrb. des schles. Forstver. 1879.
S. 340.

Ballen seiner Zeit nicht genügend halten. Um dieses Ballenhaltens willen lassen sich solche Verschulungsbeete überhaupt nur auf bindendem Boden anlegen.

Das Stechen der Ballenpflanze erfolgt mit geradem Spaten; durch Spatenstiche längs der Mitte zweier Pflanzreihen werden zuerst diese getrennt und sodann abermals durch einen, zwischen je zwei Pflanzen geführten Stich Ballen für Ballen abgestochen. Man hütet sich dabei, die Ballen tiefer zu stechen, als nach der Wurzelbildung der Pflanzen nöthig ist, und gibt die Untersuchung einiger Pflanzen rasch den nothwendigen Aufschluß.

In ähnlicher Weise werden nach von Kujawa's Mittheilung[1]) schon seit zwanzig Jahren in Ostpreußen Föhrenballenpflanzen zur Aufforstung von Oertlichkeiten, in denen stärkeres Pflanzmaterial nöthig erscheint, durch Verschulung erzogen, ebenso im Reggs.-Bezirk Merse- burg, und der Erfolg wird nach jeder Richtung hin — sowohl bez. des Gedeihens der Kulturen wie bez. des Kostenpunktes — gerühmt. Die Verschulung erfolgt mit einjährigen Föhren, deren Wurzeln nicht länger als 20—25 cm lang sein sollen, in gut vorbereitetem, hinläng- lich bindendem Boden, im Verband von 15 cm im Quadrat; die Pflanzen bleiben zwei Jahre im Pflanzbeet und werden dann mit geradem Spaten in Ballen, welche genau die Größe des oben an- gegebenen Verbandes und ca. 25 cm Höhe haben, ganz regelmäßig (in torfstichartiger Weise) ausgestochen. Die Kämpe sind natürlich Wander- kämpe, welche unter Berücksichtigung der nöthigen Bodeneigenschaften möglichst nahe den künftigen Kulturflächen angelegt werden, da jeder weitere Transport der Ballenpflanzen die Kulturkosten wesentlich erhöht. Letztere betragen mit Rücksicht auf den gegenüber der Pflan- zung mit einjährigen Föhren zulässigen weiteren Pflanzverband nur wenig mehr als bei erstgenannter Kulturweise, wogegen das sichere Gedeihen solcher Ballenpflanzungen und der zweijährige Zuwachs- gewinn als nicht zu unterschätzende Vortheile erscheinen.

Auch Oberförster Brecher[2]) empfiehlt das Verschulen der ein- jährigen Föhre warm, rühmt die Wuchskraft und Widerstandsfähigkeit gegen die Schütte, welche solche Ballenpflanzen gegenüber den Saat- kiefern zeigen.

Wo der zu solchen Pflanzkämpen zur Verfügung stehende Boden nicht genügend bindend erscheint, da hat man wohl auch dessen Lockerung

---

[1]) Jahrb. des schles. Forstver. 1879. S. 340.
[2]) Zeitschr. f. F.- u. J.-W. IX. S. 555.

gänzlich unterlassen und die Verschulung in lediglich abgeplaggtem Boden ausgeführt — nach Danckelmann's Mittheilung[1]) ebenfalls mit befriedigendem Erfolg. —

Auch Büschelpflanzen hat man sich, jedoch ausschließlich von Fichten, durch Verschulung erzogen[2]), indem in den entsprechend zu= bereiteten Pflanzbeeten je drei Pflanzen näher zusammen gesetzt werden, wodurch ein dreistämmiger Büschel (Tripelpflanze) entsteht, der nach etwa dreijährigem Verbleiben der verschulten Pflanzen im Pflanzbeet mit dem Ballen ausgestochen wird. — Es wird auch im Harz, der Heimath der Büschelpflanze, diese etwas kostspielige Methode der Pflanzenerziehung wohl nur ausnahmsweise mehr Platz greifen.

VI. Abschnitt.
Die Kosten der Pflanzenerziehung.

§ 95.
Die Faktoren derselben.

Die Frage nach den Kosten der Pflanzenerziehung hat von jeher das lebhafte Interesse der Forstwirthe erregt, wie dies die zahlreichen desfallsigen Mittheilungen in der Literatur beweisen[3]). Wir müssen uns insbesondere auch über diese Kosten klar sein, wenn wir die durch verschiedene Kulturmethoden (Saat, Pflanzung mit unverschulten oder verschulten Pflanzen) uns erwachsenden Ausgaben vergleichen, diese Kosten etwa in unsere Ertragsberechnungen einführen wollen; ebenso, wenn wir Pflanzen zum Verkauf an Privatwaldbesitzer erziehen (wie dies in manchen Staaten, so in Bayern, Sachsen, direkte Vorschrift für die Staatsforstbeamten ist) und nicht etwa nur den Ueberschuß über den eigenen Bedarf um jeden Preis losschlagen wollen. Es ist daher jedenfalls angezeigt, auch hier dieser Frage näher zu treten.

Diese Kosten nun setzen sich aus einer ganzen Reihe von Faktoren zusammen, als deren wichtigste wir nennen: Bearbeitung des Bodens,

---

[1]) Zeitschr. f. F.= u. J.=W. IX. S. 556.
[2]) Burckhardt, Säen u. Pflz. S. 340. 346.
[3]) Vergl. hierüber auch
    Thar. Jahrb. 32. S. 123.
    Jahrb. des schles. Forstver. 1880. S. 106.
    Jäger, Die Kosten der künstl. Bestandsgründung, Allg. F.= u. J.=Z.
    1887. S. 188 u. 221.

Einfriedigung, Düngung, Samenbeschaffung, Ansaat und Verschulung, Schutz und Pflege jeder Art — bei scharfer Rechnung, wie man sie heutzutage gern führt, selbst die Zinsen des Bodenkapitals. Von diesen Faktoren können wir einige als ständige, bei jeder Pflanzschule auftretende bezeichnen, so die Kosten für Bodenbearbeitung, Ansaat, Verschulung, Reinigung, während andere, so vor Allem die Kosten für Einfriedigung, auch jene für Düngung, von lokalen Verhältnissen abhängen, bei Wanderkämpen häufig wegfallen.

Aber auch diese als ständig bezeichneten Ausgaben erwachsen, je nach den örtlichen Verhältnissen, in sehr verschiedener Höhe, und dürfen wir nur an die so außerordentlich wechselnden Kosten der erstmaligen Bodenbearbeitung erinnern. Ein bei den Kosten der Pflanzenerziehung, der Ausführung der oben aufgezählten Arbeiten vor Allem in Betracht kommender Faktor aber ist die Höhe des ortsüblichen Tagelohns, der für die Höhe jener Kosten ausschlaggebend zu sein pflegt, dem gegenüber die übrigen Kosten, für Ankauf von Dünger, Samen 2c., nahezu verschwinden können. Wenn wir unseren Dünger durch Brennen von Rasenasche, Ansetzen von Komposthaufen, Sammeln von Dammerde selbst bereiten, unseren Samen selbst sammeln lassen, wie dies bei Laubholzsämereien, auch Tannensamen nicht selten geschieht; wenn wir endlich das Material zur Einfriedigung unseres Saatbeetes nicht kaufen (Drahteinfriedigungen!), sondern es unseren Beständen entnehmen, Material, welches vielleicht in der betreffenden Gegend kaum verwerthbar gewesen wäre, dessen Preis wir also außer Ansatz lassen können, — dann sind unsere Pflanzenerziehungskosten reine Arbeitslöhne und direkt abhängig von deren ortsüblicher Höhe, welch' letztere bekanntlich außerordentlich schwankt. So finden wir in den von Gayer mitgetheilten Kulturkostentarifen die Taglöhne in der schlesischen Oberförsterei Kottwitz auf 1 Mark für Männer, 65 Pfennige für Frauen angegeben[1]), während man anderen Orts das Doppelte zahlt, und hienach können unter sonst gleichen Boden= 2c. Verhältnissen die Kosten der Pflanzenerziehung zweier Reviere um 100 Prozent schwanken. Aber selbst wenn wir diese ortsüblichen Löhne kennen, spielt noch die weitere Frage eine Rolle, ob wir im Stande sind, stets die relativ billigsten Arbeitskräfte wählen zu können, ob wir zu Arbeiten, die am zweckmäßigsten durch Frauen oder Kinder ausgeführt werden, nicht in Folge besonderer lokaler Verhältnisse Männer gegen viel höheren Lohn verwenden müssen[2]).

---

[1]) Waldbau. S. 595.
[2]) Vergl. v. Oppen in Thar. Jahrb. 1893. S. 110.

Ein weiterer Faktor für die Höhe der Pflanzenerziehungskosten, unsicherster Art zwar, aber doch nirgends ganz fehlend, oft schwer in die Wagschale fallend, sind die Unfälle, die Beschädigungen mannigfacher Art, von denen unsere Saatbeete und Forstgärten heimgesucht werden. Wie viele Millionen von Föhrenpflanzen sind wohl schon durch die Schütte zu Grunde gegangen, wie manche hoffnungsvoll keimende Saat ist anhaltender Trockniß erlegen, wie viele Eichel- und Buchelsaatbeete werden durch Mäuse, wie viele Nadelholzsaatbeete durch Vögel zerstört oder doch stark dezimirt! Auch der Engerling, dieser so schwer zu bekämpfende Feind unserer Saatbeete, der Spätfrost, durch den so manche hoffnungsvolle Pflanze verkrüppelt, seien nicht vergessen — alle diese bald seltener, bald öfter wiederkehrenden Beschädigungen aber dürfen wir nicht außer Acht lassen, wenn wir nach den Kosten der Pflanzenerziehung, nach durchschnittlichen Kostensätzen fragen, und müssen damit freilich einen höchst unsicheren Faktor in unsere Rechnung einführen.

§ 96.

Beeinflussung der Kosten durch den Wirthschafter.

Alle Kostenangaben und Kostenvergleichungen, die wir in unserer Literatur finden, haben als letzten Endzweck doch wohl die Absicht, Anhaltspunkte für eine möglichst billige Pflanzenproduktion zu geben; nicht hohe, sondern möglichst geringe Kostenbeträge pflegen mitgetheilt zu werden; der Mittheilende sucht die Zweckmäßigkeit der von ihm angewendeten Methode der Pflanzenerziehung durch diese Angaben zu beweisen. Der Forstwirth aber soll sich Angesichts solcher Mittheilungen fragen: Wie stellen sich deine Ausgaben für Pflanzenzucht diesen Angaben gegenüber? warum sind erstere höher? inwieweit und mit welchen Mitteln kannst du sie reduziren?

Die Ausgaben für Pflanzenerziehung sind nun theilweise durch die örtlichen Verhältnisse bedingt, und ihre Aenderung liegt bis zu gewissem Grade außerhalb der Macht des Pflanzenzüchters. Die Kosten der Bodenbearbeitung sind abhängig von den lokalen Bodenverhältnissen, jene der Reinigung von der Neigung des Bodens zum Gras- und Unkrautwuchs; die Kosten der Einfriedigung lassen sich bei geringem Wildstand oft gänzlich ersparen; ein einziges Rudel Sauen im Revier kann zu sehr solider Einfriedigung jedes kleinen Kampes nöthigen; die Holzpreise, der mehr oder weniger weite Transport des zur Einfriedigung nöthigen Materials beeinflussen die

Kosten der letzteren sehr bedeutend und sind doch vielfach gegebene und nicht zu ändernde Größen. Endlich ist die so einflußreiche Höhe des ortsüblichen Tagelohns eine gegebene feste Größe, an der wir wenig oder nichts ändern können, und das Kapitel der Unfälle gehört wenigstens zum größeren Theil auch hieher.

Dagegen liegt es bei einer ganzen Reihe von Faktoren, ja bis zu gewissem Grade selbst bei den anscheinend festen, durch die örtlichen Verhältnisse bedingten, in der Hand des aufmerksamen und sachverständigen Wirthschafters, die Kosten der Pflanzenerziehung wesentlich zu vermindern. Schon die richtige Auswahl des Platzes ist hiebei von großer Bedeutung, denn durch sie sind die Kosten für die Zurichtung des Bodens, für Schutz gegen Frost und Hitze, für Reinigung von Unkraut in nicht geringem Grade bedingt. Sorgfalt bei Auswahl des Saatgutes, Anwendung der zweckmäßigsten Methoden und Hülfsmittel zur Saat und Verschulung, zum Schutz der Pflanzen gegen Gefährdungen, zweckgemäße, weder zu kleine, noch zu große Entfernungen der Saatrillen und Pflanzreihen, gute Eintheilung der Arbeit und Arbeitskräfte, endlich stete genügende Aufsicht: das sind die Bedingungen einer nach Maßgabe der Verhältnisse billigen Pflanzenzucht, und es springt in die Augen, daß dem Forstmann bezüglich der Einwirkung auf dieselben ein nicht geringer Spielraum gegeben ist. Jede zu tiefe Bearbeitung des Bodens, ein Rajolen desselben auf 60 und 70 cm Tiefe da, wo ein 30—40 cm tiefes Umgraben genügt hätte, jeder überflüssige oder zu breite Weg innerhalb des umgearbeiteten und eingefriedigten Forstgartens, jede Verwendung eines kräftigen Mannes zu einer Arbeit, die eine Frau, ein Kind eben so gut ausgeführt haben würde, ist eine Verschwendung, welche die Kosten für Erziehung der einzelnen Pflanze in die Höhe drückt. Auch Sparsamkeit am unrechten Ort — an Kosten für Schutz und Pflege der Saatbeete — kann gerade den entgegengesetzten Erfolg haben statt des beabsichtigten!

Die Frage, welche Arbeiten bei der Pflanzenerziehung mit Vortheil in Accord gegeben werden können, wird hier auch zu erwägen und zu beantworten sein.

Jeder Accord soll beiden Parteien, dem Arbeitgeber wie dem Arbeitnehmer, gewisse Vortheile bieten: Dem ersteren soll die ständige Beaufsichtigung der Tagelohnarbeiten erspart und trotzdem die Arbeit, wo möglich, billiger geliefert werden; letzterer will sich durch erhöhte Anspannung seiner Kräfte, Verwendung der ihm gelegensten Zeit einen den gewöhnlichen Tagelohn übersteigenden Verdienst sichern. Letzteres geschieht aber nur zu leicht auf Kosten der Güte der Arbeit, und es gilt daher bezüglich der Accordarbeiten wohl überall die Regel, nur solche Arbeiten zu veraccordiren, bezüglich deren sich die richtige und accordgemäße Ausführung nach Vollzug der Arbeit genügend kontroliren läßt.

Bei Aufrechterhaltung dieses Grundsatzes wird es aber eine nur beschränkte Zahl von Arbeiten bei der Pflanzenzucht sein, die sich zur Veraccordirung eignen. Am allgemeinsten greift letztere wohl Platz bei dem erstmaligen Umbruch des Bodens für einen neu anzu= legenden Saatkamp oder Forstgarten; vielfach ist sie anwendbar und empfehlenswerth beim Jäten, worüber wir uns bereits in § 70 aus= gesprochen haben. Das Ausheben, Zählen und Verpacken namentlich jener Pflanzen, welche verkauft werden, kann ebenfalls pro Hundert in Accord gegeben werden, und ebenso wird die Veraccordirung am Platz sein für Beifuhr von Material zur Einfriedigung, Düngemitteln (Straßenabraum, Humus), Herstellung von Umfassungsgräben. Wenn dagegen Forstrath Brecht[1]) empfiehlt, sogar das Beschneiden der Pflanzen im Pflanzbeet, das Einschulen (für Kulturen auch das Ein= pflanzen) zu veraccordiren, so können wir dem nicht zustimmen, da in ersterem Falle das Maß der Arbeitsleistung nur schwer bestimmbar, in letzterem die exakte Arbeitsleistung schwierig kontrolirbar sein dürfte.

Jeder Accord aber soll sich stützen auf vorherige genau kontrolirte Tagelohnsarbeit, wobei die Kulturlohnsrechnungen früherer Jahre häufig brauchbare Anhaltspunkte und Durchschnittszahlen geben werden; ohne solche Grundlage wird der Accord unsicher, der eine oder andere Kon= kurrent übervortheilt, und zwar in der Mehrzahl der Fälle der Arbeit= geber von dem vorsichtigen Arbeiter, der einen ihm unsicher dünkenden Accord nicht eingeht! — Solche Vorsicht ist namentlich nöthig, wenn wir den Accord gleichsam im Vertragswege mit unseren Waldarbeitern abschließen; öffentliche Konkurrenz und entsprechende Betheiligung an solcher stellen die entsprechenden Preise sicherer dar.

§ 97.

Feststellung der Pflanzenerziehungskosten. Vergleichbarkeit derselben.

Die auch nur einigermaßen genaue Angabe der Kosten, welche die Erziehung von einem Hundert Pflanzen der einen oder anderen

---

[1]) Forstw. Centrbl. 1868. S. 19.

Holzart des einen oder anderen Alters verurſacht, iſt oft eine ſchwierige Aufgabe[1]).

In ſehr vielen Fällen werden in demſelben Saatbeet oder Forſtgarten gleichzeitig Pflanzen der verſchiedenſten Art und Stärke erzogen — einjährige Föhren, zweijährige Lärchen, verſchulte Fichten und Tannen u. ſ. f.; die Trennung der Arbeiten für jede Holzart, jedes Sortiment, die Repartirung der Koſten, die hienach jeder Pflanzengattung zur Laſt fallen, läßt ſich aber in den meiſten Fällen kaum durchführen, ſo namentlich bei jenen Koſten, welche durch Schutz und Pflege erwachſen. Welcher Koſtenantheil wird z. B. bezüglich des erſtmaligen Umbruchs, der Einfriedigung, der Hütte u. ſ. f. der einjährigen Föhrenpflanze, welcher der fünfjährigen Tanne oder dem achtjährigen Heiſter zuzurechnen ſein? Solche nur einmal in größeren Zwiſchenräumen erwachſende Ausgaben repartiren ſich auf eine oft ſehr große Pflanzenmenge und können dadurch für die Einheit von ſehr geringer Bedeutung werden, bei einem Durchſchnitt aus kürzerer Zeitperiode aber ziemlich bedeutend in die Wagſchale fallen; außer Acht laſſen darf man ſie wohl in keinem Fall! — Es ſind ferner nur Durchſchnittszahlen aus mehrjährigem Betrieb, welche Werth haben, denn nur dadurch kommt der oben erwähnte Faktor der Unfälle und Beſchädigungen ebenfalls zur Geltung; es wird aber auch durch dieſes Verlangen die Ermittelung ſolcher Koſten für jede einzelne Holzart nicht unweſentlich erſchwert. Angeſichts dieſer Schwierigkeiten finden wir denn auch Angaben (ſiehe unten § 101), bei welchen die Koſten für auf demſelben Saatkamp erzogene einjährige Föhren, zwei- und dreijährige Lärchen und Fichten zuſammengeworfen wurden, und ein gemeinſamer Durchſchnitt pro Hundert der erzogenen Pflanzen berechnet wird.

Mit viel größerer Sicherheit dagegen laſſen ſich Angaben über den Koſtenaufwand pro Hundert Pflanzen dort machen, wo auf einer beſtimmten, nicht zu kleinen Fläche nur eine Holzart von beſtimmtem Alter erzogen wird — ſo einjährige Föhren, unverſchulte oder verſchulte Fichten, ein- oder zweijährige Eichen. Je näher Anlage eines Saatbeetes und deſſen Verlaſſen nach erfolgter Ausnutzung einander

---

[1]) Guſe (Jahrb. des ſchleſ. Forſtver. 1880. S. 106) ſagt, daß in manchen Bezirken ſog. Kampbücher geführt werden, in denen Koſten und Erträge vom Augenblick der Anlage eines Kamps bis zur Verwendung der letzten Pflanze nachgewieſen werden, daß aber auch daraus nicht immer alles Erforderliche entnommen werden könne.

liegen, so daß alle Kosten mit Sicherheit in die auch hier nöthige Berechnung aus mehrjährigem Durchschnitt einbezogen werden können, mit um so größerer Sicherheit werden auch die gewünschten Kosten=angaben zu ermitteln sein.

Was die Vergleichbarkeit der so ermittelten Kosten mit jenen anderer Oertlichkeiten und damit den praktischen Werth der Kosten=angaben betrifft, so ist letzterer nur ein beschränkter, die Vergleichung nur mit Vorsicht zulässig. Was wir oben über die so zahlreichen und je nach den verschiedenen Oertlichkeiten und Verhältnissen im ver=schiedensten Maße einwirkenden Faktoren dieser Gesammtkosten gesagt haben, genügt vielleicht schon einigermaßen zur Begründung der eben ausgesprochenen Ansicht, und namentlich wird man uns zugeben, daß jede Angabe über Pflanzenerziehungskosten ohne gleichzeitige Mit=theilung der ortsüblichen Tagelöhne fast ohne Werth ist. — Außer den Schwierigkeiten aber, welche wir bezüglich korrekter Angaben wenig=stens für viele Verhältnisse oben nachgewiesen zu haben glauben, ist bei der Vergleichung der Kosten noch ein wichtiger und doch sehr schwer zu präzisirender Faktor ins Auge zu fassen — die Qualität der erzogenen Pflanzen! Zwischen zweijährigen Fichten, in schmaler Doppelrille kräftig und stufig erwachsen, und solchen, die in breiten, dicht besäeten Rillen auf gleich großer Fläche in doppelter und drei=facher Anzahl mit nahezu ganz gleichen Kosten — der einzige Unter=schied ist vielleicht das höhere Samenquantum in letzterem Fall — erzogen wurden, ist eben ein himmelweiter Unterschied, eine Ver=gleichung beider bezüglich des Kostenaufwandes gewiß nicht zulässig! In § 54 haben wir mitgetheilt, wie auf gleich großen Flächen mit verschiedenem Samenquantum 15306 und 24479 taugliche einjährige Föhrenpflanzen erzogen wurden — aber erstere wogen 1733 Gramm, letztere nur 1300 Gramm pro Tausend; die Erziehungs=kosten dagegen verhalten sich natürlich nahezu wie 5 : 3 pro Tausend.

Endlich möchten wir noch darauf hinweisen, daß es einerseits meist ältere, erfahrene Pflanzenzüchter sind, welche, nachdem sie in früheren Jahren ihr Lehrgeld bezahlt, die Resultate ihrer Arbeit mittheilen, und daß anderseits nur günstige Resultate zur Veröffent=lichung zu gelangen pflegen; wer mit oder ohne Verschulden minder günstige Resultate erzielt hat, pflegt solche nicht zu publiziren.

Damit soll jedoch insbesondere jenen Mittheilungen, welche Durch=schnitte aus großen Zahlen, aus langjährigem Betrieb bieten, in keiner Weise zu nahe getreten werden; dieselben können, unter Beachtung der lokalen Verhältnisse mit den eigenen Erfahrungen verglichen, dem

Pflanzenzüchter gute Anhaltspunkte und manche Anregung geben. Wir fügen nachstehend einige solche Mittheilungen aus der Literatur an und bemerken, daß die Kosten der Einfriedigung und Düngung im unmittelbaren Anschluß an die betreffenden Abschnitte in den §§ 29 und 39 besprochen wurden, da sie sich uns dort am zweckmäßigsten anzuschließen schienen.

§ 98.

Kosten der Bodenbearbeitung.

Nichts schwankt wohl mehr als die Höhe der Kosten für die erstmalige Bearbeitung des Bodens bei Anlage eines neuen Saatbeetes. Neben dem überall einflußreichen Faktor der Tagelohnshöhe, die hier besonders ins Gewicht fällt, da nur kräftige, die relativ höchsten Tagelöhne beziehende Männer zu dieser Arbeit Verwendung zu finden pflegen, ist es die natürliche Beschaffenheit des Bodens einerseits, die verlangte Tiefe und Gründlichkeit der Bodenbearbeitung anderseits, welche ausschlaggebend für die Kosten sind. In ersterer Beziehung finden wir alle Uebergänge, vom eben gelegenen, stein- und wurzelfreien Sandboden zu dem schweren, steinigen, wurzeldurchzogenen Granitboden im Gebirge, dessen Lage an einem Gehänge vielleicht noch Terrassirung erheischt; in letzterer solche von der metertiefen Boden-Rajolung E. Heyer's zu der nur 10 bis höchstens 30 cm tiefen Lockerung, mit welcher sich Fischbach begnügt (vergl. § 17); so kann es uns auch nicht wundern, wenn die Angaben über die Kosten bezüglich der Bodenbearbeitung außerordentlich schwanken — nach unserer Ansicht haben solche Angaben nur lokalen Werth.

Als Beleg für das Gesagte mögen einige solche Angaben dienen: Schmitt[1]) gibt als Kosten erstmaliger Bodenbearbeitung an: unter günstigen Verhältnissen 7 Mark, unter ungünstigen 12—15 Mark pro Ar bei 30—40 cm tiefem Umgraben, sowie einschließlich des Abräumens und Verbrennens des Bodenüberzuges; Tagelohn 2,50 Mark für den Mann. Pöpel[2]) gibt bei einem Tagelohn von 1,60 Mark die Kosten pro Ar auf 7—8 Mark an; den gleichen Betrag bezeichnet Crelinger[3]) als Resultat seiner mehrjährigen Erfahrung (ohne jedoch die Höhe des ortsüblichen Tagelohns anzugeben).

---

[1]) Fichtenpflanzschulen. S. 37.
[2]) Thar. forstl. Jahrb. 32. S. 123.
[3]) Jahrb. des schles. Forstver. 1880. S. 107.

Nach einem von Gayer[1] mitgetheilten Kostentarif für die baye=
rischen Forstämter Kelheim, Landshut und Passau sind zur guten,
0,30—0,40 m tiefen Bearbeitung des Bodens für Neuanlage eines
Saatbeetes je nach der Bodenbeschaffenheit 3½—5½ Männertaglöhne
pro Ar nöthig.

§ 99.

Kosten der Ansaat und Verschulung.

Auch den Mittheilungen über Kosten der Ansaat ist meist nur
beschränkter Werth beizulegen. Neben der Holzart ist die Ent=
fernung der Rillen von einander, wodurch die Zahl der Rillen pro
Ar bedingt ist, die Anwendung einfacher, breiter oder schmaler Doppel=
rillen von sehr wesentlichem Einfluß auf die Höhe der Saatkosten,
und die Angabe dieser Faktoren ist daher unbedingt nöthig, wenn es
sich um die Vergleichung mit den anderen Orts erwachsenen des=
fallsigen Ausgaben und um die Entscheidung handelt, welchen Einfluß
die angewendeten Vorrichtungen zum Eindrücken der Rillen, zur raschen
und gleichmäßigen Ansaat auf die Höhe dieser Kosten ausüben. Durch
praktische Apparate — Saatbretter und Säeapparate — können diese
Kosten jedenfalls wesentlich ermäßigt werden, was namentlich bei Holz=
arten, welche — wie die Föhre — in größter Menge fast nur im
Saatbeet erzogen zu werden pflegen, wohl ins Gewicht fällt.

Nach dem von Gayer[2] mitgetheilten Kulturkostentarif der Ober=
försterei Kottwitz kostet die Fichtenkampsaat in 15 cm entfernten
Rillen pro Ar bei einem Taglohn von nur 1 Mark für Männer,
0,65 Mark für Frauen 1,40 Mark, im Revier Chorin bei gleicher
Rillenentfernung unter Anwendung des Säehorns, aber exkl. Ein=
drücken der Rillen (Tagelohn 1,50 und 1,80 Mark) nur 20 bis
25 Pfennige. Nach Danckelmann's Mittheilungen[3] sind zur Ansaat
von 1 Ar — Eindrücken der Rillen, Saat, Uebersieben und An=
walzen — 1,2 Männertagelöhne nöthig, wobei die Rillen 15 cm
(von Mitte zu Mitte gerechnet) von einander entfernt und mittelst
des Saatbrettes eingedrückte Doppelrillen sind. Pöpel[4] gibt die
Kosten für das nochmalige Klarrechen der Beete im Frühjahre, Unter=
bringen von Humus oder Asche, Eintheilen in Beete, Ansäen und

---

[1] Waldbau. S. 600.
[2] Waldbau. S. 594 u. 591.
[3] Zeitschr. f. F.= u. J.=W. V. S. 65.
[4] Thar. forstl. Jahrb. 32. S. 123.

Decken mit Reisig bei einem Frauen-Tagelohn von 90 Pfennigen auf 4,15 Mark pro Ar an.

Bezüglich der Verschulung haben die ziemlich zahlreichen Kosten-angaben, die wir in unserer Literatur finden, stets die Beantwortung der Frage im Auge: Wieviel Pflanzen kann eine fleißige Arbeiterin in einem Tage verschulen? Die desfallsige Angabe bietet den großen Vorzug, daß sie unabhängig ist von dem schwankenden Faktor des ortsüblichen Tagelohns, den dann Jeder, der sich für die Sache inter-essirt, erst selbst in die Rechnung einführt, und es wäre wünschenswerth, daß auch bei anderweiten Kostenmittheilungen die Angabe möglichst in dieser Weise erfolgte (wie in dem oben berührten Fall auch durch Danckelmann bereits geschehen).

Die Zahl der von einer Person an einem Tage zu verschulenden Pflanzen ist in erster Linie durch Holzart und Stärke der Pflanzen bedingt: je kleiner die Pflanze, je schwächer und kürzer deren Wurzeln, um so rascher geht das Einschulen. Aber auch unter Berücksichtigung dieser Verhältnisse finden wir doch sehr differirende Angaben, und es ist dies erklärlich einerseits durch die angewendeten, mehr oder minder arbeitsfördernden Manipulationen, anderseits durch die lokalen Verhältnisse (leichter oder schwerer Boden), endlich auch dadurch, daß in einem Falle alle Hülfsarbeiten — Ausheben und Sortiren der Pflanzen, Anschlämmen u. dgl. — inbegriffen sind, im andern nicht.

Wir entnehmen der Literatur einige Angaben:

Nach Heß[1] kann eine fleißige und geübte Person in einem Tage 1000—1200 (ausnahmsweise selbst 1500!) zweijährige Fichten in einem Tage verschulen; wobei sie das Ausheben, Anschlämmen, Abmessen der Reihen und Riefenziehen selbst besorgen muß — eine jedenfalls s e h r h o h e Arbeitsleistung! Nach Schmitt's Angaben[2] dagegen würde d a s M a x i m u m der in einem Tage von einer fleißigen Arbeiterin zu ver-schulenden solchen Pflanzen 1000 Stück betragen, bei minder geübten auf 800, selbst 600 sinken; mit diesen Zahlen stimmen unsere eignen Erfahrungen. Danckelmann[3] dagegen hat unter Anwendung des Harzer Trittbretts (siehe § 83) etwa 1200 Pflanzen als Resultat einer Tages-arbeit erhalten; nach dem Kulturkostentarif der Oberförsterei Karlsberg, Reinerz und Nesselgrund, mitgetheilt von Gayer[4], würden dagegen nur

---

[1] Allg. F.- u. J.-Z. 1862. S. 294.

[2] Fichtenpflanzschulen. S. 83.

[3] Zeitschr. f. d. F.- u. J.-W. V. S. 74.

[4] Waldbau. S. 593.

500 Stück einjährige Fichten in einem Tage verschult werden können — eine geringe Arbeitsleistung, welche bezüglich der angewendeten Manipulation wohl zu überlegen gibt.

Wesentlich gesteigert kann die Arbeitsleistung werden durch Anwendung der in § 83 beschriebenen Verschulungs = Gestelle und =Maschinen. So gibt Forstverwalter Eck an, daß mit seinem Verschulungsgestell eine Frauensperson bis zu 5000 Stück ein= und zweijährige Pflanzen im Verband von 8 auf 15 cm pro Tag (zu zehn Arbeitsstunden) verpflanzen könne, und die Hacker'sche Maschine soll nach Angabe ihres Erfinders eine Arbeitsleistung von 400 bis 700 Pflanzen pro Arbeitsstunde — je nach deren Abstand von 2½ bis 5 cm — ermöglichen.

Für stärkere Pflanzen sinkt die Zahl der mit einer Tagelohnsarbeit einzuschulenden Pflanzen sofort wesentlich; der zuletzt erwähnte Kulturkostentarif gibt z. B. an, daß von ein= und zweijährigen Ahornpflanzen 250 bis 300, von vier= und fünfjährigen nur 125 bis 170 Stück an einem Tage verschult werden können.

Die Verschulung gehört jedenfalls, gleich der Saat, zu jenen Kamparbeiten, bei welchen durch Anwendung zweckmäßiger Methoden, richtige Vertheilung und Verwendung der Arbeitskräfte, gute Leitung und Aufsicht ein bedeutender Einfluß auf die Höhe der Kosten in der Hand des Wirthschafters liegt!

§ 100.

Kosten der Reinigung und Lockerung.

Die Kosten für diese Arbeiten lassen sich in vielen Fällen nur schwer trennen, da Lockerung und Reinigung insbesondere bei Anwendung mancher Instrumente — Dreizack, Jätekarst — gleichzeitig ausgeführt werden. Auch hier werden sich Angesichts der außerordentlichen Verschiedenheiten, die bezüglich der Neigung des einen oder anderen Bodens zum Gras= oder Unkrautwuchs, bezüglich der Lockerheit und Bindigkeit der zu Forstgärten verwendeten Bodenarten und des hiedurch bedingten Bedürfnisses nach Lockerung bestehen, Durchschnittszahlen von allgemeinem Werth kaum geben lassen. Gayer theilt einige solche Durchschnittszahlen mit[1]); nach denselben betragen die Kosten für Jäten bei dem „zu Gras= und Unkrautwuchs neigenden Gebirgsboden" der Reviere Karlsberg, Reinerz und Nesselgrund pro

---

[1]) Waldbau. S. 593 u. 595.

Ar jährlich drei bis vier Arbeitstage, in der Oberförsterei Kottwitz jene für Reinigung und Lockerung nur 2,20 Mark (Frauentagelohn 65 Pfennige), und letzteren Betrag gibt auch Sturmfeder[1] als einen Durchschnitt auf gutem, graswüchsigem Boden an. Schoch[2] hat mit Hülfe seines Drei- und Fünfzacks (siehe § 70) die Kosten für Reinigung und Lockerung seines Forstgartens auf sehr kräftigem, graswüchsigem Boden auf den geringen Betrag von 1,90 Mark herabgedrückt — einen Betrag, den man wohl als das Minimum des für diese Zwecke nöthigen Aufwandes nach unseren Erfahrungen betrachten darf.

Für ständige Forstgärten pflegen die Kosten stets relativ höher zu sein, als für Wanderkämpe, da letztere bei ihrer Anlage auf bisher bestocktem und dadurch unkrautfreiem Boden meist nur wenig Unkrautwuchs zeigen können, während derselbe in länger benutzten Forstgärten stets ein stärkerer ist. (S. § 6.)

§ 101.
Gesammtkosten der Pflanzenerziehung.

Die Angaben über den zur Erziehung von je hundert oder tausend Pflanzen einer gewissen Art nöthigen Gesammtkostenaufwand, welche sich in unserer Literatur finden, erstrecken sich vorwiegend auf die Nadelhölzer, vor Allem die Fichte und Föhre, seltener schon die Lärche und Tanne. Der Grund hiefür ist einerseits in dem viel massenhafteren Anbau der erstgenannten beiden Holzarten und insbesondere darin zu suchen, daß dieselben vielfach allein in Saatkämpen und Forstgärten erzogen werden und dadurch die Möglichkeit und Gelegenheit zur Ermittelung richtiger Durchschnittszahlen geben, während von Laubhölzern fast nur die Eiche allein, mit Ausschluß anderer Holzarten, in Forstgärten erzogen wird; in welchem Maße aber Kostenangaben durch die Erziehung verschiedenen Pflanzmaterials im selben Forstgarten erschwert werden, haben wir oben (§ 97) berührt. Anderseits liegt er wohl darin, daß bei jenen Nadelhölzern Saat und Ernte sehr nahe beisammen liegen, letztere der Saat bei der Föhre fast stets schon nach Jahresfrist, bei der Fichte nach 2—4 Jahren folgt, wodurch die Vergleichung in hohem Grade erleichtert wird. Auch der Umstand, daß Fichte und Föhre vielfach in Wanderkämpen

---

[1] Forstw. Centralbl. 1866. S. 294.
[2] Forstw. Centralbl. 1864. S. 54.

erzogen und dadurch alle Kosten, vom ersten Hackenschlag zur Boden=
bearbeitung bis zum Ausheben der letzten Pflanze, in die Berechnung
einbezogen werden können, ist eine weitere Erleichterung für voll=
ständige Angaben.

Minder leicht lassen sich solche Angaben schon bezüglich der Eiche
machen; der schwankende, unter Umständen sehr hohe Preis des Saat=
gutes, die Erziehung derselben in längere Zeit benutzten, ein=
gefriedigten Eichelgärten, die längere Dauer dieser Erziehung, das im
selben Garten zur Erziehung gelangende, sehr ungleichmäßige
Material von der einjährigen Pflanze bis zum Heister hinauf machen
verläffige Angaben schwer.

Als Kostenangaben aus großen Durchschnitten mögen hier nun
folgende angeführt sein:

Für die Föhre:

Danckelmann[1]) gibt die Kosten für Erziehung einjähriger Pflanzen
im Choriner Forstgarten, also auf ständig benutzter und durch alljähr=
liche Düngung in Kraft erhaltener Fläche, auf 5 Pfennige pro Hundert
an, wobei ein Männertagelohn von 1,50 Mark, ein Frauentagelohn
von 0,80 Mark bezahlt wurde.

Nach Oberförster Schäffer's (Buchwerder) Mittheilungen[2]) haben
diese Kosten bei der Erziehung von 87358 Hundert solcher Pflanzen
in Wanderkämpen auf sandigem, also leicht zu bearbeitendem Boden
nur 3,45 Pfennige pro Hundert betragen. (Die Höhe des ortsüblichen
Tagelohns ist nicht angegeben.)

In der Oberförsterei Woidnig (Posen) ist die Höhe der Erziehungs=
kosten für einjährige Föhren nach größerem Durchschnitt auf 10 Pfennige
pro Hundert angegeben[3]); die Tagelohnsangabe fehlt auch hier. —
Oberförster Pöpel[4]) hat sich mit Rücksicht auf die Anordnung der
königl. sächsischen Regierung, daß die Forstkultur der Privaten und
Gemeinden durch Abgabe der nöthigen Pflanzen aus den Staats=
revieren um den Selbstkostenpreis zu befördern sei, bemüht, diesen
Selbstkostenpreis für die wichtigsten Saatbeet=Sortimente möglichst
genau festzustellen, und kommt für einjährige Kiefern, unter Beachtung
der Gefahren (Schütte!), des unverkäuflichen Materials u. dgl., auf

---

[1]) Zeitschr. f. J.= u. F.=W. V. S. 71.
[2]) Zeitschr. f. J.= u. J.=W. VI. S. 255.
[3]) Gayer, Waldbau. S. 596.
[4]) Thar. forstl. Jahrb. 32. S. 123.

Preise von 5 Pfennigen pro Hundert in minimo, von 13 Pfennigen in maximo.

Oberförster Elias berechnet (bei einem allerdings sehr niedrigen Tagelohn von 90 Pfennigen bis 1 Mark für den Mann, 55—60 Pfennigen für eine Frau) die Gesammtkosten für zweijährige verschulte Kiefern auf nur 1,24 Mark, Oberförster Zimmer jene für einjährige Kiefern auf 23 Pfennige pro Tausend[1])!

Wo die Schütte die einjährigen Föhren öfters heimsucht und ganze Saatbeete ruinirt, da werden sich die Erziehungskosten aus längerem Durchschnitt viel höher stellen!

Für die Fichte:

Für dieselbe gibt Fischbach[2]) aus ebenfalls großen Durchschnitten folgende Erziehungskosten pro Hundert an:

zweijährige unverschulte Pflanzen	10—13	Pfennige
dreijährige	do.	do.	16—20	„
vierjährige	do.	do.	20—26	„
vierjährige verschulte	do.	35—42	„
fünfjährige	do.	do.	40—48	„

wobei als Tagelöhne 1,15 bis 1,40 Mark für den Mann, 70—90 Pfennige für die Frau bezahlt wurden.

Pöpel (f. o.) rechnet als Selbstkostenpreise, um welche die Pflanzen abzugeben wären, für das Hundert einjähriger Fichten 10 Pfennige, zweijähriger 15 Pfennige, dreijähriger ebenfalls 15 Pfennige (welch' letzterer Preis für kräftige dreijährige Pflanzen entschieden zu niedrig ist!).

Schmitt[3]), dessen aus großen Durchschnitten und langjähriger Praxis gezogene Zahlen entschiedene Beachtung verdienen, gibt unter Einrechnung aller Kosten — auch jener für Kulturwerkzeuge, Einfriedigung und Arbeiterhütte, Verzinsung des Anlagekapitals — für verschulte Fichten folgende Kosten an:

vierjährige pro Hundert 50 bis 90 Pfennige) letztere Beträge für
fünfjährige „ „ 80 „ 140 „) schwierigere Verhältnisse
sechsjährige „ „ 160 „

wobei die Tagelöhne zu 1,20 bis 1,50 Mark (bei Rodung neuer Flächen zu 2,50 Mark) angegeben werden.

---

[1]) Jahrb. des schles. Forstver. 1880. S. 112.
[2]) Forstw. Centralbl. 1866. S. 401.
[3]) Fichtenpflanzschulen. S. 98.

Oberförster Crelinger[1]) kommt bei der unserer Ansicht nach sehr weitständigen Verschulung von 15 auf 25 cm auf den Selbstkostenpreis von 5 Mark pro Tausend dreijähriger, einjährig verschulter Fichtenpflanzen.

Sehr mäßig sind die Kosten, die Surauer[2]) an der Hand langjähriger Aufschreibungen angibt. Sie betragen für das Tausend 2—3jähriger Saatpflanzen in uneingefriedigten Kämpen nur 30 Pfennige, für das Tausend 5jähriger verschulter Pflanzen (2jährig verschult, 3 Jahre im Schulbeet) unter günstigen Verhältnissen nur 2,05, unter ungünstigen 5,10 Mark bei einem Männertagelohn von 1,80 Mark, einem Frauentagelohn von 1,20 Mark.

Für die Tanne:

Grebe[3]) gibt an, daß die Kosten für Erziehung von fünfjährigen verschulten Tannenpflanzen (zwei Jahre im Saatbeet, drei Jahre im Pflanzbeet) unter Anwendung sogenannter Schutzschirme und bei einem Frauentagelohn von 80 Pfennigen sich pro Hundert auf 60—75 Pfennige stellten.

Für Ahorn und Esche:

Nach Angaben Crelinger's[1]) berechnet sich das Tausend zweijähriger unverschulter Pflanzen auf 4 Mark, drei- bis vierjähriger verschulter Pflanzen aber auf 15—16 Mark.

Als Durchschnittszahlen aus großen, gemeinsam erzogenen Pflanzenmengen an Föhren, Fichten und Lärchen, welche ein, zwei und drei Jahre alt Verwendung fanden, und für welche sich die Kosten nach Alter und Holzart nicht wohl trennen ließen, mögen noch einige Angaben, Beispiele besonders billiger Pflanzenerziehung, hier erwähnt werden.

Sturmfeder[4]) hat auf 8 Ar Saatkampfläche in 4 Jahren 192 000 Föhren und Fichten, ein- und zweijährig, mit einem durchschnittlichen Aufwand von 7 Pfennigen pro Hundert erzogen.

Nach Duetsch'[5]) Mittheilungen kostete die Erziehung von 245 000 Fichten und Föhren auf 13 Ar Saatbeetfläche pro Hundert nur 3 Pfennige, wobei allerdings Kosten für Einfriedigung, Düngung, Lockerung nicht

---

[1]) Jahrb. des schles. Forstver. 1880. S. 108.

[2]) Forstw. Centralbl. 1894. S. 140.

[3]) Aus d. Walde. Bd. IV. S. 78.

[4]) Forstw. Centralbl. 1866. S. 294.

[5]) Forstw. Centralbl. 1867. S. 323.

erwuchsen, und die Tagelöhne nur 1 Mark für den Mann, 72 Pfennige für eine Frau betrugen.

Krodel theilt mit[1]), daß bei der Erziehung großer Pflanzen= mengen von drei= bis fünfjährigen Fichten, Weißtannen und Erlen, verschult und unverschult, und bei einem allerdings sehr niedrigen Tagelohn (60—90 Pfennige) das Hundert Pflanzen im Durchschnitt nur auf 20 Pfennige zu stehen kam.

Jäger gibt[2]) folgende möglichst genau ermittelten Selbstkosten= preise pro Tausend an:

Einjährige Eichen 3,84 Mark, verschult 3jährig 8,87 Mark,
„ Eschen 4,05 „ „ 3 „ 9,07 „
„ Ahorn 3,20 „ „ 3 „ 8,25 „
„ Fichten 0,40 „ „ 4 „ 4,50 „
„ Tannen 1,53 „ „ 4 „ 6,50 „
„ Föhren 0,90 „ „ 3 „ 3,20 „

Besondere Schwierigkeiten bietet, wie nach dem in § 93 Gesagten wohl erklärlich, die Angabe der Kosten, welche die Erziehung eines Heisters verursacht, und Mittheilungen hierüber sind denn auch spärlich zu finden. Als Beleg für die Schwierigkeit einer richtigen Berechnung ist wohl zu betrachten, wenn in den Verhandlungen des Pommer'schen Forstvereins die Erziehungskosten eines 7—8jährigen Eichenheisters zu 37—41 Pfennigen angegeben werden, während Geyer die Kosten für einen nach seiner Methode (vergl. § 105) erzogenen, dreimal ver= schulten 10jährigen Heister auf nur 13 Pfennige berechnet; erstere Angabe muß sehr hoch, letztere sehr niedrig erscheinen!

Zum Schluß dieses Abschnittes geben wir noch auszugsweise den gegenwärtigen Preistarif eines größeren Pflanzen=Handelsgeschäftes. Bei Würdigung derartiger Preistarife wird ins Auge zu fassen sein, daß einerseits solche Handelsgärten ein viel größeres Anlagekapital für Grund und Boden, Gebäulichkeiten u. dgl. erfordern, anderseits für den Besitzer ein seiner Arbeit, seinem Risiko entsprechender Ge= schäftsgewinn erzielt werden muß, unter Umständen bei stockendem Absatz größere Pflanzenmengen unbrauchbar werden können — Faktoren, die den Preis der Pflanzen gegenüber den Selbstkosten er= höhen müssen. Dagegen wirken wieder andere Momente günstig, preiserniedrigend: die große Menge der erzogenen Pflanzen, die

---

[1]) Forstw. Centralbl. 1867. S. 401.
[2]) Allg. F.= u. J.=Z. 1887. S. 323.

Praxis und Erfahrung der Besitzer, die Anwendung aller Hülfsmittel in möglichst vollkommener Weise u. s. f. — kurz alle jene Momente, welche E. Heyer für möglichste Konzentration der Pflanzenerziehung ins Feld führt[1]).

Preis-Verzeichniß der Baumschule von J. Heins zu Halstenbeck (Holstein) 1896[2]).

Bezeichnung	Alter Jahre	Höhe cm	Preis pro 1000 ℳ	₰	Bezeichnung	Alter Jahre	Höhe cm	Preis pro 1000 ℳ	₰
Eiche	1	10—30	3	—	Weißtanne	4*	15—25	15	—
	2	20—50	5	—	Fichte	2	7—25	2	—
	4*	40—65	12	—		2	15—35	4	—
	Heister	140—200	110	—		3*	15—35	6	50
Esche	2	15—25	3	50		4*	20—45	9	—
	3—4*	65—100	20	—	Föhre	1	stark	1	60
	Heister	200—250	130	—		1	schwächer	1	20
Ahorn	1	10—20	2	50	Lärche	1	5—15	2	—
	2	40—65	11	—		2	15—30	5	—
	3—4*	65—100	16	—		2*	20—40	9	—
	Heister	200—230	120	—	Weymouths-kiefer				
Rotherle	1	10—20	3	—		1	—	3	50
	2	40—65	9	—		2	—	5	—
	2*	100—140	16	—		3*	—	7	—
Rothbuche	1	10—25	2	75	Schwarzkiefer	1	stark	1	80
	2	30—50	7	—		1	schwächer	1	40
	3—4*	30—50	15	—	Douglasfichte	1	5—15	6	—
Akazie	1	70—100	12	—		2	15—30	8	—
	2—3*	100—175	25	—		3*	20—40	20	—

[1]) Allg. F.- u. J.-Z. 1866. S. 205. (Vergl. § 6 dieses Werkchens.)
[2]) Die mit Sternchen bezeichneten Sortimente sind verschulte Pflanzen.

Anhang.

§ 102.

Behandlung verlaffener Saat= und Pflanzkämpe.

Es pflegt keine Seltenheit zu sein, daß man inmitten wüchsiger Junghölzer und älterer Bestände kleinere unwüchsige Partien findet, die sich schon durch ihre rechteckige Gestalt dem nur einigermaßen kundigen Auge als verlaffene Saat= oder Pflanzbeete zu erkennen geben, und die entweder in Folge dichten Pflanzenstandes oder — bei geringerer Größe — in Folge des Seitendruckes der weit voraus= gewachsenen Umgebung ganz auffallend kümmern; man hat sie dort, wo große Mengen noch jüngerer kümmernder Pflanzen beisammen stehen, wohl auch scherzweise „Pflanzenkirchhöfe" genannt. Zumal dort, wo keine kleine Wanderkämpe auf den Kulturflächen selbst das Pflanzenmaterial zum Kulturbetrieb zu liefern haben, ist diese Erscheinung nicht selten.

Ursache der letzteren pflegt aber der an manchen Orten geübte Brauch zu sein, daß man etwa solche Pflanzkämpe nach geschehener Ausnutzung, und nachdem die Umgebung schon weit vorgewachsen ist, mit schwachen Pflanzen der gleichen Holzart auspflanzt, oder — was ein noch viel größerer Mißstand und doch nicht selten zu finden! — daß man ganze Beete voll Pflanzen, die man nicht mehr brauchte oder, weil zu alt, zu schlecht, durch Spätfröste wiederholt beschädigt — nicht mehr brauchen konnte, einfach stehen und fortwachsen ließ. Letzteres ist namentlich eine im Gebiet der Fichtenkahlschlag=Wirthschaft nicht seltene Erscheinung [1]). Dieselbe bedarf großer Pflanzenmengen; um solche sicher zur Verfügung zu haben, legt der eifrige Wirthschafter seine Saatkämpe lieber etwas zu groß als zu klein an, findet für den Ueberschuß keine Verwendung und Verwerthung — der Pflanzenkirchhof ist fertig!

Derartige Mißstände sollen und können aber vermieden werden! Zunächst benutze man ein inmitten einer Kulturfläche gelegenes Saat= beet nicht zu lange, da sonst die Pflanzen mit ihrer Umgebung nicht mehr werden konkurriren können, auch der Seitendruck letzterer sich bemerklich machen wird. Nach beschlossener Auflassung aber bepflanze man dasselbe mit möglichst kräftigen (eventuell selbst Ballen=)Pflanzen

---

[1]) Vergl. den Artikel von Rausch „Aufgelassene Fichtensaatkämpe" in der Zeitschr. f. F.= u. J.=W. 1888. S. 705.

einer raschwüchfigen Holzart, und wird sich hiezu die genügsame, raschwüchsige und schattenertragende Weymouthskiefer ganz besonders eignen.

Stehen in einem solchen Pflanzkamp Beete voll guter verschulter Pflanzen, so wird man zweckmäßig beim Ausheben derselben bei letzt= maliger Benutzung die nöthige Pflanzenzahl in den bestwüchfigen In= dividuen in entsprechenden Abständen stehen und einwachsen lassen.

Finden sich aber in einem Pflanzkamp, der verlassen werden soll, Beete unwüchsiger oder zu alter Pflanzen vor, die wegen Vermagerung des mangelhaft gedüngten Bodens, zu dichten Standes, Beschädigungen oder sonst welcher Gründe unbrauchbar geworden, dann reiße man dieselben sämmtlich heraus, verbrenne sie und benütze etwa gleich die Asche zur Düngung der kräftigen Pflanzen, mit welchen man die Fläche alsbald bepflanzt. — Man ist in solchen Fällen etwa auch in der Weise vorgegangen, daß man die Mehrzahl der Pflanzen heraus= riß und nur vereinzelte Pflanzen und Pflanzengruppen stehen ließ oder versuchte, durch gassenweises Durchschneiden den Randpflanzen die Möglichkeit einer guten Entwickelung zu geben, aber auch letzteres ist nach der oben citirten Mittheilung von Rausch doch nur als eine halbe Maßregel zu betrachten, die selten zu befriedigendem Erfolg führt, und vollständiges Abräumen wird stets vorzuziehen sein.

Sehr zweckmäßig scheint uns eine seit einiger Zeit in Sachsen für Fichtenkämpe, welche nur 4—5 Jahre benutzt werden sollen, mehrfach angewendete Methode, um dieselben mit der umgebenden oder an= schließenden Kultur in gleichen Wuchs zu bringen. Sofort bei erst= maliger Benutzung des Kampes werden nämlich in die Beetwege kräftige Fichtenpflanzen in je 1 m Abstand in Hügel gesetzt; bei der Bearbeitung der Beete stören diese Pflanzen nur ganz wenig, und wird nun nach etlichen Jahren der Kamp verlassen, so ist derselbe bereits durchaus mit gutwüchsigen Pflanzen bestockt, die sich in Alter und Entwickelung der Umgebung anschließen. —

Trifft man aber in seinem Bezirk aus früherer Zeit stammende, durch das Belassen von geringwerthigen Pflanzbeeten entstandene, dicht bestockte Partien, bei welchen mit Rücksicht auf die schon weit vor= gewachsene Umgebung die Radikalkur der Beseitigung und Neu= bepflanzung nicht mehr zulässig erscheint, dann wird in sehr energischem Durchschneiden der zu dichten Wüchse das einzige Mittel liegen, sie zu etwas besserem Wachsthum zu bringen. Um bei sehr spindeligem Wuchs der Pflanzen ein seitliches Umbiegen derselben — etwa bei Schneebelastung — zu vermeiden, kann es sich empfehlen, nur die

Kronen der besten Individuen frei zu schneiden und stärkere Eingriffe
erst nach Kräftigung dieser letzteren vorzunehmen.

§ 103.
Aufbewahrung, Verpackung und Transport der Pflanzen.

Je rascher die aus dem Saat= oder Pflanzbeet ausgehobene Pflanze
wieder in den Boden kommt, je weniger sonach die Wurzeln der Ge=
fahr des Austrocknens ausgesetzt sind, um so sicherer erscheint das Ge=
deihen der versetzten Pflanzen, und es ist ein nicht zu leugnender (auch
schon in § 6 hervorgehobener) Vorzug der auf den Kulturflächen selbst
befindlichen Wanderkämpe — Saat= wie Verschulungsbeete —, daß
bei denselben das Ausheben und Wiedereinpflanzen sich am raschesten
folgen, daß es möglich ist, den stärkeren verschulten Pflanzen die bei
dem Ausheben den Wurzeln anhängende Erde möglichst zu belassen,
während bei weiterem Transport, insbesondere durch Menschenkraft,
ein Abschütteln dieser Erde aus Ersparungs=Rücksichten nicht wohl zu
vermeiden ist, eventuell während des Transportes auf Wagen und
Karren auch ohne unser Zuthun erfolgt.

Aber selbst der eifrigste Verfechter der Wanderkämpe kann nicht
auf jeder Kulturfläche ein Saatbeet anlegen, und ein Transport der
Pflanzen zunächst innerhalb des Reviers ist nicht zu vermeiden; Kon=
zentrierung der Pflanzenerziehung in einige größere Forstgärten wird
einen solchen Pflanzentransport in erhöhtem Maße nothwendig machen;
der Bezug von Pflanzen aus andern Waldbezirken bez. die Lieferung
von Pflanzen in andere Gegenden (vergl. E. Heyer's in § 6 besprochene
Vorschläge bez. der möglichsten Konzentrierung der Pflanzenzucht!)
nöthigen zu sorgfältiger Verpackung und oft weitem Transport.
Ebenso kann nicht jederzeit dem Ausheben der Pflanzen das Wieder=
einsetzen derselben folgen, ein längeres oder kürzeres Aufbewahren der=
selben erweist sich als nöthig, und eine kurze Besprechung[1]) der zweck=
mäßigsten Art und Weise der Aufbewahrung ausgehobener Pflanzen,
des Transportes derselben auf kürzere Entfernungen und endlich
der sorgfältigeren Verpackung zum Zweck weiteren Transportes
dürfte vielleicht nicht ohne Interesse und Nutzen sein — sehen wir
doch, daß in diesem Punkte in mannigfacher Weise gesündigt wird[2]).

---

[1]) Vergl. die desfallsige Anregung Baur's, Forstw. Centralbl. 1883. S. 245.
[2]) In eingehender Weise findet sich dieses Thema besprochen in Burckhardt,
Aus dem Walde II. S. 137.

Durch die nicht selten schon im Herbst oder zeitig im Frühjahre eintretende Nothwendigkeit, die Saat= und Pflanzbeete, deren Material zur Frühjahrskultur bestimmt ist, behufs gründlicher Bodenbearbeitung, Ausfrieren des Bodens über Winter oder Vornahme einer Herbst= oder sehr zeitigen Frühjahrssaat zu räumen, tritt die Aufgabe zweck= mäßiger Aufbewahrung der ausgehobenen Pflanzen auf längere oder kürzere Zeit an uns heran. Insbesondere wird dies auch in Gebirgsrevieren der Fall sein, in welchen ein Theil der in tieferen Lagen erzogenen Pflanzen zu Kulturen in höheren, erst später zugänglich werdenden Lagen verwendet werden soll — hier ist es nöthig, durch rechtzeitiges Ausheben und Aufbewahren an kühlem Ort das Antreiben der Pflanzen zu verhüten. — Die Versuche, welche Reuß und Möller[1]) über den Einfluß, welchen die Art und Weise der Aufbewahrung der Pflanzen auf deren Gedeihen ausübt, in mannigfaltigster Weise an= gestellt haben: ganz trocken, durch öfteres Ueberbrausen feucht erhalten, die Wurzeln in Lehmbrühe getunkt, in feuchtes Moos oder frische Erde eingeschlagen — zeigten einestheils die nachtheiligen Folgen des Wurzelaustrocknens in ganz hervorragender Weise, anderntheils den günstigen Erfolg sorgfältigen Einschlagens in Moos oder frische Erde, und diese beiden letzteren Methoden sind es denn auch, deren sich die Praxis vorwiegend bedient, weniger jene des Eintunkens in Lehmbrühe, obwohl nach jenen Versuchen auch hiedurch für mehrere Tage ein guter Schutz gegeben ist.

Exakte Versuche nach dieser Richtung hin hat auch Bühler[2]) an= gestellt, indem er jüngere und ältere Pflanzen verschiedener Holzarten, Laub= und Nadelhölzer, theils kürzere, theils längere Zeit — von 1 bis zu 20 Tagen, ja bei einer Anzahl zu einer Hochgebirgskultur verwendeter Pflanzen bis zu 2 Monaten — in feuchte und in trockene Erde einschlug; das Resultat seiner Erhebungen legt er in folgenden Sätzen nieder:

1. Der Abgang an Pflanzen in Folge des Einschlagens ist bei den Nadelholzarten größer als bei den Laubholzarten.

2. Die Laubhölzer können bis zu 10 Tagen, einzelne Arten, nämlich Buchen, Eichen, Weißerlen, ältere Schwarzerlen, in feuchte Erde sogar bis zu 20 Tagen eingeschlagen werden. Bei den Nadelhölzern, insbesondere bei einjährigem Alter derselben, ist eine längere Dauer als 5—6 Tage nicht räthlich.

---

[1]) Seckendorff, Mitth. II. Bd. S. 182.
[2]) Bühler, Mitth. Bd. II Heft 3.

3. Das Einschlagen in feuchten Boden ist vortheilhafter als das=
jenige in trocknen Boden.

4. Drei= und mehrjährige Nadelholzpflanzen zeigen, die Lärche
ausgenommen, eine geringere Empfindlichkeit gegen das Austrocknen
der Wurzeln als ein= und zweijährige.

5. Wenn im Frühjahr die Temperatur niedrig ist oder niedrig
gehalten wird, kann für die meisten Holzarten das Einschlagen auf
zwei Monate ausgedehnt werden. —

Für den oben erwähnten Fall, daß bei Pflanzen aus tieferen
Lagen behufs ihrer Verwendung in Hochlagen im Frühjahr die Vege=
tation zurückgehalten werden soll, empfiehlt Koszesnik[1]) folgendes Ver=
fahren: In eine nordseitig gelegene Grube wird 1—1,5 m hoch Schnee
fest eingestampft, darauf eine dünne Nadelholzreisiglage und eine Schicht
frischer Erde gebracht, und auf diese werden nun die Pflanzen ge=
schichtet und deren Wurzeln mit Erde bedeckt. Darauf folgt abermals
eine Lage Reisig und über das Ganze ein Schutzdach von grünen
Nadelholzästen; die Pflanzen können auf solche Weise, ohne zu treiben,
bis Mitte Juni aufbewahrt werden. —

In der Regel erfolgt nun das Einschlagen der Pflanzen in frische
Erde; man wählt dazu schattige Plätze, vermeidet insbesondere für die
belaubten Nadelhölzer die direkte Einwirkung der Sonne und deckt sie
deshalb wohl auch mit dünner Laubschicht oder mit Nadelholzästen.
Kleinere Pflanzen schichtet man dabei in dünnen Lagen dachziegel=
förmig über einander, jede Lage von der andern durch eine Schicht
klarer Erde auf die Wurzeln getrennt — es ist dies dem Einschlagen
dickerer Bündel vorzuziehen, da bei solchen die Pflanzen in der Mitte
mit der Erde weniger in Berührung kommen und leichter austrocknen.
Größere Pflanzen, Laubholz=Lohden oder =Heister, kommen in mehr
aufrechter Stellung neben einander; die Wurzeln werden mit klarer,
alle Zwischenräume möglichst ausfüllender Erde bedeckt,
die Gipfel gegen die Sonnseite gerichtet, wodurch das Austrocknen des
Fußes thunlichst verhindert wird; je länger die Pflanzen eingeschlagen
bleiben sollen, um so sorgfältiger muß diese Arbeit erklärlicher Weise
geschehen. In trockenem Frühjahr wird ein Angießen der stark aus=
trocknenden, locker auf einander liegenden Erde unter Umständen zu
empfehlen sein.

Auch jene Pflanzen, welche nur für kurze Zeit, selbst nur für
wenige Stunden, der Verpackung oder etwa der Verwendung auf dem

---

[1]) Centralbl. f. d. F.=W. 1894. S. 59.

Kulturplatz entgegen sehen, sind sorgfältig gegen die so schädliche Aus=
trocknung der Wurzeln zu schützen; hier ist es dann feuchtes Moos,
welches zweckmäßige Verwendung findet.

Was nun den Transport ausgehobener Pflanzen auf kürzere
Entfernungen betrifft, innerhalb des Reviers etwa oder auf Strecken,
für welche ein Transport mit Wagen noch am zweckmäßigsten und
billigsten, so ist hier eine eigentliche Verpackung der Pflanzen nicht
nöthig, sondern lediglich ein entsprechendes Verwahren der Wurzeln
gegen das Austrocknen.

Größere Pflanzen werden am besten in sog. Kastenwagen trans=
portirt, welche Luft und Sonne am vollständigsten abhalten, doch
muß man sich bisweilen auch mit Wagen begnügen, die lediglich Vor=
richtungen von Weidengeflecht haben; eigentliche Leiterwagen sind zu
vermeiden. Man stellt die Pflanzen nach vorheriger Bedeckung des
Bodens mit feuchtem Moos dicht neben und über einander, stopft an
den Seitenwänden wie in die Zwischenräume ebenfalls feuchtes Moos
ein, überbraust zuletzt die Ladung tüchtig und deckt sie mit Stroh,
Nadelholzästen oder feuchtem Tuch zu. Die Entfernung, auf welche
die Pflanzen zu transportiren sind, vor Allem aber auch die momen=
tane Witterung spielen erklärlicher Weise eine sehr bedeutende Rolle
bezüglich der Sorgfalt, mit welcher die Verpackung zu geschehen hat.

Kleinere Pflanzen werden nur bei großer Masse und ent=
sprechend großer Entfernung in Wagen verladen und dann besser
bundweise, immer etwa je zwei Schichten mit den Wurzeln gegen ein=
ander, in den Wagen eingeschlichtet; Boden, Seitenwände und Decke
wird auch hier durch feuchtes Moos gebildet. — Kleinere Transporte
erfolgen auf Schiebekarren, wobei die Pflanzen auf eine Unterlage
von Fichtenästen mit feuchtem Moos, die Wurzeln nach innen gelegt,
verpackt und in gleicher Weise gedeckt werden; bisweilen benutzt man
auch Körbe von Weidengeflecht, und empfiehlt Demontzey[1]) solche von
viereckiger Gestalt, da sich dieselben auf Karren bequemer verladen
lassen, als runde Körbe. Jährlinge transportirt man ebenfalls auf
Schiebekarren oder selbst in Körben, wie sie in vielen Gegenden von
den Weibsleuten auf dem Rücken getragen werden, und eine einzige
Person vermag Tausende ohne Anstrengung zu transportiren; Ein=
legen von etwas feuchtem Moos, Schlichten der Wurzeln nach innen

---

[1]) Studien über die Arbeiten der Wiederbewaldung und Berasung der Ge=
birge. S. 217.

und Decken des Korbes mit feuchtem Moos genügen als Schutzmittel für solchen kürzern Transport.

Sollen aber Pflanzen auf weitere Entfernungen, etwa mit der Eisenbahn, versendet werden, wie dies heutzutage vielfach geschieht, so ist eine solide Verpackung unbedingt nöthig. Für kleinere Pflanzen ist hier der einfach geflochtene runde Weidenkorb am zweckmäßigsten; die Pflanzen — Laubholzjährlinge, ein= bis zweijährige Nadelholz= pflanzen — werden in kranzförmigen Schichten, mit den Wurzeln nach innen, eingeschlichtet, nachdem der Boden des Korbes vorher mit feuchtem Moos bedeckt worden. Nach erfolgtem Einschlichten, wobei man auf horizontale Lage der Pflanzen bedacht sein muß, damit sich dieselben beim Transporte nicht verschieben, was durch Einlegen von Moosschichten zwischen die Wurzeln erreicht werden kann, deckt man die Oberfläche des reichlich gefüllten Korbes wieder mit Moos und überspannt denselben mit Sackleinewand oder deckt mit Fichtenzweigen, die durch eingezogene Wieden befestigt werden. Auch in Säcken, in Moos gut und fest verpackt, kann man kleine Nadelholzpflanzen mit gutem Erfolg versenden[1]).

Umständlicher sind größere Pflanzen zu verpacken, und bringt man dieselben in einfache oder bei geringerer Größe in sog. Doppelbunde.

Einfache Bunde mit 20—100 Pflanzen, je nach deren Stärke, werden in der Weise hergestellt, daß auf eine Lage von Fichtenzweigen ein für den Fuß der Pflanzen bestimmtes Moosbett zugerichtet, die Pflanzen mit den Wurzeln auf dieses gelegt und sodann mit feuchtem Moos reichlich eingefüttert werden. Mit Wieden von biegsamem Material — Birken, Weiden ꝛc. —, die vorher entsprechend zugerichtet und gleich unter die Fichtenzweige in gehöriger Lage auf dem Boden aus= gebreitet wurden, wird dann der Pflanzenbund so formirt und zu= sammengeschnürt, daß derselbe allseitig über dem Moos von Fichten= zweigen umgeben ist; etwaige Lücken in dem keulenförmigen Fuß füllt man mit Moos und eingesteckten Fichtenzweigen entsprechend aus und trägt Sorge, daß ein solcher Bund nicht zu schwer wird, gut trans= portirbar bleibt.

Leichter sind sog. Doppelbunde herzustellen[2]), bei welchen zwei Lagen mittelgroßer Pflanzen mit den Wurzeln gegen und über einander gelegt werden; hier fällt die immerhin etwas schwierige For= mirung des Fußes weg. Auch hier werden zuerst Wieden, am besten

---

[1]) Jahrbücher des schles. Forstver. 1878. S. 32.
[2]) A. d. Walde. II. 137 ff.

vier, in entsprechenden Entfernungen parallel auf den Boden gelegt und über dieselben stärkere Fichtenzweige, mit ihrer Achse senkrecht die Wieden kreuzend, die dicken Enden nach außen gerichtet und über die Wieden hinausragend. Auf ein in der Mitte zugerichtetes Moosbett werden die Pflanzen mit über einander geschlichteten Wurzeln, wie oben angegeben, gelegt, letztere dann wieder mit Moos und Fichten= zweigen gedeckt, und mit Hülfe der unterliegenden Wieden wird nun das Bund hinreichend fest zusammengeschnürt. Die nach beiden Seiten. aus dem Bund hervorstehenden Gipfel der Pflanzen werden durch die überragenden dicken Enden der Fichtenäste gegen Beschädi= gungen geschützt.

Fehlen Fichten= oder Tannenäste, so wird man zum Stroh als Packmaterial greifen müssen; die sperrigen und brüchigen Föhrenäste sind nicht wohl verwendbar.

Von großen Pflanzen, starken Heistern, wird man nur 5—10, von Halbheistern bis 30, von kräftigen Lohden bis 100 Pflanzen in ein Bund verpacken können, während von 1= und 2jährigen Laubholz= pflanzen 1000 Stück und selbst mehr in ein Doppelbund gebracht werden können. Ast= und Wurzelbildung der Pflanzen bedingen hiebei wesentliche Unterschiede, und während sich z. B. Ahorne und Akazien sehr gut verpacken lassen, bereiten schon die Eichen mit ihrer Beastung mehr Schwierigkeiten, in erhöhtem Maße noch verschulte Nadelhölzer, wie Tannen, Weymouthskiefern.

Spezielle Regeln
für Erziehung der einzelnen Holzarten im Saat- und Pflanzbeet.

---

§ 104.
Allgemeine Erörterungen.

Nachdem wir im ersten, allgemeinen Theil dieses Werkchens alle jene Grundsätze erörtert haben, welche für die Pflanzenzucht im Allgemeinen gelten, wird es nun Aufgabe dieses zweiten Theiles sein, die für Nachzucht der einzelnen Holzarten im Saat- und Pflanzbeet geltenden speziellen Regeln zu besprechen. Wir halten es hiebei nicht für unzweckmäßig, zunächst die Bedeutung jeder derselben für den Pflanzkulturbetrieb, den Umfang, in welchem demgemäß ihre Nachzucht im Forstgarten erfolgt, einer kurzen Erörterung zu unterziehen und sodann erst anzugeben, wie diese letztere nach dem gegenwärtigen Stand der Praxis stattfindet, welche spezielle Maßregeln bei der Saat, der Verschulung, bei Schutz und Pflege durch die Eigenthümlichkeiten jeder Holzart bedingt werden. Es werden sich dabei einzelne Wiederholungen aus dem allgemeinen Theil nicht umgehen lassen, wenn wir für jede Holzart ein abgerundetes Bild ihrer Erziehung geben wollen; doch werden wir uns bemühen, diese Wiederholungen auf ein möglichst geringes Maß zu beschränken, und so viel als möglich auf das im ersten Theil Gesagte zurückverweisen.

Die Eigenthümlichkeiten jeder Holzart aber, welche bei deren Anzucht im Forstgarten ins Auge zu fassen sind, denen bald mehr, bald weniger sorgfältig Rechnung zu tragen ist, wenn befriedigende Resultate erzielt werden sollen, werden folgende sein: die Ansprüche

an den Boden, dessen Frische, Güte, Lockerheit, an Schutz gegen
Frost und Hitze, das Verhalten gegen Licht und Schatten —
Verhältnisse, durch welche die Auswahl des Platzes für ein Saatbeet,
die Zuweisung der passendsten Oertlichkeit im größeren Forstgarten
bedingt wird; die Beschaffenheit des Samens, seine leichtere oder
schwierigere Konservirung, die Prüfung seiner Keimkraft, das
nöthige Samenquantum pro Flächeneinheit; Zeit und Art seiner
Aussaat, nöthige und bezw. zulässige Stärke der Bedeckung; Schutz
und Pflege der Saat, der jungen Pflanzen; zweckmäßige Zeit des
Verbleibens im Saatbeet bis zur Auspflanzung ins Freie oder
zur Verschulung; Vornahme dieser letzteren; wiederholte Ver=
schulung zum Zweck der Heisterzucht; Pflege der Pflanzbeete
und Heisterkämpe.

Es sind sonach eine nicht geringe Zahl von Faktoren, die der
Pflanzenzüchter zu beachten hat, und denen wir in der nachstehenden
Besprechung der einzelnen Holzarten unser Augenmerk zuzuwenden haben.
Dabei wird es sich von selbst ergeben, daß jene Holzarten, welche im
ausgedehntesten Maße Gegenstand des Anbaues in unseren Forstgärten
sind, auch eine ganz besonders eingehende Besprechung finden — so
Eiche, Föhre, Fichte —, während die unwichtigeren, seltener erzogenen
kürzer abgehandelt werden — so Hainbuche, Birke, Linde.

I. Abschnitt.

Die Laubhölzer.

§ 105.

Die Eiche.

Die Eiche ist von allen Waldbäumen wohl der erste gewesen,
dem Schutz und Pflege zu Theil geworden, für dessen Erhaltung und
Nachzucht man Sorge getragen; ihre für Wild und Hausthiere so
hoch geschätzten Früchte, ihr treffliches und vielseitig verwendbares
Holz waren es, denen sie solche Sorge zu danken hatte.

Auf mannigfachem Wege wurde und wird ihre Nachzucht an=
gestrebt, und Saat wie Pflanzung, letztere von der einjährigen Pflanze
bis zum 3 und selbst 4 Meter hohen Heister, müssen zu derselben
helfen; über keine Holzart ist in dieser Richtung wohl so viel ge=

schrieben worden, steht uns eine so reiche Literatur zur Verfügung, als über die Eiche[1]).

Obwohl nun die Eiche durch ihre schon im ersten Lebensjahre beginnende starke Pfahlwurzelentwickelung der Verpflanzung manche Schwierigkeiten bereitet, die Verwendung von Wildlingen sehr erschwert, ein- und selbst zweimaliges Verschulen da nöthig macht, wo man stärkere Pflanzen verwenden will und muß: so war doch die Pflanzung der Eiche von jeher ein sehr verbreitetes Kulturverfahren, und sog. Eichelgärten fand man allenthalben in großer Ausdehnung, in Oertlichkeiten, wo sie am Platz, wie in solchen, wo sie ungeeignet und überflüssig waren[2]). Man strebte die Nachzucht der Eiche nicht selten in Oertlichkeiten an, für die sie überhaupt nicht oder (bei gesunkener Bodenkraft) nicht mehr paßte — es wurde vieler Orten ein Stück Eichen-Nothzucht getrieben! Die Mißerfolge blieben denn auch nicht aus, und so manche ehemalige Eichenpflanzung liegt nun tief im Schoße einer Föhren- oder Fichtendickung begraben, in welcher nur einzelne Eichen-Fragmente von der früheren Kultur zeugen.

Mehr und mehr suchte man solche Fehler zu vermeiden, den Eichenanbau auf die besseren und unzweifelhaft geeigneten Oertlichkeiten zu beschränken; die Reinertragslehre mit ihren unerbittlichen Zahlen war der Nachzucht der Eiche mit ihren hohen Umtriebszeiten auch nicht sonderlich günstig, und so hat die Eichenkultur in den letzten Jahrzehnten nicht unwesentlich an Terrain verloren. Immerhin ist letzteres aber noch ein ziemlich ausgedehntes, und noch sehen wir manch' schönen Eichen-Horst und -Bestand entstehen, durch Saat wie durch Pflanzung.

Wo die Verhältnisse es gestatten, da gibt man bei der Nachzucht der Eiche insbesondere im Hochwald der Saat (Einstufung) jetzt meist den Vorzug als dem billigeren und naturgemäßeren Ver-

---

[1]) Wir verweisen in dieser Richtung insbesondere auf die drei Spezialwerke:
    von Schütz, Die Pflege der Eiche. 1870;
    von Manteuffel, Die Eiche. (2. Aufl.) 1874;
    Geyer, Die Erziehung der Eiche zum Hochstamm. 1870.
Auch Burckhardt (Säen u. Pflz. S. 1—98) bespricht sie sehr eingehend.

[2]) Die bayr. Regierung sah sich im Jahre 1862 zu der Verordnung veranlaßt: es sei der kostspielige Kulturluxus, welcher in vielen Revieren mit bleibenden Eichenpflanzgärten noch immer getrieben werde, abzustellen, indem deren Zweck vielfach vollständiger und billiger durch Saat oder durch kleine Saat- und Pflanz-Kamp-Anlagen erreicht werden könne. Forstl. Mitth. XI. S. 113.

fahren[1]); das große Gebiet des Spessarts, berühmt durch seine Eichen, vermag zur Zeit auch nicht einen Eichelgarten aufzuweisen, wohl aber zahlreiche Eichenhorste und Bestände, durch Einstufung mit bestem Erfolg begründet. Niemandem wird es heut zu Tage mehr einfallen, die Lücken in Buchenverjüngungen nach erfolgter Räumung mit Eichen auszupflanzen, wie dies früher vielfach und sehr häufig mit mangelhaftem Erfolg geschah — das Nadelholz leistet uns hiezu sicherere und rentablere Dienste. Dagegen gibt es neben nicht wenig Oertlichkeiten im Hochwald, welche der Pflanzung noch ein dankbares Feld bieten, so insbesondere bei stärkerem Wildstand oder im Wildpark, noch zahlreiche Mittel- und Niederwaldungen, vor Allem Eichenschälwaldungen, welche der Nachbesserung, der Rekrutirung des Oberholzes mittelst Pflanzung bedürfen, Hutungen, die mit Eichenheistern besetzt werden sollen, — so ist die Eiche denn noch gar häufig, und von allen Laubhölzern wohl am meisten, Gegenstand des Anbaues im Forstgarten, und wird es wohl auch bleiben. Ihre eingehendere Behandlung wird dadurch wohl gerechtfertigt.

Als Eigenthümlichkeiten der Eiche, welche bei deren Anzucht im Forstgarten vor Allem ins Auge zu fassen sind, erscheinen: der große, seine Keimkraft nur bei genügender Sorgfalt bis zum kommenden Frühjahre hinreichend bewahrende Samen, eine beliebte Nahrung für Mäuse, Häher, Wild; die starke Pfahlwurzelentwickelung der jungen Pflanzen schon im ersten Lebensjahre, das rasche Wachsthum der letzteren überhaupt auf dem ihr zusagenden, hinreichend frischen und kräftigen Boden; ihre Empfindlichkeit gegen Spätfröste; die Möglichkeit endlich, sie mit gutem Erfolg in jedem Alter, auch als starken Heister, zu verpflanzen.

Schon bei der Auswahl des Platzes für ein Eichensaatbeet werden wir diese Eigenthümlichkeiten zu berücksichtigen haben: Dasselbe soll eine gegen Spätfröste möglichst geschützte Lage haben, stärkere Seitenbeschattung ist jedoch zu vermeiden, da sich die junge Eiche schon gegen solche empfindlich zeigt; der Boden soll frisch, kräftig, hinreichend tiefgründig sein, lockerer Sandboden, der die Pfahlwurzelbildung begünstigt, und weit ausstreichende Seitenwurzeln, die bei der Verpflanzung beseitigt werden müssen, erzeugt, ist namentlich für jene Pflanzgärten, in welchen verschulte Pflanzen oder Heister erzogen werden sollen, zu vermeiden[2]). Eine auf die verschiedenste Weise beantwortete Frage ist

---

[1]) Die entgegengesetzte Ansicht spricht Manteuffel (Die Eiche, S. 38) aus!
[2]) Jahrbuch des schles. Forstver. 1880. S. 179.

jene nach dem nothwendigen Maße der Tiefgründigkeit und nach der Tiefe, bis zu welcher der Boden bearbeitet werden soll, um einerseits der jungen Pflanze genügendes Gedeihen zu sichern, anderseits einer übermäßigen, die seinerzeitige Auspflanzung und Verschulung erschwerenden Pfahlwurzelentwickelung entgegen zu wirken. Harnikell[1] wählte für seine Eichensaatbeete Boden mit thonigem Untergrund in 30—45 cm Tiefe, während Manteuffel[2] sandigen, humosen, tiefgründigen Lehmboden mit durchlassendem Untergrund und 45—60 cm tiefe Bearbeitung empfiehlt, E. Heyer[3] aber für Saat- und Pflanzbeete überhaupt eine noch tiefere Bearbeitung (75—100 cm) verlangt. Uns will weder die künstliche Beschränkung der Pfahlwurzelentwickelung durch thonigen Untergrund, noch eine zu tiefe Bodenlockerung gefallen, welche diese Entwickelung geradezu begünstigt, — die von Schreiber[4] ausgesprochene Ansicht, daß mäßige, etwa 30 cm tiefe Bodenlockerung und tüchtige Düngung dieser oberen Schichte sich als die vortheilhafteste Methode für Entwickelung eines guten Wurzelsystems — mäßige Pfahlwurzeln und zahlreiche Saugwurzeln — erweise, halten auch wir für die richtigste. Tiefes Umgraben und dazu etwa wenig nahrhafter Boden erzeugt stets unverhältnißmäßig lange, ungünstige Wurzelbildung, und man kann es dann wohl erleben, daß zweijährige Eichen eine 60—70 cm lange Pfahlwurzel haben.

Besondere Sorgfalt wendet man der Auswahl des Saatgutes zu, und tritt hiebei zunächst die Frage heran, ob auf den Unterschied: Stiel- oder Trauben-Eiche? besonderer Werth zu legen sei. Während man für Schälwaldungen hierin keinen Unterschied zu machen pflegt, gibt man für Hochwaldungen im Allgemeinen, insbesondere aber für etwas rauhere Lagen, der Traubeneiche entschieden den Vorzug[5]. Allerdings hält es oft schwer, Sameneicheln einer bestimmten Art und bezw. die etwa gewünschten Traubeneicheln rein zu erhalten, und eine Garantie dafür hat man wohl nur bei selbst bethätigtem Sammeln. Die durch Samenhandlungen bezogenen Eicheln sind überwiegend, und namentlich die aus Ungarn und Slavonien stammenden stets Stieleicheln, — ja es kommt vor, daß unter denselben als sehr schönes, großes Saatgut auch die Zerreiche (Quercus cerris) in größerer

---

[1] Allg. F.- u. J.-Z. 1863. S. 365.

[2] Die Eiche, S. 80.

[3] Allg. F.- u. J.-Z. 1866. S. 208.

[4] Forstw. Centralbl. 1866. S. 435.

[5] Im Spessart finden nur selbstgesammelte Traubeneicheln Verwendung.

Menge ist, eine für unsere deutschen Waldungen vollständig unbrauch=
bare Art.

Bezüglich der äußeren Unterschiede beider Eichelarten sei erwähnt,
daß die Stieleichel schmal, länglich, frisch mit grünlichen oder
schwärzlichen Längslinien versehen ist, welche beim Trocknen ver=
schwinden, bei ins Wasser gelegten Eicheln wieder hervortreten (Frömb=
ling), während die Traubeneichel kürzer, rundlicher und ohne jene
Linien ist. Diese Verschiedenheit tritt bald mehr, bald minder deutlich
hervor.

Gerne verwendet man große, wohlausgebildete Eicheln, und an=
gestellte Versuche[1]) mit großen und kleinen Eicheln haben, wie wohl
zu erwarten war, ergeben, daß erstere kräftigere Pflanzen lieferten. Da
die Eicheln stets mit der Hand gelesen werden und hiebei die schon
durch ihr äußeres Ansehen sich als schlecht, wurmstichig, verkümmert
zeigenden zurückgelassen werden können, so ist die Beschaffung guter
Eicheln für die Herbstsaaten nicht schwierig. Müssen dieselben
aber bis zum Frühjahre aufbewahrt werden, so ist eine Sichtung der=
selben nöthig, denn ohne einigen Verlust an Keimkraft geht das Ueber=
wintern nicht ab. Das Auslesen der schlechten täuscht hiebei[2]), denn
nicht wenige anscheinend gute Eicheln erweisen sich beim Durchschneiden
als schlecht und unbrauchbar; am zweckmäßigsten dürfte das Scheiden
der guten und schlechten mit Hülfe des Wassers sein: die schlechten
und zu stark ausgetrockneten schwimmen obenauf. Manteuffel[3]) be=
zeichnet zwar dies Mittel als unsicher, indem auch kleinere, keimfähige
Eicheln nicht selten schwämmen; unsere eigenen Versuche zeigten sich
aber der Methode günstig, und auch Burckhardt[4]) erklärt die obenauf
schwimmenden mindestens für sehr verdächtig. Ein neuerdings von
Grundner angestellter Versuch[5]) ergab, daß bei Anstellung der Probe
mit gut abgetrockneten Eicheln allerdings einzelne schlechte Eicheln
mit untersanken (von 815 Stück 27), während eine Anzahl obenauf
schwimmender (von 154 Stück 54) zwar klein, aber doch keimfähig
waren, so daß die Methode nicht ganz verlässig erscheint; dagegen er=
wies sich dieselbe für frisch gesammelte Eicheln als sehr

---

[1]) Forstw. Centralbl. 1880. S. 605. Krit. Bl. XLIX. 2. S. 101.

[2]) Baur's Versuche (Forstw. Centralbl. 1880. S. 605) mit sehr schönen über=
winterten Eicheln ergaben ein Keimprozent von 73—80, obwohl bei der Sortirung
derselben nach der Größe alle ihrem Aussehen nach schlechten Samen beseitigt wurden.

[3]) Die Eiche, S. 52.

[4]) Säen u. Pflz. S. 52.

[5]) Allg. F.= u. J.=Z. 1887. S. 175.

empfehlenswerth — unter 1235 zu Boden gesunkenen Eicheln waren nur 44 schlechte, unter 168 obenauf schwimmenden nur 13 Stück gesunder, aber sehr kleiner Eicheln.

Das sicherste Mittel für Scheidung der guten von den schlechten Eicheln ist die für Frühjahrssaaten zulässige und manchen Orts angewendete Ankeimung der Eicheln; man breitet dieselben auf ebenem, sonnigem Platz aus, deckt sie mit Laub oder einer alten Decke (Matte) und hält sie durch Angießen feucht. Sobald sie dann „den Keim im Munde haben", säet man sie ins Saatbeet, wobei es dann allerdings wünschenswerth ist, daß der Boden nicht allzu trocken sei.

Man hat mit dem Ankeimen auch das Abkeimen in Verbindung gebracht, um hiedurch der Pfahlwurzelentwickelung entgegenzuwirken, indem man die Eicheln vor dem Legen bis 3 cm lange Keime treiben ließ und diese bis auf 1 cm Länge abschnitt[1]). Unsere eigenen Versuche in dieser Richtung haben sich für dieses Verfahren insofern günstig erwiesen, als an Stelle einer Pfahlwurzel meist deren zwei, ja drei von etwas geringerer Länge, als jene der nebenan aus nicht abgekeimten Eicheln erzogenen Pflanzen, mit zahlreichen Saugwurzeln erschienen, also immerhin ein für die Verpflanzung günstigeres Wurzelsystem. Auch haben wir mit Eicheln, welche etwas stark angekeimt waren und ihre Keime durch Vertrocknen verloren, eine eigenthümliche Erfahrung gemacht — an Stelle des sonst erscheinenden einen Triebes erschienen 2—3 schwache Triebe neben einander, eine Erscheinung, die etwa bei Erziehung von Pflanzen für Schälwald ohne Nachtheil, für Pflanzen in Hochwaldschläge aber doch bedenklich ist und vor dem Abkeimen stutzig machen kann. Für den größeren Betrieb dürfte sich das Abkeimen zudem als etwas umständlich erweisen, setzt auch Frühjahrssaat an Stelle der doch in sehr vielen Fällen vorzuziehenden Herbstsaat voraus und wird darum in größerem Betrieb kaum Anwendung finden. Das ungleichmäßig eintretende Keimen der überwinterten Eicheln — die eine zeigt oft erst die Keimspitze, während der Keim der andern schon mehrere Centimeter lang ist — erschwert die Anwendung des Abkeimens ebenfalls.

Man nimmt gerne die Aussaat der Eicheln im Herbst vor, um die Kosten und Gefahren der Ueberwinterung zu vermeiden; allein mancherlei Umstände: das Vorhandensein vieler Mäuse, nasse Herbstwitterung und früh eintretender Winter, spätes Eintreffen des etwa von auswärts bezogenen Saatgutes (es werden gegenwärtig bei aus-

---

[1]) Allg. F.= u. J.=Z. 1860. S. 449.

bleibenden Mastjahren Saateicheln zur Bestellung der Saatbeete viel=
fach aus Ungarn und Slavonien bezogen!), endlich das etwa erst im
Frühjahre erfolgende Räumen der zur Ansaat bestimmten Beete von
ihrem Pflanzmaterial — nöthigen gleichwohl nicht selten zur Früh=
jahrssaat; ja es sind selbst Stimmen laut geworden, welche dieser
letzteren unbedingt den Vorzug geben wollen[1]), indem man die auf=
bewahrten Eicheln leichter gegen alle Gefahren schützen könne, als die
ausgesäten, und wir möchten uns auf Grund langjähriger Erfahrungen
diesen Stimmen anschließen!   Dagegen halten wir dann zeitige
Saat im Frühjahre für angezeigt, da sonst das Aufkeimen namentlich
etwas stark ausgetrockneter Eicheln sehr spät erfolgt, die Pflanzen
schwächer bleiben und minder gut verholzen[2]).   Will oder muß die
Frühjahrssaat angewendet werden, so ist eine sorgfältige Ueber=
winterung der Eicheln zu möglichster Erhaltung der vollen Keim=
kraft nöthig, eine Sichtung des überwinterten Materials im Früh=
jahre nicht zu umgehen.

Zur Erhaltung der Keimfähigkeit ist es nun geboten, durch die
Art und Weise der Aufbewahrung das Erhitzen der Eicheln und
deren Keimung im Winterlager zu verhindern, ebenso aber auch zu
starkes Austrocknen.   Das Keimen im Winterlager macht die Eicheln
allerdings nicht zur Saat unbrauchbar, wenn die Kernstücke noch ent=
sprechend frisch sind, und abgestoßene Keime ersetzen sich wieder —
man schneidet ja, wie oben erwähnt, bisweilen die Keime absichtlich
ab; allein solche gekeimte Eicheln sind mit Vorsicht zu behandeln, dürfen
nicht mehr trocken werden, und wenn die Keime welk, schwarzfleckig,
faulig sind, so sind die betreffenden Eicheln natürlich unbrauchbar; auf
eine weitere mißliche Folge des Vertrocknens der Keime haben wir
ebenfalls oben hingewiesen.   Unsere beiden Eichelarten verhalten sich
übrigens nach manchen Beobachtungen bezüglich des Aufbewahrens
verschieden[3]), indem die Traubeneichel viel leichter keimt, viel mehr
dem Verderben während des Winters ausgesetzt ist, als die Frucht
der Stieleiche.

Die etwa in feuchtem Zustand eingesammelten oder eingelieferten
Eicheln sind vor dem Bringen ins Winterlager durch dünnes Auf=
schütten auf einer Tenne gut abzutrocknen.   Das Ueberwintern selbst

---

[1]) Forstw. Centralbl. 1870. S. 471.
    Genth, Doppelte Riesen. 1874.
[2]) Nach einer Mittheilung Bühler's keimten die Eicheln bei einer erst am
20. Mai vorgenommenen Saat bis in den Monat Juli hinein!
[3]) Forstw. Centralbl. 1870. S. 471. Burckhardt, Säen u. Pflz. S. 51.

geschieht nun auf sehr verschiedene Weise. Ed. Heyer empfiehlt[1] auf Grund von ihm angestellter vergleichender Versuche die Ueberwinterung in Sand als bestes Mittel; zu diesem Zweck wird auf einem trocknen, etwa von Nadelbäumen gegen zu starke Erwärmung und frühzeitiges Aufthauen geschützten Platz eine 1^1/$_2$ m tiefe cylindrische Grube angefertigt und an deren Wänden eine Anzahl noch etwa 2 m über die Grube hinausragender Stangen eingeschlagen, die zur Beförderung einiger Luftcirkulation mit Stroh umhüllt werden. In die Grube werden nun die Eicheln, mit reinem Sand so innig vermengt, daß möglichst keine Eichel die andere berührt, eingefüllt und dieser unterirdische Eichelcylinder dadurch in einen oberirdischen fortgesetzt, daß man die über die Grube herausragenden Stangentheile mittelst Zweigen und Gerten zu einem dichten Zaun verbindet, der in gleicher Weise mit Eicheln und Sand gefüllt wird. Auf den Cylinder kommt schließlich ein Sandkegel, der mit Fichtenreisig bedeckt und mit einer Strohhaube versehen wird; ein Graben rings um die Grube führt alle von der Strohhaube abfließende Feuchtigkeit ab.

Andern Orts wird die Alemann'sche Methode[2] angewendet: Die Eicheln werden in einen, an einem trocknen Platz hergestellten, ca. 30 cm tiefen Graben, ohne jede Mischung, eingeschüttet und der Graben mit einem leichten, mit Stroh oder Reisig gedeckten Giebeldache von der Höhe überdacht, daß ein Mann gebückt darunter stehen kann. Die bis zum Grabenrand eingeschütteten Eicheln werden öfter umgeschaufelt, zu welchem Zwecke ein reichlich meterlanges Stück des Grabens leer bleibt; bei eintretender strengerer Kälte werden die Giebel mit Strohbunden zugestellt und das Dach verstärkt.

Nach unsern eigenen Erfahrungen hat sich das Ueberwintern der gut abgetrockneten Eicheln in einfachen Erdgruben vorzüglich bewährt: auf dem Boden der an trocknem Platze angefertigten, rechteckigen und beiläufig 50 cm tiefen Grube wurde etwas Stroh ausgebreitet, die Eicheln 30 cm hoch aufgeschüttet, mit leichter Strohschichte überdeckt und nun etwa 30 cm hoch mit Erde überworfen. Die Eicheln zeigten nur sehr geringen Abgang und begannen meist erst im April etwas anzukeimen, zu einer Zeit also, daß deren sofortige Aussaat möglich war; ein Schimmeln der Eicheln, wie Cieslar es bei solcher Aufbewahrung mehrfach beobachtete, stellte sich nicht oder nur in sehr geringem Maße ein.

---

[1] Allg. F.- u. J.-Z. 1883. S. 298.
[2] Alemann, Ueber Forstkulturwesen. 1861. S. 22.

Als eine sehr gute Art der Aufbewahrung über Winter empfiehlt Biedermann[1]) folgendes Verfahren: Auf hochgelegenem trocknen Sandboden wird eine rechteckige Grube 1 m tief, 1 m breit und so lang, als es das aufzubewahrende Quantum von Saateicheln erfordert, angefertigt; im November werden die gut abgelufteten Eicheln 25—30 cm hoch in der Grube aufgeschüttet und letztere nun mit Reiserstangen querüber dicht belegt. Auf die Stangen kommt eine dichte Schicht von Rasenplaggen, die Narbe nach unten, und das Ganze wird nun mit der beim Anfertigen der Haube ausgehobenen Erde dachförmig überdeckt.

Weise[2]) hat Eicheln (und Bucheln) in der Art überwintert, daß er sie auf dem Erdboden dünn ausgebreitet und mit Laub leicht überdeckt, im beginnenden Frühjahr aber in Säcke gepackt und in den Eiskeller gebracht hat, um die zu frühe Keimung zu hindern; er rühmt den guten Erfolg.

Eine ganze Reihe von Versuchen über die beste Art der Ueberwinterung mit anschließender Saat der Eicheln in Versuchsbeete hat neuerdings Cieslar[3]) angestellt. Als Resultate derselben konstatirt er, daß die Ueberwinterung der Eicheln (Stieleicheln) im Freien, auf Erd- oder Rasenboden ausgebreitet und mit Moos bedeckt, oder mit Sand gemischt und ebenso bedeckt, die Aufbewahrung in entsprechend großen und tiefen Erdgruben mit Sand gemischt und bedeckt, endlich die Aufbewahrung in frischem, sich stets erneuerndem Wasser die besten Resultate ergab; letztere Methode wirkte jedoch verzögernd auf die Keimung ein. — In trocknen Kellern und seichten Gruben erlitten die Eicheln starken Wasserverlust und Einbuße an Keimfähigkeit; das Zusammenbringen von Eicheln mit Stroh als Unterlage und Deckung hatte starke und nachtheilige Schimmelbildung zur Folge. — Bei oberirdischer Aufbewahrung hat sich Moos als schützende Decke besser bewährt, als trockne Waldstreu. —

Eine ganz eigene Methode der Eichelaufbewahrung empfiehlt Genth[4]), der auf die Erhaltung entsprechender Feuchtigkeit in der Eichel besonderen Werth legt. Derselbe schüttet die gesammelten Eicheln auf einer grasigen Fläche dünn auf und läßt sie so lange liegen, bis sie mit Wasser gesättigt sind, dann werden sie in weit geflochtene Weidenkörbe eingefüllt, mit Stroh oder Sackleinen zugedeckt und in einem Raum zu ebner Erde mit gutem Luftzug eingestellt. Sobald

---

[1]) Zeitschr. f. F.- u. J.-W. 1890. S. 671.
[2]) Mündener Hefte 2. S. 10.
[3]) Centralbl. f. d. F.-W. 1896. S. 181.
[4]) Doppelte Riesen, S. 56.

die Eicheln anfangen, ihr Wasser zu verlieren, was sich in der matten Farbe und Verminderung des Gewichts zu erkennen gibt, werden sie wieder auf eine grasige Fläche, selbst auf Schnee, ausgeschüttet, um sich wieder mit Wasser zu sättigen, ein Verfahren, das öfters wiederholt werden muß, und dessen Erfolg Genth als vollkommen sicher bezeichnet.

Schutz der zu überwinternden Eicheln gegen Mäuse durch Fallen, durch Gräben mit eingestochenen Fallöchern oder Gift in Drainröhren ist nöthig; auch Umlegen der etwa in oberirdischen Haufen aufbewahrten Eicheln mit Wachholderreisig wird als sicheres Schutzmittel sehr empfohlen [1].

Die Aussaat selbst geschieht jetzt wohl allenthalben in Rillen, nirgends mehr als Vollsaat. Mit Rücksicht auf die rasche Höhenentwickelung der jungen Eiche, welche im ersten Lebensjahre nicht selten 30 cm und selbst mehr beträgt und eben so viel unter günstigen Verhältnissen im zweiten Jahre, werden die Rillen etwa 25—30 cm entfernt von einander gezogen. Diese Entfernung der Rillen gestattet leicht ein Betreten der Zwischenräume durch Arbeiter beim Reinigen und Lockern, und man wählt deshalb für die Eichelsaat meist statt der Beete größere Länder, um die hier entbehrlichen Zwischenwege zu ersparen. Die Rillen werden nach der Schnur mit einer leichten Haue oder dem Rillenzieher in entsprechender Tiefe — entsprechend der zu gebenden Bedeckung — gezogen, und beträgt letztere nach Baur's Versuchen (s. § 51) am besten 3—6 cm; man wird sonach, mit Rücksicht auf die Stärke der Eichel, die Rillen 4—7 cm tief anfertigen und für leichteren Boden die größere, für schwereren die geringere Tiefe wählen. Das Decken erfolgt bei leichterem Boden durch Einziehen der seitlich der Rille aufgehäuften Erde mit hölzernem Rechen, bei schwerem Boden empfiehlt sich das Ausfüllen der Rillen mit lockerer, guter Erde, Dammerde u. dgl., während die ausgehobene Erde auf dem Zwischenraum mittelst des Rechens vertheilt wird. Ein leichtes Andrücken der Erde mit dem Rücken des Rechens ist zu empfehlen.

Das Einlegen der Eicheln in die Saatrille geschieht stets ohne weitere Säevorrichtung mit der Hand, Eichel an Eichel, bei sehr gutem Samen oder, wenn die Eichen im Saatbeet zweijährig werden sollen, wohl besser in Entfernungen von 2—3 cm, und mißt man hiebei dem wagrechten Einlegen der Eicheln von manchen Seiten besonderen

---

[1] Geyer, Die Erziehung der Eiche. S. 24.

Werth bei. So gibt v. Schütz[1]) an, daß bei nach oben gerichteter Spitze, an welcher bekanntlich Stengelchen und Würzelchen hervorbrechen, die Wurzel sich erst mühsam nach unten krümmen müsse und sich schlechter entwickele, während bei nach unten gerichteter Spitze zwar die Wurzel eine normale Lage habe, der Stengel dagegen erst nach längerem Kampfe verspätet und fadenförmig erscheine[2]). Ein von uns hierüber angestellter vergleichender Versuch hat uns jedoch diese Befürchtungen als ungegründet erscheinen lassen; sowohl die mit der Spitze, wie die mit der Basis nach unten in den Boden gesteckten Eicheln zeigten in der Entwickelung der aus ihnen hervorgegangenen Pflanzen keinerlei Zurückbleiben gegenüber den zur Vergleichung nebenan aus horizontal gelegten Eicheln erzogenen. Im ersteren Fall zeigte das Stämmchen, im letzteren das Würzelchen eine durch das Herumwachsen um die Eichel entstandene leichte und wohl bald ganz verschwindende Krümmung, für das weitere Gedeihen der Pflanzen sicher ohne jeden Einfluß.

Die pro Ar nöthige Samenmenge hängt von der oft außerordentlich verschiedenen Größe der Eicheln — nach Baur's Versuch[3]) enthält ein Hektoliter großer Stieleicheln 11 500, mittlerer 14 900, kleiner 20 900 Stück, ein Hektoliter großer Traubeneicheln 26 300, kleiner 41 600 Stück —, der Entfernung der Saatrillen, dem engeren oder weiteren Legen der Eicheln ab und schwankt um deswillen sehr bedeutend. Das mag denn auch der Grund sein, weshalb sich Angaben über die pro Ar Saatbeetfläche nöthige Samenmenge weder bei Burckhardt, noch in den der Eichenerziehung speziell gewidmeten Schriften von Schütz, Manteuffel, Geyer finden[4]).

Gayer[5]) gibt dieselbe auf 0,15—0,25 hl pro Ar an, also in ziemlich weiten Grenzen, offenbar mit Rücksicht auf oben berührte

----

[1]) Die Pflege der Eiche. S. 6. Vergl. auch Heyer, Waldbau. S. 146.

[2]) Wäre dies der Fall, dann würde das Einstufen der Eicheln mit dem Steckholz, dem Steckbrett, Fig. 23, als unzweckmäßig zu erklären sein.

[3]) Forstw. Centralbl. 1881. S. 607.

[4]) Es möge hier noch beigefügt sein, daß nach Frömbling's Angaben (Forstl. Bl. 1887. S. 36) ein Centner Stieleicheln durchschnittlich 6600 Stück, ein Centner Traubeneicheln 7700 Stück enthält, wobei je nach der Größe der Früchte allerdings sehr bedeutende Abweichungen vorkommen. Die von Bühler (s. Anm. 2 S. 269) angegebenen Zahlen mit 267 und 302 Stück pro Kilogramm, also 13 350 und 15 100 Stück Stieleicheln pro Centner würden dem gegenüber auf ein sehr kleines Saatgut hinweisen.

[5]) Waldbau, S. 329.

Verhältnisse; ähnlich ist die Angabe in Judeichs Forstkalender, und würden, wenn wir das Gewicht eines Hektoliters Eicheln zu etwa 80 kg annehmen, pro Ar nur 12—20 kg nöthig sein. Nach unsern eigenen Versuchen bedurften wir pro Ar Saatfläche (also ohne Wege) bei einer Entfernung der Rillen von 30 cm, in welch' letztere die Eicheln — schönes, großes Saatgut — in je 3 cm Entfernung ein= gelegt wurden, 37 kg, also ein viel höheres Quantum; und ähnlichen Bedarf gibt v. Varendorf[1]) an, der bei gleicher Entfernung der Rillen im Durchschnitt 40 Liter = 32 kg verwendet.

Nach Bühler's[2]) Versuchen ergab das beste Resultat bezüglich der Pflanzenzahl ein Samenquantum von 150 g pro laufenden Meter; dies würde bei 30 cm Abstand der Rillen pro Ar einen Samenbedarf von 49,50 kg ergeben, also wesentlich mehr, als die zuletzt angegebenen Mengen.

Die Menge der bei solcher Aussaat erzogenen, tauglichen 2jährigen Pflanzen hat nach unsern Zählungen bei gut gelungener Saat 4500 bis 4700 Stück pro Ar betragen.

Was nun den Schutz der Saatbeete betrifft, so wäre zunächst zu erwähnen, daß bei fehlendem Hochwild= und geringem Rehstand Eichel= saatkämpe einer Einfriedigung wohl entbehren können; Hasen verbeißen die jungen Pflanzen nur selten, und auch die Rehe ziehen andere Holz= arten vor[3]). — Dagegen sind dieselben gegen Mäuse und Häher zu schützen, und es gilt dies vor Allem für die während des langen Win= ters durch beide Thiere gefährdeten Herbstsaaten; zur Vermeidung von Wiederholungen verweisen wir auf das in § 67 und 68 Gesagte. —

Als einen bisweilen schädlich auftretenden, leider durch kein Gegenmittel zu bekämpfenden Feind bezeichnet Altum[4]) die sog. Draht= würmer, die Larven der Springkäfer (Elater), die sich in keimende Eicheln einbohrend die Kotyledonen ausfressen und oft ganze Saat= reihen zerstören.

Oberförster Ahrends empfiehlt[5]) das Decken der im Herbst ange= säten Beete mit Laub oder Nadelreisig, da sonst bei häufig wechseln= der Temperatur — starkem Frost und mildem Wetter — die Eicheln im Winterlager gerne verdürben. Ebenso hat man auch durch Auf=

---

[1]) Jahrb. des schles. Forstvereins 1880. S. 186.

[2]) Bühler, Mitth. Band II. Heft 1 u. 2.

[3]) In hiesiger Gegend werden bei ziemlich gutem Stand an Hasen die Eichen= kämpe nicht selten uneingefriedigt belassen.

[4]) Altum, Waldbeschädigungen durch Thiere. S. 18.

[5]) Burckhardt, A. d. Walde. III. S. 178.

bringen einer solchen Decke nach eingetretenem starken Frost die Er=
wärmung des Bodens und mit derselben die Keimung zu verzögern
gesucht, um die jungen Eichen in minderem Maße der Gefahr des
Spätfrostes auszusetzen. In beiden Fällen ist aber nicht aus dem
Auge zu verlieren, daß durch eine solche Laub= oder Reisigdecke die
Mäusegefahr außerordentlich erhöht wird!

Gleichen Schutz gegen die Spätfrostgefahr sucht man durch etwas
späte Frühjahrssaat — im Mai — zu erreichen, doch setzt dieselbe
sehr sorgfältige Ueberwinterung der Eicheln voraus; die Pflänzchen
erscheinen erst im Juni und sind dadurch für dieses Frühjahr aller=
dings vor jener Gefahr sicher; doch bleiben sie, worauf oben schon
hingewiesen wurde, meist im ersten Jahre schwächer und verholzen
unvollkommen. — Gegen Trockniß bedarf der tiefliegende und selbst
viel Feuchtigkeit enthaltende Samen ebenso wenig besonderen Schutz,
wie die sofort tief wurzelnde und durch die Kotyledonen kräftig er=
nährte junge Pflanze.

Die aufkeimende Eichel läßt bekanntlich die beiden Kotyledonen
im Boden und finden sich dieselben noch im zweiten Jahre verschrumpft
und ausgesogen an der Pflanze vor. Der erscheinende Keimling ist
meist röthlich gefärbt, zeigt zuerst nur rothe Schuppen an Stelle von
Blättern; die ersten Blättchen zeigen sofort die charakteristische Gestalt
des Eichenblattes. Das Aufkeimen erfolgt je nach Zustand der Eicheln,
Saatzeit, Tiefe der Bedeckung innerhalb 4—6 Wochen, zieht sich aber,
wie schon erwähnt, oft noch weiter hinaus.

Die ein= und mehrjährigen Pflanzen leiden im Herbst und Winter
nicht selten durch Frühfrost und stärkeren Winterfrost, durch
welche die nicht genügend verholzten sogenannten Johannistriebe ge=
tödtet werden; doch ist der Nachtheil nur ein mäßiger, und über=
nimmt die oberste unversehrt gebliebene Seitenknospe die neue Gipfel=
bildung. Auch ein gänzliches Erfrieren der Wurzeln einjähriger
Eichen durch anhaltenden starken Winterfrost bei fehlender Schneedecke
wurde schon konstatirt[1]), und Deckung des Bodens mit Laub würde
als Mittel gegen diese, allerdings seltene, Beschädigung dienen. Durch
Barfrost sind die tiefwurzelnden Eichenpflanzen in keiner Weise ge=
fährdet, wohl aber durch spät eintretende Maifröste, gegen welche
das zarte Eichenlaub bekanntlich sehr empfindlich ist. Durch Decken
mit Gittern oder Bestecken der Beete mit Nadelholzreisig kann der
nöthige Schutz gegeben werden.

---

[1]) Allg. F.= u. J.=Z. 1870. S. 409.

Als Feind der Eichensaatbeete erscheint der in § 64 bereits be=
sprochene Eichelwurzeltödter (Rosellinia quercina). Aus der Thier=
welt ist es die Moll= oder Scheermaus (Arvicola amphibius), welche
durch unterirdisches Abschneiden der Wurzeln die Pflanzen tödtet. —
Giftbrocken in die alsdann zugedeckten Löcher empfiehlt Altum[1]) als
Gegenmittel.

Die Pflege der Eichensaatbeete beschränkt sich zunächst auf das
Reinhalten von Unkraut und das für alle Pflanzen so wohlthätige
wiederholte Lockern des Bodens zwischen den Pflanzenreihen. Merk=
würdiger Weise spricht sich Manteuffel[2]) gegen das Behacken der
Saat= und Verschulungsbeete aus, „weil durch das Behacken die oberen
Wurzeln der Pflanzen vielfach abgehauen werden, die öfters gelockerte
Bodenoberfläche leicht austrocknet und hiedurch Veranlassung gegeben
wird, daß sich die Pflanzen mehr nach unten hin bewurzeln". Wir
theilen diese Befürchtungen nicht; — wäre insbesondere deren erste
richtig, dann dürfte man die Saat= und Pflanzbeete der flach=
wurzelnden Fichte wohl noch viel weniger behacken! — Auch Ein=
bringung einer dichten Laubdecke auf die Zwischenräume nach erst=
maliger Reinigung und Bodenlockerung hat man zur Unterdrückung
des Unkrautes, eventuell auch zum Frischerhalten des Bodens an=
gewendet.

Um die jungen Eichen zu möglichst kräftiger Entwickelung zu
bringen, wurde auch neuerdings das sogenannte Pinciren — Ab=
schneiden des oberirdischen Keimes 5—6 Tage nach seinem Erscheinen —
angewendet und auf der Pariser Weltausstellung zur Anschauung ge=
bracht[3]); es soll sich hiedurch zuerst das Wurzelsystem kräftig aus=
bilden und mit dessen Hülfe sodann der nach einiger Zeit erscheinende
neue Stengel sich sehr kräftig und üppig entwickeln. Nach anderen
Mittheilungen[4]) hat sich dies Verfahren jedoch nicht bewährt, indem
bei vergleichenden Versuchen die nicht pincirten Pflanzen entschieden
kräftiger wurden. — Für den größeren Forsthaushalt würde sich das
Verfahren wohl ohnehin nicht gut ausführbar erweisen.

Ein Beschneiden der Aeste findet in den Eichensaatbeeten,
in welchen die Pflanzen in der Regel ein bis höchstens zwei Jahre
verbleiben, nicht statt, und selbst das Abstoßen der erfrornen Johannis=
triebe überläßt man zumeist der Natur. — Dagegen hat man eine für

---

[1]) Waldbeschädigungen durch Thiere. S. 22.
[2]) Die Eiche. S. 85.
[3]) Centralbl. f. d. F.=W. 1879. S. 97.
[4]) Centralbl. f. d. F.=W. 1880. S. 381.

die Verpflanzung günstigere Wurzelbildung ohne die immerhin kost=
spieligere Verschulung dadurch zu erreichen gesucht, daß man zu Anfang
des zweiten Lebensjahres der Pflanze die Pfahlwurzel auf eine Länge
von etwa 10—15 cm durch Abstoßen mit scharfem Spaten von der
Seite her kürzt. Die Urtheile über dies Verfahren sind verschieden:
Laurop[1] versichert, gute Erfahrungen damit gemacht zu haben,
Schreiber[2] dagegen tadelt dasselbe als ein unsicheres Verfahren, bei
welchem ein Abschinden und Quetschen der Wurzeln, zumal wenn der
Spaten nicht sehr scharf ist, nicht zu vermeiden sei; Burckhardt[3] sagt
jedenfalls sehr richtig:
„in geschickter Hand
sind damit gute Er=
folge erzielt worden,
andernfalls und mit
stumpfem Instrument
desto schlechtere." —

Ein von uns an=
gestellter Versuch, bei
welchen den Eichen am
Beginn des zweiten
Lebensjahres, im April,
mit scharfem Spaten
die Pfahlwurzeln etwa
12—15 cm tief ab=
gestoßen wurden, ergab
ein sehr günstiges
Resultat, wie neben=
stehende Figuren zeigen,
einige der kräftigsten
Pflanzen des betreffen=
den Saatbeetes dar=
stellend. An Stelle der
in den Nachbarreihen

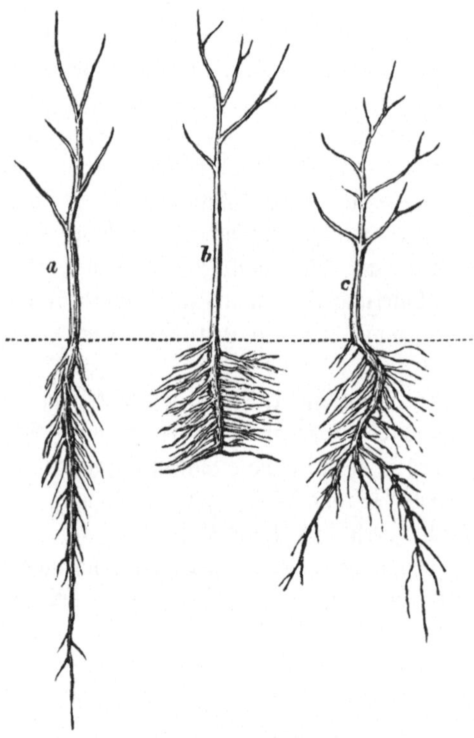

Figur 49.

am Ende des Jahres 50 bis selbst 70 cm langen, an Saugwurzeln
ziemlich armen Pfahlwurzeln (a) war ein vorzügliches Seiten= und
Saugwurzelsystem (b) getreten, wie man sich ein solches für gesicherte
Verpflanzung nur wünschen kann; ein Wurzelsystem, das viel günstiger

---

[1] Forstw. Centralbl. 1861. S. 129.
[2] Forstw. Centralbl. 1861. S. 296.
[3] Säen u. Pflz. S. 74.

erscheint, als jenes, welches die nebenan mit gekürzter Pfahlwurzel einjährig verschulten Pflanzen (c) vielfach zeigten. — Auch die oberirdische Entwickelung der in obiger Weise behandelten Pflanzen ließ nichts zu wünschen übrig; die Bildung der Johannistriebe war zwar in den Reihen mit abgestoßenen Wurzeln etwas später erfolgt, so daß sie sich von den Reihen mit ungekürzten Wurzeln anfänglich deutlich unterschieden, bis zum Herbst war jedoch dieser Unterschied vollständig verschwunden. Den aus gleichem Beet genommenen und verschulten Pflanzen waren sie am Ende des ersten Jahres (1881) weit voraus.

Auch Demontzey[1]) empfiehlt auf Grund seiner Erfahrungen das Abstechen der Wurzeln mit scharfem Spaten in 15 cm Tiefe und rühmt die günstige, das Verpflanzen erleichternde Wurzelbildung.

Unbedingt wird sich dies Abstoßen der Wurzeln empfehlen, wenn man durch irgend welche Veranlassung genöthigt wäre, zweijährige Eichen noch ein Jahr im Saatbeet stehen zu lassen. Das obige Resultat würde vielleicht überhaupt die Frage nahe legen, ob sich durch sorgfältig ausgeführtes Abstoßen der Pfahlwurzeln einjähriger, nicht zu eng stehender Eichen kräftige, dreijährige Eichenpflanzen, wie sie zu manchen Kulturen wünschenswerth sind, nicht billiger und doch ebenso gut erziehen ließen, als durch das immerhin theure Verschulen.

Auch das sog. Levret'sche Verfahren[2]) sei hier kurz erwähnt. Bei demselben wird das zu besäende Beet 13 cm tief ausgehoben, auf die hart gebliebene Sohle eine 10 cm hohe Lage 5—6 cm dicker, poröser Steine chausseeartig geschichtet, und auf diese Steine erfolgt die breitwürfige Aussaat der Eicheln, die 2 cm stark mit guter Erde gedeckt werden sollen. Die Pfahlwurzel drängt sich zwischen den Steinen durch, bleibt in deren Zwischenräumen mit den Atmosphärilien in beständigem Kontakt, findet in Folge der Wasserhaltigkeit der Steine beständige Feuchtigkeit und entwickelt ein sehr reiches Seitenwurzelsystem. Die von Ludwig[3]) angestellten vergleichenden Versuche mit der Erziehung von Eichelpflanzen nach dem gewöhnlichen, Biermans'schen und Levret'schen Verfahren erwiesen sich zwar für letzteres günstig — gleichwohl dürfte es aus naheliegenden Gründen für den großen Forsthaushalt keine weitere Verbreitung finden.

---

[1]) Studien über die Arbeiten der Wiederbewaldung und Berasung der Gebirge, übers. von A. Frhr. von Seckendorff. 1880. S. 209.

[2]) Von Oberförster Koltz im Forstw. Centralbl. 1881. S. 152 geschildert.

[3]) Centralbl. f. d. F.-W. 1882. S. 104.

Fürst, Pflanzenzucht. 3. Aufl. 18

Wo **schwächere** Eichenpflanzen genügen: zur Ausfüllung nicht zu kleiner Lücken im Nieder- und Mittelwald, zur Kulturausführung da, wo Hochwild (vor Allem Sauen) die sonst zulässige Saat unmög= lich machen[1] u. s. f., nimmt man dieselben ein= oder zweijährig aus den Saatbeeten und pflanzt sie, erstere oft und letztere immer mit ge= kürzten Wurzeln, ins Freie. Sind aber stärkere Pflanzen nöthig, so greift man zur Verschulung.

Die **Verschulung** der Eiche, theils zur Erziehung kräftiger, bis meterhoher Lohdenpflanzen, theils zur Nachzucht starker, selbst 3—4 m hoher Heister, findet in ziemlich ausgedehntem Maße statt; neben der Gewährung eines größeren Standraumes, dem allgemeinen Grund **jeder** Verschulung, ist es namentlich auch die Nothwendigkeit einer Korrektur der für die Verpflanzung in höherem Alter höchst un= günstigen Pfahlwurzelbildung der Eiche, welche zur ein= und selbst zweimaligen Verschulung nöthigt.

Für Tiefgründigkeit und sonstige Beschaffenheit des **Bodens** im **Pflanzbeet**, für **Tiefe** der Bodenbearbeitung gelten die gleichen Regeln wie für das Eichelsaatbeet — mäßige Tiefe und fruchtbarer oder gut gedüngter Boden. — Man verschult mit Rücksicht auf die Stärke, welche die Pflanzen bereits haben und im Pflanzbeet erreichen sollen, in Reihenabständen von 30—35 cm und Pflanzenabständen von 20—25 cm und wählt zur Verschulung, mit Rücksicht auf diesen größeren Reihenabstand, größere **Länder** an Stelle der Beete.

Was die Frage betrifft, ob man lieber ein= oder zweijährige Pflanzen verschulen soll, so wird man bei kräftiger Entwickelung der einjährigen Pflanze den Vorzug geben, andernfalls zur zweijährigen greifen; man verschult grundsätzlich nur gut entwickelte und gewachsene Pflanzen, wirft Schwächlinge und Krümmlinge bei Seite — und diese nothwendige Auswahl spricht bei **langsamer** Entwickelung der Pflanzen für Verschulung im zweiten Jahre. Varendorff empfiehlt[2] die letztere namentlich um deswillen, weil die einjährige Pflanze die beim Verschulen gekürzte Pfahlwurzel zu rasch wieder ersetze.

Dies Kürzen der Pfahlwurzel hat den Zweck, an Stelle der tief= gehenden und das spätere Auspflanzen außerordentlich erschwerenden Pfahlwurzel eine reichere Seitenwurzel=Entwickelung zu erzeugen; über

---

[1] Zu Ende der siebziger Jahre mußte man im sog. Pfälzerwald die Ein= mischung der Eiche in die Buchenbestände durch horstweise Einpflanzung ein= jähriger Eichen erstreben, da das zahlreich gewordene Schwarzwild jede Saat vernichtete.

[2] Jahrb. des schles. Forstver. 1880. S. 187.

die Zulässigkeit, den Grad und Erfolg gehen die Ansichten der Eichen=
züchter nicht unwesentlich auseinander.

Alemann[1]) will die Eichen überhaupt nur mit ganzer, un=
beschädigter Pfahlwurzel verpflanzen, verwirft alles Einstutzen derselben,
wodurch die Entwickelung der Pflanze, ihr Höhenwuchs vor Allem,
entschieden nothleiden müsse. Auch Schreiber[2]) will die Pfahlwurzel
möglichst erhalten wissen. Den schroffsten Gegensatz hiezu bildet wohl
Manteuffel[3]), welcher den zweijährigen Saatpflanzen beim Verschulen
die Pfahlwurzel bis auf 3 cm einkürzen will — ein doch gar zu
radikales Verfahren! Die Mehrzahl der Eichenzüchter, so insbesondere
auch Altmeister Burckhardt[4]), stutzen die Pfahlwurzel auf etwa
15 cm Länge zurück, beachten hiebei jedoch den Sitz des möglichst zu
schonenden Hauptseitengewürzels und schneiden erst unterhalb desselben
die Wurzel ab. Die Erfahrung zeigt denn auch, daß eine derartige
Behandlung einerseits den Wuchs der Pflanze nur wenig beeinträchtigt,
anderseits den gewünschten Erfolg — Hervorrufen mehrerer
Seitenwurzeln an Stelle der einen Pfahlwurzel — mehr oder
weniger erreichen läßt.

Mehr oder weniger — denn wie Schütz ganz richtig sagt[5]),
strebt die Pflanze, die verlorenen Theile möglichst rasch wieder zu
ersetzen, und die an der Abschnittsfläche
erscheinenden 2—4 Seitenwurzeln streben
gleichfalls wieder nach der Tiefe, so daß
bei der seinerzeitigen Auspflanzung oder
Verschulung in den Heisterkamp ein aber=
maliges Einstutzen nöthig wird. Schütz em=
pfiehlt daher ein Umkrümmen der
Pfahlwurzel, ja selbst ein knotenförmiges
Verschlingen (Fig. 50), wovon keinerlei üble
Folgen für die Pflanze zu fürchten seien.
Was sich Pflanzen bezüglich des Ver=
krümmens der Wurzeln ohne allzu große Be=

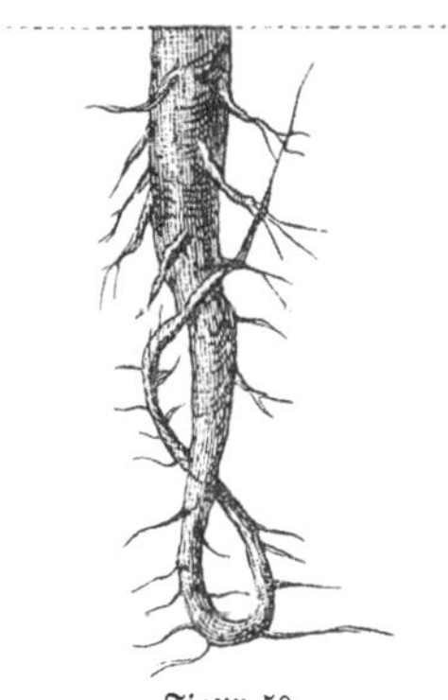

Figur 50.

nachtheiligung ihres Wuchses bieten lassen, hat Borggreve durch seine
mit zweijährigen Eichen angestellten Versuche[6]) nachgewiesen. Auch

---

[1]) Ueber Forstkulturwesen. S. 30, 34.

[2]) Forstw. Centralbl. 1860. S. 435.

[3]) Die Eiche. S. 83.

[4]) Säen u. Pflz. S. 76.

[5]) Die Pflege der Eiche. S. 78. Auch Manteuffel, Die Eiche. S. 58.

[6]) Forstl. Blätter. 1878. S. 306.

die von Heß [1]) angestellten vergleichenden Versuche haben ergeben, daß die Schürzung eines Knotens an der Pfahlwurzel durchaus keine Schmälerung des Höhenwuchses zur Folge hatte, und daß letzterer entschieden besser war, als jener der Pflanzen mit auf ca. 15 cm gekürzten Wurzeln. — Immerhin aber werden jene zwei und mehr sich bildenden stärkeren Seitenwurzeln mit ihren zahlreichen Saugwurzeln selbst bei nochmaliger Kürzung sich günstiger verhalten, als die eine Pfahlwurzel, insbesondere wenn letztere nicht zu lang belassen wurde, so daß diese Seitenwurzeln nicht zu tief sitzen, kein zu starkes Zurückschneiden bei dem seinerzeitigen Verpflanzen erfordern. Letzteres hat wohl Manteuffel im Auge, wenn er die Pfahlwurzel in so starker Weise, wie oben erwähnt, zurückschneidet, und das möchten wir auch der Ansicht Borggreve's gegenüber geltend machen, welcher, die Berechtigung eines Wurzelschnitts bei der Verschulung anerkennend, sagt [2]): „Für einen Heister müssen wir ein fußtiefes Pflanzloch machen — es liegt also gar kein Grund vor, jungen Eichen mit zwei Fuß langen Pfahlwurzeln bei der Verschulung mehr als die Hälfte dieser Pfahlwurzeln zu nehmen."

Im Uebrigen möchten wir hier nochmals auf die viel günstigere Wurzelbildung beim Abstoßen der Pfahlwurzel gegenüber jener bei der Verschulung (Fig. 49) hinweisen. —

Auch darüber, welche Korrekturen mit Messer oder Scheere (Dittmar'sche Astscheere) an den Stämmchen der ein- oder zweijährigen Eichen vorzunehmen seien, gehen die Ansichten der Eichenzüchter nicht unwesentlich auseinander. Burckhardt will [3]) nur etwa schwächliche Johannistriebe, überzählige Gipfel wegnehmen, sonst aber an den kleinen Pflanzen möglichst wenig schneiden, während eine von der preußischen Regierung im Jahre 1865 veröffentlichte „Anleitung über das Verfahren bei dem Schneideln der Eiche in Pflanzkämpen" [4]) (verfaßt bei der Regierung in Trier) ausspricht: „eine ganz sorgfältige Schneidelung der Eiche gerade in einjährigem Alter sei die Grundlage für die künftige Ausbildung des Stämmchens".

Nach dieser Anleitung soll nun jede ausgehobene Pflanze vor dem Einschulen genau besichtigt und an derselben je nach Befund die eine oder andere der nachfolgenden Operationen vorgenommen werden:

---

[1]) Forstw. Centralbl. 1882. S. 385.
[2]) Forstl. Blätter. 1878. S. 306.
[3]) Säen u. Pflz. S. 76.
[4]) Allgem. F.- u. J.-Z. 1866. S. 270.

1. Ein Ausbrechen der am Ende des Gipfeltriebes oft sehr ge=
häuft stehenden Seitenknospen, um dadurch die Entwickelung der
Hauptknospe zu befördern, quirlartige Gipfelbildung zu vermeiden.
Die Knospen müssen zu dieser Operation gut ausgebildet sein, so daß
sie sich leicht auslösen; bei Johannistrieben pflegt dies nicht der Fall
zu sein.

2. Unreife Johannistriebe werden bis auf eine gute Seitenknospe
zurückgeschnitten, und bei sehr gehäufter Knospenbildung am Ende
des Triebs schneidet man
denselben ebenfalls ober=
halb einer kräftigen Seiten=
knospe ab.

3. Ueberzählige Gipfel=
triebe werden, unter Aus=
sonderung der geeignetsten
zum bleibenden Höhen=
trieb, entfernt oder zurück=
gestutzt[1]). (Die Abbildun=
gen, Figur 51, sind jener
Instruktion entnommen.)

Wir gehören zu Jenen,

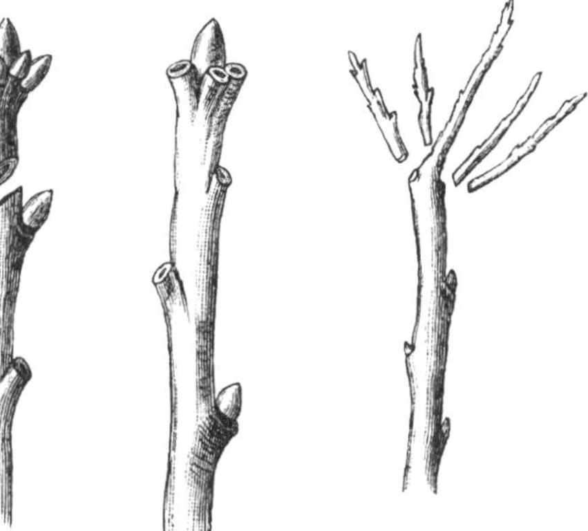

Figur 51.

welche, gleich Burckhardt, an den zu verschulenden Eichen, namentlich
den erst einjährigen, außer der Pfahlwurzel wenig zu schneiden finden
und das Beschneiden als einen Theil der Pflege im Pflanzbeet
betrachten. Insbesondere dürfte das Ausbrechen der Knospen denn
doch ein zeitraubendes und mißliches Geschäft sein!

Das Einschulen der Pflanzen nach erfolgter Pfahlwurzelkürzung
erfolgt entweder durch Einlegen in Gräbchen, welche nach einer Schnur
mit der Haue hinreichend tief gezogen werden, und Festpflanzen mit
der Hand oder mit Hülfe eines genügend starken Setzholzes (Buttlar=
schen Eisens), auch eines Keilspatens, wobei man sich zur Arbeits=
förderung und um das Zusammentreten des gelockerten Bodens beim
Arbeiten auf den Ländern zu vermeiden, zweckmäßig des in § 83 be=
schriebenen Pflanzbrettes und sog. Laufbretter bedient.

Die Pflege, welche man den verschulten Eichen angedeihen läßt,
beschränkt sich im ersten Jahre auf entsprechende Lockerung des Bodens
und Reinigung der Beete von Unkraut; im zweiten und eventuell

---

[1]) Eine Pflanze mit 4 oder 5 Gipfeltrieben, wie die obenstehend abgebildete
würde wohl am zweckmäßigsten von der Verschulung ganz ausgeschlossen!

dritten Jahre dagegen, welches die Eiche im Pflanzbeet zubringt, wird Angesichts der großen Neigung derselben zur Astverbreitung auf Kosten des Höhenwuchses der Pflege durch richtiges Beschneiden ein ziemlich weites und dankbares Feld geboten sein. Während ihres Verbleibens im Pflanzbeet, welches sich nur ausnahmsweise über mehr als drei Jahre erstrecken wird, soll die Eiche jene Gestalt erhalten, welche man bei ihrer Verwendung ins Freie oder der Umschulung in den Heisterkamp fordert, so daß bei dem Verpflanzen oder Umschulen keinerlei Beschneiden nöthig wird. — Jene verschulten Pflanzen, welche zur Lückenpflanzung in Schälwaldungen bestimmt sind und nach zweijährigem Stehen im Pflanzbeet zur Verwendung kommen sollen, bedürfen einer Pflege durch Beschneiden nicht.

Beim Beschneiden sind nun mit Hülfe der Dittmar'schen Astscheere oder eines guten Gartenmessers starke und tiefangesetzte Seitenäste sowie etwaige Doppelwipfel durch einen Schnitt, hart am Stämmchen, zu entfernen, schwächere Seitenäste zu kürzen, und ist hiedurch auf eine stufige Gestalt des Stämmchens hinzuwirken. Wir können bezüglich der Vornahme dieser Operationen auf das im § 91 Gesagte zurückverweisen — es bezieht sich dasselbe in erster Linie auf die Eiche, als auf jene Holzart, bei welcher das Beschneiden am meisten nothwendig ist und zur Ausführung kommt.

Schutzmittel gegen Spätfröste, unter denen in rauheren Lagen die Eichen nicht selten leiden, lassen sich für die starken Pflanzen des Pflanzbeets nicht wohl mehr in Anwendung bringen; der beste Schutz, den die gegen Spätfröste empfindliche Eiche genießt, besteht in ihrem spät erfolgenden Ausschlagen, so daß es doch nur besonders spät eintretende Fröste sind, die sie gefährden.

Nach 2—3jährigem Stehen im Pflanzkamp und sonach in einem Gesammtalter von 3—5 Jahren, wird die Eiche stets jene Höhe und Stärke erreicht haben, um entweder als kräftige Pflanze ins Freie verwendet werden zu können oder um des abermaligen Umschulens, der Gewährung größeren Standraumes zu bedürfen, wenn es sich um Erziehung von Heistern handelt[1]).

Bezüglich der allgemeinen Grundsätze und Regeln für Heistererziehung verweisen wir auf § 84 und bemerken, daß die früher häufiger betriebene Eichenheisterzucht Angesichts der bedeutenden Kosten, welche die Erziehung und Verwendung von Heistern verursacht, gegen

---

[1]) Vergl. über die Erziehung von Eichenheistern auch die Mittheilungen v. Varendorff's (Jahrb. des schles. Forstver. 1880. S. 179).

wärtig aufs Nothwendigste beschränkt wird. Die Bepflanzung von
Hutplätzen oder von vorzugsweise zur Grasproduktion bestimmten
Flächen im Wildpark, die Ergänzung des Oberholzes im Mittelwald,
die Ausfüllung einzelner Lücken am Bestandsrand[1]) sind es, für
welche sich noch die Verwendung des Eichenheisters, des etwa 2 m
hohen Halbheisters, des 3 bis selbst 4 m hohen Vollheisters
empfehlen kann.

Nur ausnahmsweise[2]) wird man Heister direkt aus Saaten oder
natürlichem Aufschlag entnehmen können; die Pfahlwurzelbildung der
Eiche steht dem entgegen, und auch die Beastung und Bekronung solcher
Wildlinge wird nur selten entsprechen. Gleichwohl finden wir, etwa
bei großem Bedarf im Wildpark, solche Wildlinge verwendet, doch
gehen stets Jahre hin, bis dieselben zu normalem Wuchs und kräftiger
Entwickelung kommen. Wo Heister benutzt werden sollen, wird dies
jederzeit am besten geschehen mit Stämmchen, welche im Saatbeet er=
zogen, ein= oder zweijährig mit gekürzter Wurzel verschult und nach
abermals zwei bis drei Jahren, unter nochmaliger Wurzelkorrektur, in
die Heisterschule gebracht wurden — ja zur Erziehung sehr starker
Heister findet bisweilen selbst eine dritte Verschulung statt. —
Heister dadurch erzielen zu wollen, daß man die Pflanzen gleich bei
der erstmaligen Verschulung in weitem Verband einpflanzt, oder daß
man von den enger verschulten Pflanzen je die zweite Reihe und Pflanze
zur Gewährung des nöthigen größeren Standraumes aushebt, wie dies
etwa für Ahorn und Esche geschieht, ist bei der Eiche nicht wohl zu=
lässig: ihre große Neigung zur Astbildung spricht gegen ersteres, die
wiederholt nothwendige Wurzelkorrektur gegen ersteres und letzteres
Verfahren. Doch hat auch dieses seine Vertheidiger gefunden: Weise[3])
theilt mit, daß er durch einmalige Verschulung von Saatbeetpflanzen
in 60 cm Verband — wobei der Anfangs überflüssig große Wachs=
raum durch Nadelholzverschulungen nutzbar gemacht wurde, und ein
Ersatz krüpplig gewordener Eichenpflanzen durch kräftige, geradwüchsige
stattfand — gute Heister erzogen habe; ja in einem Falle wurden
schöne, 160—180 cm hohe Eichen ohne Verschulung aus Saat durch
stete Herausnahme des Ueberschusses binnen 6 Jahren erzogen. Stamm=
und Wurzelbildung sei vorzüglich gewesen[4]).

Bei der zweiten Umschulung wird man alle minder schönen

---

[1]) Aus dem Walde. V. S. 130.
[2]) Aus dem Walde. III. S. 178.
[3]) Mündener Hefte 2. S. 13.
[4]) Aber die Pfahlwurzelbildung?

Stämmchen zu anderweiter Verwendung ausscheiden, die zu stark nach der Tiefe oder Seite gehenden Seitenwurzeln einer entsprechenden, auf das nothwendige Maß beschränkten Kürzung unterwerfen, an den Stämmchen selbst aber möglichst wenig schneiden — das Beschneiden der Aeste soll theils im Jahre vor der Umschulung, im Uebrigen aber nach erfolgter Anwurzelung im Heisterkamp erfolgen. Ueber die Entfernung, welche den Pflanzen zu geben ist, die Art des Einpflanzens u. dgl. m. ist bereits in § 84 das Nöthige gesagt.

Bezüglich der Pflege des Heisterkamps steht nun das für die Eiche geradezu unentbehrliche Beschneiden und mit Hülfe desselben die Heranbildung einer möglichst günstigen Bekronung obenan. Man sucht eine nicht zu hoch angesetzte, möglichst pyramidale Bekronung zu erzeugen und vermeidet ruthenförmiges Aufschneideln; Erziehung stufiger Stämmchen ist mit Rücksicht auf deren spätere Einzelstellung vor Allem im Auge zu behalten. Auch hier verweisen wir im Uebrigen auf § 91, welcher die Pflege der Pflanzen durch Beschneiden bespricht.

Im Weiteren sind die Heisterkämpe durch Reinigen von Unkraut und Lockern des Bodens zu pflegen; ersteres kann natürlich mit minderer Sorgfalt als bei schwächeren Pflanzen geschehen, das Lockern aber erfolgt tiefer, mit kräftiger Hacke, und grobscholliger. Auch Laubeinstreu zur Unterdrückung des Unkrautes, Feuchterhaltung des Bodens und etwa selbst Düngung wird von manchen Eichenzüchtern angewendet und ist nach unsern eigenen Erfahrungen nur zu empfehlen. Eine Zwischendüngung mit guter Walderde, Rasenasche oder Mineraldüngern, je nach der Beschaffenheit des Bodens, wird sich für längere Zeit im Heisterkamp stehende Pflanzen überhaupt nicht selten empfehlen.

Als einen Feind der Eichenpflanzschule bezeichnet Burckhardt[1] die Wühlmaus, welche selbst stärkere Pflanzen in der Erde abnagt und durch Fangen, Vergiften, Ausdampfen zu beseitigen ist; Schütz theilt mit[2], daß die große Waldameise besonders die umgeschulten und sich dadurch spät entwickelnden Eichen heimsuche und jeden Blattkeim abnage, weiß aber keine Hülfe gegen diesen Feind. Maikäfer sind, wenn in größeren Mengen in den Heisterkämpen auftretend, zu sammeln und zu vernichten.

An den stärkeren Eichenpflanzen finden sich nicht selten die grauen Rüsselkäfer Strophosomus coryli und Polydrosus micans, auch der Grünrüßler Phyllobius argentatus blatt- und knospenzerstörend ein.

---

[1] Säen u. Pflz. S. 78.
[2] Schütz, Die Pflege der Eiche S. 72.

Altum[1]) empfiehlt bei stärkerem Auftreten einen Ring von Raupen-
leim um jedes Stämmchen, welcher die bei der geringsten Erschütterung
sich fallen lassenden Käfer an der Wiederersteigung verhindert.

Je nach der Stärke und Höhe, welche der Heister erlangen soll,
wird die Eiche 3—5 Jahre im Heisterkamp stehen und sonach ein
Alter von 8—10 Jahren bis zu ihrer Verwendung erreichen. Einzelne
Eichenzüchter[2]) nehmen sogar zur Erziehung starker Heister eine dritte
Verschulung in meterweitem Verband vor, nachdem die Pflanzen drei
Jahre in der Heisterschule gestanden; die Kosten der Heistererziehung
erfahren hiedurch allerdings eine nochmalige, nicht unbedeutende Steige-
rung, und es wird sich eine solche dritte Verschulung daher nur ausnahmsweise rechtfertigen lassen.

Ein eigenthümliches Verfahren empfiehlt Oberförster Geyer[3]). Den
in einjährigem Alter verschulten Eichen soll nach zweijährigem Stehen
im Pflanzbeet im Monat April das Stämmchen etwa 3 cm über dem
Boden mit der Scheere scharf und glatt abgeschnitten, die Wundfläche
aber sofort mit Steinkohlentheer überstrichen werden, um den Saft-
ausfluß zu verhindern.

Theils auf der Abschnittsfläche, zwischen Holz und Rinde, theils
unterhalb derselben erscheinen nun neue Triebe, welche Mitte Mai
durch einen geübten Arbeiter bis auf den kräftigsten beseitigt werden;
hiebei erhält ein an der Abschnittsfläche stehender Trieb um der
schnelleren Ueberwallung willen den Vorzug vor den tiefer unten am
Wurzelhals erscheinenden. Dieses Beseitigen überflüssiger Triebe muß
eventuell wiederholt werden, wenn nochmals Ausschläge erscheinen
würden. Bis zum Herbste soll nun die Wunde vollständig überwallt
sein, der belassene Trieb aber eine Länge von 90 cm und mehr besitzen.

Im darauffolgenden Frühjahre wird die so erzogene Pflanze zum
zweiten Male verschult, und zwar im Abstand von 60 cm im Quadrat;
den Pflanzen werden beim Umschulen möglichst die Ballen belassen, die
herausragenden Wurzeln aber zurückgeschnitten.

Nachdem die Pflanzen im zweiten und dritten Jahre nach dieser
Verschulung die nöthige Pflege bezüglich der Kronenbildung während
des Sommers durch Auskneifen der Spitzen oder Umdrehen der
entbehrlichen noch krautartigen Triebe — Beides geschieht einfach
mit der Hand, und wird durch derartiges, rechtzeitiges Operiren jede

---

[1]) Waldbeschädigungen durch Thiere. S. 23.
[2]) Geyer, Die Erziehung der Eiche zum Hochstamm. 1870.
[3]) Geyer, Die Erziehung der Eiche zum Hochstamm; A. d. Walde. I. S. 81.

Verwundung des Stammes vermieden — erhalten haben, werden sie nach abermals drei Jahren, im Ganzen also siebenjährig, zum dritten Male verschult. Diese Verschulung erfolgt möglichst mit Ballen, unter abermaliger Wurzelkorrektur, in 1 m Quadratverband; die Pflanzen erfahren während der nächsten Jahre wieder die nöthige Pflege durch Beschneiden mit der Aftscheere, und soll deren Krone etwa 1,20 m über dem Boden beginnen und eine möglichst pyramidenförmige Gestalt er= halten, bis sie endlich nach abermals etwa drei Jahren, und sonach im Ganzen zehnjährig, als starke, 3—4 m hohe Vollheister thunlichst mit Ballen ausgepflanzt werden. Die Kosten eines so erzogenen Heisters gibt Geyer nur auf 13 Pfennige an, ein Betrag, der für drei= malige Verschulung entschieden zu niedrig erscheint.

Burckhardt spricht sich[1]) über den Werth dieses Verfahrens auf Grund seiner Wahrnehmungen etwas zweifelhaft aus: Die so erzogenen Pflanzen erfreuen das Auge nach Wurzel, Stamm und Zweigen, nur darf man nicht nach dem Wurzelhalse sehen, woselbst sich eine ver= dächtige Auftreibung zeigt! — Diese Auftreibungen wurden in Burck= kandt's Gegenwart in einem Geyer'schen Pflanzkamp an 12jährigen, jedoch erst vor sechs Jahren gestummelten Heistern bei einer größeren Zahl (40) aufgeschnitten, und zeigten sich nur 20 % gesund, während die übrigen schadhafte Stellen an der überwallten Abhiebs= fläche zeigten. Bei in jüngerem Alter gestummelten Pflanzen mag dies besser sein. — Ein im hiesigen Forstgarten angestellter Versuch mit der Geyer'schen Erziehungsmethode ergab einen nur wenig befriedigen= den Erfolg, indem die Lohden bei mäßigem Wachsthum ebenfalls jene unschöne Auftreibung am Wurzelhals zeigten, und ebenso haben wir bei andernorts auf solche Weise erzogenen Eichen jene von Burckhardt konstatirte Faulstelle an der Basis ebenfalls gefunden.

Ein bez. der Eichenheistererziehung in Eberswalde angestellter ver= gleichender Versuch ergab nach Schwappach's Mittheilung[2]) die günstig= sten Resultate für eine zweimalige Verschulung mit mäßiger Kürzung der Pfahlwurzeln, während sich das Geyer'sche Verfahren nach keiner Seite hin empfahl, indem es einerseits die mindest schön entwickelten Pflanzen, anderseits die oben erwähnte Deformation und Faulstelle am Fuß zeigte. —

---

1) Aus d. Walde. V. S. 113.
2) Zeitschr. f. F.= u. J.=W. XIX. S. 2.

§ 106.

Die Rothbuche.

Die Buche war eine in früheren Zeiten den Saat= und Pflanz=
gärten fast völlig fremde Holzart. Ihre Verjüngung erfolgte aus=
schließlich auf natürlichem Wege, und wo man zur Schlagkomplettirung
Pflanzen bedurfte, da griff man zu jenen Ballen= oder Büschelpflanzen,
welche die Schläge fast stets in reichster Fülle boten. Wollte man
aber Buchen da oder dort auf künstlichem Wege unter Schutzbestand
nachziehen, so wählte man in der Regel die Saat — und so bestand
keinerlei Veranlassung, Buchen im Forstgarten zu erziehen.

Der in Folge so vieler Kalamitäten, welche unsere reinen Nadel=
holzbestände in den letzten Dezennien heimgesucht haben, vieler Orten
hervorgetretene Wunsch, die Buche jenen Beständen wieder mehr oder
weniger beizumischen, dem Laubholz wieder größere Verbreitung
zu verschaffen, mehr aber noch der eifrige Betrieb des Unterbaues
von Eichen= und Föhrenbeständen, wozu eben keine Holzart geeigneter
ist, als die Buche, haben dem Anbau dieser letzteren in neuerer Zeit
größere Ausdehnung gegeben, und zwar derem Anbau durch Pflan=
zung als dem rascheren und sichereren Verfahren.

Wo man schon zahlreiche Buchenbestände, wohlgelungene natür=
liche Verjüngungen im Revier hat, da wird man das zu obigen
Zwecken nöthige Pflanzmaterial meist in einfachster und billigster Weise
dem in Ueberzahl vorhandenen Aufschlage entnehmen, die Kosten der
Erziehung von Buchenpflanzen ersparen können. Nicht überall ist aber
diese Gelegenheit geboten; nicht immer sind die Verjüngungen so dicht,
die Pflanzen so kräftig entwickelt, als wünschenswerth, und der Forst=
garten muß die nöthigen Pflanzen liefern. So ist denn auch die
Buche seit einiger Zeit Gegenstand der Nachzucht in letzterem; an
manchen Orten ist dies schon länger der Fall, und im Hannöver'schen
zog man für bestimmte Verhältnisse seit Jahren Buchenheister. —

Legt man ein Saatbeet vorwiegend oder ausschließlich
zur Erziehung von Buchenpflanzen an, so wird man eine möglichst
geschützte Lage, am liebsten eine nicht zu große Blöße inmitten eines
älteren Bestandes, mit Rücksicht auf den hiedurch der gegen Frost und
Hitze so empfindlichen jungen Buche gebotenen Seitenschutz wählen,
außerdem aber den Buchensaatbeeten wenigstens die geschütztesten Plätze
in dem auch für andere Holzarten bestimmten Forstgarten zuweisen.
Man hat Buchensaatbeete selbst in der Weise angelegt, daß man zur
Erhaltung des Schutzes einzelne alte Buchen auf der zur Saatbeet=

anlage gerodeten Fläche stehen ließ, allein wir halten dies für un=
zweckmäßig aus mancherlei Gründen (f. § 12), unter denen die nach=
theilige Einwirkung der direkten Ueberschirmung, zumal der dicht=
belaubten Buche, auf die jungen Pflanzen obenan steht[1]). Licht
von oben, Schutz von der Seite ist auch der Buche am zuträglichsten,
und durch nicht zu breite Saatbeete im alten Bestand erreicht man
Beides; wir haben selbst Abtheilungslinien, am Gehäng gelegen und
daher nicht als Abfuhrwege benutzt, mit gutem Erfolg für Buchen=
saatbeete benutzt gesehen. — Mit sehr gutem Erfolg hat man da=
gegen Buchenpflanzen zur Deckung des Bedarfs für den Unterbau in
einfachster und billigster Weise, sowie in großer Menge unter dem
Schutz lichter Föhrenstangenholzbestände dadurch erzogen, daß der
Boden gut umgehackt, mit Bucheln voll angesäet und durch Unter=
bringen mit dem Rechen denselben die nöthige Decke gegeben wurde[2]).
Der lichte Schirm der Föhre ist ja erfahrungsgemäß allen Holzarten
am zuträglichsten.

Die Bodenbearbeitung braucht nur mäßig tief zu sein; eine
solche von nur 9 cm, wie sie ein Buchenzüchter empfiehlt[3]), würden
wir jedoch aus allgemeinen Gründen gegen jede zu seichte Boden=
lockerung (siehe § 17) verwerfen, eine solche von 25—30 cm auch
für die Buche empfehlen.

Wo Hochwild, Sauen, ein stärkerer Rehstand, da wird eine ent=
sprechende Einfriedigung des Buchenkampes nicht wohl entbehrlich
sein; am wenigsten scheinen nach unsern Erfahrungen die Hasen den
Buchenknospen gefährlich zu sein, so daß, wo bloß letztere Wildart oder
ein geringer Rehstand vorhanden, auch die einfacheren Schutzmittel —
Stangengerüste, Ueberspannen mit Schnüren, Verwittern ꝛc. (siehe § 69)
— genügen.

Der Auswahl entsprechenden Saatgutes wendet man selbstver=
ständlich auch volle Aufmerksamkeit zu, und es wird dies auch durch
die leichte Erkennbarkeit der Keimfähigkeit durch die einfache Schnitt=
probe[4]) sehr unterstützt, zumal für die Herbstsaat, während im Früh=

---

[1]) Forstl. Mitth. XI. S. 119.

[2]) Vergl. E. Heyer's Mittheilung in Allg. F.= u. J.=Z. 1888. S. 348.
Wir haben diese Buchelvollsaaten in Viernheim selbst gesehen und uns von
deren vorzüglichem Stand überzeugt.

[3]) Allg. F.= u. J.=Z. 1862. S. 322.

[4]) Bezüglich des insbesondere auch für die Erprobung der Keimfähigkeit von
Bucheln bestimmten Samenschneideapparates von Grieb sei auf die desfallsige An=
merkung in § 45 verwiesen.

jahre ein zu starkes Austrocknen des sonst guten Samens während des Winters und eine dadurch wesentlich verringerte Keimfähigkeit desselben zu fürchten ist.

Nach Kienitz's Angabe[1]) bewährt sich als ein gutes Mittel zur Erprobung der Keimkraft das Einwerfen der frisch gesammelten, noch nicht getrockneten Bucheln im Wasser, wobei fast nur gute Körner zu Boden sinken, während die obenauf schwimmenden schlecht oder doch sehr gering entwickelt sind. Sind die Bucheln jedoch schon stärker abgetrocknet, so schwimmt Anfangs die Mehrzahl, während das Untersinken sehr allmählig erfolgt und sich auf gute, wie auf einen Theil der schlechten Eckern erstreckt. — Keimproben auf Keimplatten werden nur selten angestellt, und ist dabei zu beachten, daß die Bucheln einer gewissen Nachreife bedürfen, frisch eingesammelt selbst unter günstigen Bedingungen nicht keimen; man würde solche Keimproben daher erst im Nachwinter anstellen dürfen.

Was nun die zweckmäßigste Zeit der Aussaat betrifft, so wird man im Allgemeinen der Herbstsaat den Vorzug geben, da man hiedurch die Kosten der Ueberwinterung und den bei aller Sorgfalt kaum zu umgehenden Verlust eines Theiles der Keimkraft vermeidet. Dagegen ist die Buchel im Winterlager allerdings manchen Gefahren durch Mäuse, Häher, in schwerem Boden wohl auch durch Verstocken, ausgesetzt, und die Pflanzen erscheinen im Frühjahre zeitiger, so daß sie durch die Spätfröste in höherem Maße gefährdet sind. Namentlich letzterer Grund hat vielfach Veranlassung zur Frühjahrssaat und zwar zu später Saat im Frühjahre gegeben — Alemann[2]) säte seine Bucheln nach dem 10. Mai! Nach Konstatirung Wiese's[3]) haben jedoch gegenüber dem guten Erfolg von Herbst- oder zeitig vorgenommenen Frühjahrssaaten späte Saaten im Frühjahre bei eintretender Trockne schlechten Erfolg, ja nicht selten bleiben dann die Bucheln ein volles Jahr im Boden liegen und keimen, wenn auch nur spärlich, erst im zweiten Jahre[4]). Auch stärkeres Decken, durch welches man das Keimen der im Herbst gesäeten Bucheln etwa zurückzuhalten sucht, hat manches Bedenken gegen sich; am zulässigsten erscheint für Herbstsaaten das Decken der Beete mit Laub oder Nadelreisig nach eingetretenem Frost, um hiedurch das Eindringen der Wärme

---

[1]) Forstl. Blätter. 1880. S. 5.
[2]) Forstkulturwesen. S. 43.
[3]) Allg. F.- u. J.-Z. 1866. S. 358.
[4]) Allg. F.- u. J.-Z. 1865. S. 120; 1866. S. 358; Alemann, S. 42.

in den Boden im Frühjahre zu verzögern. Bei solcher Deckung ist aber doppelte Vorsicht gegen Mäuse, die unter der Decke ihr Geschäft der Samenzerstörung ungenirt und oft lange unentdeckt treiben, nöthig. — Im Uebrigen aber stehen uns ja im Saatbeet mancherlei Schutzmittel gegen Spätfröste zur Verfügung, und darum wird die Herbst= oder zeitige Frühjahrssaat meist den Vorzug verdienen.

Hat man sich aber für letztere entschlossen — Mäusejahre nöthigen uns direkt dazu —, so ist die zweckgemäße Ueberwinterung der im Herbst gesammelten Bucheln unsere Aufgabe; dieselbe erfordert, gleich jener der Eicheln, viele Aufmerksamkeit, wenn die Keimfähigkeit nicht Noth leiden soll, ja sie ist schwieriger als erstere. Selbsterhitzung der etwa zu dicht auf einander liegenden Bucheln, in Folge deren diese verstocken, ist ebenso zu vermeiden, wie zu starkes Austrocknen, und auch das stärkere oder zu frühe Ankeimen vor der Saat ist bei der Empfindlichkeit des an der Luft sehr rasch vertrocknenden Keimes un= erwünscht, zumal eine Buchel, deren Keim vertrocknet, als verloren zu betrachten ist, nicht gleich der Eichel nachkeimt.

Mancherlei Methoden der Durchwinterung sind Angesichts dessen versucht und empfohlen worden [1]), theilweise die gleichen, wie für die Eicheln: so namentlich das Aufschütten in nicht zu dünner Lage an gegen Nässe geschütztem, jedoch nicht zu trocknem Orte, auf mit Stein= pflaster oder Lehmbeschlag versehenem Boden (Bretterböden verursachen leicht zu starkes Austrocknen) und Decken mit Stroh oder Matten, verbunden mit öfterem Umschaufeln, eine Methode, die neuerdings [2]) durch einen erfahrenen Samenhändler (Appel in Darmstadt) empfohlen wird. Auch die Alemann'sche Eichelhütte (s. § 105) wurde zur Durchwinterung der Buchel benutzt. Widersprechende, günstige [3]) wie ungünstige [4]) Urtheile hört man über das Durchwintern der Bucheln in Mischung mit feuchtem Sand wie mit trocknen Materialien, indem bei ersterer Methode Verstocken oder zu frühes Keimen, bei letzterer zu starkes Austrocknen der Bucheln in dem einen oder anderen Fall eingetreten ist.

Oberförster Genth [5]) empfiehlt auf Grund seiner Erfahrungen folgende einfache Methode: Man lasse die Bucheln auf einem luftigen Boden, der keine Unterfeuerung hat, etwa 30 cm hoch aufschütten und

---

[1]) Vergl. Burckhardt, Säen u. Pflz. S. 137; Gayer's Forstbenutzung. S. 495.
[2]) Thar. Jahrb. Bd. 32. S. 69.
[3]) Forstw. Centralbl. 1862. S. 52.
[4]) Thar. Jahrb. Bd. 31. S. 79.
[5]) Doppelte Riesen. S. 48.

mit einer 2 cm dicken Strohmatte so überdecken, daß der Rand, des Luftzuges wegen, am Boden frei bleibt. Vor dem Decken werden die Bucheln durch Ueberbrausen mit einer Gießkanne angefeuchtet und dies Verfahren alle 14 Tage wiederholt, bei trocknem Wetter noch öfter; bei feuchtem Wetter entfernt man die Strohmatte und schaufelt die Bucheln tüchtig um. Wir haben dies Verfahren etwas modifiziert (die Bucheln auf steingeplattetem Boden nur handhoch aufgeschüttet) wieder= holt mit sehr gutem Erfolg angewendet.

Sehr eingehend hat neuerdings E. Heyer[1]) die Buchelüberwinterung besprochen. Er schlägt dieselben in den oben bei der Eiche geschilderten Samencylinder, jedoch nur oberirdisch, ein, und zwar in Mengung mit bereits im Sommer ausgegrabenem und dadurch gut ausgetrocknetem Sand. Er läßt ferner die Beete zur Aussaat im Herbst vollständig zubereiten, gute Erde zum Decken der Saat in Haufen bringen, durch Deckung mit Laub, Reisig 2c. vor dem Naßwerden schützen und die Aussaat im zeitigen Frühjahre vornehmen, sobald die öfter zu unter= suchenden Bucheln zu keimen beginnen (letztere Vorsicht wird auch für Eichelsaatbeete empfohlen).

Das Erhalten der kastanienbraunen Farbe der Bucheln ist ein Zeichen, daß dieselben noch genügend Feuchtigkeit enthalten, während gelbbraune Färbung auf Austrocknen und damit auf Verlust der Keimkraft hindeutet.

Vor der Aussaat im Frühjahre wird mit Rücksicht auf das Austrocknen, welchem die Buchel während der Ueberwinterung so gerne ausgesetzt ist, und welches, wenn nicht den vollständigen Verlust der Keimkraft, so bei minderem Austrocknen doch sehr verspätetes Auf= gehen zur Folge hat, das Einweichen der Bucheln in Wasser oder das vollständige Ankeimen derselben — Malzen — empfohlen, letzteres zugleich als sicherstes Mittel, um sich von der Keimfähigkeit des Sa= mens zu überzeugen. E. Heyer[2]) empfiehlt das Mischen der Bucheln mit feuchtem Sand in einem 8—10 Tage lang liegenden, mit Reisig bedeckten und öfter angenetzten Haufen. Burckhardt[3]) dagegen läßt den Sand weg, schüttet die Bucheln lediglich im Freien auf, sie stark begießend und öfter umschaufelnd, jede trockne Hitze im Innern der Haufen sorgfältig vermeidend; letztere werden mit alten Säcken oder Reisig gedeckt. Sobald die Bucheln den Keim zeigen oder wenigstens

---

[1]) Allg. F.= u. J.=Z. 1883. S. 301.
[2]) Allg. F.= u. J.=Z. 1866. S. 210.
[3]) Säen u. Pflz. S. 138.

die ursprüngliche frische braune Farbe wieder erlangt haben, sollen sie mit entsprechender Vorsicht gegen das Austrocknen ausgesäet werden. Schon angekeimte Bucheln sind bei der Empfindlichkeit des Keimes mit besonderer Sorgfalt zu behandeln. — Sind jedoch die Bucheln im Winterlager frisch geblieben, so kann man sich nach unseren Erfahrungen dieses Ankeimen der Bucheln ersparen.

Die Aussaat selbst nimmt man am besten in Rillen vor, welche, quer über die Beete laufend, mit einer etwa 3 cm starken Saatlatte eingedrückt werden; die Entfernung dieser einfachen (nicht Doppel=) Rillen ist durch die Stärke bedingt, welche die Pflanzen im Saatbeet erreichen sollen, und wird eine solche von 15—20 cm meist die entsprechendste sein. Nach der bayrischen Anleitung vom Jahre 1862[1]) können die Rillen in einfacher Weise mit Rechen angefertigt werden, deren 3 cm breite Zinken 10 cm von einander abstehen; letztere Entfernung will uns jedoch etwas gering erscheinen. — Was die Tiefe der Rillen und bezw. die durch letztere bedingte Stärke der Bedeckung betrifft, so haben die bereits erwähnten Versuche Baur's (s. § 51) eine Bedeckung von 2 cm Stärke als die günstigste ergeben, während eine solche von 5 cm sich bereits der Keimung sehr nachtheilig erwies, eine noch stärkere dieselbe fast vollständig verhinderte. Auch Burckhardt empfiehlt eine 2—2,5 cm starke Bedeckung, die bei lockerem Boden und zur Verhütung zu frühen Keimens (bei Herbstsaat) etwas verstärkt werden kann. Damit nähert er sich der Angabe Bühler's[2]), der die besten Resultate bei einer Deckung von 3—4 cm erreichte.

Die Saat selbst erfolgt aus der Hand ohne Anwendung von Säevorrichtungen, und läßt sich bei der Größe des Samens eine gleichheitliche Vertheilung leicht erzielen, eine zu dichte Saat vermeiden. In den 2—3 cm breiten Rillen darf der Samen wohl so dicht liegen, daß in der Längsrichtung sich Korn an Korn befindet. Das Decken geschieht durch Ausfüllen der eingedrückten Rillen mit guter Komposterde; sind die Rillen mit dem Rechen oder Häckchen gefertigt worden, so zieht man auch wohl die zur Seite liegende Erde mit hölzernem Rechen wieder bei, auf diese Weise deckend, und drückt die Erde etwas an.

Als Samenbedarf gibt Burckhardt[3]) pro Ar bei einem Rillenabstand von 0,3 m 10 Liter an, bei dem geringeren Abstand aber,

[1]) Forstl. Mitth. XI.
[2]) Bühler, Mitth. Bd. II. Heft 1. u. 2.
[3]) Säen u. Pflz. S. 139.

welcher meist den Rillen gegeben wird, ist dieses Samenquantum ent=
sprechend zu erhöhen, wie denn auch Judeich[1]) dasselbe auf 0,20 bis
0,40 hl pro Ar angibt. Bühler[2]) empfiehlt ein Samenquantum von
20—20 g pro lfd. Meter, was bei einer Entfernung der Saatrillen
von 20 cm (inkl. Rillenbreite) pro Ar 500 lfd. Meter und sonach
einen Samenbedarf von 10—15 kg ergeben würde; da (nach Heß)
ein Hektoliter Bucheln 40—50 kg wiegt, so würde dies einem Samen=
quantum von 0,25—0,40 hl pro Ar entsprechen.

Die Bucheln keimen je nach dem Zustand der Austrocknung, in
welchem sie sich befanden, rascher oder langsamer, am raschesten natür=
lich die durch Ankeimen vorbereiteten Samen; ebenso keimen die im
Herbst gesäten sehr zeitig. Bei der Keimung wird die braune Frucht=
schale von den noch eingeschlossenen Kotyledonen mit aus dem Boden
gehoben und erst bei Ausbreitung der letzteren — den bekannten
saftigen, oben grünen, unten weißlichen nierenförmigen Samenlappen —
abgestreift; letztere schrumpfen nach einigen Wochen bezw. nach Er=
scheinen der ersten Laubblätter und fallen ab.

Schutz der Saaten ist dringend nöthig, da dieselben durch
mancherlei Thiere sowohl im Boden als nach dem Aufgehen gefährdet
und durch Spätfröste bedroht sind. Herbstsaaten sind gegen Mäuse
durch Gräben, eventuell durch Vergiftung, gegen Häher durch eine
Decke von Dornen zu schützen; auch Eichhörnchen gehen den Samen
begierig nach und lassen sich selbst durch Saatgitter (nach unsern Er=
fahrungen) nur schwer abhalten, wenn sie das Saatbeet entdeckt, so
daß nur Abschuß derselben helfen kann. Besondere Sorgfalt er=
heischen dieselben aber im Frühjahre gegenüber den Spätfrösten,
denen sie in höherem Grade ausgesetzt sind, als die später keimenden
Frühjahrssaaten. Bei später Frühjahrssaat, die allerdings wieder
anderweite Bedenken hat (s. o.), fällt die Frostgefahr im ersten Jahre
allerdings ganz weg. — Am größten ist erklärlicher Weise die
Spätfrostgefahr für Keimlinge, welche durch eine Temperatur von
—1 Grad wohl immer getödtet werden; der empfindlichste Theil
scheint hiebei der Stengel, namentlich an der Anheftungsstelle der
Kotyledonen zu sein, und das Anhäufeln der Keimlinge bis an diese
Stelle ist daher als ein Schutzmittel zu empfehlen. Auch durch eine
Deckung der Räume zwischen den Rillen mit Laub, so daß nur der
obere Theil der Kotyledonen sichtbar bleibt, hat man guten Schutz

---

[1]) Forstkalender 1882. S. 113.
[2]) Bühler, Mitth. Bd. II. Heft 1 u. 2.

gegeben[1]). Außerdem wird man aber den Keimlingen stets den nöthigen Schutz gegen Spätfröste durch aufgestecktes Reisig, besser noch durch Schutzgitter bieten, und soll nach Pfeil's Angabe[2]) hiedurch bei genügend dichter Deckung selbst eine Temperatur bis — 6 Grad unschädlich gemacht werden können. — Eine leichte Deckung (Pflanz= gitter) wird sich da, wo Seitenbeschattung fehlt, auch gegen die grelle Einwirkung der Sonne im Hochsommer als nützlich erweisen.

Auch in den nächsten Jahren — älter als dreijährig läßt man die Buche im Saatbeet wohl nicht leicht werden, zumal deren Entwickelung im gut vorbereiteten Saatbeet eine sehr rasche zu sein pflegt — gibt man derselben im Frühjahre gerne durch Schutzgitter die nöthige Sicherung gegen Spätfröste, welche die kräftigere Pflanze, wenn auch nicht tödten, so doch im Wuchs sehr zurücksetzen.

Bezüglich einer den Buchenkeimlingen drohenden Gefahr durch einen Pilz, den Keimlingspilz (Phytophthora omnivora), welcher Keimlinge jeder Art, insbesondere aber auch jene der Buchen, befällt, Stengel und Kotyledonen schwärzend und den Keimling tödtend, sei auf die Besprechung in § 64 verwiesen.

Im Uebrigen erhalten die Pflanzen im Saatbeet die nöthige Pflege durch Reinigen der Beete von Unkraut und Lockern der Räume zwischen den Rillen: ihre Entwickelung pflegt jener ihrer Altersgenossen im Besamungsschlag, Dank der Lockerung des Bodens, sowie dem höheren Lichtgenuß, stets nicht unwesentlich voraus zu sein. Man kann sie zu Unterpflanzungen wohl schon einjährig verwenden, nimmt aber lieber zweijährige, auch dreijährige kräftige Pflanzen.

Eine Verschulung der auf solche Weise erzogenen Buchen nimmt man wohl nur ausnahmsweise vor; zu Unterpflanzungen genügen die billigeren Saatbeetpflanzen, die ja durch den betreffenden Bestand gegen Graswuchs, Frost und Hitze geschützt sind; Buchenpflanzungen ins Freie aber, die stärkere verschulte Pflanzen erfordern würden, pflegen zu den Ausnahmen zu gehören. Bedarf man aber in besonderen Fällen solcher stärkeren Pflanzen oder gar Heister, so verschult man die im Saatbeet erzogenen Pflanzen ein= oder zweijährig, schult etwa auch Wildlinge aus natürlichen Verjüngungen in solchem Alter ein, wählt den Abstand von 20 cm in den Reihen und 25—30 cm für die Entfernung letzterer von einander und läßt die Pflanzen, je nach ihrer Entwickelung, zwei bis drei Jahre im Pflanzbeet stehen.

---

[1]) Allg. F.= u. J.=Z. 1862. S. 322.
[2]) Krit. Blätter. XXXV. 1.

Man hat wohl auch Keimlinge[1]), die sich nach einer das Sammeln von Samen nicht ermöglichenden Sprengmast in größerer Zahl in den Beständen vorfinden, zur Deckung des Pflanzenbedarfs ausgehoben, sobald sie das erste Blattpaar getrieben haben, und sie eingeschult; dieselben bedürfen jedoch bei dem Ausheben, Transport und Einschulen großer Vorsicht, entsprechender Deckung durch Gitter zum Schutz gegen die Sonne, und eine derartige Manipulation wird daher stets kostspielig und nur unter besonderen Verhältnissen gerecht= fertigt sein, zeigt jedoch unter den angegebenen Voraussetzungen nach unseren wiederholten Versuchen sehr guten Erfolg.

Noch seltener findet man die Buche als stärkere Pflanze, als Heister, im Forstgarten, und Süddeutschland zumal kennt einen Buchenheisterkamp wohl gar nicht. Wo man, wie dies z. B. im Spessarter Wildpark der Fall gewesen, mit Rücksicht auf die den schwächeren Pflanzen durch das Wild drohenden Gefahren genöthigt war, zur Unterpflanzung der Eichenbestände starke, bis mannshohe Buchen zu verwenden, da gewann man solche aus älteren Verjüngungen durch sorgfältige Rodung und köpfte die zu schwanken Pflänzlinge in einer Höhe von 1—1½ m; der Erfolg dieser Kulturen war ein durchaus befriedigender, wenn auch nicht in Abrede gestellt werden kann, daß im Kamp erzogene Pflanzen von solcher Höhe eine raschere Entwickelung gehabt haben würden, — die Kosten aber wären auch unverhältnißmäßig höher gewesen.

Häufiger wurde nach Burckhardt's Mittheilungen die Pflanzung mit Buchenheistern in Hannover angewendet: zur Verpflanzung von sog. Hudewaldungen, meist in Mischung mit der Eiche, auch zur Ausfüllung von Lücken in Hoch= und Niederwaldungen, und der Erfolg solcher Kulturen war vielfach ein sehr günstiger[2]). Zu solchen Pflanzungen ins Freie sind nun starke Buchenpflanzen, die bisher in dichtem Schluß standen, wenig verwendbar; dieselben legen sich leicht zur Seite; die empfindliche Rinde der schwach beasteten Pflanzen wird durch die Einwirkung der Sonne gerne brandig; eine rauhe, tiefer herabgehende, die Rinde schützende Beastung ist daher wünschenswerth. Theilweise lieferten die Ränder der Verjüngungen taugliches Material; der Hauptsache nach erzog man sich dasselbe jedoch in der Heisterpflanz= schule entweder durch wiederholte Verschulung von Saatbeetpflanzen oder durch Einschulung kräftiger Wildlinge aus Verjüngungen. Ab=

---

[1]) Burckhardt, Säen u. Pflz. S. 164.
[2]) Vergl. Burckhardt, A. d. Walde. V. S. 123. Säen u. Pflz. S. 164.

stand der Pflanzen und Zeit des Stehens im Pflanz- und Heisterkamp sind abhängig von der Stärke der Pflanzen beim Umschulen wie derjenigen, welche die Heister erlangen sollen. Nach Burckhardt verschult man die einjährigen Saatbeetpflanzen in Reihen von 40 cm Abstand und 20 cm Pflanzenentfernung und setzt die so erzogenen Pflanzen drei- bis vierjährig in etwa 70 cm Quadratverband in den Heisterkamp, wo sie weitere vier Jahre verbleiben.

Zu beschneiden ist an den Buchen weniger als an Eichen; die Erhaltung einer rauhen Beastung ist, wie oben erwähnt, geradezu nöthig; doch sind zu lange Seitenäste zu kürzen und solche Korrekturen, durch welche man der Bekronung eine pyramidenförmige Gestalt zu geben strebt, im Jahre v o r der Verschulung bezw. Auspflanzung vorzunehmen. An den Wurzeln werden beschädigte Theile, zu lange Seitenwurzeln entfernt bezw. gekürzt; im Allgemeinen schneidet man auch hier nicht viel.

Im Ganzen aber wird der Buchenheister stets eine untergeordnete Rolle spielen, nur aunahmsweise Verwendung finden, da in den meisten Fällen die Verwendung billigeren Materials ebenfalls zum erwünschten Ziel führen wird.

§ 107.

Die Esche.

Die Esche, früher in unsern Waldungen häufiger zu finden, als jetzt, hat, wie Gayer richtig sagt[1]), bezüglich ihrer Verbreitung der menschlichen Kunst wenig zu danken; für ihre Nachzucht ist in früherer Zeit nur wenig geschehen; der gleichalte Hochwaldbetrieb, die natürliche Verjüngung mittelst Dunkelschlag waren wohl geeignet, diese entschieden lichtbedürftige Holzart mehr und mehr zu verdrängen, zumal wenn der Standort nicht ein die Esche besonders begünstigender war. In neuerer Zeit wendet man der werthvollen Esche, gleich dem Ahorn, größere Aufmerksamkeit zu, sucht sie dem Buchenhochwald in geeigneten Oertlichkeiten e i n z e l n oder in k l e i n e n H o r s t e n einzumengen, ihr im Nieder- und Mittelwald als Unterholz und Oberholz einen Platz zuzuweisen, so daß sie jetzt vielfach Gegenstand des forstlichen Anbaues geworden ist. Insbesondere aber ist dies in Flußniederungen, in den sog. Auwaldungen der Fall, wo sie ein vorzügliches Wachsthum und hohe Massen- wie Werthsproduktion zeigt.

Der Anbau geschieht aber vorwiegend durch P f l a n z u n g —

---

[1]) Waldbau. S. 94.

im Nieder- und Mittelwald immer, im Hochwald in den meisten Fällen, da auch in diesem die beabsichtigte mäßige Einmischung hieburch sicherer und entsprechender erreicht wird, als durch die Saat, — und deshalb finden wir die Esche in den Saat- und Pflanzbeeten unserer Forstgärten von der schwachen Saatpflanze bis zum kräftigen Heister, wie ihn etwa der Mittelwald verlangt, vor.

Die Wahl eines hinreichend frischen Bodens ist, bei dem bekannten Feuchtigkeitsbedürfniß der Esche, bei Auswahl des Platzes wohl zu beachten, der Versuch, sie auf trocknerem Boden zu erziehen, zu unterlassen. — Die Bodenbearbeitung braucht für die Esche, selbst wenn es sich um Erziehung stärkerer Pflanzen handelt, eine nur mäßig tiefe zu sein, 30 bis 40 cm auch für den Heister nicht zu überschreiten.

Was nun die Saat derselben betrifft, so ist hier eine Eigenthümlichkeit der Esche ins Auge zu fassen: ihr Samen keimt fast ausnahmslos erst im zweiten Jahre nach der Reife und bezw. Aussaat. Nach einer Mittheilung[1] soll derselbe zwar, im Herbst nach der Samenreife sofort mit Sand vermischt und über Winter in Gruben aufbewahrt, aus diesen letzteren aber im Frühjahre ins Saatbeet gebracht, alsbald aufgehen, nach einer weitern Notiz[2] soll durch einstündiges Einweichen in heißem Wasser die lederartige Umhüllung des Samenkorns unbeschadet der Keimkraft erweicht und badurch gleichfalls Keimung im ersten Frühjahre ermöglicht werden, — aber ersteres Verfahren scheint uns doch nur ausnahmsweise wirksam, und letzteres hat nirgends weitere Empfehlung gefunden; ein von uns selbst angestellter Versuch zeigte das erwartete Resultat nicht, und die Keimung des Eschensamens erst im zweiten Frühjahre nach der Samenreife erscheint daher als Regel. — Nach Pfeil's Angabe[3] würde der sofort nach eingetretener Samenreife im Herbst ausgesäete Samen vielfach schon im ersten Frühjahre keimen, der noch längere Zeit an den Bäumen hängende und badurch stärker ausgetrocknete aber erst im zweiten   Durch alle die genannten Mittel bringt man aber doch wohl nur einen Theil des Samens zum Keimen, der andere keimt im zweiten Jahre nach, und eine derartig ungleich aufgehende Saat bringt so entschiedene Nachtheile mit sich, daß eine erst im zweiten Jahre gleichmäßig aufgehende Saat vorzuziehen ist.

Dieses lange Liegen des Samens bis zum Aufgehen hat aber die

---

[1] Allg. F.- u. J.-Z. 1863. S. 275.
[2] Forstw. Centralbl. 1858. S. 341.
[3] Deutsche Holzzucht. S. 283.

unangenehme Folge, daß die Saatbeete während des Sommers stark
verunkrauten, bei dem Reinigen derselben aber namentlich mit dem
tiefer wurzelnden Unkraut der Samen leicht herausgerissen wird, ein
Nachtheil, den alle im zweiten Jahre erst keimenden Samen mit sich
bringen. Man schlägt deshalb den Samen an weder zu feuchtem noch
zu trockenem Orte in der Weise ein, daß man eine etwa 30 cm tiefe
Grube von entsprechender Größe, je nach der Menge des aufzubewahren=
den Samens, herstellen läßt, deren Boden mit Laub oder Stroh deckt,
den Samen, mit etwas Erde vermischt, einschüttet und nach aber=
maliger Aufbringung einer Laub= oder Strohschichte die Grube gar
mit Erde ausfüllt; oder man deckt die im ersten Frühjahre angesäeten
Beete mit einer dichten, durch aufgelegtes Reisig festgehaltenen Laub=
oder Moosdecke, welche die Entwickelung verhindert. Im erstern Falle
versäume man jedoch nicht, die Saat im zweiten Frühjahre sehr
zeitig vorzunehmen, da der Samen meist bald zu keimen beginnt
und bei vorgeschrittener Keimung nicht mehr verwendbar ist; im letzteren
entferne man im Spätherbst die Laubschichte, unter der sich im Winter
sonst gerne die Mäuse sammeln (s. § 47).

Hat man den Samen in Gruben aufbewahrt, so nimmt man ihn
im Frühjahre unmittelbar vor der Saat heraus, entfernt, etwa durch
Siebe, die Erde zur Erleichterung der Saat und nimmt letztere sofort
vor. Will man aber die Saat gleich im ersten Frühjahre vornehmen
und den Samen in den Beeten ein Jahr liegen lassen, so bewahrt man
den im Herbst gesammelten und entsprechend abgetrockneten Samen
über Winter einfach in Säcken auf. — Die Keimprobe erfolgt beim
Eschensamen lediglich durch die Schnittprobe, bei welcher sich das
Samenkorn im Innern bläulichweiß und wachsartig zeigen muß.

Die Aussaat selbst erfolgt in Rillen, welche mit der Saatlatte
oder dem Rillenbrett Fig. 20 (S. 117) eingedrückt werden. Ueber die
zweckmäßigste Stärke der Deckung des Samens, wodurch die Tiefe der
Rille bedingt wird, hat Baur bezüglich der Esche keine Versuche an=
gestellt, eine solche von 1,5 bis 2 cm dürfte nach der Größe des
Samens und unsern Erfahrungen die entsprechendste sein. Die Ent=
fernung der Rillen — einfacher, etwa 2—3 cm breiter Rillen — wird
man bei beabsichtigter Verschulung der Pflanzen in einjährigem Alter
zu 15 cm, bei zweijährigem Stehen derselben im Saatbeet zu 20—25 cm
wählen. Die Saat selbst, welche ohne Hülfsmittel aus der Hand ge=
schieht, darf so dicht vorgenommen werden, daß Korn an Korn liegt,
und ist nach Burckhardt's Angabe bei 30 cm Rillenentfernung pro Ar
ein Quantum von drei Pfund nöthig, ein Quantum, das nach unsern

Erfahrungen etwas gering und bei den oben angegebenen Rillen=
entfernungen auf sieben und bezw. fünf Pfund zu erhöhen ist.

Die Esche keimt mit zwei langen, schmalen, oben dunklen, unten
hellgrünen, zugespitzten Kotyledonen, die einige Aehnlichkeit mit den
ebenfalls zungenförmigen Kotyledonen des Ahorns haben, sich aber von
diesen durch die Nervatur — einen Mittelnerven, von welchem
Seitennerven nach dem Rand abgehen, während der Samenlappen des
Ahorns drei parallele Längsnerven zeigt — in deutlicher Weise unter=
scheiden. Auf die Kotyledonen folgt ein Paar gegenständiger Blättchen,
und dem erst folgen die für die Esche charakteristischen Fieberblätter.

Die zeitig erscheinenden Keimpflanzen sind gegen Fröste sehr
empfindlich und durch Reisig oder Schutzgitter entsprechend gegen die=
selben zu schützen. Die jungen Pflanzen aber sind während des Win=
ters durch Verbeißen seitens der Rehe und Hasen gefährdet und eine
genügend dichte Einfriedigung daher nöthig.

Nur selten werden die Eschen unverschult, etwa als zweijährige
Pflanzen, verwendet; in den meisten Fällen bedarf man zur Schlag=
kompletirung im Niederwald, zur Einpflanzung in den Hochwald stär=
kerer Pflanzen, zumal die Esche stets auf frischen, zu Graswuchs ge=
neigten Lokalitäten angepflanzt wird; man erzieht daher durch Ver=
schulung meterhohe kräftige Pflanzen, nach Umständen aber
noch viel stärkere Heister. Ihr Wurzelsystem, neben wenigen stärkeren
Wurzeln eine große Zahl feinerer, vielverzweigter Wurzeln zeigend,
macht ihr Verpflanzen in jedem Alter, jeder Stärke zu einer sehr
sichern Manipulation.

Man verschult die Esche mit sehr gutem Erfolg schon als
Keimling (Krautpflanze) nach dem Erscheinen des ersten Blattpaares
und kann solche Pflanzen nicht selten zahlreichem natürlichen Anflug
in der Nähe alter Eschen entnehmen. Solche eingeschulte Keimlinge
erreichen schon im ersten Lebensjahre eine ziemliche, die unverschulten
Pflänzchen im Saatbeet wesentlich überragende Höhe und Stärke, und
der Gewinn durch das Einschulen solcher Pflanzen ist daher Angesichts
des langen Liegens des Samens und der damit verbundenen Umstände
ein doppelter. Doch ist bei dem Versetzen derselben ins Pflanzbeet,
welches mit dem einfachen Setzholz rasch erfolgt, auf vorhandene ent=
sprechende Bodenfeuchtigkeit zu sehen, für solche nöthigenfalls durch
Gießen zu sorgen und bei eintretendem sonnigem Wetter den Pflänzchen
der nöthige Schutz durch Gitter zu geben.

Außerdem verschult man vorzugsweise einjährige, kräftige
Saatbeetpflanzen, bei geringer Entwickelung derselben wohl auch noch

zweijährige, und zwar mit Rücksicht auf die rasche Entwickelung der
Esche in nicht zu engem Verband, etwa von 20 auf 30 cm. Nach
zwei-, höchstens dreijährigem Stehen im Pflanzbeet haben die mittlerweile bis meterhoch gewordenen Pflanzen jene Stärke erreicht, in der
sie entweder in die Schläge ausgepflanzt oder zum Zweck der Heisterzucht nochmals in weiterem Verband verschult werden müssen. Letzterer
wird sich nach der Stärke richten, welche die Heister erreichen sollen,
und hienach 0,50—0,70 m Quadratverband betragen, letzteres für die
wenig zur Astverbreitung geneigte Esche wohl das Maximum; in einem
Alter von sechs Jahren werden die Heister der raschwüchsigen Esche
auf gutem Boden fast stets die nöthige Stärke erreicht haben — bei
keiner Holzart pflegt die Heisterzucht dankbarer zu sein, raschere Erfolge und schöneres, durchaus brauchbares Material zu liefern, als
bei der Esche!

Keine Holzart hat ferner ein für die Verpflanzung günstigeres
Wurzelsystem als die Esche: mäßig starke Hauptwurzeln mit einem
außerordentlich reichen Geflecht von Faserwurzeln. Ein Beschneiden
der ersteren erscheint bei der erstmaligen Verschulung nicht nöthig,
wohl aber sind dieselben zu kürzen, wenn zum Zweck der Heisterzucht
eine zweitmalige Verschulung stattfindet; das reich verzweigte Saugwurzelsystem läßt die Esche solche Eingriffe bei Verschulung wie bei
Auspflanzung ins Freie sehr leicht ertragen. Deswegen erscheint es
auch bei der Esche am ersten zulässig, stärkere Pflanzen dadurch zu erziehen, daß man im Pflanzbeet je die zweite Reihe und die zweite
Pflanze in der Reihe nach etwa zweijährigem Stehen im Beet vorsichtig heraushebt, hiedurch den Standraum der verbleibenden Pflanzen
vergrößernd. Auch findet sich bei der Esche in den Pflanzbeeten bei
Weitem nicht so viel zur Heisterzucht untauglicher Ausschuß als bei
der Eiche, — ein weiterer Grund für die Zulässigkeit dieses Verfahrens.

Eine Pflege der Pflanzbeete, des Heisterkampes durch Beschneiden der Aeste ist bei der geringen Neigung der jungen Esche
zur Astverbreitung nur in beschränktem Maße nöthig — nöthig fast
nur zur Beseitigung der in den Pflanzbeeten wie auch an den schon
stärkeren Stämmen bekanntlich so häufig auftretenden Gabel- oder
Zwillerbildungen. Dieselben erscheinen stets als Folge einer
Beschädigung der Mittelknospe oder des Gipfeltriebes, an deren Stelle
dann die beiden gegenständigen Seitenknospen oder -Triebe die
Gipfelbildung zu übernehmen pflegen; die beiden Triebe wachsen dabei
nicht selten längere Zeit in gleich starker Entwickelung fort, oder es

wird bald der eine dominirend — um sich häufig schon nach nicht allzu langer Frist wieder zu gabeln! Ein Spätfrost hat oft die Folge, daß nahezu sämmtliche Pflanzen eines Beetes sich gabeln, und hier wird es nun Aufgabe der Pflege sein, den schwächeren der beiden Triebe baldig durch einen scharfen Schnitt mit der Astscheere zu entfernen, wodurch in wenig Jahren die Spuren jener Frostwirkung am Stämmchen verschwinden. Das rechtzeitige Ausbrechen einer Seitenknospe hat den gleichen Erfolg.

Auch ein Insekt, die Eschenzwieselmotte (Prays curtisellus) zerstört nicht selten durch ihre Raupe die kräftige Terminalknospe und gibt hiedurch Veranlassung zu der fatalen Gabelbildung [1]).

Stehen ältere Eschen in der Nähe des Forstgartens, so zeigt sich die erstere heimsuchende spanische Fliege (Lytta vesicatoria) wohl auch auf den Pflanzbeeten und muß durch fleißiges Absuchen entfernt werden.

§ 108.

Der Ahorn.

Der Ahorn (und zwar fassen wir unter dieser Bezeichnung zunächst den Berg- und Spitzahorn zusammen) zeigt manches mit der Esche Gemeinsame. Gemeinsam ist ihm mit jener das mehr vereinzelte oder horstweise Auftreten, der Anspruch an genügende Frische des Bodens, das Lichtbedürfniß, das Verschwinden in den gleichaltrigen natürlichen Verjüngungen der Buche oder Nadelhölzer, gemeinsam aber auch die Berücksichtigung, welche diese edle Nutzholzart in neuerer Zeit als Mischholz im Hoch- wie im Niederwald findet. Aehnlich der Esche läßt sich aber auch der Ahorn sicherer und zweckmäßiger durch Pflanzung als durch Saat in die Bestände einbringen [2]), und darum sehen wir denn den Ahorn auch vielfach als eine Holzart unserer Forstgärten. Dabei wird man den Bergahorn (Acer pseudoplatanus) vorzugsweise im Berg- und Hügelland, den Spitzahorn (A. platanoïdes) in der Ebene, dem tiefer gelegenen Lande nachziehen [3]); beim Anbau beider im Forstgarten aber besteht kein wesentlicher Unterschied.

Dieser Anbau erfolgt nun wohl in den meisten Fällen durch Er-

---

[1]) Das Insekt wurde vom Forstmeister Borgmann zuerst entdeckt, s. Zeitschr. f. F.- u. J.-W. 1887. S. 689.

[2]) Vergl. Jahrb. des schles. Forstver. 1879. S. 74 u. 78.

[3]) In Süddeutschland, insbesondere in Bayern, wird der Bergahorn in viel reicherem Maße nachgezogen, als der Spitzahorn, während der erstere in der norddeutschen Ebene ein Fremdling ist.

ziehung in Saatbeeten mit nachfolgender Verschulung, um dadurch meterhohe Lohden oder stärkere Heister zu erlangen; eine Verpflanzung ohne vorgängige Verschulung findet mit Rücksicht auf die durch Graswuchs, Wild, im Niederwald durch Ueberwachsen den schwächeren Ahornpflanzen drohenden Gefahren nur seltener, bei besonders günstiger Entwickelung der im Saatbeet nicht zu dicht stehenden Pflanzen, in etwa zweijährigem Alter derselben statt.

Wie für Eschen, so auch für Ahorn-Saatbeete, welche mit Rücksicht auf die den Pflanzen durch Verbeißen drohende Gefahr wohl stets im gut eingefriedigten Forstgarten liegen, ist zu freudigem Gedeihen ein frischer, kräftiger Boden nöthig. Stärkerer Seitenschatten ist zu vermeiden, da der Ahorn eine entschiedene Lichtpflanze ist, weshalb man für die Nachzucht des Ahorns die Beete unmittelbar an der Bestandswand vermeidet.

Eine Bodenbearbeitung von 30—40 cm Tiefe genügt für Saat- und Pflanzbeet.

Der im Oktober reifende Samen wird sehr häufig direkt seitens der Waldbesitzer gesammelt; in diesem Falle beachte man die Qualität des Saatgutes, sammle nicht schwach ausgebildeten, kleinen Samen von jungen Stämmchen, sondern nehme Rücksicht auf mannbare Mutterbäume und auf gut ausgebildete, kräftige Samen. Zumal bei dem starken, runden Korn des Bergahorns fallen oft die bedeutenden Größenunterschiede desselben ins Auge.

Die Aussaat des Samens, dessen Keimkraft durch die Schnittprobe leicht zu konstatiren ist, indem sich bei letzterer die saftigen, grünen Kotyledonen unter der braunen Hülle zeigen müssen[1]), kann nun entweder im Herbst oder im Frühjahre erfolgen.

Die Herbstsaat hat den Vorzug, daß der ausgesäete und im Boden entsprechend feucht gehaltene Samen im Frühjahr bei dem Bergahorn vollständig, beim Spitzahorn wenigstens zum großen Theil keimt, während der etwa erst im April ausgesäete Samen bei ersterer Holzart theilweise, bei letzterer zum größten Teil überzuliegen pflegt, ja in trockenen Jahrgängen nach unseren Erfahrungen selbst ganz zu Grunde gehen kann.

Um dem stets sehr mißlichen Ueberliegen des Samens vorzubeugen, ist es empfehlenswerth, die Saat schon im Herbst vorzunehmen und

<hr>

[1]) Kienitz hat auch Keimproben mit dem Samen des Bergahorns angestellt und empfiehlt Anwendung mäßiger Temperatur (bis 15° C.); beim Einlegen in den Keimraum wurden zweckmäßig die viel Raum einnehmenden Flügel abgeschnitten. (Forstl. Bl. 1880. S. 1.) — Wir halten die Schnittprobe für ausreichend.

die in solchem Falle allerdings oft sehr zeitig im Frühjahre erscheinenden Keimpflanzen durch entsprechende Schutzvorrichtungen gegen die Spät= frostgefahr zu schützen; auch ein Decken der gefrorenen Beete mit Reisig wird ein Mittel gegen allzu frühe Keimung sein.

Hat man sich aber für die Frühjahrssaat entschieden, wozu der Umstand, daß die Beete erst dann leer werden, das erwünschte Ausfrieren des frisch umgearbeiteten Bodens bei neuer Saatbeetanlage, die drohende Gefahr für den Samen durch Mäuse, vor Allem aber die Sorge vor den Spätfrösten manchen Pflanzenzüchter veranlassen[1]), dann muß, soll die Saat sicher aufkeimen, die Aussaat möglichst frühzeitig erfolgen und der Samen während des Winters vor zu starkem Austrocknen geschützt werden. Ein erfahrener Laubholzzüchter[2]) empfiehlt uns für diesen Fall öfteres Ueberbrausen des an einem trockenen Orte aufbewahrten Samens oder Aufschütten des Samens einige Centimeter hoch im Wald und Bedecken desselben mit Laub, und nach eigenen inzwischen gesammelten Erfahrungen bewährt sich das Einschlagen des im Herbst gesammelten Ahornsamens in Erde während des Winters sehr. — Bezüglich zu später Frühjahrssaat bemerkt übrigens Pfeil[3]), daß die spät erscheinenden Pflanzen häufig nur mangelhaft verholzen und im Winter dann ganz oder theilweise erfrieren, und müssen wir späte Saat nach unseren Erfahrungen verwerfen.

Die Aussaat selbst erfolgt in Rillen, welche, wie bei der Esche, mit der Saatlatte oder dem Rillenbrett (Fig. 20) eingedrückt werden, und zwar mit Rücksicht auf die oft schon im ersten Jahre bedeutende Höhentwickelung der Ahornpflanze[4]) in einer Entfernung von 20 bis 25 cm; die Rille wird etwa 3 cm breit und so tief ein= gedrückt, daß der Samen bei deren Ausfüllung mit guter Erde eine Decke von 2 cm erhält. Nach den Versuchen Baur's ist dies die zweckmäßigste Stärke der Decke, während eine solche von 3—4 cm die Keimung schon bedeutend beeinträchtigt[5]). Baur weist hiebei noch darauf hin, wie für den Ahorn eine lockere, nicht zur Ver=

---

[1]) Allg. F.= u. J.=Z. 1863. S. 274 u. S. 370.

[2]) Herr Oberförster Kaufmann zu Irtenberg bei Würzburg.

[3]) Deutsche Holzzucht. S. 257.

[4]) In den Saatbeeten des hiesigen Forstgartens haben einjährige Ahorne in größerer Zahl eine Höhe von 40—50 cm erreicht.

[5]) Bühler empfiehlt nach seinen Saatversuchen allerdings eine Decke von selbst 5—6 cm; unsere eigenen Saaten haben bei nur 2 cm Deckung stets sehr gute Resultate ergeben.

krustung geneigte Decke besonders nothwendig sei, indem, wenn diese letztere nach Regenwetter eintreten sollte, die langen Kotyledonen nicht mit den fortwachsenden Stengelchen aus dem Boden kommen können und abbrechen.

Die beiden Ahornarten keimen mit zwei langen, schmalen, jenen der Esche ähnlichen Kotyledonen, die durch ihre Nervatur — drei parallele Längsnerven ohne Seitennerven — jedoch leicht von ersteren zu unterscheiden sind. Die Kotyledonen des Spitzahorns kenn= zeichnen sich gegenüber denen des Bergahorns durch eine oder einige Querknickungen [1]).

Die ersten Blättchen beider Ahornarten aber unterscheiden sich dadurch, daß jene des Spitzahorns durch zwei kleine Einbuchtungen am sonst glatten Rand die Lappen der späteren Blätter andeuten, während bei dem Bergahorn der gekerbte Rand diese Lappen nicht zeigt.

Das Säen erfolgt mit der Hand, da die starken Flügel Säe= vorrichtungen ausschließen, und, je nach der untersuchten Qualität des Samens, mehr oder minder dicht; etwas dünnere Saat bietet den Vorzug viel kräftigerer Pflanzenentwickelung im ersten Jahre! Burck= hardt bezeichnet 3—4 Pfund als das nöthige Samenquantum pro Ar; von dem schwereren Samen des Bergahorns wird man etwas mehr bedürfen.

Was den Schutz der Saatbeete angelangt, so können Mäuse dem Samen im Winterlager (oder Aufbewahrungsorte) gefährlich werden, und sind die Saatbeete entsprechend im Auge zu behalten. Im Frühjahre ist es der Spätfrost, der die früh erscheinenden Keimpflanzen der Herbstsaat bedroht und deren Beschützung durch Schutzgitter nöthig macht, während in späteren Jahren die stärkeren Pflanzen minder empfindlich sind. Gegen das Verbeißen durch Rehe und Hasen ist Schutz durch hinreichend dichte Einfriedigung nothwendig.

Aehnlich wie bei der Buche tritt auch bei den Ahornkeimlingen der in § 64 besprochene Keimlingspilz Phytophthora omnivora, sowie eine weitere Krankheit auf, ebenfalls veranlaßt durch einen Pilz (Cercospora acerina) [2]), welcher zahlreiche schwarze Flecken auf den

---

[1]) Vergl. v. Tubeuf, Samen, Früchte und Keimlinge der in Deutschland heimischen oder eingeführten forstlichen Kulturpflanzen, 1891, dem die Angaben über Keimlinge zumeist entnommen sind.

[2]) Centralbl. f. d. F.=W. 1880. S. 435. Hartig, Untersuchungen aus dem forstbot. Institut in München, 1880.

Kotyledonen und ersten Laubblättern erzeugt, denen das Schwarzwerden und Absterben der ganzen Pflanze folgt. Die Wiederansaat eines mit solchen Pflanzen besetzt gewesenen Beetes mit Ahornsamen wird jedenfalls zu meiden sein.

Bei kräftiger Entwickelung der Pflanzen wird man dieselben in der Regel einjährig, bei minder guter zweijährig verschulen und, wie schon oben erwähnt, nur ausnahmsweise kräftige Pflanzen aus der Saatschule direkt ins Freie verwenden. Namentlich zur Einpflanzung in Niederwaldschläge, zur Einsprengung in den Buchenhochwaldschlag nach bereits vollzogener Räumung des Oberholzes verwendet man lieber und mit sicherem Erfolge die durch Verschulung erzogene meterhohe Lohdenpflanze.

Die Verschulung, bei welcher etwa zu lange Seitenwurzeln entsprechend gekürzt werden, erfolgt, je nach der Größe der Pflanzen, mit starkem Setzholz oder in Pflanzlöcher, und zwar mit Rücksicht auf die rasche Höhenentwickelung der Pflanzen in etwa 30 cm Quadrat= verband oder in 30 cm entfernten Reihen mit 20 cm Pflanzen= entfernung. Gute Sortirung der in der Höhenentwickelung oft sehr verschiedenen Saatbeetpflanzen nach der Größe (siehe § 76) ist hiebei besonders zu empfehlen, ebenso ziemlich frühzeitige Verschulung mit Rücksicht auf das baldige Schwellen der Knospen und Antreiben der Pflanzen.

Eine Pflege durch Beschneiden ist bei den verschulten Ahorn= pflanzen nur in geringstem Maße nöthig, da der Höhenwuchs ein sehr ausgeprägter, die Entwickelung von Seitenästen eine geringere ist; ja nicht selten, zumal bei etwas enger Verschulung, wiegt der erstere so bedeutend vor, daß die Pflanzen allzu schwank in die Höhe wachsen, sich bei starker Belaubung des Gipfels kaum selbständig tragen können. Nur Gabelbildungen, die in gleicher Art wie bei der Esche und aus gleichen Gründen nicht selten auftreten, sind rechtzeitig zu be= seitigen.

Nach zwei=, längstens dreijährigem Stehen im Pflanzbeet, also 3—4jährig, hat der Ahorn unter normalen Verhältnissen jene Höhe von etwa 1 m erreicht, welche für seine Auspflanzung in die Schläge wünschenswerth erscheint. Wünscht man aber aus besonderen Gründen — für Anlagen, Alleen, Wildparke 2c. — starke Heister, so wird eine nochmalige Verschulung der Pflanzen unter Auswahl der best= wüchsigen Exemplare vorgenommen. Die Wurzeln der ausgehobenen Pflanzen werden einer nochmaligen Korrektur durch Beseitigung allzu langer Seitenwurzeln unterstellt und erstere sodann in einer Ent=

fernung von 60—70 cm (Quadratverband) in hinreichend große
Pflanzlöcher eingeschult. In einem Alter von 6—7 Jahren wird der
Ahornheister wohl stets eine allen Anforderungen entsprechende Stärke
und Höhe erreicht haben[1]); eine dreimalige Verschulung, wie sie
Crelinger[2]) zur Erziehung starker Heister anwendet, halten wir nach
unseren Erfahrungen für überflüssig und allzu kostspielig. Auch
der Heister braucht nur wenig Pflege durch Beschneiden, da seine seitliche Beastung eine sehr geringe zu sein pflegt; ist eine solche nöthig,
so soll sie nach Ansicht von Lignitz[3]) stets im Herbst geschehen, da
beim Beschneiden im Frühjahre der Stamm zu stark blute, eine Menge
Saft also für denselben verloren gehe, und selbst ein Austrocknen und
Absterben des Holzes an der Schnittstelle erfolge. Wir haben bei
allerdings sehr mäßigem Beschneiden von Ahornpflanzen im Frühjahre
solche Nachtheile nicht wahrnehmen können.

<h2 style="text-align:center">§ 109.</h2>

<h2 style="text-align:center">Die Ulme.</h2>

In viel minderem Maße als Ahorn und Esche ist die Ulme
Gegenstand forstlichen Anbaues; sie ist überhaupt mehr eine südliche
Holzart, die in Italien und Frankreich in größerer Verbreitung vorkommt, während sie bei uns vorwiegend nur in den Flußthälern und
Niederungen, weniger im Bergland und eigentlichen Gebirge auftritt,
und zwar auch hier nur als Mischholz, wohl nur ausnahmsweise be-
standsbildend. In vielen Oertlichkeiten, in denen sie früher vorkam,
ist sie jetzt mehr oder weniger verschwunden, woran nach Burckhardt's
Ansicht der große, breitgeflügelte und leichte Samen, welcher nur schwer
an den wunden Boden kommt, die der Ulme nachtheilige starke Beschattung in der natürlichen Buchenverjüngung, anderen Orts der Unkrautwuchs oder überwachsende andere Holzarten die Schuld tragen[4]), —

---

[1]) Welche rasche Entwickelung der Ahorn unter günstigen Umständen haben
kann, zeigten uns eine Anzahl von Spitzahornpflanzen im hiesigen akademischen
Forstgarten, welche sehr vereinzelt auf einem Beet standen — dieselben waren
im ersten Jahre nach der im Frühjahre erfolgten Saat aufgegangen, die im zweiten
Jahre nachgekeimten Pflänzchen aber erfroren —; sie erreichten als zweijährige
unverschulte Pflanzen eine Höhe von durchschnittlich $1\frac{1}{2}$, theilweise selbst
2 Meter.

[2]) Jahrb. des schles. Forstver. 1880. S. 110.

[3]) Daselbst. 1879. S. 75.

[4]) Säen u. Pflz. S. 188.

außerdem aber wohl vor Allem die geringe Berücksichtigung, welche sie bei dem Kulturbetrieb zu finden pflegt.

In geeigneten Oertlichkeiten, auf frischem, kräftigem Boden in nicht zu rauher Lage, bemüht man sich wohl da und dort um Erhaltung und Nachzucht dieser schönen und werthvollen Holzart, sei es als Mischholz im Hochwald, sei es als kräftig vom Stock ausschlagendes Unterholz im Mittel= oder Niederwald; in Parkanlagen, in Alleen wird die Ulme ebenfalls gerne verwendet. In allen diesen Fällen aber erfolgt die Nachzucht wohl nur durch die sichere Pflanzung mit im Forstgarten erzogenen und einmal verschulten Pflanzen oder zweimal verschulten Heistern.

Der Anfang Juni reifende Samen wird am besten sofort nach der Einsammlung ausgesäet, da bis zum Herbst oder gar zum Frühjahr aufbewahrter Samen durch Austrocknen einen nicht geringen Theil seiner an sich nicht großen Keimfähigkeit verliert, während sich diese letztere im Freien, am Boden, bis zum nächsten Frühjahr dann zu erhalten vermag, wenn der Samen wegen trockner Witterung nicht zu alsbaldiger Keimung gekommen ist. Unter dem fast alljährlich in großer Menge reifenden Ulmensamen findet sich sehr viel tauber Samen, der zuerst abfliegt; man vermeidet daher das Sammeln dieses zuerst abfliegenden Samens, sucht auch wohl den gesammelten Samen durch Aussieben und Schwingen von den tauben Körnern zu befreien[1]). Jedenfalls aber untersuche man stets die Keimkraft des zur Verfügung stehenden Samens durch Zerschneiden einer entsprechenden Anzahl von Körnern — es kommen Jahre vor, in welchen sich unter denselben kaum ein keimfähiges Korn findet, sonach jede Aussaat vergeblich wäre.

Die Aussaat erfolgt, mit Rücksicht auf die geringe Keimkraft, ziemlich dicht in flach eingedrückte, 2 cm breite und etwa 15 cm von einander entfernte Rillen, wo möglich bei feuchter Witterung; fehlt diese, so muß durch Gießen und Deckreisig das Saatbeet sowohl bei der Ansaat wie während und nach dem Keimen frisch erhalten werden[2]). Man wird überhaupt gut thun, den Ulmensaatbeeten die frischesten und gegen das Austrocknen geschütztesten Theile des Forstgartens anzuweisen, also etwa die Beete nächst der gegen Süd und West schützend vorliegenden Bestandswand, was um so mehr zulässig,

---

[1]) Allg. F.= u. J.=Z. 1863. S. 270.
[2]) Centralbl. f. d. F.=W. 1883. S. 348.

als Seitenbeschattung den jungen Pflanzen nicht nachtheilig wird[1]. Bei anhaltender Trockne ohne die genannten Maßregeln keimt nach unsern Erfahrungen kaum ein Korn im Laufe des Sommers auf, nach Burckhardt's Mittheilungen aber in solchem Fall nicht selten ein großer Theil des Samens im folgenden Frühjahr nach; hat also die Sommersaat wegen Trockne keinen Erfolg, so sind die Saatbeete deswegen noch nicht als verloren zu erachten.

Kann man nicht im Sommer säen, so nehme man die Saat wenigstens im Herbst vor, damit der Samen während des Winters nicht noch weiter austrockne.

Das nöthige Quantum des sehr leichten Samens beträgt mit Rücksicht auf die geringe Keimkraft etwa 3 Pfund pro Ar.

Ebenso nöthig als das Feuchthalten ist aber auch eine möglichst schwache Deckung des Samens mit Erde; nach Baur's mehrerwähnten Versuchen (s. § 51) ergab eine 1,5 cm starke Deckung mit Erde bereits vollständiges Versagen der Keimkraft, leichtes Uebersieben oder bloße Vermengung mit Erde dagegen gute Resultate. — Gerade diese schwache Erddecke macht anderweiten Schutz gegen Austrocknen doppelt nöthig!

Die Ulme keimt mit zwei kleinen, fleischigen Kotyledonen von verkehrt-eiförmiger Gestalt; dieselben sind oben dunkler, unten heller grün, fast ohne jede Nervatur und fallen bald ab; die ersten Blättchen sind grob gesägt, rauh behaart und fast stiellos.

Die bei der Sommersaat unter günstigen Feuchtigkeitsverhältnissen schon etwa nach 8—10 Tagen erscheinenden Pflänzchen erreichen unter günstigen Umständen noch im selben Jahre eine Höhe von 15 bis selbst 25 cm, verholzen dagegen bisweilen nur mangelhaft und leiden durch Früh- und Winterfröste; es wird dies selbst als Grund gegen die sonst wohl sehr übliche Sommersaat geltend gemacht[2].

Ist die Saat gut ausgefallen, dicht aufgegangen, und haben sich die Pflänzchen günstig entwickelt, so verschult man dieselben wohl schon

---

[1] Ueber die Fähigkeit der jungen Ulmen, sich von der Beeinträchtigung durch längere Ueberschattung rasch zu erholen, hat uns ein Versuch im akademischen Forstgarten in interessanter Weise belehrt. Wir verschulten 5jährige, durch dichte Saat entstandene und in einem stark überschatteten und neben dichter Fichtenhecke liegenden Saatbeet stehen gebliebene verkümmerte Ulmenpflanzen von 25—30 cm Höhe — deren verschulte Altersgenossen bereits 2 m hohe Heister waren! — im Frühjahr 1886; dieselben trieben sofort kräftig an, entwickelten im ersten Jahre bis 50 cm lange Triebe und haben im Jahre 1887 theilweise schon eine Höhe von 120 cm erreicht.

[2] Allg. F.- u. J.-Z. 1863. S. 275.

im nächsten Frühjahre, kann die Verschulung aber auch ganz gut ins zweite Jahr verschieben. Die Ulme entwickelt anfänglich eine ziemlich tiefgehende Pfahlwurzel, die man beim Verschulen etwas kürzt; Pfeil[1]) behauptet allerdings, daß eine mit gekürzter Wurzel verpflanzte Ulme keinen entsprechenden, zu Nutzholz geeigneten Schaft entwickle (?).

Die Verschulung selbst erfolgt rasch und leicht mittelst des Setzholzes in nicht zu engen Abständen, etwa von 20 auf 30 cm. Die Entwickelung der Pflanzen ist auf gut gedüngtem Boden von genügender Frische eine rasche, und nach zweijährigem Stehen im Pflanzbeet haben dieselben in der Regel schon eine Höhe von reichlich 1 m und damit die Stärke zum Auspflanzen in die Schläge erreicht. Will man aber zu besonderen Zwecken, so namentlich zur Anlage von Alleen, für Parkanlagen, stärkere Heister erziehen, die sich ebenfalls noch mit Sicherheit verpflanzen lassen, so verschult man die besten Lohden nochmals in Abständen von 0,60—0,70 m und erhält in einem Alter von 6 bis höchstens 8 Jahren genügend starke Heister, wie denn überhaupt die Entwickelung der Ulme in der Jugend eine sehr rasche ist.

Was Schutz und Pflege der Ulmen-Saat- und -Pflanzbeete anbelangt, so ist das rauhe Blatt der Ulme gegen Spätfröste wenig empfindlich, und nur etwa bei Anwendung der Frühjahrssaat sind die frisch aufgegangenen Pflänzchen durch Schutzgitter oder Aeste gegen deren Einwirkung zu schützen. — Im Uebrigen läßt man denselben die nöthige Pflege durch Reinigung und Lockerung angedeihen; die verschulten Pflanzen bedürfen aber auch entsprechenden Beschneidens, indem sie Neigung zur Gabelbildung und zur Entwickelung stärkerer Seitenäste nach den in unseren Pflanzgärten gemachten Wahrnehmungen zeigen. Im Heisterkamp ist diese Pflege noch weniger zu entbehren, und sind namentlich die zahlreichen schwächeren Triebe, welche an dem unteren Theile des Stammes meist zu erscheinen pflegen, rechtzeitig zu entfernen.

Erwähnt möge schließlich noch sein, daß es vorzugsweise die Feldulme (Ulmus campestris), weniger die Flatterulme (Ulmus effusa) ist, welche bei uns angebaut wird.

§ 110.
Die Erle.

Die Erle ist eine in unserem Forsthaushalte geradezu unentbehrliche Holzart; zahlreiche größere oder kleinere Flächen in unseren

---

[1]) Deutsche Holzzucht. S. 269.

Fürst, Pflanzenzucht. 3. Aufl. 20

Waldungen würden schwer kultivirbar sein, keine oder nur sehr geringe Erträge an Stelle der oft sehr bedeutenden Nutzung geben, wenn uns nicht in der Erle eine Holzart zur Verfügung stände, die, auf feuchtem Boden vorzüglich gedeihend, selbst auf nassem Standort noch gutes Wachsthum zeigt und den eigentlichen Bruchboden auf oft aus= gedehnten Flächen bedeckt. Es wird wenige Reviere geben, in welchen die Erle nicht in kleineren oder größeren Horsten auf nassem oder bruchigem Boden, in feuchten Mulden und Einsenkungen, am Rand der Wasserläufe vorkommt, und fast jeder Forstmann hat in geringerem oder höherem Grade mit ihrer Nachzucht zu thun. Ihr zu mancherlei Nutzholzzwecken, wie zur Pulverfabrikation gesuchtes und gut bezahltes Holz hat an nicht wenig Orten ihrem Anbau größere Ausdehnung ver= schafft, und die schnellwüchsige Erle gehört entschieden zu den finanziell rentabelsten Holzarten.

Ihr Anbau aber muß fast ausschließlich durch die Pflanzung geschehen, nachdem die Saat auf den für die Erle geeigneten feuchten, graswüchsigen Oertlichkeiten zu unsicher ist, die erscheinenden Pflänzchen durch Graswuchs, Ausfrieren zu häufig wieder vernichtet werden. Zur Pflanzung taugliches Material findet sich nun zuweilen als natür= licher Anflug an Grabenrändern, Aufwürfen und ähnlichen Stellen vor, und lassen sich solche Wildlinge zur Kultur benutzen; in den meisten Fällen aber wird man doch zu im Saatbeet erzogenen Pflanzen greifen müssen.

Die Erziehung von Erlenpflanzen in unseren auch für andere Holzarten bestimmten Forstgärten stößt bisweilen auf Schwierig= keiten, da die Erle, wie zur Keimung, so zu freudigem Gedeihen der Pflanzen schon in frühester Jugend mehr Feuchtigkeit bedarf, als den meisten Holzarten zuträglich und, mit Rücksicht auf Graswuchs und Auffrieren, für unsere Forstgärten erwünscht ist[1]). Man wird daher in den meisten Fällen gut thun, für die Erlennachzucht einen eigenen kleinen Saatkamp in geeigneter, hinreichend frischer oder feuchter Oertlichkeit anzulegen, und richtet hiebei sein Augenmerk auf frischen, sandig=lehmigen Boden, der mäßig tief bearbeitet wird, sich aber mit Rücksicht auf die Gefahr des Auffrierens vor der Ansaat wieder tüchtig gesetzt haben soll, eventuell etwas angedrückt wird. Nach Burckhardt[2]) beschafft man sich ein entsprechendes Saatbeet auch da= durch, daß man guten, frischen Waldboden lediglich oberflächlich reinigt,

---

[1]) Jäger, Forstkulturwesen. S. 361.
[2]) Burckhardt, Säen u. Pflz. S. 227.

ebnet und mit etwas guter Erde (zur Beschaffung des Keimbetts) überwirft, und auch E. Heyer[1] empfiehlt die Anlage von Erlensaat= beeten auf kleinen, feuchten Blößen und Bestandslücken in älteren Laub= und Nadelholzbeständen, welch' letztere den Keimlingen zugleich den nöthigen Seitenschutz gegen Fröste geben, ja er hat selbst feuchte, humose Stellen unter gelichtetem Kiefernschutzbestand mit gutem Erfolg dazu verwendet. Pfeil[2] hat sich einen geeigneten Saatplatz dadurch hergestellt, daß er eine feuchte Mulde zuerst mit Sand, dann mit besserem Boden entsprechend hoch ausfüllen ließ, sich hiedurch die wünschenswerthe Grundfeuchtigkeit sichernd. Seitenschutz gegen die Sonne durch einen vorstehenden Bestand ist stets erwünscht, eine Ein= friedigung des Kamps nur ausnahmsweise nöthig, da Wild die Erle nicht angeht.

Nach den Untersuchungen von Ramann und Will[3] ist die Erle eine Holzart, welche nicht unbedeutende Ansprüche an den Mineral= gehalt des Bodens überhaupt, an Kalkgehalt insbesondere stellt. Es wird sonach auf kalkarmem Boden eine Düngung mit kalkhaltigen Stoffen (Asche, Knochenmehl u. dgl.) für die Saatbeete zu em= pfehlen sein.

Der im Spätherbst reifende Erlensamen wird durch Sammeln der Zäpfchen im November und Ausklengen im warmen Zimmer ge= wonnen; da nun die Keimkraft desselben schon binnen Jahresfrist zum großen Theil verloren geht, so ergibt sich hiedurch die Frühjahrs= saat mit frischem Samen von selbst als Regel. Die Keimkraft des Samens untersuche man stets durch Zerschneiden einer größeren Anzahl von Körnern, von denen, wie auch Heyer[1] angibt, meist ein ziemlicher Prozentsatz schlecht ist; ja bisweilen findet man, ähnlich wie beim Ulmensamen, nahezu die ganze Samenmenge taub — vielleicht Samen von sehr jungen Pflanzen oder Ausschlägen herrührend. — Im Frühjahre durch Auffischen aus dem Wasser gesammelter Samen soll nach oberflächlichem Abtrocknen sofort ausgesät werden.

Die Aussaat selbst erfolgt bisweilen noch als Vollsaat, die insbesondere auch E. Heyer[4] und ebenso Weise[5] befürwortet, ziem= lich dicht auf die, wie oben angegeben, zugerichtete Saatbeetfläche, mit Rücksicht auf die bei feuchtem Boden doppelt nöthige Reinigung

---

[1] Allgem. F.= u. J.=Z. 1883. S. 302.

[2] Deutsche Holzzucht. S. 342.

[3] Zeitschr. f. F.= u. J.=W. 1892. S. 54.

[4] Allg. F.= u. J.=Z. 1883. S. 302.

[5] Mündener Hefte. II. 16.

von dem zahlreich erscheinenden Gras und Unkraut aber wohl auch bei der Erle besser als Rillensaat, und wenden wir bei derselben gleichfalls das Doppelrillen herstellende Saatbrett an, durch welches auch zugleich das nöthige Festdrücken des Bodens erfolgt. Ebenso läßt sich zur Erzielung rascher und gleichförmiger Saat das Figur 27 abgebildete Klappbrett (s. § 55) verwenden und darf die Saat nicht zu dünn vorgenommen werden, da die Keimkraft des Samens eine nur mäßige zu sein pflegt. — Das Samenquantum ist darnach zu bemessen, ob man die Pflanzen etwa einjährig verschulen, oder als zwei= und dreijährige Saatbeetpflanzen verwenden will, in welch' letzterem Falle entsprechend dünner zu säen ist. In ersterem Falle wird man zur Rillensaat bei nur 10—12 cm Rillenentfernung 6 Pfund, bei Benutzung des Doppelrillenbrettes nach unseren Versuchen selbst bis 9 Pfund pro Ar verwenden, in letzterem Falle bei einem Abstand der Rillen von etwa 25 cm kaum die Hälfte.

Die Bedeckung des kleinen Samens darf nur eine schwache sein, ja es würde selbst eine bloße Vermischung mit der oberen Boden= schichte, wie sie selbst durch Saat im Winter auf dem Schnee erzielt wird[1]), genügen. Doch bringt solch' geringe Deckung die Gefahr des Austrocknens in der Keimperiode in erhöhtem Maße mit sich, und bei der Empfindlichkeit des Samens hiegegen wird man lieber die nach Baur's Versuchen zulässige und zweckmäßige Deckung von 1 cm Stärke wählen, eine stärkere aber vermeiden; eine solche von 1,5 cm beein= trächtigte bereits die Keimung, eine solche von 3 cm hinderte sie vollständig.

Bei trockner Witterung wird der ausgesäte Samen zweckmäßig sogleich gut angegossen; von großer Bedeutung für den Erfolg der Saat ist aber auch ein entsprechendes Feuchthalten des Saatbeetes während der Keimperiode; durch aufgelegtes Nadelholzreisig oder durch Schutzgitter sucht man die vorhandene Bodenfeuchtigkeit zu erhalten und greift, wo letztere fehlt oder verloren ging, zur Gießkanne[2]). Wird dies unterlassen, so keimt nach unseren Erfahrungen in trocknem Frühjahre und bei fehlendem Seitenschutze kaum ein Korn; nach Burck= hardt's Angabe läuft zwar nicht selten ein Theil des Samens im zweiten Jahre nach — aber als verunglückt ist die Saat doch zu be= trachten!

---

[1]) Allg. F.= u. J.=Z. 1863. S. 368.

[2]) In den Rheinwaldungen bei Speyer, wo Erlenpflanzen in großer Menge erzogen werden, findet bei trockener Witterung ein täglich zweimaliges Begießen der Erlensaatbeete statt.

Die Erle keimt mit zwei sehr kleinen rundlichen, ganzrandigen Kotyledonen, welche oben dunkelgrün, unten glänzend grasgrün sind und bald abfallen. — Die ersten Blättchen sind glatt, derbgesägt und zugespitzt, die späteren zeigen die vorn abgerundete Gestalt des Schwarzerlenblattes.

Den aufkeimenden Erlenpflänzchen drohen zwei Gefahren: der Spätfrost und die Trockniß. Gegen ersteren schützt man die zarten Keimpflänzchen durch ein Schutzdach von Reisig (Föhrenäste, Besenpfriemen), das man nach Heyer's Rath jedoch unter Tag abnehmen soll, da sonst die Pflänzchen verstocken; gegen letztere muß bei trocknem Wetter abermals die Gießkanne helfen, soll nicht ein großer Theil der Pflänzchen zu Grunde gehen. Liegt das Saatbeet gegen die Sonne geschützt und hat der Boden viel natürliche Frische, so ist solche Pflega durch Gießen natürlich in geringerem Maße nöthig. — Als einen den Keimlingen speziell gefährlichen Feind bezeichnet Baur[1]) die Regenwürmer, welche dieselben in ihre Gänge ziehen und verzehren. — Die einjährigen Pflänzchen leiden auf feuchterem Boden leicht durch Auffrieren. Auch Gras- und Unkrautwuchs wird auf letzterem in ziemlichen Grade sich einstellen und ist mit Vorsicht zu entfernen, damit die sehr schwachen Keimpflänzchen nicht mit herausgerissen werden; in Vollsaaten wird man das Unkraut vorsichtig herausstechen.

In den meisten Fällen wird man die Erle als unverschulte zwei- oder dreijährige Saatbeetpflanze verwenden können; sie erreicht in diesem Alter eine für die meisten Oertlichkeiten genügende Stärke. Sie im Saatbeet noch älter werden zu lassen — Pfeil, der sich gegen jedes Verschulen der Erle ausspricht, erklärt dies selbst bis zum fünften Lebensjahre für zulässig[2]) —, möchten wir für die schnellwüchsige Erle nicht empfehlen.

Sind aber die Pflanzen im Saatbeet verhältnißmäßig dicht aufgegangen, für die beabsichtigten Kulturen aber kräftige, stärkere Pflanzen nöthig, so verschult man die einjährigen Erlen mit bestem Erfolg, etwa im Verband von 15 auf 25 oder 30 cm, und wird dann nach weiteren zwei Jahren bereits meterhohe, sehr kräftige Pflanzen haben; ja bei Verwendung kräftiger, einjähriger Pflanzen und gutem, frischem Boden genügt meist schon einjähriges Stehen in der Pflanzschule zur Erziehung hinreichend starker Pflanzen. — Irgend welcher Wurzel-

---

1) Forstw. Centralbl. 1875. S. 349.
2) Krit. Blätter. XXXI. S. 79.

korrektur bedürfen die zu verschulenden Erlenpflanzen nicht, und ebenso wenig ist irgend welche Pflege der Pflanzbeete durch Beschneiden der Aeste nöthig.

Eigentliche Erlenheister erzieht man wohl nirgends; bedarf man besonders starker Pflanzen, so verschult man die einjährigen Pflanzen in etwas weiterem Verband, als oben angegeben, und läßt sie ein Jahr, höchstens zwei, länger in der Pflanzschule. Es geht dann beim Auspflanzen allerdings nicht ohne einigen Wurzelverlust ab, den aber die Erle auf zusagendem Standorte leicht erträgt. — Das Gedeihen derselben ist auf solchem ein außerordentlich sicheres. —

Das vorstehend Gesagte bezieht sich vorzugsweise auf die allgemein verbreitete Schwarzerle (Alnus glutinosa); doch bedingt, nach unsern Wahrnehmungen im hiesigen Forstgarten, die Anzucht der Weißerle (A. incana) keinerlei Abweichungen.

§ 111.

Die Edelkastanie.

Die Edelkastanie (Castanea vesca) hat bisher in unsern forstlichen Lehrbüchern nahezu keine Beachtung gefunden, und es ist der Grund hiefür wohl vorzugsweise in ihrem lokal eng begrenzten Vorkommen zu suchen; hatte sie doch innerhalb der deutschen Grenzpfähle ihr Gebiet lediglich in einem Theil der Rheinpfalz, und war doch selbst dort dies Gebiet durch ihren Genossen, den Weinstock, nach und nach nicht unwesentlich eingeengt worden. Durch die Einverleibung Elsaß-Lothringens in das Deutsche Reich ist aber die Kastanie in erhöhtem Maße ein deutscher Waldbaum geworden, da im Elsaß ziemlich bedeutende Flächen mit derselben bestockt sind, und Angesichts der hohen Erträge, welche der Kastanienniederwald durch die Verwendung der Stangen als Rebpfähle und Reifstangen zu liefern vermag[1]), Angesichts der Fähigkeit der Kastanie, auch auf geringerem, oberflächlich vermagertem Boden noch hinreichend zu gedeihen, denselben durch reichen Laubabfall wieder zu verbessern, ist ihr Gebiet dortselbst im starken Wachsen begriffen. Auch in der Rheinpfalz sucht man die edle Holzart möglichst zu verbreiten, und ihre eben erwähnten Eigenschaften lassen sie als zur Bestockung und Verbesserung der heruntergekommenen Vorberge des Pfälzerwaldes vielen Orts sehr geeignet erscheinen. Das Klima und bezw. die Höhenlage ziehen aller-

---

[1]) Forstl. Blätter. 1877. S. 70.

dings dieſer Verbreitung der Kaſtanie in Pfalz und Elſaß, wie für das übrige Deutſchland entſprechende Grenzen, die mit jenen für den Weinbau nahe zuſammenhängen.

Eigentliche Kaſtanien= Ho ch w al d u n g e n kommen in Deutſchland kaum vor; die Kaſtanie wird faſt ausſchließlich als Niederwald, im kleinen Privatbeſitz auch als Mittelwald oder Plenterwald behandelt — ſo iſt von einer natürlichen Verjüngung und Nachzucht bei ihr nur wenig die Rede, und die Neubegründung wie Vervollſtändigung von Kaſtanienbeſtänden erfolgt auf künſtlichem Wege, durch Saat oder Pflanzung.

Die S a a t wird aber im Ganzen nur wenig angewendet; der bekanntlich eßbare Samen iſt theuer, hat unter den Nachſtellungen der Mäuſe, Häher, Eichhörnchen und des Wildes zu leiden, und namentlich wo Wildſchweine vorkommen, iſt derſelbe in hohem Grade gefährdet; daher gibt man der P f l a n z u n g den Vorzug, und wo ihr Anbau überhaupt betrieben wird, iſt die Kaſtanie Gegenſtand der An= zucht im Saatbeet.

Die Erziehung der Kaſtanienpflanzen[1]) erfolgt nun in Saat= kämpen, für welche man guten, friſchen Boden und eine, namentlich gegen Spätfröſte geſchützte Lage ausſucht, und die hinreichend tief rajolt und gut gedüngt werden; eine Bodenbearbeitung von etwa 40 cm Tiefe wird hiebei als zweckmäßig erachtet, zur Düngung aber namentlich k a l i reicher Dünger empfohlen. Ein Mengedünger, beſtehend aus gleichen Gewichtstheilen Kali=Superphosphat, Knochenmehl und Humus, und angewendet in einer Quantität von 15 Kilogramm pro Ar, hat ſich insbeſondere auf dem mineraliſch armen Boden des Bunt= ſandſteins bewährt. Auch Stalldünger wird mit ſehr gutem Erfolg verwendet. — Wo einiger Wildſtand vorhanden, ſind die Saatkämpe entſprechend einzufriedigen, weshalb Wanderkämpe minder am Platze ſind.

Die A n ſ a a t der Beete erfolgt mit Rückſicht auf die oben bereits erwähnten Gefahren, die dem Samen im Winterlager drohen, ſtets im F r ü h j a h r e , und werden die in günſtigen Lagen faſt alljährlich ge= deihenden Früchte entweder in den Hüllen (Igeln) oder durch Einſchlagen in trockenen Sand, wobei Früchte und Sand in dünnen Lagen ab= wechſeln, über Winter aufbewahrt.

---

[1]) Vergl. hierüber die Aufſätze: Forſtw. Centralbl. 1876. S. 489; 1877. S. 273; Forſtl. Blätter. 1877. S. 70; Allgem. F.= u. J.=Z. 1879. S. 205; dann Panne= witz, Der Anbau der Lärche, ſüßen Kaſtanie ꝛc. 1855. Ferner Kayſing, Der Kaſtanienniederwald. 1884.

Was die Auswahl des Samens anbelangt, so gibt man mit Rücksicht auf den Kostenpunkt der gewöhnlichen, kleineren Kastanie den Vorzug vor der größeren, sogenannten Marone. Das Saatmaterial ist stets aus zuverlässiger Quelle zu beziehen, weil die im Handel vorkommenden Früchte zur Verhütung des Keimens leicht gedörrt und dadurch natürlich zur Aussaat unbrauchbar werden.

Trotz guter Aufbewahrung beginnen die Kastanien gegen das Frühjahr zu nicht selten zu keimen. Während nun ein Kastanienzüchter[1]) sorgfältige Schonung dieser Keime und frühzeitige Saat, vor Mitte April, welche sonst als die richtigste Zeit betrachtet wird, verlangt, keimt ein anderer[2]) dieselben in der Art, wie es da und dort bei Eicheln geschieht, ab, nachdem sie etwa 3 cm lang getrieben haben, jedenfalls in der Absicht, hiedurch an Stelle der ziemlich ausgeprägten Pfahlwurzelbildung eine für die Verpflanzung günstigere Bewurzelung zu erzielen.

Die Aussaat selbst erfolgt, wie erwähnt, etwa Mitte April und zwar in mit der Hacke oder dem Rillenzieher gezogene, etwa 6 cm tiefe Rillen, deren Entfernung 15—30 cm beträgt; erstere Entfernung ist jedoch nur zulässig, wenn die Verwendung einjähriger Pflanzen in Absicht liegt, während bei beabsichtigtem, zwei oder gar drei Jahre dauerndem Verbleiben der Pflanzen im Saatbeet eine größere Entfernung der Rillen — bis zu 30 cm — zu wählen ist.

In die Rillen werden die Früchte einzeln in etwa 5 cm Entfernung eingelegt und sodann durch Beiziehen der Erde mit dem Rechen 3—4 cm stark gedeckt. Oberförster Kaysing[1]) empfiehlt hiebei, sehr darauf zu achten, daß die Spitzen der Früchte nach unten liegen, wodurch eine günstigere Wurzelbildung erzielt werde, während ein anderer erfahrener Kastanienzüchter, Oberförster Osterheld[3]), diese Vorsicht nicht für nöthig hält.

Die Angabe des pro Ar nöthigen Samenquantums schwankt von $^1/_2$ bis $1^1/_2$ hl, wobei die Größe der Früchte, wie die Entfernung der Rillen von wesentlichem Einfluß sein werden. Der Unterschied in der Größe der Früchte macht sich in den verschiedenen Angaben über deren Zahl in einem Hektoliter geltend, welche nach einer Mittheilung 10 000, nach einer anderen 15 000 Stück beträgt.

Einige Wochen nach der Aussaat, während welcher Zeit die Saat-

---

[1]) Oberförster Weidmann in Pannewitz, Der Anbau der Lärche ꝛc. S. 59.
[2]) Forstw. Centralbl. 1876. S. 489 ff.
[3]) Forstw. Centralbl. 1877. S. 273 ff.

beete gegen Häher und Mäuse zu schützen sind, keimen die Pflänzchen unter Rücklassung der Kotyledonen im Boden auf. Das erste Blättchen des Keimlings ist ganzrandig, die spätern zeigen die charakteristische Gestalt und den grobgesägten Rand des Edelkastanienblattes. Die Keimlinge sind gegen Spätfröste empfindlich und durch Reisig oder Schutzgitter gegen dieselben zu sichern.

Bei entsprechender Pflege durch Lockerung des Bodens und Rein= halten von Unkraut können die Pflanzen schon im ersten Jahre auf gut gedüngtem Boden eine Höhe von 40 cm und selbst mehr erreichen, und dann sofort im nächsten Frühjahre zur Auspflanzung verwendet werden; bei geringerer Entwickelung bleiben sie ein weiteres Jahr im Saatbeet und gelangen also zweijährig zur Verwendung, in welchem Alter sie der Hauptmasse nach wohl stets die nöthige Stärke erreicht haben. Sie noch ein drittes Jahr im Saatbeet stehen zu lassen, ist mit Rücksicht auf die starke Entwickelung der Pfahlwurzel nicht zu empfehlen.

Sowohl unter den ein= wie zweijährig zur Verwendung bestimmten Pflanzen werden sich stets eine Anzahl minder gut entwickelter, zur Schlagnachbesserung noch zu schwacher Pflänzlinge finden, welche sodann, in nicht zu engem Verband verschult, nach etwa zweijährigem Stehen im Pflanzbeet zur Benutzung kommen. Die Verschulung gilt sonach für die Edelkastanie als Ausnahme, nicht als Regel.

Durch Frost stark beschädigte[1]) oder sonst krüppelhaft gewachsene Pflanzen schneidet man tief am Boden ab, worauf kräftige Lohden er= scheinen, deren Zahl man durch Ausbrechen reduzirt. Die im Saat= und Pflanzbeet erzogenen Pflanzen werden überhaupt nicht selten als sogenannter Stutzpflanzen verwendet, indem man das Stämmchen vor dem Einpflanzen mit scharfer Baumscheere etwa 2 cm über dem Wurzel= stock abschneidet und, wenn nöthig, die Schnittfläche an den Rändern mit einem Messer etwas glättet. Andere nehmen das Stutzen erst vor, wenn die Pflanze bereits ein Jahr verpflanzt und entsprechend an= gewurzelt ist. — Der Erfolg des Stutzens hat sich vielfach als ein sehr günstiger gezeigt.

---

[1]) Der strenge Winterfrost 1879/80 ließ die einjährigen, kräftigen Kastanien= pflanzen des hiesigen Forstgartens bis zum Boden herab erfrieren.

§ 112.

Die Akazie.

Die Akazie, seit mehr als 200 Jahren aus Nordamerika zu uns eingeführt und nun vollständig eingebürgert, wurde vielfach als eine auch für den Wald sehr werthvolle Holzart betrachtet und warm empfohlen[1]). Ihre Schnellwüchsigkeit, ihre Fähigkeit, kräftige Stock- und Wurzelausschläge zu liefern, ihre geringen Ansprüche an den Boden im Zusammenhalt mit der mannigfachen Verwendbarkeit ihres Holzes schienen ihr eine Zukunft unter unsern Waldbäumen zu sichern — allein so manche andere mißliche Eigenschaften traten dem entgegen: das baldige Nachlassen im Wuchs, die ästige, vielfach gablige Stammform, der schwache Laubschirm und Laubabfall, die spitzen, Aufarbeitung und Verwendung des Reisigs erschwerenden Stacheln. So ist sie ein verhältnißmäßig seltener Gast in unsern Waldungen, unsern Forstgärten geblieben, um so häufiger aber in Anlagen, Alleen u. dgl. zu finden; doch ist sie namentlich auf ärmerem Sandboden, zur Bodenbefestigung an steilen Böschungen auch nicht selten Gegenstand forstlichen Anbaues, und der hohe Preis, den ihr Holz als Nutzholz an vielen Orten erreicht hat, dürfte wohl Veranlassung geben, ihr mehr Beachtung als bisher zu schenken: so wird ihr denn auch hier in unserem Buche ein Platz einzuräumen sein.

Der Anbau der Akazie erfolgt stets durch Pflanzung mit unverschulten und verschulten Pflanzen, da die Saat der Gefahr des Verbeißens durch Hasen, welche diese Holzart jeder anderen vorzuziehen scheinen, in hohem Grade ausgesetzt ist.

An den Boden stellt die Akazie auch im Saatbeet keine großen Anforderungen; doch düngt man im Interesse der Erziehung kräftiger Pflanzen den etwa benutzten geringeren Boden in entsprechender Weise. Seitenschutz ist für die gegen Trockniß wenig empfindliche Akazie entbehrlich, voller Lichtgenuß aber Bedürfniß.

Der Samen der Akazie, fast alljährlich gedeihend, ist leicht zu gewinnen und aufzubewahren, behält seine Keimkraft auch mehrere Jahre; da man gleichwohl am liebsten frischen Samen verwendet und die Einsammlung während des Winters erfolgt, so gilt die Frühjahrssaat als Regel.

---

[1]) Vergl. das Schriftchen von Pannewitz, „Der Anbau der Lärche, Kastanie u. Akazie". 1855.

Der Prozentsatz der keimfähigen Körner ist bei frischem Samen ein sehr hoher; 1 kg enthält ungefähr 49 000 Körner.

Die Aussaat selbst erfolgt in Rillen, welche mit Rücksicht auf den raschen Wuchs, die bedeutende Höhenentwickelung, welche die Akazie schon im ersten Lebensjahre zu zeigen pflegt, in einer Entfernung von etwa 20 cm zu ziehen sind, und am besten mit dem Fig. 20 abgebildeten Lang'schen Rillenbrett hergestellt werden.

Die Tiefe der Rillen darf eine im Verhältniß zur geringen Größe des Samenkorns bedeutende sein; nach den schon mehrfach erwähnten Versuchen Baur's macht nämlich die Akazie eine merkwürdige Ausnahme von der sonst gültigen Regel, daß die Stärke des Samenkorns mit der zweckmäßigsten Stärke der demselben zu gebenden Bedeckung in engem Zusammenhang stehe. Jene Versuche haben nämlich ergeben, daß der Akaziensamen eine verhältnißmäßig starke Bedeckung — bis zu 7 cm! — nicht nur verträgt, sondern bei einer etwas starken Deckung (bis zur erwähnten Grenze) sogar reichlicher keimt, kräftigere Pflanzen entwickelt, als bei einer schwachen Deckung von 1—2 cm, wie sie etwa der Stärke des Korns entsprechen würde[1]). Selbst bei einer 10 cm starken Decke gingen noch Pflanzen auf, wenn auch spärlicher.

Die Aussaat selbst erfolgt aus der Hand oder mit Hülfe des in Fig. 27 dargestellten Klappbrettes, und darf mit Rücksicht auf den hohen Prozentsatz keimfähiger Körner, welchen frischer Samen zu haben pflegt, und auf die rasche Entwickelung der Pflanzen nicht zu dicht erfolgen; man erhält sonst viel schwachen Ausschuß neben den besseren, aber doch von diesen beeinträchtigten Pflanzen. Burckhardt[2]) rechnet $1\frac{1}{2}$ kg pro Ar bei 30 cm weit entfernten Rillen, ein Quantum, das nach unsern Versuchen etwas knapp bemessen ist; nach diesen letzteren würden bei so bedeutender Rillenentfernung immer noch $2\frac{1}{2}$—3 kg pro Ar treffen, was auch mit Bühler's Angabe (2,8 kg pro Ar) stimmt.

Die Akazie keimt mit zwei großen, fleischigen, grünen Samenlappen von ovaler Gestalt mit derbem Mittelnerv ohne Seitennerven und entwickelt sodann zunächst einige Blättchen, welche mit dem gefiederten Blatt der Akazie keinerlei Aehnlichkeit haben. Das erste Blättchen ist lang gestielt und kreisrund, das zweite ebenfalls gestielt

---

[1]) Bühler's Versuche (Mitth. der schweiz. Versuchsanstalt Bd. II Heft 1 u. 2) haben diese Angaben bestätigt.

[2]) Säen u. Pflz. S. 483.

und rund, aber wesentlich kleiner, zeigt unterhalb zwei sehr kleine Fiederblättchen, bei den weiteren Blättern tritt nun die normale Gestalt ein.

Das Aufgehen des Samens erfolgt rasch und sicher, die Saatbeete bedürfen weder des Bedeckens noch Besteckens mit Reisig und während des Sommers nur der nöthigen Pflege durch Ausjäten und Lockern, während des Winters aber eines genügenden Schutzes gegen die Hasen und Kaninchen durch hinreichend dichte Einfriedigung; letztere äsen sonst die einjährigen Pflanzen bis auf den Boden ab, und scheinen, wie schon oben erwähnt, die Akazien jeder andern Holzart vorzuziehen.   Durch Winterfrost werden die weniger verholzten Spitzen der Pflanzen nicht selten getödtet; doch ist der Nachtheil für die Pflanzen kein großer, indem die oberste gut gebliebene Seitenknospe (eine eigentliche Terminalknospe zeigt die Akazie überhaupt nicht) im Frühjahre die Bildung des neuen Gipfeltriebes übernimmt, den erfrorenen Theil allmählich abstoßend; doch kann man durch Zurückschneiden bis aufs gesunde Holz zweckmäßig helfen. — Geht der Frostschaden tief herab, was bei strenger Kälte wohl der Fall, so empfiehlt Burckhardt das Setzen der Pflanzen auf die Wurzeln und Erziehung einer neuen Pflanze aus einer Ausschlagslohde.

Durch Spätfröste ist die Akazie in Folge ihres späten Ergrünens nur bei spätem Eintreten derselben gefährdet, in letzterem Falle allerdings gegen dieselben sehr empfindlich.

Unter günstigen Verhältnissen, namentlich bei minder dichter Saat, erreichen die Pflanzen schon im ersten Lebensjahre eine Höhe von 40 cm und darüber[1]) und können dann meist im nächsten Frühjahre verwendet werden; war ihre Entwickelung minder kräftig, oder bedarf man stärkerer Pflanzen, so läßt man sie noch ein Jahr im Saatbeet stehen (und ist, wenn Letzteres schon ursprünglich in Absicht liegt, ein größerer Rillenabstand — bis 30 cm — zu empfehlen), oder man verschult die einjährigen Pflanzen.

Die in einem Abstand von 25—30 cm verschulten Pflanzen entwickeln sich meist schon binnen Jahresfrist zu genügender Stärke und erreichen eine Höhe bis zu 1,5 m; zwei Jahre im Pflanzbeet stehend, werden sie bis 2 m und darüber hoch und entsprechend stark, fast zu

---

[1]) Wir haben in günstigen Jahren schon einjährige Akazien von über 1 m Höhe erzogen! Wenn dagegen Weise (Mündener Hefte II. 17) als durchschnittliche Höhe 80 cm angibt, so geht das über unsere Resultate weit hinaus, und noch mehr über jene Bühler's, der nur durchschnittlich 13—18 cm hohe Pflanzen erzielte.

stark zur bequemen bezw. billigen Verpflanzung — es zeigt wohl keine Holzart eine so rasche Entwickelung in den ersten Jugendjahren, wie die Akazie. Das Ausheben und die Verpflanzung solch' stärkerer Pflanzen geht nicht ohne Wurzelverlust vor sich; doch ist die Akazie hiergegen wenig empfindlich.

Die Erziehung stärkerer Heister für Alleen, Schneisen u. dgl. geschieht durch weitständigere, eventuell zweimalige Verschulung unter entsprechendem Wurzelschnitt — Kürzen der oft ziemlich weit aus= streichenden Seitenwurzeln —, unter Auswahl der bestgewachsenen Individuen, unter entsprechender Pflege der Stämmchen durch Ent= fernung tief angesetzter Aeste, und genügen 4—5 Jahre zur Erziehung eines solchen Heisters.

§ 113.
Die Hainbuche.

Die Hain= oder Weißbuche hat bekanntlich für den Hochwald nur geringe Bedeutung, ist in demselben mehr geduldet als erstrebt und vorzugsweise nur als Lückenbüßer für die Buche in kalten Frost= lagen, in Mulden und Einbeugungen mit frischem Boden und öfteren Spätfrösten am Platz. Größer ist ihre Bedeutung im Niederwald, Dank ihrem trefflichen Brennholz, wie ihrer reichen Ausschlagsfähigkeit. Als Bodenschutzholz unter Eichen findet man sie da und dort, ja man gibt ihr bisweilen sogar den Vorzug vor der Rothbuche[1]), die anderen Orts entschieden zu diesem Zweck höher geschätzt wird. Außerdem findet die Hainbuche bekanntlich bei der Anlage von Hecken vielfach Verwendung (s. § 35).

Im Ganzen wird die Hainbuche nur selten Gegenstand forstlichen Anbaues sein, man überläßt fast allenthalben ihre Nachzucht der Natur, welche da, wo die Hainbuche einmal vorhanden, durch frühzeitiges oftes und reichliches Samentragen auch zur Genüge für solche zu sorgen pflegt. Deshalb, und weil man das etwa benöthigte Pflanz= material wohl vielfach den natürlichen Anflügen entnehmen kann, pflegt die Hainbuche ein seltener Gast in unsern Forstgärten zu sein, der wir um der Vollständigkeit willen gleichwohl einen Platz hier anweisen.

Der Samen der Hainbuche zeigt frisch ein hohes Keimprozent, bis zu 80, und bewahrt seine Keimkraft 2—3 Jahre; da aber fast

---

[1]) Beiträge zur Kenntniß der forstlichen Verhältnisse von Hannover (Fest= schrift zur X. deutschen Forstversammlung. S. 39).

alljährlich Samen erwächst, so wird man meist in der günstigen Lage sein, frischen Samen verwenden zu können. Derselbe keimt, Dank seiner harten Samenschale, wohl regelmäßig erst im zweiten Jahre, und man wird ihn daher gleich jenem der Esche behandeln: ihn entweder in frischem Boden hinreichend tief eingeschlagen bis zum nächsten Herbst aufbewahren, oder die im ersten Frühjahre mit dem während des Winters gesammelten frischen Samen angesäten Beete mit Moos oder Laub, das durch aufgelegte Aeste festgehalten wird, so dick decken, daß Gras- und Unkrautwuchs dadurch verhindert werden. Nach unsern Erfahrungen möchten wir das erstere Verfahren empfehlen, da der Samen in den Saatbeeten während des Winters von den Mäusen sehr stark decimirt werden kann, während der ähnlich der Esche eingeschlagene Samen (s. § 107) leichter zu schützen ist. Doch ist auch bei der Hainbuche die dort empfohlene Vorsichtsmaßregel zeitiger Frühjahrssaat, ehe der Samen in den Gruben zum Keimen kommt, zu beachten. — Die Aussaat nimmt man am zweckmäßigsten in Rillen, welche mit einem Rillenbrett (Fig. 20) mit 2 cm starken Leisten in Abständen von 20 cm eingedrückt werden, vor und gibt dem Samen eine entsprechende Bedeckung; Burckhardt[1]) empfiehlt $1^1/_2$ cm; eigene Erfahrungen haben uns eine solche von ca. 2 cm als zweckmäßig gezeigt, wie sie sich durch Ausfüllen der Rillen mit lockerer Erde von selbst ergibt.

Der Samen keimt ziemlich frühzeitig mit zwei rundlichen, ganzrandigen dicken Kotyledonen, die oben glänzend dunkelgrün, unten hellgrün sind und kräftige, fein verzweigte Nervatur zeigen; die ersten Blättchen ähneln bereits dem Hainbuchenblatt.

Die Entwickelung der Pflanzen ist im zweiten und dritten Lebensjahre eine rasche, und dreijährige Pflanzen sind 50—60 cm hoch. Will man stärkere und recht stufige Pflanzen, wie sie z. B. für Hecken zu empfehlen sind, erziehen, so muß man die Saatbeetpflanzen einjährig verschulen. Wir haben solche stärkere Pflanzen auch dadurch rasch und in guter Qualität erzogen, daß wir die in Beständen, denen die Hainbuche beigemischt ist, in großer Menge vorhandenen Keimpflänzchen nach Erscheinen der ersten Laubblätter mit dem kleinen Heyer'schen Hohlbohrer ausstechen und mit dem nur 4—5 cm im Durchmesser haltenden Bällchen im Verband von 10 auf 20 cm einschulen ließen. Mit Rücksicht auf die ersparten Saatkosten, die gewonnene Zeit und den guten Erfolg erscheint diese Art der Pflanzen-

____

[1]) Säen u. Pflz. S. 197.

beschaffung sehr empfehlenswerth. Das Einschulen der Keimlinge
war aber nöthig, weil erfahrungsgemäß in den dicht geschlossenen Be=
ständen bis zum Herbst oft kaum ein Pflänzchen mehr vorhanden war,
die Keimlinge in Folge der Beschattung nahezu sämmtlich wieder ver=
schwunden waren — sonst würden wir den jedenfalls minder sorgfältig
zu behandelnden und ohne Ballen einzuschulenden einjährigen Pflanzen
den Vorzug gegeben haben.

Die eingeschulten Keimlinge, welchen durch Schutzgitter der nöthige
Schutz gegen die Einwirkung der Sonne gegeben werden muß, wachsen
innerhalb drei Jahren zu kräftigen, durchschnittlich 50—60 cm hohen
Pflanzen heran, wie sie zu Nachbesserungen im Nieder= und Mittelwald,
wie als künftige Heckenpflanzen erwünscht sind.

Von dem Feind, der die Hainbuche im Freien oft so wesentlich
bedroht, von den Mäusen, hat dieselbe als Pflanze im Forstgarten
weniger zu fürchten, da die Mäuse, hier der Deckung durch Gras und
Laub entbehrend, nur selten Pflanzen benagen, sondern nur unterirdisch
zu arbeiten, den Sämereien nachzugehen pflegen. — Gegen Fröste ist
die Hainbuche bekanntlich ganz unempfindlich, bedarf also keinerlei
Schutzes.

Will man Heister, etwa zu Kopfholzstämmen, erziehen, was
immerhin ein seltenerer Fall sein wird, so wird man die verschulten
Hainbuchenpflanzen unter Auswahl der bestgeformten Exemplare im
Alter von 3—4 Jahren in etwa 50 cm Entfernung nochmals ver=
schulen und denselben die bei ihrer Neigung zur Astbildung unentbehr=
liche Pflege mit der Scheere angedeihen lassen.

§ 114.

Die Birke.

Gleich der Hainbuche ist auch die Birke eine Holzart, die nur
ausnahmsweise Gegenstand eigentlichen forstlichen Anbaues ist und
noch seltener in unseren Forstgärten angetroffen wird; die Entfernung
eines schädlichen Uebermaßes von Birken ist viel öfter Aufgabe des
Forstmannes, als ihre Nachzucht! Wo sie einmal vorhanden, da pflegt,
Dank dem fast alljährlich in Menge produzirten und durch seine
Leichtigkeit sich überallhin verbreitenden Samen dieser Holzart, Birken=
anflug in großer Menge da zu erscheinen, wo Licht und wunder Boden
dies gestatten, und diesem Anflug werden wir denn meist auch
jene Pflanzen entnehmen können, die wir etwa als Schutzholz für
empfindliche Holzarten, zur Bildung von sogenannten Feuermänteln

in ausgedehnten Kiefernforsten und zu ähnlichen Zwecken bedürfen. Es ist dies ein weiterer Grund, weshalb die Birke in Saatkämpen und Forstgärten auch dort nur selten angebaut zu werden pflegt, wo zu den genannten Kulturen Birkenpflanzen nothwendig sind. — Dagegen hat solcher natürlicher Anflug zumal auf ärmerem Boden meist eine für das Verpflanzen ungünstige Wurzelbildung, die Wurzeln streichen ziemlich weit aus, die Faserwurzeln sitzen der Hauptsache nach am Ende dieser langen Wurzeln und gehen beim Ausheben und Verpflanzen zum nicht geringen Theile verloren, und in Folge dessen sieht man die Pflanzen vielfach verkümmern und eingehen. Dies kann nun Veranlassung werden, sich gut bewurzelte Pflanzen im Saatbeet und durch Verschulung zu erziehen.

Die Erziehung der Pflanzen im Saatbeet ist nun nicht so leicht, als man glauben sollte. Der schwache Samen verträgt durchaus keine stärkere Bedeckung, kommt unter solcher nicht zum Keimen — dagegen ist er anderseits wieder dem Austrocknen in hohem Grade ausgesetzt, und ebenso verhindert eine nach Regenwetter eintretende Verkrustung der Beetoberfläche den Durchbruch der Kotyledonen; so haben denn (wie wir aus eigener Erfahrung sagen müssen) die Birkensaaten im Saatbeet oft sehr geringen Erfolg! Um aber einen guten Erfolg zu erzielen, gibt Oberförster Biedermann folgende Anleitung[1]): Der mäßig tief umgegrabene Boden wird wieder angedrückt, sodann vor der Aussaat nochmals leicht überrecht und nun zeitig im Frühjahre mit frischem Samen (der ja alljährlich zu haben ist) dicht voll angesät — dicht, weil das Keimprozent des Samens ein geringes zu sein pflegt. Nach der Aussaat wird der Samen mit der flachen Schaufel fest angeklopft, bei trockenem Wetter mit der Gießkanne überbraust und nun mit klein gehackten Kiefernzweigen so überdeckt, daß die Sonne nicht direkt auf den Boden gelangen kann, aber auch die Wirkung verkrustender Schlagregen abgehalten wird; bei trockener Witterung werden die Beete öfter überbraust — auch hier hindern die Kiefernzweige wieder das Verschwemmen des Samens, wie das Verkrusten der Oberfläche, ebenso aber auch dessen zu rasches Abtrocknen.

Mit Rücksicht darauf, daß der über Winter trocken aufbewahrte Samen leicht zu stark austrocknet und an Keimkraft verliert, kann man

---

[1]) Bericht der Vers. des märkischen Forstver., 1882. S. 41. Ein sofort nach obigem Rezept vorgenommener Versuch in unserem Forstgarten hatte einen außerordentlich günstigen Erfolg!

die Saat auch schon im Spätherbst vornehmen, wird sie aber dann vor Allem in obiger Weise gegen Verschwemmen und Verhärten des Bodens schützen müssen.

Die Birke keimt mit zwei sehr kleinen ovalen Samenlappen, die oben grün, unten röthlich sind; die beiden ersten Blättchen sind 3—5lappig und stark behaart.

Die Saatbeetpflanzen werden in der Regel zweijährig zur Verwendung kommen; bedarf man aber stärkere Pflanzen, wie sie etwa zur Erziehung eines Schutzbestandes, zu Randpflanzungen, auf Grabenaufwürfe u. s. w. bisweilen nöthig, so greift man zur Verschulung, wenn man solche nicht dem natürlichen Anflug in Schlägen entnehmen kann, oder wenn dieselben dort die oben erwähnte ungünstige Wurzelbildung zeigen; man verschult dann entweder die auf eben angegebene Weise erzogenen einjährigen Saatbeetpflanzen, oder ein- und zweijährige Sämlinge aus den Schlägen. Es muß dies Einschulen zeitig im Frühjahre geschehen, da die Birke sich bekanntlich sehr bald begrünt; ein Versuch, schon angetriebene Birken einzuschulen, ist uns vollständig mißglückt, und glauben wir davor warnen zu sollen. Die Verschulung wird man etwa im Verband von 30 auf 30 cm vornehmen, und bei der raschen Entwickelung der Birkenpflanzen genügen 2—3 Jahre im Pflanzbeet wohl stets, um Pflanzen der gewünschten Stärke zu erziehen. Schutz irgend welcher Art, gegen Frost, Trockniß, Wild, bedürfen die Birken nicht, und ihre Pflege erstreckt sich auf das gewöhnliche Jäten und Lockern.

In etwas höherem Alter und Heisterstärke läßt sich die Birke nicht mehr mit gutem Erfolg verpflanzen, und selbst wenn sie dabei nicht zu Grunde geht, so bleibt doch ihr Wuchs lange ein kümmerlicher[1]). Das beginnende Weißwerden der Rinde am unteren Stammtheile gilt besonders als Zeichen, daß die Zeit der Verpflanzbarkeit vorüber sei.

§ 115.

Die Linde.

Die Linde hat forstlich nur geringe Bedeutung, und diese letztere wird, wo sie bei uns in Deutschland noch besteht, stets geringer; die in unseren Hochwaldungen da und dort noch vorhandenen älteren Linden verschwinden bei unseren regelmäßigen Verjüngungen im Dunkelschlag wie beim kahlen Abtrieb, und der verhältnißmäßig

---

[1]) Pfeil, Deutsche Holzzucht. S. 313.

Fürst, Pflanzenzucht. 3. Aufl.   21

geringe Werth des Holzes gibt auch keine Veranlassung, ihre Nachzucht besonders anzustreben. Auch im Niederwald ist sie, obwohl reich aus=schlagend und von langer Dauer des Stockes, um des geringen Holz=werthes willen lediglich geduldet — es ist nur die Holzzucht außer=halb des Waldes oder die Waldverschönerung, für welche sie eine, allerdings geradezu hervorragende, Bedeutung hat: als Allee=baum, in Parkanlagen, als Einzelbaum im Dorf und Gehöfte finden wir die Linde allenthalben. So wird sie denn auch hier und da in mäßiger Zahl in unsern Forstgärten erzogen, mehr zum Verkauf, als zum eigenen Gebrauch; doch überlassen wir dies wohl besser dem Handelsgärtner, uns auf die Erziehung der eigentlichen Waldpflanzen beschränkend[1]).

Wohl stets wird es sich bei der Linde um Erziehung stärkerer Pflanzen und selbst von Heistern handeln, wozu einmalige und im letzteren Falle selbst zweimalige Verschulung nicht zu umgehen ist.

Die Linde liefert fast alljährlich Samen, und man wird daher meist in der Lage sein, solchen frisch verwenden zu können. Jener von T. grandifolia hat größere, verkehrt eiförmige Nüßchen mit harter Samenschale und 4—5 deutlich erhabenen Längsrippen, während die kleineren (erbsengroßen) Nüßchen von T. parvifolia rundlich mit dünner Samenschale und schwachen Längskanten sind. Die Keimkraft pflegt bei beiden nur eine mittlere — 40 bis 60 Prozent — zu sein. (Bezüglich der Nachzucht besteht ein Unterschied zwischen den beiden Lindenarten nicht.)

Der Samen der Linde keimt fast regelmäßig erst im zweiten Frühjahre (nach Pfeil's Angabe[2]) soll allerdings im Herbst aus=gesäter Samen schon im nächsten Frühjahre zur Keimung gelangen) und wird daher zweckmäßig in der bei der Esche angegebenen Weise in Gruben bis zum zweiten Frühjahre aufbewahrt und dann zeitig ausgesät. Auch dieser Samen ist durch Mäuse gefährdet und dürfte vielleicht die Anwendung von Mennige auch für ihn zu empfehlen sein.

Die Kotyledonen sind verhältnißmäßig groß und handförmig ge=lappt, mit keiner anderen Holzart zu verwechseln.

Die aufgehenden Pflänzchen sind durch Gitter gegen Frost und Hitze zu schützen, erreichen im ersten Jahre eine Höhe bis zu 20 cm und werden dann ein= oder zweijährig verschult. Mit gutem Erfolge

---

[1]) Viel größer ist die Bedeutung in Rußland, wo sie zum Theil in aus=gedehnten Beständen vorkommt; auch im nordostdeutschen Tiefland tritt sie häufiger und in sehr gutem Wachsthum auf.

[2]) Pfeil, Deutsche Holzzucht. S. 291.

haben wir auch Keimlinge, die unter alten Linden im frischen Waldboden in größerer Zahl erschienen, nach Hervorbrechen der ersten Laubblätter mit kleinen Bällchen eingeschult[1]) und hiedurch die Aufbewahrung des Samens und der Saat erspart.

Die Stammbildung der jungen Pflanzen zeigte sich in unserem Forstgarten nicht sehr günstig, und Gabelbildung, wie starke seitliche Verästelung machten ziemliche Pflege durch Beschneiden nöthig. — Als etwa meterhohe Pflanzen werden sie sodann, etwa 3—4jährig, in den Heisterkamp versetzt und erreichen dort unter entsprechender Pflege, namentlich durch Beschneiden, dessen sie bei ihrer Neigung zur Astbildung nicht entbehren können, immerhin erst in 8—10jährigem Alter jene bedeutendere Stärke, welche man für Alleebäume u. dgl. fordert; sie sind deshalb, wie auch aus den Preiskouranten unserer Gärtner zu ersehen, ein theures Material! — Auch stärkere Wildlinge kann man wohl in den Heisterkamp einschulen und dadurch rascher zum Ziele kommen, ja selbst Wurzelbrut kann hiezu verwendet werden, und die leichte Verpflanzbarkeit der Linde läßt auch solche mit schwacher Bewurzelung noch Gedeihen finden[2]).

II. Abschnitt.

Die Nadelhölzer.

§ 116.

Die Weißtanne.

Gleich der Rothbuche, der sie ja bezüglich ihres Verhaltens in manchen Stücken ähnelt, war auch die Weißtanne in den Forstgärten früher ein seltener Gast. Wo sie bereits im reinen oder gemischten Bestand vorhanden war, da überließ man die Sorge für ihre Nachzucht der Natur, und zwar meist mit gutem Erfolge, wenn die Verjüngung der Bestände in entsprechender Weise, auf dem Wege der

---

[1]) Auch von Burckhardt empfohlen, siehe Säen u. Pflz. S. 479.

[2]) Burckhardt, Säen u. Pflz. S. 479; ferner freundliche Mittheilungen des Herrn Oberförster Clausius zu Sobbowitz, der schöne Heister durch Einschulen stärkerer Wildlinge und Wurzelbrut ohne nochmalige weitere Umschulung erzog.

Weise (Mündener Hefte II. 15) hat günstigere Erfahrungen als wir mit der Lindenzucht gemacht, in fünf Jahren und mit einmaliger Verschulung schon Alleebäume erzogen. Es ist uns dies trotz günstiger Pflanzbeetverhältnisse nicht gelungen!

rascheren oder langsameren Femelschlagwirthschaft erfolgte. Wollte man einzelne Lücken mit Tannen auspflanzen, so griff man zur kräftigen Ballenpflanze, die sich in den Nachhieben, auf Blößen und Lücken in den älteren Beständen in jeder Zahl und Stärke vorfand; zur künst= lichen Nachzucht aber, wo solche überhaupt stattfand, benutzte man in der Regel die Saat unter Schutzbestand — und so war wenig Ver= anlassung zur Erziehung der Tanne im Forstgarten gegeben.

Das ist nun vielfach anders geworden! Die großen Kalamitäten, unter denen die Rivalin der Tanne im Mittelgebirg, die Fichte, in ihren künstlich durch Kahlschlagbetrieb mit nachfolgender Kultur er= zogenen, ausgedehnten reinen Beständen durch Schneebruch, Windwurf, Borkenkäfer namentlich in den letzten Dezennien gelitten hat, ließen den Werth der Tanne und einer Beimischung derselben in die Fichten= bestände in erhöhtem Maße erkennen, die Erzielung letzterer selbst zum Wirthschaftsgrundsatz in nicht wenigen Waldgebieten werden. Zur Aus= füllung der durch Schnee und Sturm entstandenen Lücken in Föhren= und Fichtenbeständen, zum Unterbau der sich frühzeitig lichtenden Föhrenbestände erschien ebenfalls die schattenertragende Tanne vielfach als die geeignetste Holzart, und ebenso erkannte man ihren Werth als Nutzholz lieferndes Mischholz für die Buchenbestände.

Man sah aber auch, daß die Pflanzung meist rascher und sicherer als die Saat, ja in manchen Fällen allein zum ge= wünschten Ziele führe — so z. B. bei der Aufforstung der Wind= bruchflächen, bei dem Einbringen der Tanne in zu verjüngende Buchen= bestände, in denen die Keimlinge durch Ueberlagerung mit Laub vielfach wieder zu Grunde gingen, — und da Wildlinge dort, wo die Tanne erst eingebürgert werden sollte, gar nicht, anderen Orts wenigstens nicht in der gewünschten Menge und Qualität zur Verfügung standen, so mußte man sich seinen Pflanzenbedarf künstlich erziehen, und in Folge dieser Verhältnisse sehen wir die Tanne jetzt vielfach in unsern Forstgärten, ihre Erziehung als eine Aufgabe des Forstverwalters.

Diese Aufgabe besteht nun meist in der Anzucht kräftiger ver= schulter Tannen, und es wird das Material für die Pflanzbeete entweder im Saatbeet erzogen oder, jedoch in minderem Maße, den natürlichen Anflügen entnommen. Fassen wir zunächst den ersten Fall ins Auge.

Für die Anlage eines Tannensaatbeetes ist die Auswahl eines gegen Spätfrost, wie gegen die grelle Einwirkung der Sonne ge= schützten Platzes von besonderer Wichtigkeit. Bestandslücken, hin= reichend groß, um direkte Ueberschirmung des Beetes und den Fall der Traufe auf dasselbe zu vermeiden, wählt man besonders gerne, obwohl man die Saatbeete auch ohne solchen Seitenschutz anlegen kann, in welch' letzterem Falle jedoch Schutzvorrichtungen gegen Frost und Hitze nicht zu umgehen sind[1]). Wir würden aber einen solch' ungeschützten Platz nur im Nothfall wählen! Bezüglich der Anlage von Saatbeeten unter schützendem Oberstand auf der Saatbeet=fläche selbst, wie solche wohl auch geschieht, gilt das bei der Rothbuche hierüber Gesagte.

Die Bearbeitung des hinreichend frischen Bodens erfolgt in üblicher Weise unter Vermeidung zu tiefer Lockerung oder Düngung, um die Bildung einer zu starken Pfahlwurzel, zu welcher die junge Tanne geneigt ist, nicht noch mehr zu befördern; 25—30 cm ge=nügen stets.

Der Samen der Weißtanne, der vielfach auf den betreffenden Revieren selbst gesammelt wird, wodurch gute Qualität vor Allem ge=sichert erscheint, erhält sich nur bis zum kommenden Frühjahre keim=fähig und bedarf zu möglichster Erhaltung dieser Keimfähigkeit einer aufmerksamen Behandlung während des Winters. Er ist namentlich vor Erhitzung, die durch dichtes Aufeinanderlegen leicht eintritt, zu bewahren, und wird zu diesem Zweck am besten folgendermaßen be=handelt[2]): Die noch grünen geschlossenen Zapfen, in der zweiten Hälfte des Septembers gesammelt, werden auf der Tenne des Samen=magazins ca. 20—25 cm hoch aufgeschüttet, dreimal täglich mit festem Rechen tüchtig umgestoßen und damit vier bis fünf Wochen fort=gefahren, bis die Schuppen der zerfallenen Zapfen sich trocken anfühlen. Dann wird der Samen sammt Schuppen auf dem Dachboden eingelagert und im Frühjahre eventuell mit diesen (ins Saatbeet aber wohl besser nach vorheriger Trennung in Sieben!) ausgesät. — Die Keimkraft erprobt man einfach durch die Schnittprobe, bei welcher sich der frische, weiße Kern im Innern des stark nach Terpentin riechenden Samenkorns zeigen muß; doch ist nach Kienitz' Angabe[3]) dies Kenn=zeichen nicht untrüglich. Will man Keimproben (etwa auf der Keim=platte) mit Tannensamen anstellen, so ist wohl zu beachten, daß der frisch gesammelte Samen einer Nachreife bedarf; nach Kienitz' Ver=suchen[3]), sowie nach solchen, die wir selbst angestellt, keimte derselbe,

---

[1]) Vergl. über Tannenerziehung: Burckhardt, Aus dem Walde. IV. S. 67. (Grebe) und III. S. 168. (Forstrath Lang.)

[2]) Mitth. des Forstmeisters Zenker in der Vereinsschrift des böhm. Forstver. pro 1882. 2. Heft.

[3]) Forstl. Blätter. 1880. S. 1.

im Februar geprüft, sehr rasch, während im Herbst auf die Keim=
platte gebrachte Samen 50 Tage und darüber brauchten, bis sie zur
Keimung gelangten. Höhere Wärmegrade werden hiebei dem Samen
verderblich.

Nach Bühler[1] enthält ein Kilogramm 25 700 Samenkörner; als
durchschnittliches Keimprozent gibt derselbe nur 20 an; unsere eigenen
Untersuchungen ergaben jedoch wesentlich höhere Prozente, bis 50
steigend.

Angesichts der immerhin etwas umständlichen Ueberwinterung des
Samens wendet man bei der Weißtanne gerne die Herbstsaat an,
und kann dies um so eher thun, als der Samen im Winterlager weder
durch Mäuse, noch durch Vögel bedroht ist; der starke Terpentingehalt
scheint ein Schutz gegen die Thierwelt zu sein. Doch ist man bei
Bezug des Samens von weiterher oder frühzeitig eintretendem Winter
nicht selten zur Frühjahrssaat genöthigt; Grebe empfiehlt solche
bei anhaltend feuchtem Herbstwetter und schwerem Boden, und Gerwig[2]
bezeichnet die Frühjahrssaat als zweckmäßig wegen der Spätfröste,
durch welche die sehr frühzeitig erscheinenden Keimlinge der Herbstsaat
gefährdet sind. Immerhin ist möglichst zeitige Saat im Frühjahr
anzurathen.

Die Aussaat erfolgt in etwa 2 cm tiefe und 2 cm breite, mit
dem Rillenbrett Fig. 20 (§ 53) eingedrückte Rillen, deren Abstand
bei der geringen Entwickelung der Tanne in den beiden ersten Lebens=
jahren nur etwa 12 cm zu betragen braucht, und wird der starke, von
Flügeln, Schuppenresten u. dgl. möglichst gereinigte Samen aus der
Hand — ohne Anwendung der hier entbehrlichen Säevorrichtungen —
möglichst gleichmäßig und in der Güte des Samens entsprechender
Menge eingestreut. E. Heyer[3] läßt auch den Weißtannensamen bei
der Frühjahrssaat zur Beförderung des Keimens acht Tage lang in
feuchten Sand einschlagen, was jedoch nach eigenen Erfahrungen
nicht nöthig sein dürfte. — Das nöthige Samenquantum gibt Grebe[4]
pro Ar auf 5—6 Pfund bei der nach unserer Meinung überflüssig
großen Entfernung der Rillen von 21 cm an; bei dem von uns em=
pfohlenen geringeren Abstand derselben wird sich dieser nach unsern
Erfahrungen knapp bemessene Bedarf wesentlich erhöhen, bei Frühjahrs=
saat ohnehin etwas reichlicher zu bemessen sein, und ist die Angabe

---

[1] Bühler, Mitth. Bd. II. H. 1.
[2] Die Weißtanne im Schwarzwald. S. 137.
[3] Allg. F.= u. J.=Z. 1866. S. 210.
[4] Aus dem Walde. IV. S. 67 ff.

Judeich's[1]), daß 8—12 kg pro Ar nöthig seien, als richtig zu be=
trachten, stimmt auch mit den uns von anderen erfahrenen Pflanzen=
züchtern gemachten Angaben. Bühler kommt mit 40—50 g pro laufen=
den Meter zu viel höheren Zahlen.

Eine Deckung des Samens zu 1—2 cm hat sich nach Baur's
Versuchen für die Tanne als die der Keimung zuträglichste erwiesen,
eine solche von 3 cm schon als sehr nachtheilig; nach Grebe's An=
gabe dagegen wurde im Thüringer Walde eine Decke von 2,6 cm noch
mit gutem Erfolg angewendet, und auch Bühler empfiehlt 2,5—3 cm;
der Lockerheitsgrad des verwendeten Deckmaterials spielt eben hiebei
seine Rolle!

Herbstsaat keimt, wie schon oben erwähnt, zeitig im Frühjahr,
Frühjahrssaat wesentlich später. Der Keimling zeigt 5—6 Kotyle=
donen, welche die flache Gestalt der Tannennadeln besitzen, die weißen
Längsstreifen jedoch auf der Oberseite tragen. Die nun erscheinenden
ersten Nadeln, zwischen den Kotyledonen stehend, sind nur halb so
lang als letztere; mit diesem zweiten Blattkreis und einer Terminal=
knospe schließt das Wachsthum des ersten Jahres ab. — Von der
Regel, daß sich im dritten Lebensjahre ein Seitentrieb bildet, weichen
kräftige Pflanzen in dem guten, gelockerten Boden der Saatbeete
nicht selten ab und entwickeln zwei Seitentriebe.

Zum Schutz gegen das Austrocknen deckt man die angesäten
Beete mit Nadelholzreisig; die im Herbst besäten Beete aber deckt
man in solcher Weise etwa nach eingetretenem stärkeren Frost, um da=
durch allzufrüher Keimung entgegen zu wirken. Durch Aufstecken des
Reisigs oder durch Schutzgitter aber schützt man die empfindlichen
Keimlinge gegen Spätfröste, wie grelle Sonneneinwirkung und
Trockniß, welch' letztere die schwachen Pflänzchen während des Sommers
ebenfalls gefährdet, und wo der Seitenschutz gegen Süd und West
fehlt, da sind Schutzgitter, allmählich höher gestellt, oder Schutzschirme,
aus leichtem Stangengerüst mit Nadelholzreisig gedeckt, welch' letzteres
allmälig abgenommen und zuletzt, gleich den Schutzgittern, ganz
entfernt wird, zur Sicherung unserer Tannenpflänzchen nicht wohl
entbehrlich.

Als einen Feind der keimenden Tannen nennt uns Dreßler[2]) den
Erdfloh, einen Feind, gegen welchen uns nur mangelhafte Mittel zur
Verfügung stehen (s. § 66).

---

[1]) Forst= und Jagdkalender. 1882. S. 113.
[2]) Die Weißtanne. S. 55.

Wo Auergeflüg vorhanden, bedürfen die Tannenpflänzchen im Saatbeet gegen dasselbe des in § 68 angegebenen Schutzes, da dasselbe nicht nur die Knospen, sondern auch die Nadeln derselben abäst und die Pflanzen dadurch ruinirt.

Im Uebrigen pflegen wir unsere Tannensaatbeete, die wir auch im nächsten Frühjahre noch durch Schutzgitter gegen Spätfröste schützen, durch Jäten und Lockern in gleicher Weise, wie die andern Holzarten. Pfeil[1]) empfiehlt nach erfolgtem Aufgehen das Eindecken mit Moos, so daß nur die Nadeln herausschauen, als ein Verfahren, das sich durch Erhaltung der Bodenfrische für die junge Tanne besonders empfehle.

Nur ausnahmsweise werden die bekanntlich sich sehr langsam entwickelnden Tannenpflänzchen — Grebe gibt als Resultat angestellter Messungen die durchschnittliche mittlere Stammlänge der einjährigen Pflanze zu 5, der zweijährigen zu 12 cm an — im Alter von zwei oder drei Jahren direkt verwendet; es wäre dies nur etwa zu Unterpflanzungen zulässig. In der Regel aber werden die Pflänzchen zu weiterer Erstarkung aus dem Saatbeet ins Pflanzbeet versetzt, und zwar am liebsten im zweijährigen Alter; die einjährigen Pflanzen sind noch zu klein; die dreijährigen aber erschweren durch ihre schon tiefer gehende Pfahlwurzel die Verschulung.

In die ebenfalls womöglich etwas geschützt liegenden Pflanzbeete verschult man die Pflänzchen am einfachsten mittelst des Setzholzes nach der Schnur, und erleichtert die Pfahlwurzelbildung der Tanne diese Art der Verschulung. Auch das Eck'sche Verschulungsgestell (Fig. 43) haben wir mit sehr gutem Erfolge angewendet. Ist diese Pfahlwurzel etwas zu stark entwickelt, so empfiehlt sich sowohl zum leichteren Einschulen, wie behufs Erzielung günstigerer Wurzelbildung für die spätere Auspflanzung ein mäßiges Kürzen derselben. — Bei der Verschulung (wie später bei der Auspflanzung ins Freie) empfiehlt Gerwig[2]) eine „an Aengstlichkeit grenzende Vorsicht" bezüglich des Feuchterhaltens der Wurzeln. — Die Entfernung der Pflanzreihen wählt man mit Rücksicht auf dies etwas längere Verbleiben der Tanne im Pflanzbeet und auf die in den ersten Jugendjahren vorwiegende Entwicklung der Seitenäste nicht zu eng und jedenfalls weiter, als bei der Fichte; wir würden den Verband von 12 bis 15 cm in den Reihen auf 20 cm Reihenabstand für den entsprechendsten, den von

<hr>

[1]) Deutsche Holzzucht. S. 524.
[2]) Die Weißtanne im Schwarzwald. S. 132.

Gerwig empfohlenen von nur 6 cm in den Reihen (bei 24 cm Abstand) für einen etwas zu engen halten. Die Stärke, welche die
Pflanzen im Verschulungsbeet erreichen, die Zeit, die sie hienach in
demselben verbleiben sollen, kann allerdings den geringeren Abstand zulässig oder den größeren nothwendig machen; in der Regel und bei
normaler Entwickelung wird man die zweijährig verschulten Pflanzen
drei bis höchstens vier Jahre im Pflanzbeet belassen und dadurch
genügend starke Pflanzen erziehen, während zwei Jahre hiezu nur ausnahmsweise ausreichen. Eine nochmalige Verschulung zur Erziehung
besonders starker Pflanzen[1]) erweist sich unserer Ansicht nach ent-
entschieden als zu kostspielig und wohl auch als unnöthig, und wird
daher nur in ganz besonderen Fällen Platz greifen können.

An Stelle der im Saatbeet erzogenen Pflanzen kann man auch
mit gutem Erfolg Wildlinge einschulen[2]), und zwar sowohl kleinere,
zwei- bis dreijährige, wie auch stärkere, bereits 25—30 cm hohe
Pflanzen, welche zu besonderer Stärke herangezogen werden sollen.
Mit ersteren haben wir selbst mit bestem Erfolge manipulirt; die in
den etwa durch Sturm etwas gelichteten alten Beständen nach
reichen Samenjahren oft in großer Menge und kräftiger Entwickelung vorhandenen Pflänzchen (am besten die zweijährigen)
werden mittelst eines kleinen Schippchens ohne Ballen herausgehoben,
in mit feuchtem Moos belegten Körben gesammelt und alsbald wieder
eingeschult. Wo die eben genannten Vorbedingungen gegeben sind, die
Pflänzchen also nicht etwa zusammengesucht werden müssen, sind
solche Wildlinge entschieden billiger, als die in Saatbeeten erzogenen
Pflanzen. — Die stärkeren Wildlinge werden ebenfalls ohne Ballen
ausgehoben, die Seitenzweige etwas zurückgestutzt, und die Verschulung
erfolgt sodann in mindestens 30 cm entfernten Reihen in einem
Pflanzenabstand von etwa 12 cm[3]). Doch möchten wir hier vor
älteren, schon länger unter stärkerer Ueberschirmung gestandenen Pflanzen
sehr warnen! Alle diese aus dem Bestandsschutz in frei gelegene Saatbeete verschulten Wildlinge bedürfen aber eines entsprechenden Schutzes, da — wie allen Pflanzen, so insbesondere den Tannen —
ein plötzlicher Uebergang vom Schatten ins volle Licht sehr nachtheilig wird; im Pflanzbeet sind sie allmälig an den freien Stand

---

[1]) Vergl. Dreßler, Die Weißtanne. S. 59 und Forstw. Centralbl. 1879. S. 10.

[2]) Gerwig, Die Weißtanne. S. 140.

[3]) Aus d. Walde. III. S. 173. (Dieser Abstand von nur 12 cm, wie ihn
Lang empfiehlt, dürfte für stärkere Wildlinge wohl etwas gering sein. Ein
Kürzen der Pfahlwurzel wird nicht zu umgehen sein.)

zu gewöhnen, und zu diesem Behuf gibt man ihnen nach dem Ein=
schulen eine Art Hochdeckung, indem man etwa 70—100 cm hohe,
leichte Stangengerüste mit Tannenästen durchflicht und die zuerst dich=
tere Decke durch allmälige Wegnahme der Aeste lichtet, zuletzt aber
ganz entfernt. Den am Rand liegenden Beeten gibt man durch ein=
gesteckte Aeste an der Süd= und Westseite noch weiteren Schutz;
wo genügender Seitenschutz durch vorliegende Bestände gegeben, kann
dies unterbleiben.

Schutz und Pflege der Tanne im Pflanzbeet besteht neben dem
Jäten und Lockern, das aber nach dem im zweiten Jahre meist schon
erfolgenden Ineinandergreifen der Aeste entbehrlich und bezw. unthun=
lich wird, zunächst in möglichster Bewahrung vor Spätfrösten,
gegen welche die Tanne ja bekanntlich sehr empfindlich ist. Dies be=
zwecken wir nun durch Anwendung von Schutzgittern, und deren An=
wendung ist für die Tanne ganz besonders zu empfehlen. Die Ver=
schulung in Beete (statt in Länder) erleichtert deren Verwendung.
Günstig ist die Eigenthümlichkeit der Tanne, die Gipfelknospe erst
spät und nach den Seitenknospen zu entwickeln, so daß häufig nur die
Seitentriebe vom Frost getroffen werden. Haben aber die jungen
Weißtannen durch Frost den Höhentrieb verloren und bilden sich in
Folge dessen aus Seitenknospen mehrere Gipfel, so schneide man bal=
digst alle diese Triebe bis auf den dienlichst scheinenden sogleich mit
der Scheere ab[1]).

Manchen Orts üblich ist auch das oben schon erwähnte Stutzen
der Seitenäste sowohl beim Einschulen der stärkeren Wildlinge, wie
auch der schon länger im Pflanzbeet stehenden Pflanzen; nach Lang's
Angaben[2]) soll durch dies alljährlich wiederholte Verfahren eine dichte
Verästelung, stufiges Wachsthum und kräftiger Höhentrieb erzielt werden.
Auch Gerwig will dadurch den Höhenwuchs befördern. Dreßler[3]) wendet
dies Stutzen der Seitenäste, wozu die Astscheere benutzt wird, nur dann
an, wenn sich dieselben besonders stark entwickeln und in einander zu
verflechten drohen; nach unsern eigenen Erfahrungen würde dasselbe
in den meisten Fällen entbehrlich sein. Im Thüringer Wald scheint
man das Stutzen der Aeste gleichfalls nicht anzuwenden.

Als ein bisweilen angewandtes Verfahren zur Erziehung billiger
Tannenpflanzen sei auch noch das von uns schon oben (§ 84) ge=

---

[1]) Gerwig, Die Weißtanne. S. 140.
[2]) Aus d. Walde. III. S. 173.
[3]) Die Weißtanne. S. 59.

schilderte hier nochmals kurz erwähnt; dasselbe besteht darin, daß man in Heisterschulen (Eichen) zwischen je zwei Heister eine Tanne, zwischen je zwei Heisterreihen eine Tannenreihe einschult und hiedurch mit sehr geringen Kosten unter dem Schutz der Heister kräftige Tannen zieht.

§ 117.

Die Fichte.

Keine Holzart ist wohl in unsern Forstgärten, unsern Saatkämpen seit nun schon geraumer Zeit mehr zu Haus, als die Fichte; Millionen von Fichtenpflanzen werden alljährlich in Deutschland verwendet, und nur die Föhre mag, seit die Pflanzung derselben mit Jährlingen so vielfach an Stelle der Saat getreten, sie vielleicht an Zahl der alljährlich erzogenen Pflanzen übertreffen.

Der Gründe für diese ausgedehnte Verwendung der Fichte sind viele: Zunächst ist das Verbreitungsgebiet der Fichte an sich ein sehr ausgedehntes, im Weiteren aber ist sie vielfach an Stelle der minder ertragsreichen, bezüglich des Bodens aber anspruchsvolleren Buche getreten, auch an Stelle der Tanne, wo man von der natürlichen Verjüngung abging oder, durch Windbruch gezwungen, abgehen mußte. Es wurde aber ferner, je länger je mehr, die Pflanzung die vorwiegende Methode der Fichtennachzucht. Die natürliche Verjüngung stieß auf manche Schwierigkeiten; durch die Ausbringung der großen Nutzholzmassen litten die Anflüge in hohem Grade; in den dem Wind exponirten Lagen erwies sich die natürliche Verjüngung oft geradezu unmöglich, und nirgends haben die Windstürme des letzten Jahrzehnts ärger gehaust, als in den Fichten-Angriffs- und -Nachhieben. Die künstliche Verjüngung durch Saat, früher in großer Ausdehnung angewendet, fand auf frischem Boden, in dem starken Gras- und Unkrautwuchs, wohl auch im Ausfrieren der Pflänzchen bedeutende Hemmnisse, während auf oberflächlich vermagertem Boden die noch dazu meist dicht stehenden Saaten lange kümmerten. Der dichte Stand der durch Saat entstandenen Dickungen und Stangenhölzer führte schwere Beschädigungen durch Schneedruck und Schneebruch herbei — und so ist, angesichts dieser Mißstände, mehr und mehr die Pflanzung bei der Fichte zur Herrschaft, ja fast zur Alleinherrschaft gelangt, die Erziehung entsprechender Fichtenpflanzen eine wichtige Aufgabe zahlreicher Forstwirthe geworden — eine Aufgabe, die wir durchaus nicht so geringschätzig betrachten wollen, wie dies Genth[1] thut.

---

[1] Genth, Doppelte Riesen. S. 41.

Auch die Methode der Pflanzung hat aber seit einem Menschen= alter bedeutende Wandelungen durchgemacht, und mit ihr die Aufgabe des Pflanzenzüchters. — Nachdem man mit sogenannten gezogenen Pflanzen — Pflanzen, die aus dichten natürlichen Anflügen oft ziemlich schonungslos ausgezogen wurden — erklärlicher Weise vielfach geringen Erfolg gehabt, wandte man sich der Ballenpflanzung zu; das Material für dieselbe lieferten zunächst wohl natürliche Anflüge, später, bei größerem Bedarf, die immer noch ausgedehnten Saaten, auch wohl Saaten auf kleineren Flächen speziell zum Zweck der Er= ziehung von Ballenpflanzen vorgenommen, bis man schließlich auch solche Pflanzen durch Verschulung erzog. — Der dichte Stand der Pflanzen in den Saaten führte beim Ausstechen der Pflanzen von selbst zu Büschelpflanzen, die eine Zeit lang an manchen Orten (Harz!) sehr in Ansehen standen.

Man glaubte überhaupt lange, die Fichte lasse sich nur mit Ballen verpflanzen; sagt doch Pfeil[1]) noch im Jahre 1858: „Das dichte Gewirr der kleinen, zahlreichen Faserwurzeln bedingt das Aus= heben und Versetzen mit der sie umgebenden Erde, die Ballenpflanzung, da es schwer und oft ganz unmöglich sein würde, die entblößten Wur= zeln alle wieder in ihre natürliche Lage zu bringen." Auch Heß spricht in seiner Schilderung des Kulturbetriebes in Thüringen[2]) im Jahre 1862 nur von der Erziehung von Ballen= und Büschelpflanzen im Pflanzgarten, glaubt aber, daß künftig mehr ballenloses Material zur Verwendung kommen werde — eine Prophezeiung, die bekanntlich in vollstem Maße in Erfüllung gegangen ist. Doch wurden auch zu jener Zeit schon vielfach ballenlose, unverschulte Fichten verpflanzt, so namentlich in Bayern, und ebenso das Verschulen zur Erziehung kräftiger, mit bloßen Wurzeln zu verwendender Fichtenpflanzen an= gewendet[3]), welch' letzteres Verfahren mittlerweile bekanntlich außer= ordentliche Verbreitung gefunden hat.

Die Aufgabe des Pflanzenzüchters ist nun bezüglich der Fichte: die Erziehung derselben im Saatbeet zur Verschulung oder zu direkter Verwendung ins Freie; die Erziehung kräftiger verschulter Pflanzen im Pflanzbeet, und endlich, wenn auch seltener, die Erziehung von Ballen= oder Büschelpflanzen durch Saat wie durch Ver=

---

[1]) Deutsche Holzzucht. S. 471.
[2]) Allg. F.= u. J.=Z. 1862. S. 285.
[3]) Forstl. Mitth. XI. S. 114, 130.

schulung. Betrachten wir die Lösung dieser Aufgabe in der angegebenen Reihenfolge [1]).

Die Auswahl eines Platzes für ein Fichtensaatbeet erfolgt nach den im allgemeinen Theil gegebenen Regeln. Der Umstand, daß Fichtensaatbeete da, wo weder Hochwild, noch Sauen vorhanden, einer Einfriedigung in der Regel nicht bedürfen, erleichtert die Auswahl des Platzes, da man bezüglich der Gestalt desselben freie Hand hat, statt eines größeren, in koupirtem Terrain oft schwer zu findenden Platzes mehrere kleinere, besonders geeignete Oertlichkeiten verwenden kann. Auch Wanderkämpe werden in Folge dieses Umstandes nicht selten angewendet. — Seitenschutz gegen Süd und West ist der Fichte sehr wohlthätig, und Froftlagen sind mit Rücksicht auf die Spätfrostgefahr sorgfältig zu meiden. — Tiefgründigkeit des Bodens ist nicht nöthig; doch vermeidet man flachgründige und in Folge dessen rasch austrocknende und zum Auffrieren geneigte Böden auch bei der Wahl eines Saatbeetes für die flachwurzelnde Fichte, und aus gleichen Gründen möchten wir uns gegen die allzuseichte Bodenbearbeitung von nur 12—15 cm, wie sie wohl da und dort üblich ist, aussprechen.

Den Fichtensamen beschaffen wir uns zum weitaus größten Theile durch Ankauf aus Samenhandlungen, seltener durch eigenes Ausklengen oder aus ärarialischen Samendarren, und eine Prüfung der Keimfähigkeit ist daher nicht wohl zu umgehen, auch für selbst gewonnenen Samen zu empfehlen. Guter, frischer Fichtensamen zeigt eine Keimkraft, die 80 Prozent erreicht, ja übersteigt; mit jedem Jahre, welches der Samen aufbewahrt wird, sinkt dieselbe, und drei bis vier Jahre alter Samen zeigt meist so geringe Prozente, daß er zur Aussaat ins Saatbeet nicht mehr zu verwenden ist [2]). Nach Angabe des Forstmeisters Zenker ist dagegen selbst vierjähriger Samen noch gut brauchbar, wenn die gesammelten Zapfen trocken einmagazinirt und erst kurz vor dem Verbrauch ausgeklengt werden [3]).

---

[1]) Wir verweisen bez. der Erziehung der Fichte insbesondere auf das schon oft citirte Werkchen: „Schmitt, Fichtenpflanzschulen“.

[2]) S. die von Reuß angestellten Versuche mit Fichtensamen (Centralbl. f. d. F.=W. 1884. S. 65 und 175). Dieselben ergaben das Resultat, daß die Keimkraft zweier untersuchter Samenproben im 1., 2., 3., 4. Jahre von 77 auf 40, 21, 7, im andern Falle von 80 auf 57, 3, 0 Prozent sank; hienach wäre die Verwendung eines älteren als zweijährigen Samens ausgeschlossen, wenn derselbe nicht bis zur Verwendung in den Zapfen belassen wurde.

[3]) Vereinsschrift des böhm. Forstvereins. 1882. Heft 2.

Die Keimkraft des Fichtensamens prüfen wir mittelst der Lappen= oder Scherbenprobe oder in den § 45 angegebenen Keim=apparaten. Sollen wir uns sofort ein Urtheil über seine Güte bilden, so nehmen wir die allerdings minder verlässige Schnittprobe zu Hülfe. Einen Samen, welcher 70 Prozent keimfähiger Körner zeigt, erklären wir noch für einen guten, einen solchen unter 40 Prozent für einen schlechten Samen. — Nach Reuß' Angabe spricht dunkle, gleichmäßige Färbung, länglich schlanke (nicht dickbauchige) Gestalt und höheres Gewicht für bessere Qualität des Samens [1]).

Die Aussaat erfolgt bei der Fichte jederzeit nur im Frühjahre, Ende April oder Anfang Mai, in rauhen Lagen selbst erst in der zweiten Hälfte des Mai. Ein Einquellen des Fichtensamens halten wir für unnöthig und überhaupt nur für zulässig, wenn das zum Gießen während der Keimperiode im Falle eintretender Trockniß nöthige Wasser vorhanden ist; vollständiges Abtrocknen des Samens vor dem Aussäen ist aber nöthig, um das klumpenweise Zusammenkleben des Samens und in Folge dessen ungleichmäßige Saat zu vermeiden. Droht Gefahr durch Vögel, so wird sich die Anwendung der Mennige (§ 68) empfehlen.

Die Saat erfolgt fast ausschließlich in Rillen, und ist die früher übliche Vollsaat allenthalben verlassen worden; selbst in den zur Er=ziehung von Büschelpflanzen bestimmten Pflanzkämpen wählt man nach Burckhardt's Mittheilungen [2]) erstere Art der Ansaat. Den von Burck=hardt empfohlenen, 8 cm breiten und 22 cm entfernten Rillen pflichten wir jedoch nicht bei, sondern halten die von Schmitt angewendeten, nur 3 cm breiten und 10 cm von einander entfernten Rillen und die in Bayern üblichen, mit dem hier besonders zu empfehlenden Rillenbrett (s. § 53) eingedrückten schmalen Doppelrillen mit 10 cm Abstand für zweckmäßiger. Jene breiten Rillen pflegen in der Mitte zu viel Aus=schußmaterial zu liefern, wenn die Pflanzen länger als ein Jahr in ihnen stehen, während nur die Randpflanzen kräftige Entwickelung zeigen; der Rillenabstand von 22 cm aber dürfte ein unnöthig großer sein. Schmale Rillen, näher zusammengerückt, werden stets eine größere Zahl kräftiger Pflanzen liefern.

Die Tiefe der Rillen und bezw. die hiedurch bedingte Stärke der Bedeckung soll nach Baur's Versuchen 1—2 cm betragen, und ist eine Decke von 2 cm Stärke schon zu viel, wenn man mit schwererem

---

[1]) S. Anm. 2 S. 333.
[2]) Säen u. Pflz. S. 355.

Boden deckt — ein Deckungsmaterial, welches man nach dem in § 56 Gesagten jedoch stets zu vermeiden trachten wird. Bühler empfiehlt 1,5—2 cm.

Das Einlegen des Samens geschieht entweder mit der Hand, oder, im Interesse gleichmäßiger und rascher Saat, besser mittelst einer Säevorrichtung; wir können hiezu das einfache Klappbrett oder die Saatkrippe, dann die Eßlinger'sche Säelatte (§ 55) in Verbindung mit dem oben erwähnten Rillenbrett zur Erzeugung von Doppelrillen als rasch fördernd empfehlen.

Bezüglich des nöthigen Samenquantums finden wir in der Literatur sehr abweichende Angaben; so verlangt Schmitt[1]) pro Ar durchschnittlich $2^1/_2$ kg, die bayrische Instruktion vom Jahre 1862[2]) 1 kg, Oberförster Vultejus[3]) bezeichnet 1,40 kg, Dankelmann[4]) 1,5—2 kg als das entsprechende Quantum. Nach unsern eigenen Erfahrungen und Versuchen ist das von Schmitt angegebene Quantum nicht zu groß, und dürfte die bedeutende Differenz von $2^1/_2$ und 1 kg ihre Erklärung wohl darin finden, daß Schmitt lediglich Pflanzen zum Verschulen, die bayrische Instruktion aber vorzugsweise kräftige Saatbeetpflanzen zum sofortigen Auspflanzen ins Freie erziehen will; das längere, der Regel nach dreijährige Stehen im Saatbeet bedingt im letzteren Falle dünnere Saat, — und je nach seinen Zwecken wird der Pflanzenzüchter sich mehr dem oben bezeichneten Minimum oder Maximum zuneigen. Breite und Entfernung der Rillen, Güte des Samens sind selbstverständlich ebenfalls von Einfluß auf das zur Verwendung kommende Samenquantum[5]).

Durch aufgelegtes Föhren= oder Tannenreisig, das nach erfolgtem Keimen und Aufgehen des Samens rechtzeitig aufgesteckt und allmählich entfernt wird, oder durch Schutz= und Deckgitter (weniger praktisch durch Moos) schützt man den Samen gegen Trockniß, Ab= schwemmen durch Regengüsse und Aufzehren durch Vögel, welch' letztere dem keimenden, wie dem bereits aufgegangenen Samen bis zum Moment des Abstreifens der Samenhülle sehr gefährlich werden. Der Anwendung der Mennige als Schutzmittel gegen Vögel haben

---

[1]) Fichtenpflanzschulen. S. 64.

[2]) Forstl. Mitth. XI. S. 123.

[3]) Forstl. Blätter. 1879. S. 168.

[4]) Zeitschr. f. d. F.= u. J.=W. V. S. 73.

[5]) Zu auffallend hohen Samenmengen gelangt auf Grund seiner Versuche Bühler (Mitth. der schweiz. Centralanstalt Bd. 1, Heft 1); er empfiehlt pro lfd. Meter 10 g, und würde dies je nach Rillenentfernung 5—7 kg pro Ar ergeben!

wir schon oben gedacht. — Durch Mäuse ist der Fichtensamen nur wenig gefährdet.

Die Fichte keimt mit 6—10 spitzen, nach oben gekrümmten und an der Innenkante sägezähnigen Kotyledonen — letzteres ein Kennzeichen gegenüber den nicht gezähnten Kotyledonen der Föhre; dieselben fallen erst im dritten Jahre ab.

Die Keimung beginnt bei nicht zu früher Saat (zweite Hälfte des April) etwa nach vierzehn Tagen und ist nach drei Wochen der Hauptsache nach beendet. Die Witterung — Wärme und Feuchtigkeit — spielt natürlich hiebei eine sehr wesentliche Rolle.

Die nöthige Pflege der Saatbeete durch öfteres Reinigen von Unkraut und Lockern des Bodens mit dem Gartenhäckchen oder Dreizack erfolgt in der im „Allgemeinen Theil“ angegebenen Weise. Gegen das Auffrieren, dem die flachwurzelnden Fichtenpflänzchen besonders ausgesetzt sind, sucht man dieselben durch das Anhäufeln der Rillen im Herbst, auch durch in die Zwischenräume eingelegtes Moos (in geschützt gegen den Wind liegenden Saatbeeten) zu schützen, und drückt gehobene Pflanzen und Pflanzbüschel etwa unter gleichzeitigem Uebererden der Zwischenräume wieder alsbald an. — Ein Decken der Saatbeete im Winter mit Reisig u. dgl. ist nicht nöthig; dagegen sind Schutzgitter im Frühjahre, zur Zeit der Spätfröste, für die gegen letztere sehr empfindliche Fichte empfehlenswerth.

Eine Gefahr für Fichtensaatbeete, welcher nicht selten plötzlich eine große Zahl von Keimlingen unterliegt, rasch vertrocknend und absterbend, ist der Keimlingspilz, bezüglich dessen wir auf § 64 verweisen.

Eine Zwischendüngung wird, wenn die Beete vor der Ansaat hinreichend gedüngt wurden, bei den nur zwei Jahre im Saatbeet verbleibenden Pflanzen überflüssig sein, bei drei oder gar vierjährigem Stehen im Saatbeet dagegen sich etwa zu Anfang des dritten Jahres sehr empfehlen und dann in der im § 28 näher bezeichneten Weise gegeben.

Von großer Wichtigkeit ist aber noch für jene Saatbeete, deren Material nicht schon im ersten Jahre zur Verschulung gelangt, die rechtzeitige Pflege durch entsprechendes Durchrupfen der etwa zu dicht stehenden Saatrillen, eine Manipulation, die um so nothwendiger ist, je dichter die Pflanzen stehen, und je länger sie im Saatbeet verbleiben sollen. Es ist dieses kräftige Durchrupfen insbesondere ein Mittel, um schöne und etwas stufige Fichtenpflanzen bis zum Alter von drei Jahren — länger bleiben die Pflanzen nur ausnahmsweise,

bei besonders langsamer oder durch Spätfröste beeinträchtigter Ent=
wickelung im Saatbeet — auch ohne Verschulung zu erziehen, ein
Mittel, das nach unsern Wahrnehmungen vielfach wohl nicht energisch
genug gehandhabt wird[1]). Ueber die Art und Weise, wie das Durch=
rupfen zur Anwendung gebracht wird, besagt § 72 das Nähere und
gilt das dort Gesagte insbesondere für Fichtensaatbeete.

Bezüglich der Zahl tauglicher Fichtenpflanzen, welche pro Ar er=
zogen werden können, gibt Pöpel[2]) an, daß er auf gut bestockten
Saatbeeten 40 000 Stück (zwei= oder dreijährige Pflanzen?) pro Ar
gefunden habe. Wir haben in unserem Forstgarten pro Quadratmeter
Saatbeetfläche (einschließlich der Wege) 400 taugliche dreijährige
Pflanzen im Durchschnitt von ebenfalls gut bestockten, jedoch durch=
rupften Beeten erhalten, ein Resultat, das mit Pöpel's Angabe genau
stimmt; auch die Angabe Jäger's[3]), nach welcher pro Ar im günstig=
sten Falle 60 000, im ungünstigen 20 000 Stück zweijähriger Pflanzen
stehen, trifft mit diesen Angaben zusammen. — Höhere Zahlen gibt
Schröder[4]) an; nach Zählungen im Tharander Pflanzgarten stünden
dort pro Ar einjährige Fichten 133 000 Stück,

zweijährige   „   103 000   „

dreijährige   „   73 000   „

In nicht wenigen Fällen und insbesondere da, wo man es mit
keinem stärkeren Gras= oder Unkrautwuchs zu thun hat, lassen sich
kräftige unverschulte Fichten im Alter von zwei oder drei
Jahren mit sehr gutem Erfolge zu Kulturen verwenden, und die
Kostenersparung gegenüber der Anwendung verschulter Fichten ist bei
den nicht unwesentlichen Kosten, welche die Verschulung verursacht,
sowie bei den höheren Kosten, welche die Pflanzung größerer Pflanzen
überhaupt veranlaßt, eine nicht geringe! Man ist, bestochen von
den allerdings sehr günstigen Resultaten der Verschulung, der Ver=
wendung verschulter Pflanzen, nicht selten mit letzterer zu weit ge=
gangen[5]), und glaubte selbst, unverschulte Fichten überhaupt nicht

----

[1]) Im hiesigen Forstgarten angestellte vergleichende Versuche ergaben auf=
fallend günstige Resultate zu Gunsten kräftigen Durchrupfens.

[2]) Thar. Jahrb. 32. S. 123.

[3]) Allg. F.= u. J.=Z. 1887. S. 230.

[4]) Thar. Jahrb. Bd. 43 Heft 2.

[5]) In Bayern wurde im Jahre 1862 durch Ministerial=Verfügung angeordnet,
es sei das Verschulen der Fichten nicht weiter auszudehnen, als die Umstände
absolut gebieten. (Forstl. Mitth. XI. S. 230.)

Fürst, Pflanzenzucht. 3. Aufl. 22

verwenden zu sollen, kommt aber jetzt vielfach hievon zurück und läßt auch der unverschulten Pflanze ihr Recht.

In allen etwas mißlicheren Fällen aber: auf ungünstigerem Boden, bei starkem Graswuchs, größerer Bodenfeuchtigkeit, dann bei Lückenpflanzungen, bei welchen rasches An= und Fortwachsen besonders wünschenswerth erscheint, verdient dagegen die kräftige Schulpflanze den entschiedenen Vorzug, und die Verschulung der Fichte findet denn gegenwärtig auch die weiteste Ausdehnung.

Für Auswahl des Platzes und Tiefe der Bodenbearbeitung werden für Fichtenpflanzschulen die gleichen Regeln, wie für Fichtensaatbeete zu gelten haben. — Die Verschulung findet stets im Frühjahre statt, und zwar nimmt man dieselbe gerne zeitig vor, jedenfalls vor den Saatkulturen und ehe die Fichten angetrieben haben; letzteres ist zwar ohne Nachtheil bei genügend feuchter Witterung, und wir haben schon Verschulungen im Juni mit stark angetriebenen Fichten ausführen sehen, allein bei eintretender längerer Trockniß wird ziemlicher Abgang die Folge sein, und wir möchten so späte Verschulung daher in keiner Weise empfehlen.

Die Frage, ob man zur Verschulung Beete oder Länder (Ge= wannen) verwenden soll, ist gerade bei der Fichte noch sehr strittig, und finden die einen wie die anderen ihre Vertheidiger. Indem wir auf das hierüber in § 41 Gesagte verweisen, bekennen wir uns für die Fichte im Allgemeinen als einen Anhänger der Beete, die zum Zwecke des Lockerns und Reinigens nicht betreten werden müssen und in Folge dessen eine bei der Fichte mit Rücksicht auf ihre Entwickelung sehr wohl zulässige engere Verschulung, eine intensive Ausnutzung des Raumes gestatten und hiedurch die Ersparung an Wegfläche bei Anwendung größerer Länder mehr als ausgleichen. Auch als Mittel gegen das Auffrieren, durch welches die Fichte im Pflanzbeet viel zu leiden hat, sind die als seichte Entwässerungsgräben dienenden Wege zwischen den Beeten oft von Vortheil. Selbstverständlich sind diese Wege jederzeit thunlichst schmal zu halten.

Was die Entfernung anbelangt, in welcher man verschulen soll, so gestattet die geringe Größe, in welcher die Fichte verschult wird, die mäßige, nur 30—40 cm betragende Höhe, in welcher sie das Pflanzbeet wieder verläßt, eine ziemlich enge Verschulung und nur die (seltnere) Erziehung besonders starker Pflanzen erfordert größere Pflanzenabstände. Für die gewöhnlich zur Anwendung kommenden drei= bis vierjährigen Pflanzen genügt ein Abstand der Pflanz= reihen von 15 cm, bei Anwendung größerer Länder ist, behufs Er=

möglichung des Betretens derselben, ein solcher von mindestens 20 cm nöthig. Die Entfernung der Pflanzen in den Reihen wählt man meist zu 10 cm, Schmitt geht auf 8 cm herunter, und nicht selten sieht man noch geringere Entfernungen angewendet. Zu einem vergleichenden Versuch über den Einfluß dieser Entfernungen auf die Entwickelung der Pflanzen haben wir im hiesigen Forstgarten einjährige Fichten auf einem größeren Land in Entfernung von 20 auf 10 cm verschult, auf einem anstoßenden Beet aber die Verschulung der Pflanzen mit Hülfe eines Zapfenbrettes (s. § 83) vorgenommen, in dessen doppelter Zapfenreihe die 10 cm langen Zapfen in Entfernungen von 7 cm in der Reihe und 5 cm vom nächsten Zapfen der Nachbarreihe standen (s. Fig. 52); die doppelten Pflanz-

reihen waren ebenfalls 20 cm von der nächsten Doppelreihe entfernt. Die Entwickelung dieser eng verschulten Pflanzen ließ nichts zu

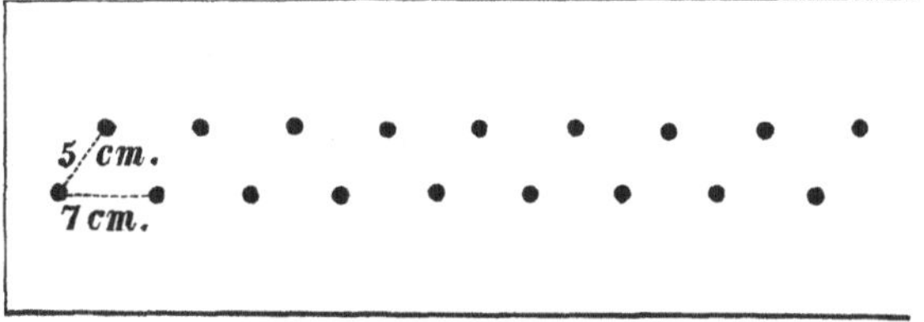

Figur 52.

wünschen übrig und blieb hinter jener der in weitem Verband verschulten Pflanzen kaum in sichtbarer Weise zurück. — Jedenfalls bewies dieser zur Instruktion der Studirenden alljährlich wiederholte Versuch, daß eine größere Pflanzenentfernung als jene von 15 auf 10 cm völlig überflüssig und ohne Einfluß auf die Entwickelung der Pflanzen ist, und spricht für Anwendung thunlichst geringer Entfernungen mit Rücksicht auf die dadurch erzielte Kostenersparung.

Was nun das Alter betrifft, in welchem die Fichte am zweckmäßigsten verschult wird, so liefern kräftig entwickelte einjährige Pflanzen entschieden die schönsten verschulten Pflanzen und möchten wir dieselben vor Allem empfehlen. Haben sich dagegen die Pflanzen im Saatbeet während des ersten Jahres in Folge ungünstiger Witterung nur schwach entwickelt, oder ist deren Entwickelung in Folge rauheren Klimas überhaupt eine langsame, so daß die Pflänzchen im ersten Jahre kaum einige Centimeter hoch werden, so verschult man die Fichten erst zweijährig, ja nach Schmitt's Angabe unter besonders ungünstigen Verhältnissen selbst erst dreijährig. Solche Pflanzen pflegen sich nach einem desfalls angestellten Versuch langsam, aber doch zu gut brauchbarem Material zu entwickeln [1]). — Weise empfiehlt [2]) die Verschulung zweijähriger Fichten, da im zweiten Lebensjahre an den dann doch schon entwickelteren Pflanzen besser eine Sichtung der stärkeren von den schwächeren — eine Zuchtwahl! — vorgenommen werden könne. Es liefern übrigens nach unserer mehrfachen Beobachtung stark in die Länge entwickelte zweijährige Pflanzen, wie solche etwa auf gutem Boden in gedrängtem Stand etwas spindelig emporgewachsen sind, bei der Verschulung minder stufige und gut beastete Pflanzen, sind daher minder empfehlenswerth.

Die Verschulung von Fichtenkeimpflanzen, 3—3½ Monate nach deren Aufkeimen (also im August?), wie sie Pannewitz in Böhmen angewendet fand [3]) und wie sie nach einem von Gayer [4]) mitgetheilten Kulturkostentarif auch in Schlesien bisweilen stattzufinden scheint, möchten wir mit Rücksicht auf das empfindliche Pflanzmaterial und die kritische Verschulungszeit für wenig praktisch und auch nicht für nöthig halten, sondern der Verwendung einjähriger Pflanzen den Vorzug geben; das Resultat von Versuchen, die wir selbst angestellt, war in keiner Weise günstig; insbesondere ist auch das Arbeiten mit den sehr schwachen Keimlingen mißlich.

Bei der Verschulung einjähriger Fichten werfe man rücksichtslos alle Schwächlinge weg — ein vorsichtiger Wirthschafter wird sich stets Saatbeete in der Größe anlegen, daß der Verschulungsbedarf reichlich gedeckt ist. Auch von den zweijährig zur Verwendung gelangenden Saatbeetpflanzen scheide man alle schlechtwüchsigen, doppelwipfeligen, ebenso aber auch zu lange und spindelige Pflanzen aus.

Dem Frisch=Erhalten der Würzelchen wendet man natürlich die entsprechende Sorgfalt zu; die kleinen, einjährigen Pflänzchen stellt man beim Verschulen zu diesem Zwecke in kleine Wassergefäße, Häfen u. dgl., stärkere Pflanzen legt man in feuchtes Moos. — Anschlämmen der Wurzeln ist entbehrlich, ebenso jedes Beschneiden derselben, und nur bei zu langer Wurzelbildung ein Kürzen derselben angezeigt. Bei Anwendung des Zapfenbrettes wird es zweckmäßig sein, die Wurzeln

---

[1]) v. Oppen hat nach Mittheilung im Thar. Jahrb. 1893 S. 170 in rauher Lage mit gutem Erfolg dreijährige Fichten verschult und 3—4 Jahre im Pflanzbeet stehen lassen; ein von mir mit gleichem, durch zu dichten Stand zurückgebliebenen Material angestellter Versuch führte ebenfalls zu befriedigendem Resultat.

[2]) Mündener Hefte II. 20.

[3]) Forstw. Centralbl. 1866. S. 81.

[4]) Waldbau. S. 686. (Oberförstereien Karlsberg, Reinerz, Nesselgrund.)

der büschelweise zusammengelegten Pflanzen in einer der Länge der Zapfen (10 bis 12 cm) entsprechenden Weise zu kürzen, um das Umstülpen derselben zu vermeiden.

Die Verschulung selbst wird mit Hülfe der Schnur und des Setzholzes, des Pflanzbrettes, des mehrerwähnten Zapfenbrettes, sowie der mehrerwähnten Verschulungsgestelle — die vorwiegend für Fichtenverschulung konstruirt wurden — vorgenommen, und verweisen wir bezüglich derselben auf die ausführliche Besprechung in § 83.

Was nun Schutz und Pflege der verschulten Fichten anbelangt, so bedürfen dieselben zu ihrem Gedeihen zunächst der rechtzeitigen Entfernung des Unkrautes und öfterer Bodenlockerung, gleich allen anderen Pflanzen. Sehr vortheilhaft erweist sich auch der Schutz gegen Spätfröste, durch welche die Fichtenpflänzchen oft schwer beschädigt, in ihrer Entwickelung um ein volles Jahr zurückgeworfen werden; ja durch wiederholte Frostbeschädigung verkrüppelt oft ein großer Theil der verschulten Pflanzen bis zur Unbrauchbarkeit. Schutzgitter empfehlen sich als ein sehr empfehlenswerthes Mittel gegen diese Gefahr.

Eine Decke gegen Winterfrost ist nicht nöthig, da unter gewöhnlichen Verhältnissen die jungen Fichten selbst den strengsten Winterfrost gut ertragen; nur strenge Kälte bei Nacht im Wechsel mit verhältnißmäßig hoher Temperatur am Tage, wie dies an klaren Wintertagen häufig der Fall, zeigt sich nachtheilig, hat Erfrieren der Nadeln zur Folge[1]).

Durch den Barfrost werden namentlich schwächere verschulte Fichten in Folge ihrer flachen Bewurzelung häufig gehoben, ja ausgezogen; durch etwas tieferes Einpflanzen, Anhäufeln im Herbste, Zwischendecke von Moos beugen wird der Beschädigung möglichst vor, durch Andrücken der gehobenen Pflanzen und Einstreuen von Erde zwischen die gehobenen Pflanzenreihen gleichen wir den eingetretenen Schaden wieder aus und retten dadurch mit geringem Aufwand oft große Pflanzenmengen.

Als Folge heftiger Regengüsse zeigen namentlich die verschulten Fichtenpflänzchen nicht selten die sogenannten Erdhöschen, einen die Nadeln oft bis zur Spitze der Pflanze umhüllenden Erdüberzug,

---

[1]) In dem bekannten Winter 1879/80, welchem so viele Koniferen zum Opfer fielen, haben auch die Fichten-Saat- und -Pflanzbeete viel gelitten, indem namentlich in sonnigen Lagen die aus der nur geringen Schneedecke hervorragenden Theile erfroren.

der nach erfolgtem Trockenwerden rasch und fast ohne Kosten durch Ueberfahren der Pflanzen mit einem Stock beseitigt wird (f. § 63).

Eine Zwischendüngung wird, wenn die Pflanzen nicht über die normale Zeit von zwei Jahren im Pflanzbeet bleiben, nur dann nöthig sein, wenn das Beet vor der Verschulung fehlerhafter Weise nicht oder nicht genügend gedüngt wurde und die Pflanzen insbesondere durch gelbliche Färbung der Nadeln den Nahrungsmangel dokumentiren; sie wird dann mit rasch wirkenden Düngemitteln in schon besprochener Weise gegeben.

Ein Beschneiden der Fichtenpflanzen findet nicht statt; bei durch Spätfröste beschädigten Pflanzen kann man etwa die dann häufige Doppelwipfelbildung durch Wegnahme des schwächeren Triebes beseitigen.

Die Zeit, welche die verschulten Fichten im Pflanzbeet zu verbleiben haben, beträgt in der Regel zwei Jahre. Ein kürzeres, also nur einjähriges Stehen im Pflanzbeet zeigt verhältnißmäßig wenig Erfolg, die Wirkung des größeren Standraumes kommt erst im zweiten Jahre zur vollen Geltung, zumal die verschulte Pflanze doch erst die Folgen des Versetzens überwinden, erst kräftig anwurzeln muß. Ein längeres Verbleiben im Pflanzbeet als zwei Jahre wird nur bei langsamer Entwickelung der Pflanzen (in rauhen Lagen), bei Beschädigung derselben durch Spätfrost oder bei Bedarf besonders starker Pflanzen zweckmäßig sein; in letzterem Falle würde man aber schon bei der Verschulung auf Gewährung eines entsprechend größeren Standraumes durch Verschulung in etwas weiterem Verband Bedacht zu nehmen haben. Ueber drei Jahre wird man aber mit Rücksicht auf die starke horizontale Verbreitung, welche die Wurzeln der Fichte dann erlangen und welche schon im dritten Jahre eine die Verpflanzung erschwerende werden kann, nicht hinausgehen; namentlich auf ärmerem oder schwach gedüngtem Boden macht sich ein weites Ausstreichen der Seitenwurzeln bemerklich.

Unter günstigen Verhältnissen wird man sonach in drei Jahren — ein Jahr im Saatbeet, zwei im Pflanzbeet —, unter minder günstigen in vier Jahren — zwei und zwei Jahre —, unter ungünstigen in fünf Jahren — zwei und drei Jahre — Pflanzmaterial von der nöthigen Stärke erziehen. Man wird annehmen können, daß auf kräftigem Boden erwachsene, einjährig verschulte Fichten in einem Alter von drei Jahren (also nach zweijährigem Verbleiben im Pflanzbeet) eine durchschnittliche Höhe von 25—30 cm, im Alter von vier Jahren eine solche von 35—45 cm erreichen werden; einzelne, unter besonders günstigen Umständen sogar eine größere Zahl von Pflanzen überschreiten diese Grenzen oft nicht unbedeutend.

Wir hätten endlich noch die Erziehung von Ballen= oder Büschelpflanzen kurz zu besprechen, eines Pflanzmaterials, das früher in sehr ausgedehntem Maße und manchen Orts (Harz, Thüringen) noch vor wenig Jahrzehnten ausschließlich zu den Fichtenkulturen Verwendung fand, in neuerer Zeit aber den ballenlosen, verschulten und unverschulten Pflanzen allenthalben mehr oder weniger hat weichen müssen, und gegenwärtig nur in verhältnißmäßig geringer Menge, sowie etwa für besonders kritische Oertlichkeiten und Fälle zur Verwendung kommt.

Wir können jedoch einfach auf Abschnitt V (S. 226) verweisen — was dort über Erziehung von Ballen= und Büschelpflanzen gesagt ist, gilt in erster Linie von der Fichte. —

§ 118.

Die Föhre.

Gleich der Fichte hat auch die Föhre in den deutschen Waldungen eine sehr große Verbreitung; was die Fichte für das Hügel= und Bergland, das ist die Föhre für die Waldungen der Ebene. Der stetige Rückgang, in welchem sich so viele Privat= und Gemeindewaldungen, ja leider auch nicht wenige durch Streuberechtigungen heruntergekommene Staatswaldungen befinden, hat ihr Gebiet in diesem Jahrhundert außerordentlich anwachsen und sie als die genügsamste Holzart an Stelle anspruchsvollerer Holzarten treten lassen, und noch ist das erstere in stetiger Zunahme. Auch die ausgedehnten Aufforstungen armen Ackerlandes wie ausgedehnter Heideflächen Norddeutschlands tragen zu diesem Wachsthum des Föhrengebietes bei. Während nun anfänglich die Nachzucht der Föhre vorwiegend mit Saat, und die Pflanzung, wo solche zu Nachbesserungen, oder in Oertlichkeiten, die für die Saat minder geeignet waren, angewendet wurde, mittelst solchen Ansaaten entnommener Ballenpflanzen stattfand, die Föhre demgemäß nahezu ein Fremdling in den Forstgärten war, trat später die Pflanzung einjähriger, in Saatbeeten erzogener Pflanzen an Stelle der Saat, die letztere durch die guten Erfolge, die mit ihrer Hülfe erzielt wurden, nahezu verdrängend, und so spielt zur Zeit die Erziehung guter Föhrenpflanzen eine ganz bedeutende Rolle im Kulturbetrieb vieler Waldgebiete. Allerdings sind gegen die Pflanzung einjähriger Föhren auch entschiedene Bedenken

ausgesprochen worden[1]), und eine rückläufige Bewegung zur aus=
gedehnteren Anwendung der Saat macht sich an nicht wenigen Orten
geltend.

Die Aufgabe, welche die Föhre an die Pflanzenzucht stellt, be=
schränkt sich überwiegend auf die Erziehung von Jährlingen und
erfordert im Ganzen wohl weniger forstliche Kunst, als die Anzucht
so mancher anderen Holzart; doch ist auch zur erfolgreichen und
billigen Erziehung solcher Jährlinge Mancherlei zu beachten. Die
Verschulung der Jährlinge, um zwei= bis höchstens dreijährige
kräftige Pflanzen zu erziehen, ist ein Produkt der Neuzeit, das als
erfolgreich gerühmt wird, größere Verbreitung aber bis jetzt noch
nicht gefunden hat. — Ein bitterer Feind der Föhrensaatbeete aber,
die Schütte, diese „Kinderkrankheit" der Föhre, bringt vielen Orts
die Föhrenzüchter fast zur Verzweiflung und macht die sonst so ein=
fache Nachzucht der nöthigen Pflanzen unsicher und theuer; seit lange
schon bekannt, tritt diese Krankheit seit einigen Jahrzehnten in Frei=
saaten und Saatbeeten in großer Ausdehnung und Heftigkeit auf,
und Millionen Pflanzen verfallen durch sie alljährlich dem Eingehen
oder der Verkrüppelung. Wir werden bei Besprechung des Schutzes
der Saatbeete gegen Gefährdungen auf sie zurückkommen.

Was nun die Anlage von Saatkämpen betrifft, so wird ins=
besondere bei der Föhre die Frage: ständige oder Wanderkämpe?
verschieden beantwortet[2]). Der Umstand, daß man in dem vorwiegend
ebenen Terrain der Föhrenwaldungen allenthalben und fast auf jeder
Hiebsfläche eine entsprechende Oertlichkeit für einen Saatkamp findet;
daß die Kosten der erstmaligen Bearbeitung auf dem meist steinfreien,
sandigen oder lehmigen Boden nicht bedeutend sind; daß die Kämpe

---

[1]) Wie bekannt, hat der mittlerweile verstorbene Oberforstmeister von Dücker
in Düsseldorf sich in sehr entschiedener Weise gegen die Pflanzung einjähriger
Föhren ausgesprochen (Zeitschr. f. F.= u. J.=W. 1882. S. 65) und auf Grund
zahlreicher Beobachtungen in auf solche Weise begründeten Beständen, sowie vieler
Untersuchungen des Wurzelbaues älterer und jüngerer gepflanzter Föhren be=
hauptet, daß mittelst dieser Kulturmethode nie normale, bis zur Haubarkeit in
gutem Schluß und Wuchs ausdauernde Bestände erzogen werden könnten. Dücker's
Ansichten haben jedoch sowohl in Zeitschriften, wie bei Forstversammlungen —
auf denen dieser Gegenstand längere Zeit ein ständiges Thema bildete — ebenso
entschiedenen Widerspruch gefunden, und wenn auch die Saat der Föhre zur Zeit
wieder an Verbreitung gewonnen hat, so wird gleichwohl auch jetzt noch die
Pflanzung der einjährigen Föhren in ausgedehntem Maße angewendet.

[2]) Vergl. hierüber insbes. Zeitschr. f. F.= u. J.=W. VI. S. 255; VIII.
S. 403.

zumeist eine Umfriedigung nicht bedürfen: all' diese Umstände in Verbindung mit der Annehmlichkeit, die Pflanzen auf der Kulturfläche selbst, oder doch in deren nächster Nähe zu haben, das Ausheben derselben in der momentan benöthigten Menge durch den die Kultur beaufsichtigenden Forstbediensteten stets überwachen lassen zu können, die Verpackung zu ersparen, haben vielfach zu kleineren, einmal oder doch nur einige Male benutzten Wanderkämpen geführt. Auch die Schütte spielte hiebei eine Rolle: gestützt auf die Wahrnehmung, daß auf demselben Revier ein Saatkamp schüttete, der andere nicht, der in einem Saatkamp auftretenden Schütte aber meist alle Pflanzen zum Opfer fielen, wollte man mit Recht nicht Alles auf eine Karte setzen, sondern erzog die Pflanzen in verschiedenen Oertlichkeiten und wählte statt des einen großen — manche nicht zu leugnende Vortheile bietenden — Forstgartens eine Anzahl kleiner und dann meist wandernder Saatkämpe. — Unter solchen Verhältnissen haben diese dann gewiß auch ihre Berechtigung.

Was nun die Auswahl des Platzes für einen Saatkamp betrifft, so hat man bei der wenig empfindlichen Föhre bezüglich der Lage ziemlich freie Hand, doch wählt man auch für sie gerne eine Oertlichkeit, die einigen Seitenschutz gegen Süd und West bietet[1]), ohne jedoch zu nahe an die Bestandswand heranzurücken. Die Schütte ist auch bezüglich der Wahl des Platzes nicht selten ausschlaggebend gewesen: gestützt auf die Wahrnehmung, daß Pflanzen unter lichtem Oberstand selten und schwächer von der Schütte befallen werden, legte man Föhrensaatbeete gerne auf mäßig großen Bestandslücken (Windbruchlöchern) an, um hiedurch allseitigen Seitenschutz zu erzielen[2]), ja selbst unter lichtem Oberstand, unter welchem man nach Nördlinger's Angabe[3]) zwar kein sehr kräftiges, aber doch gut verwendbares, schüttefreies Pflanzmaterial erziehen kann.

Der Boden soll unter allen Umständen hinreichend locker und tiefgründig zur Ausbildung einer kräftigen Pfahlwurzel sein. Der Vortheil, den man mit der Jährlingspflanzung gegenüber der Saat insbesondere auf den trockneren Sandböden erreicht, besteht neben den sonstigen Vortheilen der Pflanzung vor Allem darin, daß die langbewurzelte, einjährige Pflanze dem Vertrocknen im heißen Sommer leichter entgeht, als der schwache Keimling; die Erziehung hin=

---

[1]) Zeitschr. f. F.= u. J.=W. VIII. S. 403.
[2]) In der bayr. Oberpfalz galt dies als Vorschrift.
[3]) Centralbl. 1878. S. 389.

reichend lang bewurzelter Pflänzlinge ist daher in der Mehrzahl der Fälle von besonderer Wichtigkeit, und die Wahl eines an sich lockeren, tiefgründigen und entsprechend tief bearbeiteten und gedüngten Bodens das Mittel zur Erreichung dieses Zieles. Man that hiebei aber vielfach des Guten zu viel, suchte durch tiefe Rajolung und tiefes Unterbringen des guten Bodens oder des Düngematerials den Pflanzen sehr lange Wurzeln — bis zu 40 cm! — anzuerziehen [1]). Solche Pflanzen sind aber schwer ohne Wurzelbeschädigung auszuheben und zu verpflanzen, leiden leicht durch Umstülpen oder verkrümmte Lage der Wurzeln beim Einpflanzen, und man begnügt sich besser mit kräftigen Pflanzen, deren Wurzeln etwa 20—25 cm lang sind; für minder leichten Boden ist eine Länge der Wurzeln von 15 cm schon ausreichend.

Der ausgewählte Boden soll durchaus nicht nahrungsarm sein, da sonst die Wurzeln lang und fadenförmig in die Tiefe gehen, die Pflanzen selbst aber schwächlich bleiben; Burckhardt empfiehlt aus= drücklich die Verwendung guten Bodens zu Föhrensaatbeeten. Die Menge von Nahrungsstoffen, die durch die einjährigen Föhren dem Boden bei kräftiger Entwickelung der Pflanzen entzogen werden, ist nach Ausweis angestellter Versuche (siehe § 23) keine geringe; wo also der Boden an sich nicht kräftig ist, wird schon bei der erstmaligen Benutzung, außerdem aber nach jedesmaliger Wiederholung derselben eine entsprechende Düngung einzutreten haben.

Die Bodenbearbeitung findet bei neuangelegten Kämpen auch bei der Föhre zweimal — im Herbst und Frühjahr — statt, und zwar auf eine Tiefe von etwa 25—30 cm; bei wiederholter Benutzung werden die Beete im Frühjahre nach erfolgter Verwendung der Pflanzen eben so tief umgegraben und gleichzeitig gedüngt, wobei sich für Sandböden namentlich eine Beigabe von guter, humoser Walderde empfiehlt, indem hiedurch gleichzeitig deren physikalische Eigenschaften verbessert werden. — Wünschenswerth ist, daß der Boden sich vor der Ansaat wieder genügend gesetzt hat, und ist dies nicht der Fall, so ist ein Andrücken, bei sehr sandigem Boden selbst ein Antreten des= selben zu empfehlen; hiedurch soll dem Trocknen und Wehen des Bo= dens vorgebeugt und während der Keimperiode das kapillare Auf= steigen der Bodenfeuchtigkeit bis zu den Samen und Keimlingen ge= sichert werden [2]).

Die Aussaat des Föhrensamens erfolgt stets im Frühjahre und

---

[1]) Burckhardt, Säen u. Pflz. S. 293.
[2]) Zeitschr. f. F.= u. J.=W. V. S. 67.

pflegt meist Ende April, in rauheren Lagen auch erst im Mai zu geschehen. Ein in Eberswalde angestellter Versuch[1]), bei welchem in der Zeit vom 27. März bis 22. Mai in Zwischenräumen von je acht Tagen neun neben einander liegende Flächen in ganz gleicher Weise besät wurden, ergab das Resultat, daß die Mitte April ausgeführte Aussaat die zahlreichsten gut verwerthbaren Pflanzen lieferte, daß die frühesten Saaten die wenigsten, die spätesten die meisten Abgänge an kümmerlichen Pflanzen ergaben, und daß überhaupt mit Hinausschiebung der Saat die Stärke der Pflanzen, wie deren Wurzelausbildung abnahm. Daß die jeweilige Früjahrswitterung hiebei eine wesentliche Rolle spielen und ein feuchter Sommer auch bei später Saat ein günstiges Resultat bewirken, umgekehrt ein sehr trockener Sommer diese letztere ganz zu Grunde gehen lassen kann, ist leicht einzusehen — jedenfalls dürfte aber obiger Versuch für zeitige Saat, Mitte April, sprechen. Zu frühe Saaten (März) haben nach Maßgabe jener Versuche auch keinen Zweck, da bei ihnen die Keimruhe in Folge der mangelnden Bodenwärme eine viel längere ist; die Saat vom 27. März brauchte 35, jene vom 24. April nur 20 Tage zur vollständigen Keimung.

Auch der Schütte hat man einen Einfluß auf die Saatzeit einräumen wollen; Schwappach gibt an[2]), daß die Infektion der Kiefernpflanzen durch die Sporen des Pilzes Hysterium pinastri Ende Mai, Anfang Juni erfolge, daß also, wenn um diese Zeit Primordialblätter noch gar nicht vorhanden, nur die im Herbst abfallenden Kotyledonen infizirt werden können, und hält hienach die späte Saat für ein Vorbeugungsmittel gegen die Schütte einjähriger Föhren. Nördlinger dagegen, welcher die Schütte für eine Folge im Herbst eintretender Frühfröste hält, erklärt[3]) es für sicher, daß späte Saaten mehr durch die Schütte leiden, als frühe, weil die später erscheinenden Pflanzen dann im Herbst noch minder verholzt und gegen Frühfröste empfindlicher sind, so daß hienach frühe Saat angezeigt wäre. — Wir haben hier also zwei sich direkt entgegenstehende Angaben, denen gegenüber wohl an der oben angegebenen normalen Saatzeit festzuhalten sein wird, bis weitere Erfahrungen vorliegen!

Die Güte des meist aus Samenhandlungen bezogenen Samens, der seine Keimkraft gleich dem Fichtensamen mehrere Jahre mit allerdings ziemlich rascher Abnahme der Keimkraft erhält, erprobt man,

---

[1]) Zeitschr. f. F.- u. J.-W. V. 1887. S. 10.
[2]) Forstw. Centralbl. 1879. S. 231.
[3]) Centralbl. f. d. F.-W. 1878. S. 391.

wie bei der Fichte angegeben, und stellt an seine Qualität nahezu die gleichen Anforderungen, einen Samen von 70 Prozent Keimkraft als guten, von 40—70 Prozent als mittelmäßigen, von weniger als 40 Prozent als geringen Samen bezeichnend. Samen, der schon drei Jahre alt ist, zeigt meist solch' geringere Keimprozente und ist für Saatbeete nicht mehr zu empfehlen; älterer Samen keimt sehr ungleichmäßig und überliegt bisweilen ins nächste Jahr, und man wird daher stets möglichst frischen Samen verwenden.

Bezüglich des Anquellens des Samens gilt für die Föhre das Gleiche, wie für die Fichte, und ebenso bezüglich der Art und Weise der Aussaat: Anwendung des Rillenbretts zur Herstellung schmaler Doppelrillen in 10—12 cm Entfernung, dann von Säevorrichtungen — vergl. hierüber § 55 —, welche bei den oft großen Flächen, welche zur Pflanzenerziehung angesät werden müssen, von besonderem Vortheil sind; leichtes Decken des Samens, 1 bis 1,5 cm stark, und nur bei leichtem, humosem Deckmaterial bis zu 2 cm stark[1]).

Die nöthige Samenmenge beträgt pro Ar 1 bis 1,75 kg, ersteres wohl als Minimum, letzteres als Regel zu betrachten[2]); v. Varendorff[3]) dagegen hält mit Rücksicht auf die für dichtere Saaten besonders zu fürchtende Schütte eine sehr dünne Saat mit nur $\frac{1}{2}$ kg pro Ar für das Richtigste. Ueber den Einfluß der Samenmenge auf Zahl und Stärke der Pflanzen verweisen wir auf den in § 54 mitgetheilten Versuch von Riedel. Wollte man ausnahmsweise die Pflanzen im Saatbeet zweijährig werden lassen, so müßte man das Samenquantum natürlich mit Rücksicht auf die rasche Entwickelung der jungen Föhre bedeutend ermäßigen, will man nicht spindelige, schwache Pflanzen erziehen.

Den Samen schützt man durch Saatgitter, übergespannte Fäden, Netze und namentlich durch Einweichen in Mennige gegen Vögel, durch Gitter oder zuerst aufgelegtes, nach dem Aufgehen aufgestecktes Reisig Samen und Keimlinge gegen Trockniß nnd Regengüsse, und verweisen wir bezüglich dieser Schutzmittel auf das in § 57 ff. hierüber Gesagte.

Das Aufkeimen des Samens erfolgt im Frühjahr bei nicht zu zeitiger Saat innerhalb 2—3 Wochen mit 4—7, meist 6 säbelig

---

[1]) Forstw. Centralbl. 1875. S. 352.
[2]) Zeitschr. f. F.- u. J.-W. V. S. 65; VIII. S. 403.
[3]) Forstl. Blätter. 1890. S. 97.

nach oben gebogenen, glatten Kotyledonen, während die alsdann er=
scheinenden Primärblättchen beidkantig gesägt sind. Die meisten
Pflanzen bilden nur einen kurzen Längstrieb mit Endknospe, stärkere
auch einzelne Seitenknospen, während Seitentriebe sich im ersten
Jahre nur bei besonders kräftigen, etwa einzeln stehenden Pflanzen
entwickeln. Im zweiten Jahre erscheinen am jungen Trieb Doppel=
nadeln, die Kotyledonen sterben im Winter, die Primärblätter im Laufe
des Jahres ab; im dritten Lebensjahre bildet sich der erste Quirl.

Zu den gefährlichsten Feinden der Föhrensaatbeete gehören die
Engerlinge, die in dem mehr lockeren Boden und den trockenen
Oertlichkeiten, die wir für erstere häufig benutzen und benutzen müssen,
in vielen Fällen auftreten und schweren Schaden verursachen; auch
Werren werden in Föhrensaatbeeten lästig und sind zu bekämpfen,
ebenso die Raupen zweier Ackereulen (Agrotis tritici und vestigialis).
Gegen Spätfröste und Auffrieren bedarf die frostharte und
tiefwurzelnde Föhre keinen besondern Schutz, und nur besonders
intensive und spät eintretende Spätfröste vermögen auch die Föhre zu
schädigen[1]).

Eine wichtige Frage aber ist: Kann man die Saatbeete auch in
irgend welcher Weise sicher gegen die so oft und so verheerend auf=
tretende Schütte schützen?

Es kann nicht unsere Aufgabe sein, uns hier ausführlich über
diese allbekannte Krankheit und deren wahrscheinliche Ursachen zu ver=
breiten; — es würde das zu weit führen, und die darüber erwachsene,
umfangreiche Literatur ist doch mehr oder weniger jedem Forstmann
bekannt. Anderseits werden aber die etwa in Anwendung zu bringen=
den Verhütungsmittel mit der Ursache der Krankheit in so engem Zu=
sammenhang stehen, daß die Erwähnung wenigstens der am meisten
vertretenen theoretischen Erklärungen derselben nicht ganz zu um=
gehen ist.

Wir ziehen von diesen Erklärungen, die nach und nach über das
Wesen der Schütte aufgetaucht sind, drei in den Kreis unserer Er=
wägungen: die Frost=, die Pilz= und die Verdunstungs=Theorie.

Als Vertreter der ersteren erscheinen insbesondere Nördlinger[2]),
Alers[3]) und Holzner[4]); dieselben betrachten vor Allem die im Herbst
etwa eintretenden Frühfröste als Ursache der Schütte, ebenso aber

---

[1]) Hartig, Lehrb. der Baumkrankheiten. S. 103.
[2]) Centralbl. f. d. F.=W. 1878. S. 389.
[3]) Centralbl. f. d. F.=W. 1878. S. 132.
[4]) Beobachtungen über die Schütte der Kiefer. 1877.

auch stärkere Winterfröste, denen warmer Sonnenschein folgt. Wäre Frost die alleinige und wirkliche Ursache, so müßte Schutz durch umgebende Bestände, Seitenschutz, welcher die Sonne abhält, rechtzeitige Deckung der Beete mit Schutzgittern oder Aesten ein ziemlich unfehlbares Mittel sein — und viele Versuche mit Deckung der verschiedensten Art, hoch und niedrig, dichter und lichter, wurden denn auch gemacht[1]). Nördlinger selbst aber sagt von solch' künstlichen Schutzschirmen, daß sie in einem Falle nützten, im andern nichts halfen, ja daß unter $1/2$ m über den Pflanzen angebrachten Geflechtdecken die Schütte zuerst auftrat. Am besten soll sich stets der lichte Bestandsschirm erweisen (s. o.); dies bestätigt auch Alers, glaubt aber, durch 1 m hoch über den Pflanzen aufgestellte Horden, durch welche die Pflanzen gegen den Einfluß der Sonne im Winter geschützt werden, die Schütte sicher fern halten zu können, wenn die Deckung im Herbst rechtzeitig und vor Eintritt der ersten Fröste angewendet wird.

Zu sichern Resultaten ist man, trotz der mannigfaltigen Versuche mit jeder Art von Deckung, bis jetzt nicht gelangt[2]), und der Umstand, daß zweijährige Föhren im Saatbeet fast unfehlbar schütten, läßt die Frosttheorie immerhin etwas zweifelhaft erscheinen; jedenfalls reicht sie zur Erklärung der Schütte allein nicht aus.

Nach der von Göppert zuerst aufgestellten, insbesondere von Prantl[3]) und Tursky weiter verfolgten Pilztheorie ist es ein Pilz, Hysterium pinastri, dessen Sporen auf den Nadeln der Föhre keimen, dessen Mycelium, in die Nadeln eindringend, zwischen den chlorophyllhaltigen Zellen fortwächst, das Gewebe lockert und die ganze, von ihm bewohnte Region der Nadel, schließlich diese selbst zum Absterben bringt. Dabei fällt die Infektion der Pflanze anfänglich nicht ins Auge, und erst im Herbst macht sich dieselbe wahrnehmbar durch fleckiges Aussehen der Nadel, dem im Frühjahre das Absterben derselben folgt. — Der Pilz findet sich auch auf einzelnen Nadeln älterer Bäume; am meisten aber leiden jüngere Pflanzen und zumal die ein- und zweijährigen Föhren von demselben. Die klimatischen Verhältnisse, die Witterung insbesondere zur Zeit der Sporenreife, Ende Mai, Anfang Juni, sind jedenfalls auch von Einfluß auf das mehr oder weniger heftige Auftreten des Pilzes, der Schütte.

---

1) Centralbl. f. d. F.=W. 1880. S. 156.
2) Forstw. Centralbl. 1877. S. 327.
3) Forstw. Centralbl. 1878. S. 325 u. 433.

Als Vorbeugungsmittel gegen das Auftreten des Pilzes in den Saatbeeten würde aus dieser Theorie das Fernhalten alter, mit Pilzpolstern versehener Nadeln folgen — also das Decken mit Föhrenästen zu unterlassen sein und ebenso die Wiederbenutzung von Saatbeeten, in denen die jungen Föhren schütteten. (Saatbeete in lichten Föhrenbeständen, wie Nördlinger empfiehlt, müßten freilich von dem Pilz besonders leiden!) Wie schon oben erwähnt, hält Schwappach eine späte Saat, welche die Primordialblätter erst nach der Sporenreife erscheinen läßt, für ein Verhütungsmittel.

Auch über diese Theorie und über die auf Grund derselben anzuwendenden Vorbeugungsmittel gegen die Schütte scheinen die Akten noch nicht völlig geschlossen, durch sie nicht alle Erscheinungen der Schütte erklärt[1]); jedenfalls aber dürfte in nicht wenigen Fällen die Ursache der letzteren in der Infektion durch oben genannten Pilz zu finden sein.

Die dritte Theorie, die Verdunstungs- oder Vertrocknungstheorie, betrachtet die Schütte als Folge eines Mißverhältnisses zwischen der Verdunstung durch die Nadeln und der Wasseraufnahme aus dem Boden. In ganz ähnlicher Weise, wie wir dies bei frisch versetzten Pflanzen im Sommer bei anhaltender Hitze und Trockniß wahrnehmen, sehen wir auch im Spätherbst, Winter und Frühjahre eine plötzliche Bräunung der Nadeln, ein Vertrocknen derselben eintreten, wenn bei gefrorenem oder doch sehr kaltem Boden, der eine Wasseraufnahme durch die Wurzeln nicht ermöglicht, die Nadeln durch Einwirkung der Sonne zu starker Verdunstung angeregt werden. Diese Theorie, zuerst von Ebermayer auf Grund seiner Beobachtungen aufgestellt[2]), später wieder etwas in den Hintergrund gedrängt, wird neuerdings auch von R. Hartig für viele Fälle als Grund der sogenannten Schütte anerkannt[3]). Ein Schutz gegen die Einwirkung der Sonne durch eine Bestandswand, durch Decken der Beete mit Gittern oder Reisig müßte sich hier ebenfalls als zweckmäßig erweisen, wie bei der Frosttheorie; ebenso das rechtzeitige Ausheben und Einschlagen der Pflanzen. So empfiehlt Brettmann[4]), ein Vertheidiger der Eber-

---

1) Vergl. den Artikel über die neueren, von R. Hartig angestellten Versuche über die Kiefernnadelschütte in Ganghofer, Das forstl. Versuchswesen. Bd. II. S. 352; dann v. Varendorff, Ueber die Kiefernschütte. Forstl. Blätter. 1890 S. 97.

2) Ebermayer, Die phys. Einwirkungen d. Waldes. S. 251.

3) R. Hartig, Lehrbuch der Baumkrankheiten. S. 103.

4) Bericht über die 11. Vers. des preuß. Forstver. (auch Zeitschr. f. F.- u. J.-W. 1884. S. 234).

mayer'schen Theorie, die Pflanzen sehr zeitig im Frühjahre (Januar, Februar) auszuheben und in ca. 1 m tiefe Gruben von entsprechender Größe einzukellern. Die Pflanzen werden hiebei in kleinen Partien von 100—200 Stück schräg angeschichtet, die Wurzeln jeder Partie bis an die Nadeln mit frisch gegrabener, jedoch trockener Erde gedeckt und zu enges Aufeinanderschichten der Pflanzen vermieden. Sind die Pflanzen eingebracht, so werden die Gruben mittelst Reisig unter Zuhülfenahme übergelegter Stangen gedeckt und diese Decke bei trockenem, klarem Wetter zweckmäßig verstärkt, bei feuchter Witterung gelüftet. Den Erfolg rühmt Brettmann als einen sehr günstigen[1]).

Forstmeister Vosfeldt[2]) gibt, die Frage nach der Ursache der Schütte offen lassend, an, daß es sich sehr bewährt habe, die ein= und zweijährigen (?) Föhrenpflanzen Ende September oder Anfang Oktober vorsichtig herauszunehmen, sie in 70—80 cm erhöhte Beete reihenweise einzuschlagen und mit einer dünnen Laubschichte zu decken; während die nebenan in den Beeten belassenen Kiefern total roth wurden, blieben die eingeschlagenen vollständig intakt und brauchbar. — Nach Mit=theilungen von Zerweck[3]) und Stötzer[4]) hat sich dünner Pflanzenstand als sehr gutes Vorbeugungsmittel gegen die Schütte bewährt, und es deckt sich diese Angabe mit jener v. Varendorff's[5]), daß die Pflanzen um so eher und um so stärker von der Schütte heimgesucht werden, je gedrängter sie in den Pflanzenreihen stehen. In der kräftigeren Entwickelung dünner stehender Pflanzen scheint der Grund für deren größere Widerstandsfähigkeit (nach Varendorff gegen die Pilzinfektion, nach Stötzer gegen Spätfröste!) zu liegen.

In neuerer Zeit neigt sich die Ansicht Vieler dahin, daß die Ur=sachen der Schütte die eine wie die andere der oben angegebenen Schädlichkeiten sein könne; so äußert sich auch R. Hartig[6]) dahin, daß sowohl Vertrocknung wie Pilze die Ursache jener Erkrankung der Föhren sein können. Neue Fortschritte in Erkennung des Uebels sind in den letzten Jahren nicht gemacht worden — doch will uns scheinen, als ob die Schütte in den letzten Jahren auch minder heftig und ausgedehnt

---

[1]) Ein triftiger Einwand gegen die Vertrocknungstheorie scheint uns der zu sein: warum gerade die Föhre und nur diese unter dieser starken Verdunstung zu leiden habe — die Föhre, die doch sonst gegen Trockniß minder empfindlich ist!?

[2]) Jahrb. des schles. Forstvereins. 1381. S. 29.

[3]) Forstw. Centralbl. 1887. S. 196.

[4]) Forstw. Centralbl. 1887. S. 638.

[5]) Forstl. Blätter. 1890. S. 100.

[6]) Lehrb. der Baumkrankheiten. S. 126 u. ff.

aufgetreten sei, als früher, insbesondere auch die Saatbeete, in denen sonst oft Millionen einjähriger Pflanzen durch sie getödtet oder unbrauchbar gemacht wurden, in geringerem Maße heimgesucht habe. (Ist diese Wahrnehmung richtig, dann könnte sie vielleicht für den vorwiegenden Einfluß des Hysterium pinastri, als ein Beweis für die Pilztheorie gedeutet werden — denn die beiden anderen Einflüsse, Frost und Verdunstung, bestehen wohl in unveränderter Weise fort!)

Was die Folgen der Schütte anbelangt, so werden die von derselben befallenen Pflanzen meist als für den Kulturbetrieb verloren zu betrachten sein. Ein großer Theil derselben stirbt gleich direkt ab, und zwar ein um so größerer, je dichter die Pflanzen standen, je schwächer also das einzelne Individuum war; die andern, welche sich erholen, wachsen meist zu kümmerlichen zweijährigen Pflanzen heran, deren Verwendung im nächsten Jahre einen jedenfalls sehr zweifelhaften, der Regel nach aber schlechten Erfolg hat. Häufig schütten sie im zweiten Jahre wieder und sind dann um so sicherer verloren.

Schüttekranke einjährige Föhren, deren Knospen gesund und kräftig sind, können nach Alers' Ansicht[1] und Erfahrungen dann mit Erfolg verpflanzt werden, wenn sofort nach der Pflanzung fruchtbares Wetter mit warmem Regen eintritt, so daß die Knospen sich rasch entwickeln und die Ernährung der jungen Pflanzen mit übernehmen. Gewagt ist bei der Unsicherheit, der man bezüglich des Wetters ausgesetzt ist, eine solche Verwendung jedenfalls, und man wird sich daher nur ausnahmsweise zu solcher entschließen.

Die Pflege der Föhrensaatbeete besteht in der nöthigen Reinigung und dem entsprechenden Lockern des Bodens, welch' letzteres bei dem vielfach ohnehin lockeren Sandboden, der in einem großen Theil des eigentlichen Föhrengebietes zu den Saatbeeten verwendet werden muß, auf eine einmalige Auflockerung beschränkt werden kann, auf bindigerem Boden aber wiederholt erfolgt. — Sind die Saaten gar zu dicht aufgegangen, so ist ein baldiges Verdünnen derselben in der Weise, daß man in der Mitte der Rille eine Gasse durchrupft, sehr zu empfehlen.

Länger als ein Jahr läßt man die Föhrenpflanzen zweckmäßiger Weise nicht im Saatbeet stehen, nachdem erfahrungsgemäß die zweijährigen Saatbeetpflanzen fast stets schütten und dadurch zur Verwendung unbrauchbar werden, außerdem aber auch die Verpflanzung gesunder zweijähriger Saatbeetpflanzen erfahrungsgemäß geringeren Er-

---

[1] Centralbl. f. d. F.-W. 1878. S. 133.

folg zu haben pflegt, als diejenige einjähriger Pflanzen. Die starke Wurzelentwickelung der ersteren macht auch die Pflanzung schwieriger und kostspieliger.

Dagegen hat man in neuerer Zeit begonnen, auch die Föhre ein= jährig zu verschulen, um sie als kräftige, stufige zweijährige (oder selbst dreijährige) Pflanze nacktwurzelig oder mit Ballen zu ver= wenden, und wird der Erfolg gerühmt. Wir werden uns daher auch mit der zur Zeit allerdings mehr ausnahmsweise stattfindenden Ver= schulung der Föhre zu beschäftigen haben.

Unter gewöhnlichen Verhältnissen reichen wir bekanntlich bei unseren Kulturen mit dem Föhrenjährling vollständig aus, und die Verschulung würde hier als eine überflüssige und sehr kostspielige Maßregel zu be= trachten sein; dagegen hat sich für ungünstige Standortsverhältnisse, sowie bei Nachbesserungen die verschulte und dadurch allseitig kräftig entwickelte Föhrenpflanze als ein sehr geeignetes Pflanzmaterial er= wiesen, geeignet namentlich als Ersatz für die kostspieligere Ballen= pflanzung [1]), für welche in Revieren mit Sandboden zudem nicht selten das Material fehlt. Zudem wird von verschiedenen Seiten [2]) die Ver= schulung als das sicherste Mittel empfohlen, um dem Auftreten der Schütte bei zweijährigen Föhrenpflanzen vorzubeugen.

Die Verschulung, zu welcher kräftige Jährlinge mit etwa 20 cm langen Pfahlwurzeln verwendet werden — noch längere Wurzeln, welche ein normales Einschulen erschweren würden, stutzt man ent= sprechend ein —, erfolgt im Verband von etwa 10 auf 15 cm nach der Pflanzleine mit Hülfe eines entsprechend langen und starken Setz= holzes, und sollen die Pflanzen bis an die untersten Nadeln in den Boden kommen (eine Regel, die man bekanntlich bei dem Einpflanzen von Jährlingen überhaupt gerne beachtet). Die Pflanzen entwickeln sich sehr kräftig und haben, nach einjährigem Stehen im Pflanzbeet mit entsprechender Vorsicht und namentlich mit sorgfältiger Bewahrung der Wurzeln gegen Austrocknen verpflanzt, nur geringen Abgang; doch wird die einfache Klenmpflanzung (mit Beil, Spaten, Buttlar'schem Eisen) sich für die mit reicher Bewurzelung versehenen Pflanzen nicht empfehlen, sondern Löcherpflanzung vorzuziehen sein [3]), und unbedingt ist letzteres nöthig, wenn die Pflanzen ein zweites Jahr im Pflanzbeet

---

[1]) Vergl. Aus d. Walde IV. S. 147; Zeitschr. f. F.= u. J.=W. XI. S. 329; Jahrb. des schles. Forstver. 1880. S. 24.

[2]) So von Pahl in Allg. F.= u. J.=Z. 1888. S. 371, und von Stötzer in Forstw. Centralbl. 1887. S. 638.

[3]) Zeitschr. f. F.= u. J.=W. XI. S. 331.

verbleiben. Den verschulten Föhren wird auch nachgerühmt[1]), daß sie von der Schütte verschont bleiben, was sich aber bei den in unserem Garten dahier verschulten Jährlingen nicht bewährt hat; dieselben schütteten vielmehr stark, entwickelten sich aber trotzdem der Mehrzahl nach kräftig und vermochten die Folgen der Krankheit rasch zu überwinden.

In dem Beschneiden der Pfahlwurzeln einjähriger Pflanzen bis auf ein Dritttheil (!) ihrer Länge mit nachfolgender Verschulung will Revierförster Krause ein Mittel gegen die Schütte gefunden haben[2]); zugleich sollen die Pflanzen bei geringer Entwickelung des Stämmchens ein sehr reiches Wurzelsystem erhalten und sich mit großer Sicherheit verpflanzen lassen. Eine so bedeutende Kürzung der Wurzeln will uns aber doch bedenklich erscheinen; das Umbiegen der zu langen Pfahlwurzeln beim Einschulen wird auf solche Weise allerdings sicher vermieden! —

Die auf solche Weise meist auf leichtem Boden in obigem Verband erzogenen Pflanzen werden ballenlos verwendet — aber auch Föhrenballenpflanzen hat man schon durch Verschulung von Jährlingen erzogen[3]). Der Boden muß dann etwas bindender sein und darf selbstverständlich nach der Verschulung nicht mehr behackt werden, auch soll das Unkraut nur ausgeschnitten, nicht ausgezogen werden; auf leichterem Boden verschult man selbst, um das Stechen von Ballen zu ermöglichen, ohne vorherige Lockerung nach einfacher Entfernung des Bodenüberzuges. Die Entfernung der Pflanzen muß für Erziehung von Ballenpflanzen etwas größer, etwa 16 cm im Quadrat, gewählt werden.

Solche durch Verschulung erzogene zwei- bis dreijährige Ballenpflanzen zeichnen sich durch kräftige Entwickelung vor den durch Saat erzogenen und daher meist in dichterem Stand erwachsenen aus. Selbstverständlich kann das Pflanzbeet nur einmal benutzt werden und wird eine derartige Pflanzenerziehung überhaupt eine etwas kostspielige sein.

Erwähnung möge auch hier noch das von Fischbach[4]) geschilderte Verfahren der Bildung künstlicher Ballen für einjährige Föhren finden. Der Arbeiter nimmt die linke Hand voll guter Erde, legt mit der rechten Hand auf die geebnete Oberfläche ein Pflänzchen so, daß

---

[1]) Zeitschr. f. F.- u. J.-W. IX. S. 555.
[2]) Forstl. Blätter. 1876. S. 383.
[3]) Zeitschr. f. F.- u. J.-W. IX. S. 555.
[4]) Forstw. Centralbl. 1871. S. 201.

deſſen Wurzeln gut ausgebreitet auf der Erde liegen, deckt mit der nun frei gewordenen Rechten eine zweite Hand voll Erde auf dieſelben und formt unter mäßigem Drücken einen kleinen, länglichen Ballen. — Daß ſolche Pflanzen ſehr ſicher anſchlagen und für ungünſtige Stand= örtlichkeiten das Gedeihen der Kultur ſichern, läßt ſich wohl denken; lange Wurzeln dürfen aber die Jährlinge erklärlicher Weiſe nicht haben, da dieſelben ſonſt in einem ſolchen Ballen nicht unterzubringen ſind.

Auch die Verwendung einjähriger Föhrenballenpflänzchen, auf nur oberflächlich durch Uebereggen gelockertem Boden mittelſt Saat erzogen und mit ſehr kleinem, 4—8 cm im Durchmeſſer haltendem Ballen geſtochen, wurde als ſicheres, billiges und ebenfalls durch die Schütte minder gefährdetes Verfahren empfohlen [1]).

Im Uebrigen möge bezüglich der Gewinnung von Föhrenballen= pflanzen, die bei Bedarf an beſonders ſtarken Pflanzen auch durch volle Anſaat geeigneter Flächen und Ausſtechen in 3—5jährigem Alter ge= ſchieht, auf Abſchnitt V verwieſen ſein. Aelter als fünf Jahre läßt man ſolche Pflanzen jedoch nicht werden, indem ſonſt beim Stechen der Pflanzen die ſchon ſtark entwickelte Pfahlwurzel abgeſtochen werden muß, wodurch einerſeits das Gedeihen der Pflanze beeinträchtigt, anderſeits in Folge der durch das Abſtoßen bedingten Prellung nicht ſelten das Zerfallen der Ballen bei minder bindendem Boden hervor= gerufen wird.

§ 119.

Die Lärche.

Urſprünglich vorwiegend ein Baum des Gebirges, in Deutſchland namentlich der Alpen, iſt die Lärche ſeit etwa 100 Jahren durch Kultur faſt über ganz Deutſchland verbreitet worden. In der raſchwüchſigen, ohne große Schwierigkeit anzubauenden Holzart glaubte man das beſte Mittel zu ſicherer und ertragsreicher Aufforſtung vieler Flächen, zur Nachbeſſerung von Lücken, zur Erziehung werthvollen Nutzholzes gefun= den zu haben, und ausgedehnter Anbau war die Folge dieſer Anſicht.

Aber nicht überall hat die Lärche dieſen Hoffnungen entſprochen — im Gegentheil hat man vielen Orts recht bedauerliche Erfahrungen mit derſelben gemacht. Der anfänglich freudige Wuchs der Pflanzen und Stämme ließ bald früher, bald ſpäter nach, dieſelben überzogen ſich mit Flechten, kümmerten und kränkelten, zuletzt abſterbend und

---

[1]) Forſtw. Centralbl. 1879. S. 388.

mißliche Lücken in den Beständen zurücklassend. Eine als „Lärchen= krankheit" bezeichnete und insbesondere von Reuß[1] näher besprochene Krankheit ließ dieselben oft in Menge frühzeitig absterben. Die Lärchenmotte (Coleophora laricella) entnadelte dieselbe oft in sehr bedeutendem Maße, Pilzkrankheiten (Peziza Willkommii) befielen die Stämmchen und Stangen, dieselben in kränkelnden Zustand versetzend oder ganz tödtend[2] — kurz man fand sich vielfach enttäuscht und unterließ wohl den Anbau der werthvollen und immerhin in vielen Oertlichkeiten gedeihenden Holzart ganz, statt sich auf die Wahl der richtigen Oertlichkeit mit ihrer Nachzucht zu beschränken.

Es kann hier nicht unsere Aufgabe sein, näher anzugeben, welches die richtige Oertlichkeit für Nachzucht der Lärche und welches der rechte Platz für sie innerhalb unserer Bestände sei. In letzterer Beziehung möchten wir nur berühren, daß sie im Laub= und Nadelholz= Hochwald[3] als einzeln eingesprengte vorwüchsige Pflanze, bei der Verwendung zu Schlagnachbesserungen aber nur auf Lücken von solcher Größe, daß sie nicht durch Seitenbeschattung leidet, am Platze ist; daß sie im Mittelwald sich zu Oberholz vorzüglich eignet[4] und hier größere Verbreitung verdient, als wohl bisher der Fall gewesen; daß sie endlich als vorwüchsiges Schutz= und Schirmholz zur Nachzucht empfindlicher Holzarten an ungeschützten Orten mit gutem Erfolg ver= wendet werden kann.

Wo es sich nun um Lärchennachzucht handelt, da werden wir es stets mit künstlicher Nachzucht zu thun haben, wenn auch vielleicht da, wo ältere Lärchen stehen, sich im Lichtschlag des Hochwaldes oder auf den Lücken des Mittelwaldschlages einiger natürlicher Anflug zeigt.

Zu solch' künstlicher Nachzucht wurde nun früher vielfach die Saat benutzt, sei es, daß man Plattensaaten zur Einsprengung an= wandte, oder in Nadelholzstreifensaaten je den dritten, vierten Streifen mit Lärchensamen ansäete, sei es — und dies war nach unseren Wahr= nehmungen der häufigere Fall —, daß man Fichten=, Föhren= und Lärchensamen in verschiedenem Verhältniß mengte und gemeinsam aussäte.

---

[1] Die Lärchenkrankheit. 1870.
[2] Vergl. hierüber insbes. R. Hartig, Lehrb. d. Baumkrankheiten. S. 109 ff.
[3] Im Spessart wendet man der Einsprengung der Lärche in die Buchen= schläge besonderes Augenmerk zu.
[4] In den Mittelwaldungen bei Aschaffenburg (am sog. Hahnenkamm) wird die hier auf dem kräftigen Gneißboden gut gedeihende Lärche mit Vorliebe als Oberbaum benutzt. Siehe auch Burckhardt, Säen u. Pflz. S. 416.

Das eine, wie das andere Verfahren hatte aber entschiedene Nach=
theile. Im ersteren Falle überwuchsen die Lärchenstreifen ihre Nach=
barn und insbesondere die Fichtenstreifen oft in solchem Maße, daß
diese letzteren im Wuchse stockten, während eine Entfernung der Lärchen
doch nicht gut ohne Verursachung von Lücken zulässig war; im letzteren
Falle dominirten ebenfalls die Lärchen entweder mehr, als wünschens=
werth war, oder sie litten, vereinzelter stehend, in der dichten Umgebung
der gleichalten Föhren unter Seitenbeschattung — kurz, die Resultate
waren fast stets wenig günstig. So ist jetzt die Pflanzung als
entschieden vorwiegende Kulturmethode für die Lärche in den Vorder=
grund getreten; die oben angegebenen Verwendungsarten der Lärche
bedingen dieselbe ohnehin fast ausschließlich, und der Umstand, daß
sich die Lärche bei entsprechender Vorsicht in jedem Alter, von der ein=
jährigen Pflanze bis zum Heister hinauf, verpflanzen läßt, hat der
Anwendung der Pflanzung noch weiteren Vorschub geleistet. Die Lärche
zeigt in letzterwähnter Beziehung, wie in ihrem alljährlichen Laub=
abwurf, der fehlenden Quirlbildung, der Fähigkeit zur Entwickelung
von Stammsprossen eine entschiedene Aehnlichkeit mit den Laubhölzern.

Die Oertlichkeit für einen Saatkamp wird nach den allgemeinen
Regeln gewählt, und soll der Boden nicht zu gering sein — die Lärche
ist entschieden anspruchsvoller als die Föhre. Seitenschutz ist wohl=
thätig, aber nicht unbedingt nöthig, Seitendruck unter allen Umständen
bei der lichtfordernden Lärche zu meiden, und liegt ein Forstgarten
unter dem Seitenschutze eines älteren Bestandes, so werden wir der
Lärche stets die von der Bestandswand entfernteren Beete zuweisen.

Die Bodenbearbeitung erfolgt nicht zu seicht, und dürfte
eine Tiefe derselben von etwa 30 cm die entsprechende sein.

Der einfarbig gelblich=braune Samen der Lärche zeigt manche
Eigenthümlichkeiten. Vor Allem besitzt er eine anderen Holzarten
gegenüber sehr geringe Keimkraft, mit einer solchen von 40 Prozent
pflegt man schon zufrieden zu sein, und 30 Prozent sind, zumal bei
nicht ganz frischem Samen, nicht selten. Der Grund hiefür ist wohl
theilweise darin zu suchen, daß die Lärche schon frühzeitig Samen
zu tragen beginnt, ein großer Theil des von solchen jüngeren Bäumen
produzirten Samens aber taub ist, jedoch gleichwohl mit in den Handel
gelangt[1]). Bezüglich der Auswahl des Samens scheint überhaupt
Vorsicht geboten; so weist Burckhardt[2]) darauf hin, daß der aus=

---

[1]) Reuß, Die Lärchenkrankheit.
[2]) Säen u. Pflz. S. 420.

gezeichnete Wuchs der oldenburgischen Lärchenbestände wohl der Sorg=
falt zu verdanken sei, mit der man nur Samen möglichst vollkommener
Mutterstämme benutze, und Reuß behauptet, daß die schon oben er=
wähnte Lärchenkrankheit, wie der bald nachlassende schlechte Wuchs so
vieler Lärchen überhaupt damit zusammenhänge, daß Samen von
schlechten Beständen in unpassenden Oertlichkeiten gesammelt und in
den Handel gebracht werde. Letzterer will daher Samen aus den
Alpenregionen, in denen die Lärche ihre natürliche Heimath habe, ver=
wendet wissen — während eine andere Stimme[1] gerade diesen Samen
als für das übrige Deutschland unpassend bezeichnet, womöglich nur
Samen von bei uns normal erwachsenen Stämmen verwenden will.
(Vergl. § 44.)

Die Keimkraft des Lärchensamens prüfen wir in gleicher Weise,
wie jene des Föhren= oder Fichtensamens: durch Lappen= oder Scherben=
probe, in Keimapparaten.

Eine weitere Eigenthümlichkeit des Lärchensamens ist ferner sein
ungleichmäßiges Laufen; bei etwas trockener Frühjahrswitterung
pflegt viel Samen im zweiten Jahre nachzukeimen, und in dem auf
den sehr trockenen Sommer des Jahres 1881 gefolgten feuchten Herbst
hat hier der im Frühjahre gesäete Samen theilweise im August und
September gekeimt. Burckhardt[2] und ebenso E. Heyer und andere
Pflanzenzüchter empfehlen daher ein Einquellen des Samens in Wasser,
rein oder mit etwas Kalk oder Salzsäure versetzt, für den Lärchen=
samen ganz besonders, und darf der Samen längere Zeit, selbst bis
zu 14 Tagen, im Wasser liegen; andern Orts schlägt man ihn zu
gleichem Zweck in feuchte Erde ein. Oberförster v. Lassaulx beschreibt[3]
sein erprobtes Verfahren folgendermaßen: Der Samen wird in einem
Gefäß mit Wasser übergossen, bis letzteres über dem Samen steht;
ist alles Wasser aufgesaugt, so schüttet man den Samen auf gedielten
Boden, rührt ihn täglich um, und wenn sich die ersten Keimspitzchen
zeigen, nimmt man die Aussaat vor, nachdem man behufs leichteren,
gleichmäßigen Säens und um das Ballen des nassen Samens zu ver=
meiden, den Samen mit feiner, trockener Erde gemischt[4].

Auf die Menge des pro Ar zu verwendenden Samens ist neben

---

[1] Forstw. Centralbl. 1867. S. 301.

[2] Säen u. Pflz. S. 419.

[3] Zeitschr. f. d. F.= u. J.=W. V. S. 85.

[4] Eigene vergleichende Versuche haben ergeben, daß ein 4—6tägiges Ein=
weichen des Samens ein viel rascheres und gleichmäßigeres Keimen desselben zur
Folge hat.

der geringen Keimkraft auch noch der Umstand von Einfluß, daß der Lärchensamen stets mit viel Schuppenresten (in Folge der jetzt üblichen Gewinnungsart) vermischt zu sein pflegt[1]), ein Umstand, der ebenfalls Erhöhung des Samenquantums bedingt; in Weiterem wird die Art und Weise der Ansaat — breitwürfig oder in Rillen —, in letzterem Falle die Entfernung der Rillen von einander von Einfluß auf die Samenmenge sein. Burckhardt gibt dieselbe für Vollsaat auf 4, für Rillensaat auf 2 kg pro Ar an, während unsere eigenen Versuche über die nöthigen Samenquantitäten für die Ansaat mit dem bay= rischen Rillenbrett einen, den Burckhard'schen nicht unwesentlich über= steigenden Bedarf (bis 3 kg) ergaben. Auch Bühler empfiehlt bei der geringen Keimkraft eine entsprechend dichtere Saat.

Die Ansaat der Saatbeete erfolgt im Frühjahre, wobei zeitige Aussaat namentlich für den nicht angequellten Samen empfohlen wird, um demselben die Frühjahrsfeuchtigkeit zu sichern. Burckhardt empfiehlt breitwürfige Saat, bei welcher der gut bearbeitete Boden zuerst wieder etwas angedrückt und dann, nach erfolgter Aussaat, der Samen bis zum Verschwinden mit guter Erde übersiebt wird. Beim Ausjäten soll dann zugleich der da oder dort zu dichte Pflanzenstand gelichtet und hiedurch das Gedeihen der Pflänzchen gefördert werden.

Wenn nun gleich die breitwürfige Saat manchen Vortheil durch mehr vereinzelten Stand der Pflanzen bieten mag, so halten wir doch auch bei der Lärche die Vortheile der Rillensaat (siehe § 48) für überwiegend, haben dieselben auch an den meisten Orten in Anwendung gefunden. Die Entfernung der Rillen wird einigermaßen dadurch be= dingt, ob man die jungen Pflanzen ein= oder zweijährig verwenden will; im ersteren Falle genügt eine Entfernung der Rillen von 10 bis 15 cm, im andern wird eine solche von 20—25 cm vorzuziehen sein.

Das Eindrücken der Rillen — am besten schmaler Doppel= rillen — erfolgt in gleicher Weise, wie bei Fichten und Föhren, und können zur Saat dieselben Säevorrichtungen in Anwendung kommen.

Das Decken des Samens erfolgt mit lockerer Erde oder mit Rasenasche etwa 1 cm stark; Baur[2]) gibt auf Grund seiner Versuche an, daß die Lärche gegen eine stärkere oder zur Verkrustung geneigte Decke empfindlich sei und eine schwächere Bedeckung als Fichte und

---

[1]) Bühler gibt an, daß diese Beimischungen bis 14% betragen. (Mitth. Bd. I H. 3.)

[2]) Forstw. Centralbl. 1875. S. 355.

Föhre liebe, und auch Bühler stimmt dem zu, empfiehlt Deckung mit Humus.

Ein Decken der angesäten Beete mit Nadelholzästen, die nach erfolgtem Aufgehen zu beiden Seiten des Beetes aufgesteckt werden, oder mit Schutzgittern ist — wie zum Schutz gegen Vögel und Regengüsse — so zur Erhaltung der Feuchtigkeit sehr zu empfehlen und namentlich bei eingequelltem Samen nöthig.

Die Lärche keimt mit 4—8 ganzrandigen, etwas blaugrünen Kotyledonen und röthlichem Stengelchen; auch die Primärblätter zeigen jene bläulich-grüne Färbung, die den Keimling der Lärche leicht erkennen läßt. Die Kotyledonen und ein Theil der Primärblättchen sterben im Herbst ab, während die oberen Nadeln des Pflänzchens über Winter grün bleiben, erst im Frühjahr absterben.

Die Pflege der Lärchensaatbeete erfolgt während des Sommers durch Jäten und Lockern. Durch Wild sind die jungen Lärchen während des Winters nur wenig gefährdet, und wo weder Hochwild, noch Sauen, läßt sich die Lärche mit Fichte und Föhre in uneingefriedigten Kämpen erziehen. Gegen Spätfröste ist die Lärche zwar nicht gerade empfindlich, aber doch auch nicht so unempfindlich, wie Fischbach angibt[1]), und nach Burckhardt's Mittheilung[2]) ist es namentlich der im Moment des Laubausbruches, der ja sehr frühe erfolgt, eintretende Spätfrost, der sie schädigt, im Wuchs zurücksetzt; werden die Pflanzen daher nicht schon einjährig verpflanzt oder verschult, so ist die Anwendung von Pflanzgittern immerhin auch für die Lärche zu empfehlen.

Unter günstigen Umständen erreicht die junge Lärche schon im ersten Lebensjahre eine Höhe von 20—25 cm, und kann entweder im Spätherbst — und ihr frühzeitiges Ausschlagen im Frühjahre läßt Herbstpflanzung für sie nicht selten als zweckmäßig erscheinen — oder im nächsten Frühjahre bereits zur Verwendung kommen. Häufiger aber läßt man sie zwei Jahre im Saatbeet stehen, und geringe Entwickelung im ersten Jahre oder das Bedürfniß etwas kräftigerer Pflanzen nöthigen selbst hiezu; länger als zwei Jahre läßt man sie nicht im Saatbeet, da die sich rasch entwickelnden Pflanzen sich gegenseitig zu sehr beengen, sondern greift, wenn man noch stärkere, bis 1 m hohe Pflanzen wünscht, wie man sie etwa zur Einpflanzung in schon stärkere Laubholzschläge oder in Mittelwaldungen bedarf, zur Verschulung,

---

[1]) Praktische Forstwirthsch. S. 207.
[2]) Säen u. Pflz. S. 414.

die übrigens bei der Lärche in minderem Maße, als bei Fichte und Tanne, Platz zu greifen pflegt[1]).

Zur Verschulung verwendet man wohl ausschließlich ein = jährige Pflanzen, die dann, zwei Jahre im Pflanzbeet stehend, zu meterhohen, kräftigen Pflanzen heranwachsen. Die Verschulung muß frühzeitig erfolgen, da deren Vornahme nach Aufbruch der Knospen bedenklich ist[2]) und bei eintretender trockner Witterung bedeutenden Abgang zur Folge haben kann — wir sehen auch hier wieder eine Verwandtschaft mit dem Laubholz! Durch frühzeitiges Ausheben der Pflanzen und Einschlagen derselben an kühlem, schattigem Ort kann man dem zu frühen Treiben, sowie der Spätfrostgefahr für dies Frühjahr vorbeugen (ein Verfahren, das auch unter Umständen für die Auspflanzung ins Freie zu empfehlen ist). — Die Verschulung darf mit Rücksicht auf die schwache Entwickelung der Lärche, namentlich auch auf deren kräftige, allseitige Beastung nicht zu eng erfolgen, etwa im Verband von 20 auf 30 cm; ja Burckhardt empfiehlt sogar 24 auf 36 cm.

Bei der Verschulung, die mit starkem Setzholz erfolgen kann, kürzt man nöthigenfalls die Pfahlwurzeln etwas, wenn dieselben all= zulang entwickelt sind.

Die Pflege der Pflanzbeete bietet nichts Besonderes, erfolgt durch Reinigen von Unkraut und Lockern des Bodens im ersten Jahre, während im zweiten in Folge der raschen Entwickelung der Lärche ersteres nicht mehr nöthig und letzteres oft nicht mehr möglich sein wird. — Auch den Pflanzbeeten werden Spätfröste gefährlich, wenn sie intensiv und zur kritischen Zeit eintreten; sie setzen die Pflanzen im Wuchs zurück und zwei Jahre einander folgend bringen sie die Pflanzen fast zum Verkrüppeln. Schutzgitter werden auch gegen diese Gefahr in Anwendung gebracht werden können, doch geschieht dies, da die Lärche doch nicht zu den empfindlichsten Pflanzen gehört, bei verschulten Lärchen wohl seltener.

---

[1]) Weise spricht (Münd. Hefte II. 21) auf Grund seiner Beobachtungen die Ansicht aus, daß die mit der Verschulung eintretende größere Lichtwirkung und bezw. der Fortfall des Schlußzwanges die Ursache der bei der Lärche so häufigen Stammkrümmungen seien; tadellose Pflanzen finden sich einige Monate nach der Verschulung gekrümmt und zeigen sogar bisweilen keinen Höhentrieb. (Diese Er= scheinung müßte dann aber doch wohl auch bei der unverschult verpflanzten Lärche eintreten.?)

[2]) Fischbach, Prakt. Forstwirthschaft. S. 207.

Auch wir haben mit etwas später Lärchen=Verschulung schlechte Erfahrungen gemacht!

Noch stärkere Pflanzen, Lärchenheister, wird man nur ausnahms=
weise im Forsthaushalt bedürfen; wo aber die Verwendung solch'
starken (und kostspieligen!) Materiales aus besonderen Rücksichten an=
gezeigt erscheint[1]), verschult man die im Pflanzbeet erzogenen drei=
jährigen, meterhohen Pflanzen unter Auswahl der schönsten und
kräftigsten Stämmchen noch einmal in etwa 70—80 cm Quadrat=
verband, kürzt hiebei zu weit ausstreichende Seitenwurzeln entsprechend
ein und stutzt zu lange Seitenäste, behandelt die Pflanzen also wie
Laubholz=Pflänzlinge. Nach 2—3jährigem Stehen im Heisterkamp
haben dieselben die nöthige Höhe und Stärke erreicht und können bei
entsprechender Vorsicht mit gutem Erfolge verpflanzt werden. — Un=
verschulte Lärchen von größerer Stärke, etwa aus alten Saatbeeten
oder Saaten, zu verpflanzen, pflegt um der mangelhaften Wurzelbildung
und fehlenden richtigen Beastung willen meist schlechten Erfolg zu
haben: das hatte wohl auch Pfeil im Auge, wenn er die Lärche als
nur in ganz jugendlichem Alter verpflanzbar erklärt[2]).

§ 120.

Die Schwarzkiefer.

Die Heimath dieser Holzart ist bekanntlich eine sehr eng be=
grenzte; Niederösterreich, die Vorberge in Kärnten und Steiermark
allein beherbergen sie in größerer Ausdehnung, während sie in den
südlichen Alpenländern, in Kroatien und Dalmatien, nur wenig mehr
angetroffen wird[3]). Eine Reihe vorzüglicher Eigenschaften: große
Genügsamkeit bezüglich des Standortes, insbesondere Gedeihen auch
noch auf trocknem, hitzigem (Kalk=) Boden, Unempfindlichkeit gegen
Fröste, geringe Gefährdung durch Wild und Insekten, starker Nadel=
abwurf — haben aber schon seit längerer Zeit[4]) die Aufmerksamkeit
der Forstleute auf sie gelenkt, sie namentlich als eine Holzart er=
scheinen lassen, welche zur Aufforstung trockener, steiniger, flach=
gründiger Standorte besonders geeignet ist. Namentlich sind es
die bei unvorsichtiger Abholzung so leicht veröbenden, so schwer wieder
in Bestockung zu bringenden Kalkgehänge, für welche die kalk=
liebende Schwarzkiefer ein Mittel zur Wiederbestockung bietet, und so

---

[1]) Wir haben solche im Wildpark in Verwendung gefunden.
[2]) Deutsche Holzzucht. S. 528.
[3]) v. Seckendorff, Mitth. I. S. 116.
[4]) Vergl. die Broschüre: Graf Urkull=Gyllenband, Die Schwarzkiefer. 1845.

sehen wir denn dieselbe nun vielfach auch außerhalb der oben an=
gegebenen natürlichen Grenzen ihrer Verbreitung angebaut. Fast
ausschließlich ist es aber dann wohl die Pflanzung, welche zur
Aufforstung angewendet wird, und so ist die Erziehung der Schwarz=
kiefer im Saat= oder Pflanzbeet da und dort Aufgabe des Forst=
mannes.

Bezüglich der Wahl der Oertlichkeit und Zurichtung der
Saatbeete gelten die allgemeinen Regeln; auf Seitenschutz irgend
welcher Art ist bei der gegen Frost wie Hitze nahezu unempfindlichen
Schwarzkiefer wenig Rücksicht zu nehmen, und da keinerlei Wild die=
selbe gefährdet, so kann ihre Erziehung auch im uneingefriedigten
Kamp erfolgen.

Der Samen der Schwarzkiefer, einfarbig gelblich oder dunkler
bräunlich, bisweilen schwach punktirt, welcher wohl ausschließlich aus
deren Heimath, Niederösterreich, bezogen wird, gehört nach unsern Er=
fahrungen zu den keimkräftigsten Samenarten; — auch Burckhardt
gibt dessen Keimfähigkeit bei guter Behandlung auf 90 Prozent an.
Es ist dies bei der Aussaat wohl zu beachten und zu dichte Saat im
Interesse der kräftigen Entwickelung der Pflanzen zu vermeiden. Burck=
hardt rechnet 3,5 kg als das pro Ar zu verwendende Quantum,
unsere eigenen Versuche ergaben einen Bedarf bis zu 5 kg.

Die Aussaat der Schwarzkiefer erfolgt in gleicher Weise, wie
beim Föhrensamen: im Frühjahre, in eingedrückte Doppelrillen,
deren Entfernung mit Rücksicht darauf, daß die Pflanzen fast stets
einjährig verwendet oder verschult werden, 10—12 cm nicht zu über=
steigen braucht, und mit einer 1½ bis 2 cm starken Bedeckung mit
gutem, lockerem Boden. Durch Schutzgitter oder Bedecken mit Nadel=
holzästen gibt man dem Samen den nöthigen Schutz gegen Trockniß
während der Keimperiode und gegen Vögel, gegen letztere etwa auch
durch Mennige (§ 68). Fink[1] empfiehlt späte Saat, im Mai, um
durch rasches Aufgehen die Gefährdung des Samens durch Vögel zu
vermindern — wir geben eben genannten Mitteln den Vorzug.

Ein Einquellen des Samens ist unnöthig, ja nach einem von
Dr. Möller angestellten Versuch[2] scheint dasselbe für den Schwarz=
kiefernsamen sogar leicht nachtheilig zu werden, indem bei 36—40
Stunden dauerndem Einweichen das Keimprozent von 70 auf circa
45 Prozent zurückging.

---

[1] Allg. F.= u. J.=Z. 1837. S. 215.
[2] v. Seckendorff, Mitth. I. S. 118.

Die **Keimung** erfolgt mit 6—8 langen, ganzrandigen, etwas blaugrünen Kotyledonen, während die Primärblätter beidkantig gezähnt sind. Die Entwickelung der jungen Pflanze gleicht in den ersten Lebensjahren jener der Föhre (erste Quirlbildung gleichfalls im dritten Lebensjahr), doch treten schon im ersten Lebensjahr vereinzelt Doppelnadeln auf.

Die sich kräftig entwickelnden Pflanzen, die schon im ersten Lebensjahre eine tiefgehende Pfahlwurzel zeigen, hierin unserer gewöhnlichen Föhre gleichend, werden entweder einjährig ins Freie ausgepflanzt, oder wenn man stärkere, reichbewurzelte Pflanzen bedarf, verschult. Nur einigermaßen dicht stehend, zeigen sie außerdem im zweiten Jahre ihres Verbleibens im Saatbeet schon einen ganz entschiedenen Rückgang in der Entwickelung; dagegen wachsen sie, im Abstand von etwa 15 auf 20 cm verschult und zwei Jahre im Pflanzbeet verbleibend, zu sehr kräftigen, stufigen Pflanzen heran, die mit gutem Erfolge ballenlos zur Bepflanzung ungünstiger Oertlichkeiten verwendet werden. Sie im Pflanzbeet noch stärker werden zu lassen, dürfte nicht räthlich erscheinen, ihre Verpflanzung nur kostspieliger und unsicherer machen.

Das **Verschulen** erfolgt mit starkem Setzholz und ist, bei den oft sehr langen Wurzeln, Bedacht auf das Vermeiden von Umstülpungen und Verkrümmungen derselben zu nehmen. Ein Einstutzen allzulanger Wurzeln wird zu empfehlen sein.

Die **Pflege** der Saat- und Pflanzbeete bietet keinerlei Besonderheiten; Schutz gegen Hitze, Spätfröste, Barfrost ist bei der gegen Temperaturextreme unempfindlichen, langwurzeligen Schwarzkiefer nicht nöthig.

Enthält der Boden, auf welchem man die Pflanzen erzieht, wenig Kalk, so dürfte sich eine Kalkdüngung vor der Ansaat oder Verschulung bei der eine besondere Vorliebe für Kalkboden zeigenden Schwarzkiefer besonders empfehlen.

§ 121.

Die Weymouthskiefer.

Dieser schöne Baum, zu Anfang des vorigen Jahrhunderts bei uns aus Nordamerika eingeführt und nun völlig acclimatisirt, ist entschieden die wichtigste unter den ausländischen Holzarten, die man in unsern deutschen Waldungen einzubürgern gesucht hat, und seine forstliche Bedeutung wird wohl vielfach noch zu wenig beachtet. Der geringe Werth des Holzes wird meist als Grund dieser Nichtbeachtung angegeben, — und doch ist die Verwendbarkeit desselben als Nutzholz eine gar mannigfaltige[1]), wenn auch von jener unserer einheimischen Nadelhölzer verschiedene; auch sonstige gute Eigenschaften mancher Art lassen sich zu Gunsten der Weymouthskiefer hervorheben, und sie hat denn auch schon manchen warmen Vertreter gefunden[2]). Ihre Schnell= wüchsigkeit, ihre Genügsamkeit bezüglich der Bodengüte, ihr starker Nadelabwurf, ihre Unempfindlichkeit gegen Frost jeder Art stellen sie an die Seite der Föhre, vor welcher sie aber die mindere Gefährdung durch Duft= und Schneebruch in höheren Lagen, ein viel höheres Schattenerträgniß und in Folge letzterer Eigenschaft auch die Er= haltung eines dichteren Schlusses im reinen Horst oder Bestand voraus hat. Diese Eigenschaften, verbunden mit hoher Massenproduktion, sind wohl geeignet, der Weymouthskiefer einen wenn auch bescheidenen Platz in unserem deutschen Wald zu sichern; im Park hat sie sich denselben durch ihren Habitus, durch ihre zierliche Benadelung längst gesichert.

Vielfach haben, wie schon berührt, diese Vorzüge denn auch bereits Anerkennung gefunden, und wir finden die Weymouthskiefer nicht selten als eine Bewohnerin unserer Forstgärten, da deren Anbau mit Rücksicht auf den theuern Samen, die Sicherheit der Ver= pflanzung und die in der Regel bestehende Absicht, sie den Schlägen nur beizumischen, lediglich durch die Pflanzung zu geschehen pflegt.

Der große Samen ist dunkelbraun, beiderseits marmorirt; er fliegt bekanntlich schon zeitig im Herbst ab, und hält sich 2—3 Jahre keimfähig.

Die Aussaat des nicht selten nur mäßige Keimprozente zeigen= den starken Samens erfolgt stets. im Frühjahre, und kann ganz in gleicher Weise, wie bei der gewöhnlichen Föhre, geschehen. Man sät ihn demnach in schmale Doppelrillen, die je 10—12 cm von der nächsten Doppelrille entfernt sind, und drückt die Rillen so tief ein, daß der Samen eine Bedeckung von 1,5—2 cm erhält; der Samen kann ebenfalls mittelst einfacher Säevorrichtungen — Saatbrett — gesät werden und bedarf man pro Ar etwa das doppelte Quantum,

---

[1]) Burckhardt, Säen u. Pflz. S. 427. Wappes, Forstl. naturw. Zeitschr. 1896. S. 205.

[2]) Forstw. Centralbl. 1866. S. 251 und 1867. S. 294. Bericht über die XII. Versammlung deutscher Forstmänner zu Straßburg. 1883.

als bei der Föhre, Dank seiner viel bedeutenderen Größe. Der Samen keimt minder sicher als jener der Föhre, liegt bisweilen wenigstens theilweise ein volles Jahr bis zur Keimung im Boden, was in der Mischung alten und frischen Samens seinen Grund haben dürfte, und wird vor Allem durch anhaltende Trockniß in seiner Keimkraft beeinträchtigt[1]), weshalb Erhaltung der Feuchtigkeit durch Decken mit Aesten, Stroh oder durch Anwendung von Schutzgittern angezeigt erscheint; durch diese Mittel wird gleichzeitig der Samen gegen Vögel geschützt. Einweichen des Samens zeigt ebenfalls guten Erfolg. Weise[2]) glaubt, daß die Aufbewahrung des Samens über Winter meist eine naturwidrige sei und glaubt nach einem mit gutem Erfolg gemachten Versuch dessen Aufbewahrung über Winter im Freien unter leichter Moosdeckung empfehlen zu sollen.

Auch die noch schwache Pflanze ist gegen Trockniß empfindlicher, als jene der Föhre, hinter welcher sie überhaupt im ersten Lebensjahre bezüglich der Entwickelung des Stämmchens und mehr noch der Wurzeln nach unsern Erfahrungen etwas zurückbleibt.

Die Keimung erfolgt mit 8—10 Kotyledonen, die dreikantig, mattgrün und an der Innenkante etwas gesägt sind; sie vertrocknen im Frühjahr des nächsten Jahres. Die Primärblätter sind beidkantig gesägt. Nadelbüschel erscheinen im zweiten, die Quirlbildung beginnt im dritten Lebensjahr, mit dem vierten beginnt die kräftigere Entwickelung.

Mit Rücksicht auf den wünschenswerthen Schutz gegen Trockniß wird man den Weymouthskiefer-Saatbeeten im Forstgarten gerne einen gegen die grelle Einwirkung der Mittagssonne geschützten Platz zuweisen.

Bisweilen pflanzt man nun solche einjährige oder besser zweijährige Weymouthskiefern direkt aus dem Saatbeet ins Freie; öfter aber, und namentlich wenn man dieselben zur Lückenpflanzung in Schläge oder auf in der Oberfläche stark vermagertem Boden ver-

---

[1]) Im trocknen Sommer 1887 keimte der Weymouthskiefersamen in einem kleinen Beet unseres botanischen Gartens, woselbst tägliches Begießen erfolgen konnte, vorzüglich auf, während derselbe Samen in den Saatbeeten im Walde, wo dies Gießen nicht möglich war, vollständig versagte. — Es würde diese Erfahrung für die von Fischbach empfohlene Methode (Forstw. Centralbl. 1882. S. 397) der Aussaat des Weymouthskiefernsamens in Frühbeetkästen sprechen, wenn sich dem im Forstbetrieb nicht doch oft größere Schwierigkeiten entgegenstellten.

[2]) Münd. Hefte II. S. 22.

wenden will, verschult man sie zur Erziehung kräftiger, gut bewurzelter Pflanzen.

Zur Verschulung verwendet man am besten kräftige, einjährige Pflanzen, die man mittelst des Setzholzes in Entfernungen von 15 auf 15 oder 15 auf 20 cm einschult, was bei der noch geringen Wurzelentwickelung rasch und sicher vor sich geht. Sie schlagen leicht an, entwickeln im ersten Jahre einen nur mäßigen, im zweiten aber einen kräftigeren Höhentrieb nebst entsprechendem Astquirl und haben als vierjährige, kräftige, zwischen 30 und 40 cm hohe Pflanzen die zum Auspflanzen nöthige und zweckmäßige Stärke erreicht. Zwar lassen sich auch noch stärkere Weymouthskiefern ballenlos mit Erfolg verpflanzen, doch wird dies nur ausnahmsweise geschehen. — Doch lassen sich auch zweijährige Weymouthskiefern mit gutem Erfolg verschulen, und sind schwach entwickelten einjährigen Pflanzen sogar vorzuziehen.

Schutz und Pflege der Weymouthskiefer im Saat- und Pflanzbeet bieten keine Besonderheiten. Weder Spät- noch Frühfrost werden den Pflanzen gefährlich, und gehört die Weymouthskiefer zu unsern frosthartesten Holzarten[1]); auch gegen Trockniß sind die Pflanzen vom zweiten Lebensjahre an wenig empfindlich. Dagegen leiden dieselben sehr durch Verbeißen seitens des Rehwildes, und wird man daher bei Vorhandensein eines, wenn auch geringen Rehstandes zur Erziehung der Pflanzen in eingefriedigtem Kamp genöthigt sein. An den verschulten drei- und vierjährigen Pflanzen unseres Forstgartens fanden wir endlich wiederholt eine Kothsackblattwespe (Lyda campestris) in größerer Menge, die übrigens durch Abstreifen der Kothsäcke leicht zu entfernen war.

---

[1]) Bericht der XII. Verf. deutscher Forstmänner zu Straßburg. 1883. S. 106.

Pierer'sche Hofbuchdruckerei Stephan Geibel & Co. in Altenburg.